3/4점 기출 집중 공략엔

수능엔 유형

강민정 (에이플러스)　　　　곽민수 (청라현수학)　　　　김봉수 (범어신사고학원)　　　　김진미 (1교시수학학원)　　　　김환철 (한수위수학)

지은이

NE능률 수학교육연구소
NE능률 수학교육연구소는 혁신적이며 효율적인 수학 교재를 개발하고
수학 학습의 질을 한 단계 높이고자 노력하는 NE능률의 연구 조직입니다.

이향수 명일여자고등학교 교사

한명주 명일여자고등학교 교사

김상철 청담고등학교 교사

김정배 현대고등학교 교사

박재희 경기과학고등학교 교사

권백일 양정고등학교 교사

박상훈 중산고등학교 교사

강인우 진선여자고등학교 교사

박현수 현대고등학교 교사

김상우 신도고등학교 교사

검토진

강민정 (에이플러스)　　　　곽민수 (청라현수학)　　　　김봉수 (범어신사고학원)　　　　김진미 (1교시수학학원)　　　　김환철 (한수위수학)
설상원 (인천정석학원)　　　설홍진 (현수학학원본원)　　　성웅경 (더빡센수학학원)　　　신성준 (엠코드학원)　　　오성진(오성진선생의수학스케치)
우정림 (크누KNU입시학원)　　우주안 (수미사방매)　　　유성규 (현수학학원본원)　　　이재호 (샤인수학학원)　　　이진섭 (이진섭수학학원)
이진호 (과수원수학학원)　　　이철호 (파스칼수학학원)　　　임명진 (서연고학원)　　　임신옥 (KS수학학원)　　　임지영 (HQ영수)
장수진 (플래너수학)　　　장재영 (이자경수학학원본원)　　　정석 (정석수학)　　　정한샘 (편수학학원)　　　조범희 (엠코드학원)

3/4점 기출 집중 공략엔

수능N유형

미적분

Structure 구성과 특징

✓ 최근 5개년 기출 유형 분석
✓ '기출-변형-예상' 문제로 유형 정복
✓ 실전 대비 미니 모의고사 10회 수록

수능 실전 개념

• 개념이나 공식의 단순 나열이 아니라 문제 풀이에서 실제로 자주 이용되는 실전 개념을 뽑아 정리하고, 실전 전략을 제시하였습니다.

step 0 | 기출에서 뽑은 실전 개념 ○×

• 수능, 모평, 학평 기출 문제를 분석하여 ○×문제를 제시하였으며, ○×문제의 참, 거짓을 확인하여 개념을 다시 한번 정리할 수 있도록 하였습니다.

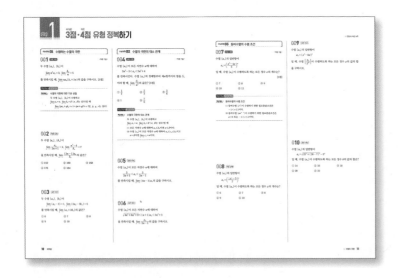

step 1 | 어려운 3점 · 쉬운 4점 유형 정복하기

• **대표 기출** 해당 주제의 수능, 모평, 학평 기출 문제 중에서 반드시 풀어야 할 문제를 엄선하여 수록하였습니다.

• **핵심개념 & 연관개념** 문제에 사용된 해당 단원의 핵심 개념과 타 과목, 타 단원과 연계된 개념을 제시하였습니다.

• **변형 유제** 대표 기출 문항을 변형하여 수록하였습니다. 개념의 확장, 조건의 변형 등을 통하여 기출 문제를 좀 더 철저히 이해하여 비슷한 유형이 출제되는 경우를 대비할 수 있습니다.

• **실전 예상** 신경향 문제 또는 출제가 기대되는 문제를 예상 문제로 수록하였습니다.

• **UP** 자주 출제되거나 난이도 높은 유형을 제시하였습니다.

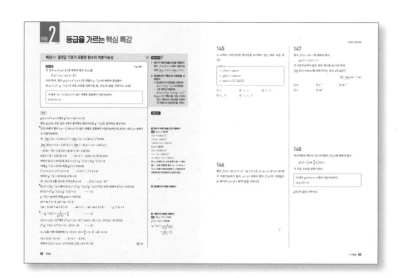

step2 | 등급을 가르는 핵심 특강

- 수능에 자주 출제되는 핵심 문제로, 해결 과정의 실마리를 행동 전략으로 제시하였습니다.
- 대표 기출 문항의 문제 해결 단계를 내용 전략으로 제시하였고, 실전에 적용할 수 있도록 예제를 수록하였습니다.

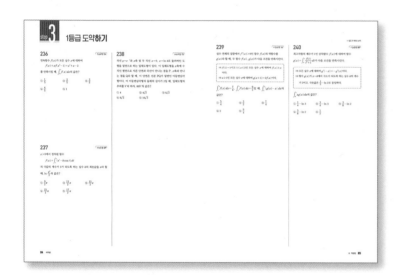

step3 | 1등급 도약하기

- 1등급에 한 걸음 더 가까워질 수 있도록 난이도 높은 예상 문제를 수록하였습니다.
- 문항별로 관련 수능유형을 링크하였습니다.

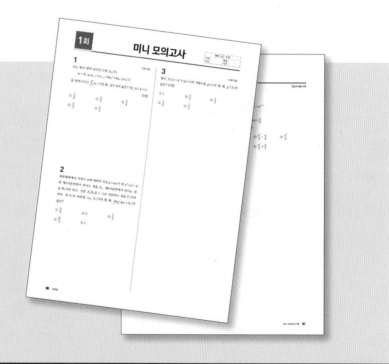

미니 모의고사

- 수능, 모평, 학평 기출 및 그 변형 문제와 예상 문제로 구성된 미니 모의고사 10회를 제공하였습니다. 미니 실전 테스트로 수능 실전 감각을 유지할 수 있도록 하였습니다.

Contents 차례

Study plan 3주 완성

※ DAY별로 학습 성취도를 체크해 보세요. 성취 정도가 △, ×이면 반드시 한번 더 복습합니다.

※ 복습할 문항 번호를 메모해 두고 2회독 할 때 중점적으로 점검합니다.

	학습일		문항 번호	성취도	복습 문항
1주	1일차	/	001~014	○ △ ×	
	2일차	/	015~030	○ △ ×	
	3일차	/	031~046	○ △ ×	
	4일차	/	047~058	○ △ ×	
	5일차	/	059~074	○ △ ×	
	6일차	/	075~091	○ △ ×	
	7일차	/	092~109	○ △ ×	
2주	8일차	/	110~124	○ △ ×	
	9일차	/	125~140	○ △ ×	
	10일차	/	141~152	○ △ ×	
	11일차	/	153~162	○ △ ×	
	12일차	/	163~182	○ △ ×	
	13일차	/	183~198	○ △ ×	
	14일차	/	199~218	○ △ ×	
3주	15일차	/	219~235	○ △ ×	
	16일차	/	236~245	○ △ ×	
	17일차	/	미니모의고사 1, 2회	○ △ ×	
	18일차	/	미니모의고사 3, 4회	○ △ ×	
	19일차	/	미니모의고사 5, 6회	○ △ ×	
	20일차	/	미니모의고사 7, 8회	○ △ ×	
	21일차	/	미니모의고사 9, 10회	○ △ ×	

I 수열의 극한

수능 실전 개념

① 수열의 극한에 대한 기본 성질

수렴하는 두 수열 $\{a_n\}$, $\{b_n\}$에 대하여
$\lim\limits_{n\to\infty}a_n=\alpha$, $\lim\limits_{n\to\infty}b_n=\beta$ (α, β는 실수)일 때

(1) $\lim\limits_{n\to\infty}ca_n=c\lim\limits_{n\to\infty}a_n=c\alpha$ (단, c는 상수)

(2) $\lim\limits_{n\to\infty}(a_n\pm b_n)=\lim\limits_{n\to\infty}a_n\pm\lim\limits_{n\to\infty}b_n=\alpha\pm\beta$ (복부호 동순)

(3) $\lim\limits_{n\to\infty}a_nb_n=\lim\limits_{n\to\infty}a_n\times\lim\limits_{n\to\infty}b_n=\alpha\times\beta$

(4) $\lim\limits_{n\to\infty}\dfrac{a_n}{b_n}=\dfrac{\lim\limits_{n\to\infty}a_n}{\lim\limits_{n\to\infty}b_n}=\dfrac{\alpha}{\beta}$ (단, $b_n\neq0$, $\beta\neq0$)

② 수열의 극한의 대소 관계

수렴하는 두 수열 $\{a_n\}$, $\{b_n\}$에 대하여
$\lim\limits_{n\to\infty}a_n=\alpha$, $\lim\limits_{n\to\infty}b_n=\beta$ (α, β는 실수)일 때

(1) 모든 자연수 n에 대하여 $a_n\leq b_n$이면 $\alpha\leq\beta$이다.

(2) 수열 c_n이 모든 자연수 n에 대하여 $a_n\leq c_n\leq b_n$이고 $\alpha=\beta$이면
$\lim\limits_{n\to\infty}c_n=\alpha$이다.

③ 등비수열의 수렴과 발산

등비수열 $\{r^n\}$에서

(1) $r>1$일 때, $\lim\limits_{n\to\infty}r^n=\infty$ (발산)

(2) $r=1$일 때, $\lim\limits_{n\to\infty}r^n=1$ (수렴)

(3) $|r|<1$일 때, $\lim\limits_{n\to\infty}r^n=0$ (수렴)

(4) $r\leq-1$일 때, 진동한다. (발산)

④ 급수의 수렴과 발산

(1) 급수: 수열 $\{a_n\}$의 각 항을 차례대로 덧셈 기호 $+$로 연결한 식
$$a_1+a_2+a_3+\cdots+a_n+\cdots=\sum_{n=1}^{\infty}a_n$$

(2) 부분합: 급수 $\sum\limits_{n=1}^{\infty}a_n$에서 첫째항부터 제$n$항까지의 합 S_n
$$S_n=a_1+a_2+a_3+\cdots+a_n=\sum_{k=1}^{n}a_k$$

(3) 급수의 합: 급수 $\sum\limits_{n=1}^{\infty}a_n$의 부분합으로 이루어진 수열 $\{S_n\}$이 수렴하는 일정한 값 S
$$a_1+a_2+a_3+\cdots+a_n+\cdots=S \text{ 또는 } \sum_{n=1}^{\infty}a_n=S$$

⑤ 급수와 수열의 극한값 사이의 관계

(1) 급수 $\sum\limits_{n=1}^{\infty}a_n$이 수렴하면 $\lim\limits_{n\to\infty}a_n=0$이다.

(2) $\lim\limits_{n\to\infty}a_n\neq0$이면 급수 $\sum\limits_{n=1}^{\infty}a_n$은 발산한다.

⑥ 급수의 성질

두 급수 $\sum\limits_{n=1}^{\infty}a_n$, $\sum\limits_{n=1}^{\infty}b_n$이 수렴하고, 그 합을 각각 S, T라 하면

(1) $\sum\limits_{n=1}^{\infty}(a_n\pm b_n)=\sum\limits_{n=1}^{\infty}a_n\pm\sum\limits_{n=1}^{\infty}b_n=S\pm T$ (복부호 동순)

(2) $\sum\limits_{n=1}^{\infty}ca_n=c\sum\limits_{n=1}^{\infty}a_n=cS$ (단, c는 상수)

주의 급수의 성질은 수렴하는 급수에 대해서만 성립한다.

⑦ 등비급수의 수렴과 발산

(1) 등비급수: 첫째항이 a, 공비가 r인 등비수열 $\{ar^{n-1}\}$의 각 항을 차례대로 덧셈 기호 $+$로 연결한 급수
$$\sum_{n=1}^{\infty}ar^{n-1}=a+ar+ar^2+\cdots+ar^{n-1}+\cdots$$

(2) 등비급수의 수렴과 발산

등비급수 $\sum\limits_{n=1}^{\infty}ar^{n-1}=a+ar+ar^2+\cdots+ar^{n-1}+\cdots$ $(a\neq0)$은

① $|r|<1$일 때, 수렴하고 그 합은 $\dfrac{a}{1-r}$이다.

② $|r|\geq1$일 때, 발산한다.

⑧ 등비급수의 활용

(1) 도형과 등비급수

닮은 꼴이 한없이 반복되는 도형에서 선분의 길이, 도형의 넓이의 합은 한없이 반복되는 성질을 이용하여 첫째항 a와 공비 r를 구한 후, 등비급수의 합 $S=\dfrac{a}{1-r}$를 구한다.

(2) 순환소수와 등비급수

순환소수를 등비급수로 나타내어 첫째항 a와 공비 r를 구한 후, 등비급수의 합 $S=\dfrac{a}{1-r}$를 구한다.

■ 다음 문장이 참이면 '○'표, 거짓이면 '✕'표를 ( ) 안에 써넣으시오.

01 두 상수 a, b에 대하여 $\lim\limits_{n\to\infty}\dfrac{an^2+bn+3}{3n+1}=4$이면

$a+b=4$이다. ( )

02 수열 $\{a_n\}$의 일반항이 $a_n=n$이면

$\lim\limits_{n\to\infty}\dfrac{a_1+a_2+\cdots+a_n}{n}$이 존재한다. ( )

03 수열 $\{a_n\}$이 $3n-1\le na_n\le 3n+2$이면 $\lim\limits_{n\to\infty}a_n=3$이다.

( )

04 두 수열 $\{a_n\}$, $\{b_n\}$에 대하여 $\lim\limits_{n\to\infty}a_n=\alpha$,

$\lim\limits_{n\to\infty}(a_n-b_n)=0$이면 $\lim\limits_{n\to\infty}b_n=\alpha$이다. ( )

05 두 수열 $\{a_n\}$, $\{b_n\}$이 수렴할 때 $a_n<b_n$이면

$\lim\limits_{n\to\infty}a_n<\lim\limits_{n\to\infty}b_n$이다. ( )

06 급수 $1+\dfrac{1}{1+2}+\dfrac{1}{1+2+3}+\dfrac{1}{1+2+3+4}+\cdots$은

발산한다. ( )

07 등비급수 $\sum\limits_{n=1}^{\infty}\left(\dfrac{2x-3}{3}\right)^n$이 수렴하도록 하는 정수 x는

2개이다. ( )

08 등비급수 $\sum\limits_{n=1}^{\infty}r^n$이 수렴하면 $\sum\limits_{n=1}^{\infty}\left(\dfrac{r-1}{2}\right)^n$도 수렴한다.

( )

09 두 급수 $\sum\limits_{n=1}^{\infty}(2a_n+b_n)$, $\sum\limits_{n=1}^{\infty}(a_n-2b_n)$이 모두 수렴하면

두 급수 $\sum\limits_{n=1}^{\infty}a_n$, $\sum\limits_{n=1}^{\infty}b_n$도 모두 수렴한다. ( )

10 첫째항과 공차가 같은 등차수열 $\{a_n\}$에 대하여

$S_n=\sum\limits_{k=1}^{n}a_k$이면 급수 $\sum\limits_{n=1}^{\infty}\dfrac{1}{S_n}$은 발산한다. ( )

어려운 쉬운 3점·4점 유형 정복하기

---

001 대표 기출
•학평 기출•

두 수열 $\{a_n\}$, $\{b_n\}$이

$$\lim_{n \to \infty} n^2 a_n = 3, \quad \lim_{n \to \infty} \frac{b_n}{n} = 5$$

를 만족시킬 때, $\lim_{n \to \infty} n a_n (b_n + 2n)$의 값을 구하시오. [3점]

핵심개념 & 연관개념

핵심개념 / 수열의 극한에 대한 기본 성질

두 수열 $\{a_n\}$, $\{b_n\}$이 수렴하고
$\lim\limits_{n \to \infty} a_n = \alpha$, $\lim\limits_{n \to \infty} b_n = \beta$ (α, β는 실수)일 때
$$\lim_{n \to \infty} (pa_n + qb_n + r) = p\alpha + q\beta + r \ (\text{단, } p, q, r\text{는 상수})$$

002 변형 유제

두 수열 $\{a_n\}$, $\{b_n\}$이

$$\lim_{n \to \infty} \frac{a_n}{2n+1} = 4, \quad \lim_{n \to \infty} \frac{n^2 - 4}{b_n} = 7$$

을 만족시킬 때, $\lim\limits_{n \to \infty} \dfrac{(3n-1)a_n}{b_n}$의 값은?

① 152 ② 160 ③ 168

④ 176 ⑤ 184

003 실전 예상

두 수열 $\{a_n\}$, $\{b_n\}$이

$$\lim_{n \to \infty} (a_n - 3) = 1, \quad \lim_{n \to \infty} (2a_n - 3b_n) = 5$$

를 만족시킬 때, $\lim\limits_{n \to \infty} (a_n + 2b_n)$의 값은?

① 6 ② 7 ③ 8

④ 9 ⑤ 10

---

004 대표 기출
•학평 기출•

수열 $\{a_n\}$이 모든 자연수 n에 대하여

$$2n^2 - 3 < a_n < 2n^2 + 4$$

를 만족시킨다. 수열 $\{a_n\}$의 첫째항부터 제n항까지의 합을 S_n이라 할 때, $\lim\limits_{n \to \infty} \dfrac{S_n}{n^3}$의 값은? [3점]

① $\dfrac{1}{2}$ ② $\dfrac{2}{3}$ ③ $\dfrac{5}{6}$

④ 1 ⑤ $\dfrac{7}{6}$

핵심개념 & 연관개념

핵심개념 / 수열의 극한의 대소 관계

두 수열 $\{a_n\}$, $\{b_n\}$이 수렴하고
$\lim\limits_{n \to \infty} a_n = \alpha$, $\lim\limits_{n \to \infty} b_n = \beta$ (α, β는 실수)일 때
(1) 모든 자연수 n에 대하여 $a_n \le b_n$이면 $\alpha \le \beta$이다.
(2) 수열 $\{c_n\}$이 모든 자연수 n에 대하여 $a_n \le c_n \le b_n$이고
$\alpha = \beta$이면 $\lim\limits_{n \to \infty} c_n = \alpha$이다.

005 변형 유제

수열 $\{a_n\}$이 모든 자연수 n에 대하여

$$\frac{5}{2n+1} < a_n < \frac{5}{2n-1}$$

를 만족시킬 때, $\lim\limits_{n \to \infty} (4n-3)a_n$의 값을 구하시오.

006 실전 예상

수열 $\{a_n\}$이 모든 자연수 n에 대하여

$$\sqrt{4n^4 + 8n^2 + 9} < (n+1)a_n < 2n^2 + 3$$

을 만족시킬 때, $\lim\limits_{n \to \infty} \dfrac{a_n}{2n-1}$의 값을 구하시오.

수능유형 03 등비수열의 수렴 조건

007 대표 기출
•학평 기출•

수열 $\{a_n\}$의 일반항이

$$a_n = \left(\frac{x^2-4x}{5}\right)^n$$

일 때, 수열 $\{a_n\}$이 수렴하도록 하는 모든 정수 x의 개수는?

[3점]

① 7   ② 8   ③ 9

④ 10   ⑤ 11

핵심개념 & 연관개념 ·······

핵심개념 / 등비수열의 수렴 조건

(1) 등비수열 $\{r^n\}$이 수렴하기 위한 필요충분조건은 $-1 < r \le 1$이다.

(2) 등비수열 $\{ar^{n-1}\}$이 수렴하기 위한 필요충분조건은 $a=0$ 또는 $-1 < r \le 1$이다.

008 변형 유제

수열 $\{a_n\}$의 일반항이

$$a_n = \left(\frac{|x|-5}{2}\right)^n$$

일 때, 수열 $\{a_n\}$이 수렴하도록 하는 모든 정수 x의 개수는?

① 6   ② 7   ③ 8

④ 9   ⑤ 10

009 실전 예상

수열 $\{a_n\}$의 일반항이

$$a_n = (x^2-8x)^n$$

일 때, 수열 $\left\{\dfrac{a_n}{3^{2n}}\right\}$이 수렴하도록 하는 모든 정수 x의 값의 합을 구하시오.

010 실전 예상

수열 $\{a_n\}$의 일반항이

$$a_n = \sqrt{25^n + (2k-7)^n} - 5^n$$

일 때, 수열 $\{a_n\}$이 수렴하도록 하는 모든 정수 k의 값의 합은?

① 14   ② 16   ③ 18

④ 20   ⑤ 22

3점·4점 유형 정복하기

수능유형 04 x^n을 포함한 수열의 극한

011 [대표 기출]

•학평 기출•

자연수 r에 대하여 $\lim\limits_{n\to\infty} \dfrac{3^n+r^{n+1}}{3^n+7\times r^n}=1$이 성립하도록 하는 모든 r의 값의 합은? [3점]

① 7   ② 8   ③ 9

④ 10   ⑤ 11

핵심개념 & 연관개념

핵심개념 / x^n을 포함한 수열의 극한

x^n을 포함한 수열의 극한은

$$|x|>1,\ x=1,\ |x|<1,\ x=-1$$

인 경우로 나누어 구한다.

(1) $|x|>1$ ➡ $\lim\limits_{n\to\infty} \dfrac{1}{x^n}=0$

(2) $x=1$ ➡ $\lim\limits_{n\to\infty} x^n=1$

(3) $|x|<1$ ➡ $\lim\limits_{n\to\infty} x^n=0$

(4) $x=-1$ ➡ $\lim\limits_{n\to\infty} x^{2n}=1,\ \lim\limits_{n\to\infty} x^{2n-1}=-1$

---

012 [변형 유제]

함수

$$f(x)=\lim_{n\to\infty} \dfrac{3\times x^{2n+1}-4\times 5^{2n+1}}{5\times x^{2n}+2\times 5^{2n+1}}$$

에 대하여 $f(x)=-2$를 만족시키는 모든 정수 x의 개수를 구하시오. (단, n은 자연수이다.)

---

013 [실전 예상]

첫째항이 2인 수열 $\{a_n\}$이 모든 자연수 n에 대하여

$$a_{n+1}=ra_n$$

을 만족시킨다.

$$\lim_{n\to\infty} \dfrac{2a_{n+2}+3}{3a_n-2}=4$$

일 때, a_7의 값을 구하시오.

---

014 [실전 예상]

실수 a에 대하여 함수

$$f(x)=\lim_{n\to\infty} \dfrac{(a+3)x^{2n}+3x+1}{2x^{2n+1}+1}$$

일 때, $f\left(\dfrac{a}{3}\right)=2$를 만족시키는 모든 a의 값의 합은?

(단, n은 자연수이다.)

① 6   ② 7   ③ 8

④ 9   ⑤ 10

수능유형 05 여러 가지 수열의 극한

015 대표 기출
•학평 기출•

자연수 n에 대하여 좌표평면 위에 두 점 $A_n(n, 0)$, $B_n(n, 3)$이 있다. 점 $P(1, 0)$을 지나고 x축에 수직인 직선이 직선 OB_n과 만나는 점을 C_n이라 할 때, $\lim\limits_{n \to \infty} \dfrac{\overline{PC_n}}{\overline{OB_n} - \overline{OA_n}} = \dfrac{q}{p}$이다. $p+q$의 값을 구하시오.

(단, O는 원점이고, p와 q는 서로소인 자연수이다.) [4점]

핵심개념 & 연관개념

핵심개념 / 수열의 극한의 활용

점의 좌표, 선분의 길이, 도형의 넓이 등을 n에 대한 식으로 나타내고 이 식의 극한값을 구한다.

연관개념 / 두 점 사이의 거리

좌표평면 위의 두 점 (x_1, y_1), (x_2, y_2) 사이의 거리는 $\sqrt{(x_2 - x_1)^2 + (y_2 - y_1)^2}$

016 변형 유제

자연수 n에 대하여 $\overline{AB} = 3$, $\overline{BC} = 4n$, $\angle ABC = 90°$인 직각삼각형 ABC가 있다. 점 B에서 선분 AC에 내린 수선의 발을 H라 하고, $f(n) = \overline{BH}$라 할 때, $\lim\limits_{n \to \infty} f(n)$의 값은?

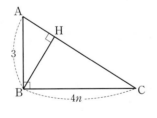

① 1 　　　　② 2 　　　　③ 3
④ 4 　　　　⑤ 5

017 실전 예상

그림과 같이 자연수 n에 대하여 직선 $y = n$이 두 곡선 $y = \dfrac{1}{4}x^2 + \dfrac{1}{4}$, $y = \dfrac{1}{9}x^2 - \dfrac{1}{9}$과 제1사분면에서 만나는 점을 각각 P_n, Q_n이라 하자. $\lim\limits_{n \to \infty} \dfrac{\overline{P_n Q_n}}{\sqrt{n}}$의 값은?

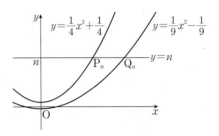

① 1 　　　　② 2 　　　　③ 3
④ 4 　　　　⑤ 5

018 실전 예상

그림과 같이 자연수 n에 대하여 원 $x^2 + y^2 = 4n^2$과 곡선 $y = \sqrt{2n(x-1)}$이 만나는 점의 x좌표를 a_n이라 할 때, $\lim\limits_{n \to \infty} \dfrac{a_n}{n}$의 값은?

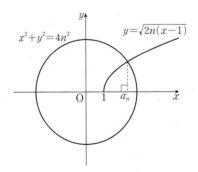

① $-1 + \sqrt{3}$ 　　② $-1 + \sqrt{5}$ 　　③ $1 + \sqrt{2}$
④ $1 + \sqrt{3}$ 　　⑤ $1 + \sqrt{5}$

019 실전 예상

자연수 n에 대하여 원점을 지나고 곡선 $y=\sqrt{x-n}$에 접하는 직선을 l_n이라 하고, 직선 l_n과 곡선 $y=\sqrt{x-n}$의 접점을 P_n이라 하자. 점 $(n, 0)$과 직선 l_n 사이의 거리를 $f(n)$, 점 P_n과 직선 $y=\dfrac{3x+1}{\sqrt{n}}$ 사이의 거리를 $g(n)$이라 할 때, $\displaystyle\lim_{n\to\infty}\dfrac{g(n)}{f(n)}$의 값을 구하시오.

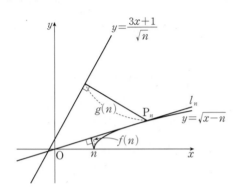

020 실전 예상

그림과 같이 2 이상의 자연수 n에 대하여 직선 $y=x+2n$이 함수 $y=\dfrac{2}{x}$의 그래프와 제1사분면에서 만나는 점을 A_n, 함수 $y=-\dfrac{3}{x}$의 그래프와 제2사분면에서 만나는 점 중 x좌표가 더 큰 점을 B_n이라 하고, 두 점 A_n, B_n에서 x축에 내린 수선의 발을 각각 C_n, D_n이라 하자. 사각형 $A_nB_nD_nC_n$의 넓이를 S_n이라 할 때, $\displaystyle\lim_{n\to\infty}S_n$의 값을 구하시오.

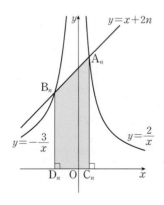

수능유형 **06** 급수와 수열의 극한값 사이의 관계

021 대표 기출   •학평 기출•

수열 $\{a_n\}$에 대하여 $\displaystyle\sum_{n=1}^{\infty}\left(\dfrac{a_n}{n}-2\right)=5$일 때, $\displaystyle\lim_{n\to\infty}\dfrac{2n^2+3na_n}{n^2+4}$의 값은? [3점]

① 2   ② 4   ③ 6
④ 8   ⑤ 10

핵심개념 & 연관개념

핵심개념 / 급수와 수열의 극한값 사이의 관계

　(1) 급수 $\displaystyle\sum_{n=1}^{\infty}a_n$이 수렴하면 $\displaystyle\lim_{n\to\infty}a_n=0$이다.

　(2) $\displaystyle\lim_{n\to\infty}a_n\neq0$이면 급수 $\displaystyle\sum_{n=1}^{\infty}a_n$은 발산한다.

022 변형 유제

수열 $\{a_n\}$에 대하여 $\displaystyle\sum_{n=1}^{\infty}(na_n+3)=2$일 때, $\displaystyle\lim_{n\to\infty}\dfrac{2n-n^2a_n}{5n+1}$의 값은?

① 1   ② 2   ③ 3
④ 4   ⑤ 5

023 실전 예상

수열 $\{a_n\}$에 대하여 $\sum\limits_{n=1}^{\infty}\left(\dfrac{a_n}{n+1}-3\right)=1$일 때,

$\lim\limits_{n\to\infty}\dfrac{(2n+1)a_n}{3n^2-1}$의 값은?

① 1   ② 2   ③ 3

④ 4   ⑤ 5

024 실전 예상

수열 $\{a_n\}$에 대하여 $\sum\limits_{n=1}^{\infty}\left(a_n-\dfrac{2n^2-3}{3n+1}\right)=5$일 때, $\lim\limits_{n\to\infty}\dfrac{3a_n}{4n-1}$의 값은?

① $\dfrac{1}{4}$ ② $\dfrac{1}{2}$ ③ $\dfrac{3}{4}$

④ 1   ⑤ $\dfrac{5}{4}$

025 실전 예상

수열 $\{a_n\}$에 대하여 $\sum\limits_{n=1}^{\infty}\left(2a_n-\dfrac{n}{3}\right)=1$일 때, $\lim\limits_{n\to\infty}\dfrac{a_n+n}{3n-a_n}$의 값은?

① $\dfrac{6}{17}$ ② $\dfrac{7}{17}$ ③ $\dfrac{8}{17}$

④ $\dfrac{9}{17}$ ⑤ $\dfrac{10}{17}$

026 실전 예상

모든 항이 양수인 수열 $\{a_n\}$에 대하여 $\sum\limits_{n=1}^{\infty}(2^n a_n-3)$이 수렴할 때, $\lim\limits_{n\to\infty}\dfrac{4a_n+2^{-n+3}}{a_n+3^{-n}}$의 값은?

① 4   ② $\dfrac{14}{3}$ ③ $\dfrac{16}{3}$

④ 6   ⑤ $\dfrac{20}{3}$

수능유형 **07** 급수의 활용

027 대표 기출
•학평 기출•

첫째항이 양수이고 공차가 3인 등차수열 $\{a_n\}$과 모든 항이 양수인 수열 $\{b_n\}$이 다음 조건을 만족시킬 때, a_1의 값은? [4점]

(가) 모든 자연수 n에 대하여 $\log a_n + \log a_{n+1} + \log b_n = 0$

(나) $\displaystyle\sum_{n=1}^{\infty} b_n = \frac{1}{12}$

---

① 2   ② $\dfrac{5}{2}$ ③ 3

④ $\dfrac{7}{2}$ ⑤ 4

핵심개념 & 연관개념 ....

연관개념 / 부분분수로 변형하기

(1) $\dfrac{1}{AB} = \dfrac{1}{B-A}\left(\dfrac{1}{A} - \dfrac{1}{B}\right)$

(2) $\dfrac{1}{n(n+1)} = \dfrac{1}{n} - \dfrac{1}{n+1}$

028 변형 유제

2 이상의 자연수 n에 대하여 x에 대한 이차방정식

$$(n^2-1)x^2 - 2nx + 1 = 0$$

의 두 근을 α_n, β_n이라 할 때, $\displaystyle\sum_{n=2}^{\infty} \alpha_n \beta_n$의 값은?

① $\dfrac{1}{4}$ ② $\dfrac{1}{2}$ ③ $\dfrac{3}{4}$

④ 1   ⑤ $\dfrac{5}{4}$

029 실전 예상

모든 항이 0이 아닌 수열 $\{a_n\}$이 모든 자연수 n에 대하여

$$\frac{a_{n+1}}{a_n} = 2^{\frac{1}{4n^2-1}}$$

을 만족시킬 때, $\displaystyle\sum_{n=1}^{\infty} (\log_2 a_{n+1} - \log_2 a_n)$의 값은?

① $\dfrac{1}{4}$ ② $\dfrac{1}{2}$ ③ $\dfrac{3}{4}$

④ 1   ⑤ $\dfrac{5}{4}$

030 실전 예상

수열 $\{a_n\}$의 첫째항부터 제n항까지의 합 S_n이

$$S_n = n^2 + 4n + 1$$

이다. $\displaystyle\sum_{n=1}^{\infty} \frac{1}{a_n a_{n+1}} = \frac{q}{p}$일 때, $p+q$의 값을 구하시오.

(단, p와 q는 서로소인 자연수이다.)

수능유형 08 등비급수의 수렴 조건

031 대표 기출
•학평 기출•

급수 $\sum\limits_{n=1}^{\infty}\left(\dfrac{2x-3}{7}\right)^n$이 수렴하도록 하는 정수 x의 개수는? [3점]

① 2   ② 4   ③ 6

④ 8   ⑤ 10

핵심개념 & 연관개념

핵심개념 / 등비급수의 수렴 조건

등비급수 $\sum\limits_{n=1}^{\infty}ar^{n-1}$이 수렴할 조건

➡ $a=0$ 또는 $-1<r<1$

032 변형 유제

급수 $\sum\limits_{n=1}^{\infty}\dfrac{(2x-1)^n}{2^{3n}}$이 수렴하도록 하는 정수 x의 개수는?

① 6   ② 7   ③ 8

④ 9   ⑤ 10

033 실전 예상

급수 $\sum\limits_{n=1}^{\infty}(x+2)\left(\dfrac{x}{5}-1\right)^{n-1}$이 수렴하도록 하는 정수 x의 값의 합을 구하시오.

034 실전 예상

급수 $\sum\limits_{n=1}^{\infty}\left(\dfrac{a-2}{6}\right)^n$이 수렴하도록 하는 자연수 a의 최댓값을 M이라 할 때, $\sum\limits_{n=1}^{\infty}\left(\dfrac{1}{M}\right)^n$의 값은?

① $\dfrac{1}{5}$ ② $\dfrac{1}{6}$ ③ $\dfrac{1}{7}$

④ $\dfrac{1}{8}$ ⑤ $\dfrac{1}{9}$

3점·4점 유형 정복하기
어려운   쉬운

---

035 대표 기출
•학평 기출•

수열 $\{a_n\}$이 모든 자연수 n에 대하여

$$a_1=3, \quad a_{n+1}=\frac{2}{3}a_n$$

을 만족시킬 때, $\sum_{n=1}^{\infty} a_{2n-1}=\frac{q}{p}$이다. $p+q$의 값을 구하시오.

(단, p와 q는 서로소인 자연수이다.) [4점]

핵심개념 & 연관개념 ··························

핵심개념／ 등비급수의 합

첫째항이 a $(a\neq 0)$이고 공비가 r인 등비급수 $\sum_{n=1}^{\infty} ar^{n-1}$은 $|r|<1$일 때 수렴하고, 그 합은 $\dfrac{a}{1-r}$이다.

➡ $\sum_{n=1}^{\infty} ar^{n-1}=\dfrac{a}{1-r}$

---

036 변형 유제

첫째항이 2인 수열 $\{a_n\}$이 모든 자연수 n에 대하여

$$a_{n+1}=\frac{3}{4}a_n$$

을 만족시킬 때, $\sum_{n=1}^{\infty} a_n{}^2=\frac{q}{p}$이다. $p+q$의 값을 구하시오.

(단, p와 q는 서로소인 자연수이다.)

---

037 실전 예상

모든 항이 양수인 등비수열 $\{a_n\}$에 대하여

$$a_1=12, \quad \frac{a_2-a_4}{a_3}=\frac{8}{3}$$

일 때, $\sum_{n=1}^{\infty} a_{2n-1}$의 값은?

① $\dfrac{21}{2}$ ② $\dfrac{23}{2}$ ③ $\dfrac{25}{2}$

④ $\dfrac{27}{2}$ ⑤ $\dfrac{29}{2}$

---

038 실전 예상

수열 $\{a_n\}$이 모든 자연수 n에 대하여

$$a_{n+1}{}^2=a_n a_{n+2}$$

를 만족시키고, $a_1=6$, $a_2=4$이다. $\sum_{n=1}^{\infty} a_{2n}=\frac{q}{p}$일 때, $p+q$의 값을 구하시오. (단, p와 q는 서로소인 자연수이다.)

수능유형 10 합이 주어진 등비급수

039 대표 기출
• 수능 기출 •

등비수열 $\{a_n\}$에 대하여

$$\sum_{n=1}^{\infty}(a_{2n-1}-a_{2n})=3, \quad \sum_{n=1}^{\infty}a_n^2=6$$

일 때, $\sum_{n=1}^{\infty}a_n$의 값은? [3점]

① 1   ② 2   ③ 3
④ 4   ⑤ 5

040 변형 유제

두 등비수열 $\{a_n\}$, $\{b_n\}$에 대하여 $a_1=1$, $b_1=2$이고,

$$\sum_{n=1}^{\infty}a_n=3, \quad \sum_{n=1}^{\infty}b_n=8$$

일 때, $\sum_{n=1}^{\infty}a_{2n-1}b_n$의 값은?

① 1   ② 2   ③ 3
④ 4   ⑤ 5

041 실전 예상

등비수열 $\{a_n\}$에 대하여

$$\sum_{n=1}^{\infty}a_{2n-1}=\frac{25}{7}, \quad \sum_{n=1}^{\infty}a_{2n}=\frac{10}{7}$$

일 때, $\sum_{n=1}^{\infty}a_n$의 값은?

① 1   ② 2   ③ 3
④ 4   ⑤ 5

042 실전 예상

공비가 같은 두 등비수열 $\{a_n\}$, $\{b_n\}$에 대하여

$$\sum_{n=1}^{\infty}(a_n+b_n)=9, \quad \sum_{n=1}^{\infty}(a_n-b_n)=6$$

이고, $a_1=2$이다. $\sum_{n=1}^{\infty}a_nb_{n+1}=\dfrac{q}{p}$일 때, $p+q$의 값을 구하시오.

(단, p와 q는 서로소인 자연수이다.)

수능유형 **11**

등비급수의 활용
– 다각형 모양으로 주어진 경우

UP

043 대표 기출

• 모평 기출 •

그림과 같이 $\overline{AB_1}=1$, $\overline{B_1C_1}=2$인 직사각형 $AB_1C_1D_1$이 있다. $\angle AD_1C_1$을 삼등분하는 두 직선이 선분 B_1C_1과 만나는 점 중 점 B_1에 가까운 점을 E_1, 점 C_1에 가까운 점을 F_1이라 하자.

$\overline{E_1F_1}=\overline{F_1G_1}$, $\angle E_1F_1G_1=\dfrac{\pi}{2}$이고 선분 AD_1과 선분 F_1G_1이 만나도록 점 G_1을 잡아 삼각형 $E_1F_1G_1$을 그린다.

선분 E_1D_1과 선분 F_1G_1이 만나는 점을 H_1이라 할 때, 두 삼각형 $G_1E_1H_1$, $H_1F_1D_1$로 만들어진 ⟋⟍ 모양의 도형에 색칠하여 얻은 그림을 R_1이라 하자.

그림 R_1에 선분 AB_1 위의 점 B_2, 선분 E_1G_1 위의 점 C_2, 선분 AD_1 위의 점 D_2와 점 A를 꼭짓점으로 하고 $\overline{AB_2}:\overline{B_2C_2}=1:2$인 직사각형 $AB_2C_2D_2$를 그린다. 직사각형 $AB_2C_2D_2$에 그림 R_1을 얻은 것과 같은 방법으로 ⟋⟍ 모양의 도형을 그리고 색칠하여 얻은 그림을 R_2라 하자.

이와 같은 과정을 계속하여 n 번째 얻은 그림 R_n에 색칠되어 있는 부분의 넓이를 S_n이라 할 때, $\lim\limits_{n\to\infty}S_n$의 값은? [3점]

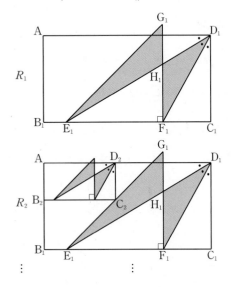

① $\dfrac{2\sqrt{3}}{9}$ ② $\dfrac{5\sqrt{3}}{18}$ ③ $\dfrac{\sqrt{3}}{3}$

④ $\dfrac{7\sqrt{3}}{18}$ ⑤ $\dfrac{4\sqrt{3}}{9}$

핵심개념 & 연관개념

연관개념 / 닮음비와 넓이의 비

> 닮은 두 도형의 닮음비가 $m:n$일 때, 두 도형의 넓이의 비는
> $m^2:n^2$

044 변형 유제

그림과 같이 $\overline{A_1B_1}=4$, $\overline{A_1D_1}=6$인 직사각형 $A_1B_1C_1D_1$에 대하여 선분 A_1D_1을 $1:2$로 내분하는 점을 P_1이라 하고, 두 삼각형 $A_1B_1P_1$, $P_1C_1D_1$의 넓이의 합을 S_1이라 하자.

선분 P_1B_1 위의 점 A_2, 선분 B_1C_1 위의 두 점 B_2, C_2, 선분 P_1C_1 위의 점 D_2를 꼭짓점으로 하고 $\overline{A_2B_2}:\overline{A_2D_2}=2:3$인 직사각형 $A_2B_2C_2D_2$를 그린 후, 선분 A_2D_2를 $1:2$로 내분하는 점을 P_2라 하고, 두 삼각형 $A_2B_2P_2$, $P_2C_2D_2$의 넓이의 합을 S_2라 하자.

이와 같은 과정을 계속하여 n 번째 얻은 두 삼각형 $A_nB_nP_n$, $P_nC_nD_n$의 넓이의 합을 S_n이라 할 때, $\sum\limits_{n=1}^{\infty}S_n$의 값은?

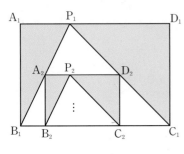

① 16 ② 17 ③ 18
④ 19 ⑤ 20

045 실전 예상

그림과 같이 한 변의 길이가 4인 정사각형 $A_1B_1C_1D_1$에 대하여 선분 A_1D_1을 3 : 1로 내분하는 점을 P_1, 선분 C_1D_1을 1 : 2로 내분하는 점을 Q_1, 두 선분 B_1P_1, A_1Q_1의 교점을 R_1이라 하고, 삼각형 $A_1R_1P_1$의 넓이를 S_1이라 하자.

선분 B_1P_1 위의 점 A_2, 선분 B_1C_1 위의 두 점 B_2, C_2, 선분 A_1Q_1 위의 점 D_2를 꼭짓점으로 하는 정사각형 $A_2B_2C_2D_2$를 그린 후, 선분 A_2D_2를 3 : 1로 내분하는 점을 P_2, 선분 C_2D_2를 1 : 2로 내분하는 점을 Q_2, 두 선분 B_2P_2, A_2Q_2의 교점을 R_2라 하고, 삼각형 $A_2R_2P_2$의 넓이를 S_2라 하자.

이와 같은 과정을 계속하여 n 번째 얻은 삼각형 $A_nR_nP_n$의 넓이를 S_n이라 할 때, $\sum_{n=1}^{\infty} S_n = \dfrac{q}{p}$이다. $p+q$의 값을 구하시오.

(단, p와 q는 서로소인 자연수이다.)

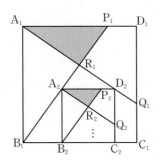

046 실전 예상

그림과 같이 $\overline{A_1B}=1$, $\overline{A_1D_1}=2$인 직사각형 $A_1BC_1D_1$에 대하여 선분 A_1D_1의 중점을 M_1, 선분 M_1D_1을 한 변으로 하는 정삼각형의 꼭짓점 중 사각형 $A_1BC_1D_1$의 내부에 있는 점을 P_1이라 하고, 삼각형 $M_1P_1D_1$의 둘레의 길이를 a_1이라 하자.

선분 A_1B 위의 점 A_2, 선분 BC_1 위의 점 C_2, 선분 M_1P_1 위의 점 D_2를 꼭짓점으로 하고 $\overline{A_2B} : \overline{A_2D_2}=1 : 2$인 직사각형 $A_2BC_2D_2$를 그린 후, 선분 A_2D_2의 중점을 M_2, 선분 M_2D_2를 한 변으로 하는 정삼각형의 꼭짓점 중 사각형 $A_2BC_2D_2$의 내부에 있는 점을 P_2라 하고, 삼각형 $M_2P_2D_2$의 둘레의 길이를 a_2라 하자.

이와 같은 과정을 계속하여 n 번째 얻은 삼각형 $M_nP_nD_n$의 둘레의 길이를 a_n이라 할 때, $\sum_{n=1}^{\infty} a_n$의 값은?

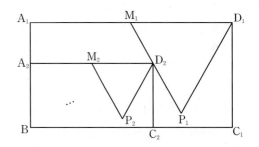

① $5+\sqrt{3}$ ② $6+\sqrt{3}$ ③ $5+2\sqrt{3}$

④ $6+2\sqrt{3}$ ⑤ $6+3\sqrt{3}$

등급을 가르는 핵심 특강

특강 1 > 등비급수의 활용 – 원의 성질을 이용하는 경우

행동전략 🎯

대표 기출   • 수능 기출 •

그림과 같이 한 변의 길이가 5인 정사각형 ABCD에 중심이 A이고 중심각의 크기가 90°인 부채꼴 ABD를 그린다. 선분 AD를 3 : 2로 내분하는 점을 A_1, 점 A_1을 지나고 선분 AB에 평행한 직선이 호 BD와 만나는 점을 B_1이라 하자. 선분 A_1B_1을 한 변으로 하고 선분 DC와 만나도록 정사각형 $A_1B_1C_1D_1$을 그린 후, 중심이 D_1이고 중심각의 크기가 90°인 부채꼴 $D_1A_1C_1$을 그린다. 선분 DC가 호 A_1C_1, 선분 B_1C_1과 만나는 점을 각각 E_1, F_1이라 하고, 두 선분 DA_1, DE_1과 호 A_1E_1로 둘러싸인 부분과 두 선분 E_1F_1, F_1C_1과 호 E_1C_1로 둘러싸인 부분인 ⌐ 모양의 도형에 색칠하여 얻은 그림을 R_1이라 하자. 그림 R_1에서 정사각형 $A_1B_1C_1D_1$에 중심이 A_1이고 중심각의 크기가 90°인 부채꼴 $A_1B_1D_1$을 그린다. 선분 A_1D_1을 3 : 2로 내분하는 점을 A_2, 점 A_2를 지나고 선분 A_1B_1에 평행한 직선이 호 B_1D_1과 만나는 점을 B_2라 하자. 선분 A_2B_2를 한 변으로 하고 선분 D_1C_1과 만나도록 정사각형 $A_2B_2C_2D_2$를 그린 후, 그림 R_1을 얻은 것과 같은 방법으로 정사각형 $A_2B_2C_2D_2$에 ⌐ 모양의 도형을 그리고 색칠하여 얻은 그림을 R_2라 하자. 이와 같은 과정을 계속하여 n 번째 얻은 그림 R_n에 색칠되어 있는 부분의 넓이를 S_n이라 할 때, $\lim_{n\to\infty} S_n$의 값은? [4점]

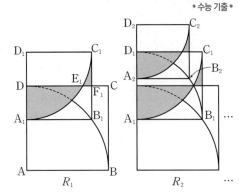

① $\dfrac{50}{3}\left(3-\sqrt{3}+\dfrac{\pi}{6}\right)$ ② $\dfrac{100}{9}\left(3-\sqrt{3}+\dfrac{\pi}{3}\right)$ ③ $\dfrac{50}{3}\left(2-\sqrt{3}+\dfrac{\pi}{3}\right)$

④ $\dfrac{100}{9}\left(3-\sqrt{3}+\dfrac{\pi}{6}\right)$ ⑤ $\dfrac{100}{9}\left(2-\sqrt{3}+\dfrac{\pi}{3}\right)$

1 닮은 도형이 한없이 반복되는 형태이므로 등비급수를 이용한다.

(1) 첫 번째 도형에서 길이 또는 넓이의 정의에 따라 첫째항을 구한다.

(2) 다음 중 한 가지 방법을 이용하여 공비를 구한다.

① n 번째 도형과 $(n+1)$ 번째 도형 사이의 관계에서 공비를 구한다.

② 닮음비를 이용한다.

➡ 닮음비가 $m : n$인 도형의 길이의 비는 $m : n$, 넓이의 비는 $m^2 : n^2$

③ 두 번째 도형에서 구한 제2항을 이용한다.

➡ $a_n = a_1 r^{n-1}$에서 $\dfrac{a_2}{a_1} = r$ (단, r는 공비)

2 반지름의 길이가 r, 중심각의 크기가 $\theta°$(또는 θ)인 부채꼴의 넓이는 $\pi r^2 \times \dfrac{\theta°}{360°}$ $\left($또는 $\dfrac{1}{2}r^2\theta\right)$임을 이용한다.

풀이

❶ $S_1 = \{$(부채꼴 $A_1D_1E_1$의 넓이$)-\triangle D_1DE_1\}$

$\qquad\qquad + \{\square D_1DF_1C_1-\triangle D_1DE_1-($부채꼴 $C_1D_1E_1$의 넓이$)\}$

$\quad = \left(\dfrac{8}{3}\pi-2\sqrt{3}\right)+\left(8-2\sqrt{3}-\dfrac{4}{3}\pi\right) = 8-4\sqrt{3}+\dfrac{4}{3}\pi$

❷ 두 정사각형 $A_1B_1C_1D_1$과 $A_2B_2C_2D_2$의 닮음비는

$\overline{A_1B_1} : \overline{A_2B_2} = 4 : \dfrac{16}{5} = 1 : \dfrac{4}{5}$이므로 넓이의 비는 $1^2 : \left(\dfrac{4}{5}\right)^2 = 1 : \dfrac{16}{25}$

이때 $S_n = S_1+\dfrac{16}{25}S_1+\left(\dfrac{16}{25}\right)^2 S_1+\cdots+\left(\dfrac{16}{25}\right)^{n-1}S_1 = \sum_{k=1}^{n}\left(8-4\sqrt{3}+\dfrac{4}{3}\pi\right)\left(\dfrac{16}{25}\right)^{k-1}$이므로

❸ $\lim_{n\to\infty}S_n = \dfrac{8-4\sqrt{3}+\dfrac{4}{3}\pi}{1-\dfrac{16}{25}} = \dfrac{25}{9}\left(8-4\sqrt{3}+\dfrac{4}{3}\pi\right) = \dfrac{100}{9}\left(2-\sqrt{3}+\dfrac{\pi}{3}\right)$

답 ⑤

내용전략

❶ S_1의 값 구하기

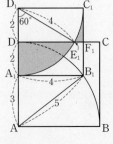

❷ 넓이의 비 구하기

참고

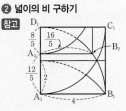

❸ $\lim_{n\to\infty}S_n$의 값 구하기

047

그림과 같이 한 변의 길이가 3인 정삼각형 ABC에 대하여 선분 BC를 삼등분하는 두 점을 점 B에 가까운 것부터 각각 B_1, C_1이라 하고 선분 B_1C_1을 한 변으로 하는 정삼각형의 꼭짓점 중 삼각형 ABC의 내부에 있는 점을 A_1이라 하자. 점 A_1을 지나고 두 선분 AB, AC에 모두 접하는 원 O_1을 그리고 원 O_1의 내부에 색칠하여 얻은 그림을 R_1이라 하자.

그림 R_1에서 선분 B_1C_1을 삼등분하는 두 점을 점 B_1에 가까운 것부터 각각 B_2, C_2라 하고 선분 B_2C_2를 한 변으로 하는 정삼각형의 꼭짓점 중 삼각형 $A_1B_1C_1$의 내부에 있는 점을 A_2라 하자. 점 A_2를 지나고 두 선분 A_1B_1, A_1C_1에 모두 접하는 원 O_2를 그리고 원 O_2의 내부에 색칠하여 얻은 그림을 R_2라 하자.

이와 같은 과정을 계속하여 n 번째 얻은 그림 R_n에 색칠되어 있는 부분의 넓이를 S_n이라 할 때, $\lim_{n \to \infty} S_n$의 값은?

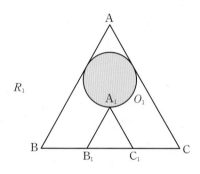

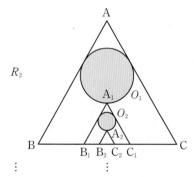

① $\dfrac{3}{8}\pi$ 　② $\dfrac{\pi}{2}$ 　③ $\dfrac{5}{8}\pi$

④ $\dfrac{3}{4}\pi$ 　⑤ $\dfrac{7}{8}\pi$

048

그림과 같이 $\overline{A_1B_1}=4$, $\overline{A_1D}=6$인 직사각형 $A_1B_1C_1D$에 대하여 두 선분 A_1D, C_1D의 중점을 각각 A_2, C_2라 하자. 세 점 A_2, C_2, D와 직사각형 $A_1B_1C_1D$의 내부에 있는 점 B_2를 꼭짓점으로 하는 직사각형 $A_2B_2C_2D$를 그리고, 점 B_2를 지나고 두 선분 A_1B_1, B_1C_1에 모두 접하는 원을 O_1이라 하자.

직사각형 $A_2B_2C_2D$에 대하여 두 선분 A_2D, C_2D의 중점을 각각 A_3, C_3이라 하자. 세 점 A_3, C_3, D와 직사각형 $A_2B_2C_2D$의 내부에 있는 점 B_3을 꼭짓점으로 하는 직사각형 $A_3B_3C_3D$를 그리고, 점 B_3을 지나고 두 선분 A_2B_2, B_2C_2에 모두 접하는 원을 O_2라 하자.

이와 같은 과정을 계속하여 n 번째 얻은 원 O_n의 둘레의 길이를 a_n이라 할 때, $\sum_{n=1}^{\infty} a_n = \pi(p+q\sqrt{3})$이다. $p+q$의 값을 구하시오. (단, p, q는 유리수이다.)

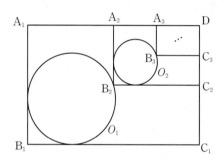

049
수능유형 02

수열 $\{a_n\}$이 모든 자연수 n에 대하여

$$2n(\sqrt{4n^2+6n}-2n)<(2n+3)^2 a_n<3n+1$$

을 만족시킬 때, $\lim\limits_{n\to\infty}(3n+2)a_n$의 값은?

① $\dfrac{3}{2}$ ② $\dfrac{7}{4}$ ③ 2

④ $\dfrac{9}{4}$ ⑤ $\dfrac{5}{2}$

050
수능유형 02, 06

두 수열 $\{a_n\}$, $\{b_n\}$이 다음 조건을 만족시킨다.

> (가) $\sum\limits_{n=1}^{\infty} a_n=3$
>
> (나) 모든 자연수 n에 대하여
>
> $$3^n-2<b_n<\sum\limits_{k=1}^{n}2\times 3^{k-1}$$
>
> 이다.

$\lim\limits_{n\to\infty}\dfrac{3^{n-1}a_n+3^{n+1}}{2b_n+1}$의 값은?

① $\dfrac{1}{2}$ ② 1   ③ $\dfrac{3}{2}$

④ 2   ⑤ $\dfrac{5}{2}$

051
수능유형 05

자연수 p에 대하여 $a_n=\dfrac{(n!)^3}{(pn-1)!}$일 때,

$$\lim\limits_{n\to\infty}\dfrac{a_n}{a_{n+1}}=\alpha \ (\alpha \text{는 0이 아닌 실수})$$

이다. $p+\alpha$의 값을 구하시오.

052

수열 $\{a_n\}$의 일반항이

$$a_n=\begin{cases} \dfrac{3}{2^n} & (n\text{이 홀수일 때}) \\[2mm] \dfrac{5}{(2n-1)(2n+3)} & (n\text{이 짝수일 때}) \end{cases}$$

일 때, $\displaystyle\sum_{n=1}^{\infty} a_n=\dfrac{q}{p}$이다. $p+q$의 값을 구하시오.

(단, p와 q는 서로소인 자연수이다.)

053

그림과 같이 3 이상의 자연수 n에 대하여 $\overline{AB}=a$, $\overline{AD}=n$인 직사각형 ABCD에서 $\overline{AE}=2$인 선분 AD 위의 점 E에서 선분 BC에 내린 수선의 발을 F라 하고, 두 선분 AC, EF의 교점을 G라 하자. $\displaystyle\lim_{n \to \infty} \dfrac{\overline{AC}-\overline{BC}}{\overline{EG}}=1$일 때, 실수 a의 값은?

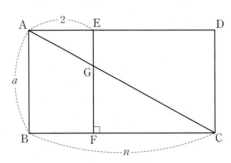

① 1　　　　② 2　　　　③ 3

④ 4　　　　⑤ 5

054

두 수열 $\{a_n\}$, $\{b_n\}$에 대하여 보기에서 옳은 것만을 있는 대로 고른 것은?

┤ 보기 ├

ㄱ. 급수 $\sum\limits_{n=1}^{\infty}(a_n-b_n)$이 수렴하면 $\lim\limits_{n\to\infty}a_n=\lim\limits_{n\to\infty}b_n$이다.

ㄴ. 두 급수 $\sum\limits_{n=1}^{\infty}(a_n+b_n)$, $\sum\limits_{n=1}^{\infty}(a_n-b_n)$이 모두 수렴하면 두

급수 $\sum\limits_{n=1}^{\infty}a_n$, $\sum\limits_{n=1}^{\infty}b_n$도 모두 수렴한다.

ㄷ. 모든 자연수 n에 대하여 $0<a_n<b_n$이고 급수 $\sum\limits_{n=1}^{\infty}a_n$이 발

산하면 급수 $\sum\limits_{n=1}^{\infty}b_n$도 발산한다.

① ㄴ ② ㄷ ③ ㄱ, ㄷ

④ ㄴ, ㄷ ⑤ ㄱ, ㄴ, ㄷ

055

함수 $f(x)=\lim\limits_{n\to\infty}\dfrac{x^{2n+2}+a}{x^{2n}+1}$에 대하여 $y=f(x)$의 그래프와 직선 $y=mx+m+1$의 교점의 개수가 2가 되도록 하는 양의 실수 m의 최솟값이 1일 때, 상수 a의 값은? (단, $a>1$)

① 3 ② $\dfrac{7}{2}$ ③ 4

④ $\dfrac{9}{2}$ ⑤ 5

056

등차수열 $\{a_n\}$에 대하여

$$\sum_{n=1}^{\infty}\left(\frac{a_n}{n+2}-\frac{3n-1}{n+1}\right)=2$$

일 때, $\sum\limits_{n=1}^{\infty}\dfrac{1}{a_na_{n+1}}$의 값은?

① $\dfrac{1}{30}$ ② $\dfrac{1}{15}$ ③ $\dfrac{1}{10}$

④ $\dfrac{2}{15}$ ⑤ $\dfrac{1}{6}$

057

그림과 같이 $\overline{AB}=1$, $\overline{BC}=4$인 직사각형 ABCD에 대하여 선분 BC를 한 변으로 하는 정삼각형 PBC를 두 선분 PB, PC가 선분 AD와 만나도록 그리고, 두 선분 PB, PC와 선분 AD의 교점을 각각 E, F라 하자. 삼각형 PEF의 내접원을 그리고, 내접원의 내부에 색칠하여 얻은 그림을 R_1이라 하자.

그림 R_1에서 선분 PF를 긴 변으로 하고 이웃하는 두 변의 길이의 비가 1 : 4인 직사각형을 그린 후, R_1을 얻는 것과 같은 방법으로 정삼각형과 그 내접원을 그려서 새로 그린 내접원의 내부에 색칠하여 얻은 그림을 R_2라 하자. 이와 같은 과정을 계속하여 n 번째 얻은 그림 R_n에 색칠되어 있는 부분의 넓이를 S_n이라 할 때, $\lim\limits_{n \to \infty} S_n = \dfrac{p\sqrt{3}-q}{141}\pi$이다. $p+q$의 값을 구하시오. (단, p, q는 자연수이다.)

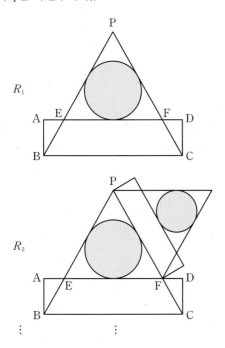

058

자연수 n에 대하여 좌표평면 위의 점 P_n이 다음 조건을 만족시킨다.

(가) 점 P_1의 좌표는 $(1, 0)$이다.

(나) 점 P_n의 y좌표가 0 또는 짝수이면 점 P_n을 y축의 방향으로 1만큼 평행이동한 점이 P_{n+1}이다.

(다) 점 P_n의 y좌표가 홀수이면 점 P_n을 x축의 방향으로 1만큼, y축의 방향으로 1만큼 평행이동한 점이 P_{n+1}이다.

원점 O에 대하여 $\overline{OP_n}=a_n$이라 할 때, 보기에서 옳은 것만을 있는 대로 고른 것은?

┤ 보기 ├

ㄱ. $a_5=5$

ㄴ. $\lim\limits_{n \to \infty} (a_{2n+1}-a_{2n})^2 = \dfrac{4}{5}$

ㄷ. $\lim\limits_{n \to \infty} (a_{n+2}-a_n) = \sqrt{5}$

① ㄱ   ② ㄴ   ③ ㄱ, ㄷ

④ ㄴ, ㄷ   ⑤ ㄱ, ㄴ, ㄷ

II 미분법

수능 실전 개념

① 지수함수와 로그함수의 극한

$(1) \lim_{x \to 0} \dfrac{\ln(1+x)}{x} = 1$ $\qquad (2) \lim_{x \to 0} \dfrac{e^x - 1}{x} = 1$

실전 전략
$(1) \ e = \lim_{x \to 0} (1+x)^{\frac{1}{x}} = \lim_{x \to \infty} \left(1 + \dfrac{1}{x}\right)^x$

(2) 지수함수 $y = e^x$과 로그함수 $y = \ln x$는 서로 역함수 관계이다.

② 지수함수와 로그함수의 도함수

(1) 지수함수의 도함수

　① $y = e^x$이면 $y' = e^x$

　② $y = a^x \ (a>0, \ a \neq 1)$이면 $y' = a^x \ln a$

(2) 로그함수의 도함수

　① $y = \ln x$이면 $y' = \dfrac{1}{x}$

　② $y = \log_a x \ (a>0, \ a \neq 1)$이면 $y' = \dfrac{1}{x \ln a}$

③ 삼각함수의 덧셈정리

$(1) \ \sin(\alpha \pm \beta) = \sin \alpha \cos \beta \pm \cos \alpha \sin \beta$ (복부호 동순)

$(2) \ \cos(\alpha \pm \beta) = \cos \alpha \cos \beta \mp \sin \alpha \sin \beta$ (복부호 동순)

$(3) \ \tan(\alpha \pm \beta) = \dfrac{\tan \alpha \pm \tan \beta}{1 \mp \tan \alpha \tan \beta}$ (복부호 동순)

실전 전략
배각의 공식은 위 식에서 $\beta = \alpha$인 경우이다.

④ 삼각함수의 극한

$(1) \lim_{x \to 0} \dfrac{\sin x}{x} = 1, \ \lim_{x \to 0} \dfrac{\tan x}{x} = 1$

$(2) \lim_{x \to 0} \dfrac{\sin ax}{bx} = \dfrac{a}{b}, \ \lim_{x \to 0} \dfrac{\tan ax}{bx} = \dfrac{a}{b}$ (단, $a \neq 0, \ b \neq 0$)

⑤ 함수의 몫의 미분법

(1) 두 함수 $f(x), g(x) \ (g(x) \neq 0)$가 미분가능할 때

　① $y = \dfrac{1}{g(x)}$이면 $y' = -\dfrac{g'(x)}{\{g(x)\}^2}$

　② $y = \dfrac{f(x)}{g(x)}$이면 $y' = \dfrac{f'(x)g(x) - f(x)g'(x)}{\{g(x)\}^2}$

(2) 삼각함수의 도함수

　① $y = \sin x$이면 $y' = \cos x$

　② $y = \cos x$이면 $y' = -\sin x$

　③ $y = \tan x$이면 $y' = \sec^2 x$

　④ $y = \sec x$이면 $y' = \sec x \tan x$

　⑤ $y = \csc x$이면 $y' = -\csc x \cot x$

　⑥ $y = \cot x$이면 $y' = -\csc^2 x$

⑥ 여러 가지 함수의 미분법

(1) 합성함수의 미분법

　두 함수 $y = f(u), \ u = g(x)$가 미분가능하면 합성함수
　$y = f(g(x))$의 도함수는 $y' = f'(g(x))g'(x)$

(2) 매개변수로 나타낸 함수의 미분법

　두 함수 $x = f(t), \ y = g(t)$가 t에 대하여 미분가능하면

　$\dfrac{dy}{dx} = \dfrac{g'(t)}{f'(t)}$ (단, $f'(t) \neq 0$)

(3) 음함수의 미분법

　함수가 $f(x, y) = 0$ 꼴로 주어지면 y를 x의 함수로 보고 각 항

　을 x에 대하여 미분하여 $\dfrac{dy}{dx}$를 구한다.

(4) 역함수의 미분법

　미분가능한 함수 $f(x)$의 역함수 $g(x)$가 미분가능하면

　① $g'(x) = \dfrac{1}{f'(g(x))}$ (단, $f'(g(x)) \neq 0$)

　② $f(a) = b$, 즉 $g(b) = a$이면 $g'(b) = \dfrac{1}{f'(a)}$ (단, $f'(a) \neq 0$)

⑦ 이계도함수

함수 $y = f(x)$의 도함수 $f'(x)$가 미분가능하면

$$f''(x) = y'' = \dfrac{d^2 y}{dx^2} = \dfrac{d^2}{dx^2} f(x)$$

⑧ 곡선의 오목과 볼록의 판정

함수 $f(x)$가 어떤 구간에서

$(1) \ f''(x) > 0$이면 곡선 $y = f(x)$는 이 구간에서 아래로 볼록하다.

$(2) \ f''(x) < 0$이면 곡선 $y = f(x)$는 이 구간에서 위로 볼록하다.

⑨ 변곡점의 판정

곡선 $y = f(x)$ 위의 점 $P(a, f(a))$가 이 곡선의 변곡점이면 점 P
의 좌우에서

(1) 곡선 $y = f(x)$의 모양이 아래로 볼록에서 위로 볼록으로 변하
　거나 위로 볼록에서 아래로 볼록으로 변한다.

$(2) \ x = a$의 좌우에서 $f''(x)$의 부호가 바뀐다. (단, $f''(a) = 0$)

⑩ 속도와 가속도

(1) 수직선 위를 움직이는 점 P의 시각 t에서의 위치 x가 $x = f(t)$

　일 때, 점 P의 속도 $v = \dfrac{dx}{dt} = f'(t)$, 가속도 $a = \dfrac{dv}{dt} = f''(t)$

　이다.

(2) 평면 위를 움직이는 점 P의 시각 t에서의 위치 (x, y)가

　$x = f(t), \ y = g(t)$일 때, 점 P의 속도는 $(f'(t), \ g'(t))$, 가속
　도는 $(f''(t), \ g''(t))$이다.

■ 다음 문장이 참이면 '○'표, 거짓이면 '✕'표를 ( ) 안에 써넣으시오.

01 함수 $f(x)=e^x-e^{-x}$에 대하여 $\displaystyle\lim_{x\to 0}\frac{f(x)}{x}=1$이다.

( )

02 함수 $f(x)=(2x+7)e^x$에 대하여 $f'(0)=2$이다.

( )

03 두 직선 $y=x$, $y=-2x$가 이루는 예각의 크기를 θ라 하면 $\tan\theta=3$이다. ( )

04 두 실수 $a=\displaystyle\lim_{t\to 0}\frac{\sin t}{2t}$, $b=\displaystyle\lim_{t\to 0}\frac{e^{2t}-1}{t}$에 대하여 함

수 $f(x)$가 $f(x)=\begin{cases} a\ (x\geq 1) \\ b\ (x<1) \end{cases}$이면

$\displaystyle\lim_{x\to 1-}f(f(x))=\lim_{x\to 1+}f(f(x))$이다. ( )

05 실수에서 정의된 함수 $f(x)$가 $\displaystyle\lim_{x\to 0}xf(x)=1$을 만족

하고 $g(x)=\cos x$이면 $\displaystyle\lim_{x\to 0}f(x)g(x)$는 발산한다.

( )

06 함수 $f(x)$가 $f(x)=\sin x+x$이면 $f'(0)=1$이다.

( )

07 함수 $f(x)$가 $f(x)=\cos x+e^{2x}$이면 $f'(0)=2$이다.

( )

08 함수 $f(x)=e^x+\ln x$의 역함수를 $g(x)$라 하면

$g'(e)=\dfrac{1}{f'(e)}$이다. ( )

09 곡선 $y=e^x$ 위의 점 $(1,\ e)$에서의 접선은 점 $(e,\ e^2)$를 지난다. ( )

10 이계도함수를 갖는 함수 $f(x)$가 모든 실수 x에 대하여 $f(-x)=-f(x)$를 만족시킬 때, $f(x)$의 도함수 $f'(x)$가 $x=a\ (a\neq 0)$에서 극댓값을 가지면 $f'(x)$는 $x=-a$에서도 극댓값을 갖는다. ( )

3점·4점 유형 정복하기

어려운   쉬운

수능유형 01
지수함수와 로그함수의 극한과 미분(1)
– 식으로 주어진 경우

059 대표 기출
• 학평 기출 •

함수 $f(x)=\ln(ax+b)$에 대하여 $\lim\limits_{x\to 0}\dfrac{f(x)}{x}=2$일 때, $f(2)$의 값은? (단, a, b는 상수이다.) [3점]

① $\ln 3$ ② $2\ln 2$ ③ $\ln 5$

④ $\ln 6$ ⑤ $\ln 7$

핵심개념 & 연관개념 ··

핵심개념 / e의 정의를 이용한 로그함수의 극한

$a\neq 0$일 때, $\lim\limits_{x\to 0}\dfrac{\ln(1+ax)}{x}=a$

연관개념 / 미정계수의 결정

두 함수 $f(x)$, $g(x)$에 대하여 $\lim\limits_{x\to a}\dfrac{f(x)}{g(x)}=k$이고 $\lim\limits_{x\to a}g(x)=0$이면 $\lim\limits_{x\to a}f(x)=0$이다. (단, k는 실수)

060 변형 유제

함수 $f(x)=e^{ax}+b$에 대하여 $\lim\limits_{x\to 0}\dfrac{f(x)}{x}=3$일 때, $f(\ln 2)$의 값은? (단, a, b는 상수이다.)

① 6   ② 7   ③ 8

④ 9   ⑤ 10

061 실전 예상

실수 전체의 집합에서 연속인 함수 $f(x)$가 모든 실수 x에 대하여

$$x^2 f(x)=\ln(1+2x^2+3x^4)$$

이 성립할 때, $f(0)$의 값은?

① 1   ② 2   ③ 3

④ 4   ⑤ 5

062 실전 예상

함수 $f(x)=x^2+ax+b$에 대하여 $\lim\limits_{x\to 0}\dfrac{\ln f(x)}{x}=3$일 때, $f(4)$의 값을 구하시오. (단, a, b는 상수이다.)

수능유형 02 지수함수와 로그함수의 극한과 미분(2) – 그래프로 주어진 경우

063 [대표 기출]
• 모평 기출 •

양수 t에 대하여 다음 조건을 만족시키는 실수 k의 값을 $f(t)$라 하자.

> 직선 $x=k$와 두 곡선 $y=e^{\frac{x}{2}}$, $y=e^{\frac{x}{2}+3t}$이 만나는 점을 각각 P, Q라 하고, 점 Q를 지나고 y축에 수직인 직선이 곡선 $y=e^{\frac{x}{2}}$과 만나는 점을 R라 할 때, $\overline{PQ}=\overline{QR}$이다.

함수 $f(t)$에 대하여 $\displaystyle\lim_{t\to 0+} f(t)$의 값은? [4점]

① $\ln 2$ ② $\ln 3$ ③ $\ln 4$ ④ $\ln 5$ ⑤ $\ln 6$

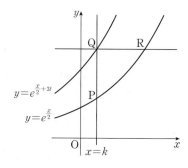

핵심개념 & 연관개념

핵심개념 e의 정의를 이용한 지수함수의 극한

$a\neq 0$일 때, $\displaystyle\lim_{x\to 0}\frac{e^{ax}-1}{x}=a$

064 [변형 유제]

$t>1$인 t에 대하여 직선 $x=t$가 두 곡선 $y=\ln x$, $y=2\ln x$와 만나는 점을 각각 P, Q라 하고, 점 P를 지나고 y축에 수직인 직선이 곡선 $y=2\ln x$와 만나는 점을 R라 하자. $\displaystyle\lim_{t\to 1+}\frac{\overline{PQ}}{\overline{PR}}$의 값을 구하시오.

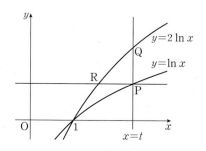

065 [실전 예상]

두 함수 $y=3^x$, $y=6^x$의 그래프가 직선 $x=t$ $(t>0)$와 만나는 점을 각각 A, B라 하자. 점 C$(0, 1)$에 대하여 삼각형 ABC의 넓이를 $S(t)$라 할 때, $\displaystyle\lim_{t\to 0+}\frac{S(t)}{t^2}$의 값은?

① $\frac{1}{2}\ln 2$ ② $\frac{1}{2}\ln 3$ ③ $\ln 2$

④ $\frac{3}{2}\ln 2$ ⑤ $\ln 3$

066 [실전 예상]

그림과 같이 두 함수 $y=\log_2(x+1)$, $y=\log_4(3x+1)$의 그래프의 교점 중 원점이 아닌 점을 P(a, b)라 하고, 두 그래프가 직선 $x=t$ $(t>a)$와 만나는 점을 각각 A, B라 하자. 삼각형 APB의 넓이를 $S(t)$라 할 때, $\displaystyle\lim_{t\to a+}\frac{S(t)}{(t-a)^2}$의 값은?

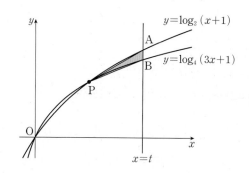

① $\frac{1}{16\ln 2}$ ② $\frac{1}{8\ln 2}$ ③ $\frac{3}{16\ln 2}$

④ $\frac{1}{4\ln 2}$ ⑤ $\frac{5}{16\ln 2}$

수능유형 **03** 삼각함수의 덧셈정리(1) – 식의 값

067 [대표 기출]
• 수능 기출 •

$\overline{AB}=\overline{AC}$인 이등변삼각형 ABC에서 $\angle A=\alpha$, $\angle B=\beta$라 하자. $\tan(\alpha+\beta)=-\dfrac{3}{2}$일 때, $\tan\alpha$의 값은? [3점]

① $\dfrac{21}{10}$ ② $\dfrac{11}{5}$ ③ $\dfrac{23}{10}$

④ $\dfrac{12}{5}$ ⑤ $\dfrac{5}{2}$

핵심개념 & 연관개념

핵심개념 / 삼각함수의 덧셈정리

(1) $\sin(\alpha\pm\beta)=\sin\alpha\cos\beta\pm\cos\alpha\sin\beta$

(2) $\cos(\alpha\pm\beta)=\cos\alpha\cos\beta\mp\sin\alpha\sin\beta$

(3) $\tan(\alpha\pm\beta)=\dfrac{\tan\alpha\pm\tan\beta}{1\mp\tan\alpha\tan\beta}$

연관개념 / 삼각함수의 성질

(1) $\sin(\pi-\theta)=\sin\theta$

(2) $\cos(\pi-\theta)=-\cos\theta$

(3) $\tan(\pi-\theta)=-\tan\theta$

---

068 [변형 유제]

$\overline{AB}=\overline{AC}$인 이등변삼각형 ABC에서 $\angle A=\alpha$, $\angle C=\beta$라 하자. $\sin(\alpha+\beta)=\dfrac{3}{5}$일 때, $\sin\alpha$의 값은? $\left(\text{단, }0<\beta<\dfrac{\pi}{2}\right)$

① $\dfrac{16}{25}$ ② $\dfrac{18}{25}$ ③ $\dfrac{4}{5}$

④ $\dfrac{22}{25}$ ⑤ $\dfrac{24}{25}$

---

069 [실전 예상]

x에 대한 이차방정식 $x^2-4x-3=0$의 두 근이 $\tan\alpha$, $\tan\beta$일 때, $\tan(\alpha-\beta)$의 값은? (단, $\tan\alpha>\tan\beta$)

① $-\dfrac{5\sqrt{7}}{2}$ ② $-2\sqrt{7}$ ③ $-\dfrac{3\sqrt{7}}{2}$

④ $-\sqrt{7}$ ⑤ $-\dfrac{\sqrt{7}}{2}$

---

070 [실전 예상]

$\sin\alpha+\sin\beta=a$, $\cos\alpha+\cos\beta=b$이고 $a^2+b^2=\dfrac{5}{2}$일 때, $\cos(\alpha-\beta)$의 값은?

① $\dfrac{1}{6}$ ② $\dfrac{1}{4}$ ③ $\dfrac{1}{3}$

④ $\dfrac{5}{12}$ ⑤ $\dfrac{1}{2}$

수능유형 **04** 삼각함수의 덧셈정리 (2) – 도형에의 활용

071 대표 기출

•학평 기출•

그림과 같이 한 변의 길이가 1인 정사각형 ABCD가 있다. 선분 AD 위의 점 E와 정사각형 ABCD의 내부에 있는 점 F가 다음 조건을 만족시킨다.

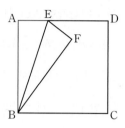

> (가) 두 삼각형 ABE와 FBE는 서로 합동이다.
>
> (나) 사각형 ABFE의 넓이는 $\frac{1}{3}$이다.

$\tan(\angle ABF)$의 값은? [4점]

① $\frac{5}{12}$　　　② $\frac{1}{2}$　　　③ $\frac{7}{12}$

④ $\frac{2}{3}$　　　⑤ $\frac{3}{4}$

핵심개념 & 연관개념

핵심개념 / 배각의 공식

(1) $\sin 2\alpha = 2\sin\alpha\cos\alpha$

(2) $\cos 2\alpha = \cos^2\alpha - \sin^2\alpha = 2\cos^2\alpha - 1 = 1 - 2\sin^2\alpha$

(3) $\tan 2\alpha = \dfrac{2\tan\alpha}{1-\tan^2\alpha}$

072 변형 유제

그림과 같이 한 변의 길이가 4인 정사각형 ABCD가 있다. 선분 AB의 중점 M과 선분 BC 위의 점 N에 대하여 삼각형 DMN의 넓이가 7일 때, $6\tan(\angle MDN)$의 값을 구하시오.

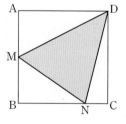

073 실전 예상

그림과 같이 $\overline{AB}=4$, $\overline{AC}=5$, $\angle B = \dfrac{\pi}{2}$인 직각삼각형 ABC에서 $\angle ACB$의 이등분선과 변 AB가 만나는 점을 D라 하자. $\angle CAB = \alpha$, $\angle BCD = \beta$라 할 때, $\tan(\alpha-\beta) = \dfrac{q}{p}$이다. $p+q$의 값을 구하시오.

(단, p와 q는 서로소인 자연수이다.)

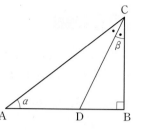

074 실전 예상

그림과 같이 예각삼각형 ABC의 꼭짓점 A에서 선분 BC에 내린 수선의 발을 H라 하자.

$$\overline{AH}=2,\ \overline{BC}=7,\ \angle CAH = \angle BAH + \dfrac{\pi}{4}$$

일 때, 선분 BH의 길이는?

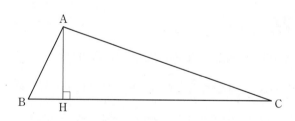

① $\frac{1}{2}$　　　② $\frac{3}{4}$　　　③ 1

④ $\frac{5}{4}$　　　⑤ $\frac{3}{2}$

수능유형 05 삼각함수의 극한: 도형에의 활용 ⑴ - 길이

075 대표 기출

• 수능 기출 •

좌표평면에서 곡선 $y=\sin x$ 위의 점 $\mathrm{P}(t,\ \sin t)\ (0<t<\pi)$ 를 중심으로 하고 x축에 접하는 원을 C라 하자. 원 C가 x축에 접하는 점을 Q, 선분 OP와 만나는 점을 R라 하자. $\displaystyle\lim_{t\to0+}\dfrac{\overline{\mathrm{OQ}}}{\overline{\mathrm{OR}}}=a+b\sqrt{2}$일 때, $a+b$의 값을 구하시오.

(단, O는 원점이고, a, b는 정수이다.) [3점]

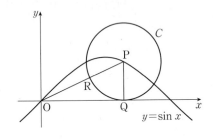

핵심개념 & 연관개념

핵심개념 삼각함수의 극한

x의 단위가 라디안일 때, $\displaystyle\lim_{x\to0}\dfrac{\sin x}{x}=1$

076 변형 유제

좌표평면에서 곡선 $y=\cos x$ 위의 두 점 $\mathrm{A}(0,\ 1)$, $\mathrm{P}\left(t,\ \cos t\right)\left(0<t<\dfrac{\pi}{2}\right)$에 대하여 직선 AP가 x축과 만나는 점을 $\mathrm{Q}(f(t),\ 0)$이라 하자. $\displaystyle\lim_{t\to0+}tf(t)$의 값을 구하시오.

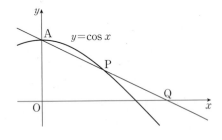

077 실전 예상

그림과 같이 $\overline{\mathrm{BC}}=1$, $\angle\mathrm{ACB}=\dfrac{\pi}{2}$ 인 직각삼각형 ABC가 있다. $\angle\mathrm{B}=\theta\left(0<\theta<\dfrac{\pi}{2}\right)$라 할 때, $\overline{\mathrm{BC}}=\overline{\mathrm{BD}}$를 만족시키는 변 AB 위의 점 D에 대하여 $\displaystyle\lim_{\theta\to0+}\dfrac{\overline{\mathrm{AD}}}{\theta\times\overline{\mathrm{CD}}}$의 값은?

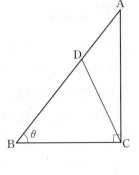

① $\dfrac{1}{8}$ ② $\dfrac{1}{4}$ ③ $\dfrac{3}{8}$

④ $\dfrac{1}{2}$ ⑤ $\dfrac{5}{8}$

078 실전 예상

중심이 O이고 반지름의 길이가 1, 중심각의 크기가 $\dfrac{\pi}{2}$인 부채꼴 OAB 가 있다. 그림과 같이 호 AB 위의 점 P에 대하여 $\angle\mathrm{POA}=\theta\left(0<\theta<\dfrac{\pi}{2}\right)$일 때, 호 AP의 중점 M을 지나고 선분 OA와 선분 OP에 모두 접하는 원의 둘레의 길이를 $l(\theta)$라 하자. $\displaystyle\lim_{\theta\to0+}\dfrac{l(\theta)}{\theta}$의 값은?

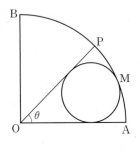

① $\dfrac{\pi}{4}$ ② $\dfrac{\pi}{2}$ ③ $\dfrac{3}{4}\pi$

④ π ⑤ $\dfrac{5}{4}\pi$

○ 정답과 해설 22쪽

수능유형 06 삼각함수의 극한: 도형에의 활용 (2) – 넓이

079 대표 기출

• 수능 기출 •

그림과 같이 $\overline{AB}=2$, $\angle B=\dfrac{\pi}{2}$인 직각삼각형 ABC에서 중심이 A, 반지름의 길이가 1인 원이 두 선분 AB, AC와 만나는 점을 각각 D, E라 하자. 호 DE의 삼등분점

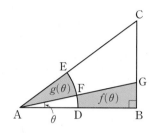

중 점 D에 가까운 점을 F라 하고, 직선 AF가 선분 BC와 만나는 점을 G라 하자. $\angle BAG=\theta$라 할 때, 삼각형 ABG의 내부와 부채꼴 ADF의 외부의 공통부분의 넓이를 $f(\theta)$, 부채꼴 AFE의 넓이를 $g(\theta)$라 하자. $40\times\displaystyle\lim_{\theta\to0+}\dfrac{f(\theta)}{g(\theta)}$의 값을 구하시오. $\left(\text{단, }0<\theta<\dfrac{\pi}{6}\right)$ [3점]

핵심개념 & 연관개념

핵심개념 / 삼각함수의 극한

x의 단위가 라디안일 때, $\displaystyle\lim_{x\to0}\dfrac{\tan x}{x}=1$

연관개념 / 부채꼴의 넓이

반지름의 길이가 r이고 중심각의 크기가 θ (라디안)인 부채꼴의 넓이 S는 $S=\dfrac{1}{2}r^2\theta$

080 변형 유제

그림과 같이 $\overline{AB}=4$, $\angle B=\dfrac{\pi}{2}$인 직각삼각형 ABC에서 중심이 A, 반지름의 길이가 1인 원이 두 선분 AB, AC와 만나는 점을 각각 D, E라 하자. 호 DE

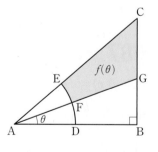

의 이등분점을 F라 하고, 직선 AF와 선분 BC가 만나는 점을 G라 하자. $\angle BAG=\theta$라 할 때, 삼각형 AGC의 내부와 부채꼴 AFE의 외부의 공통부분의 넓이를 $f(\theta)$라 하자. $18\times\displaystyle\lim_{\theta\to0+}\dfrac{f(\theta)}{\theta}$의 값을 구하시오.

$\left(\text{단, }0<\theta<\dfrac{\pi}{4}\right)$

081 실전 예상

그림과 같이 길이가 2인 선분 AB를 지름으로 하는 반원의 중심이 O이고, 반원의 호 AB 위의 점 P에서 선분 AB에 내린 수선의 발을 H라 하자. $\angle PAB=\theta\left(0<\theta<\dfrac{\pi}{4}\right)$일 때, 삼각형 OHP의 넓이를 $f(\theta)$, 삼각형 BPH의 넓이를 $g(\theta)$라 하자.

$\displaystyle\lim_{\theta\to0+}\dfrac{\theta^2 f(\theta)-g(\theta)}{\theta^3}$의 값은?

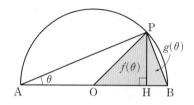

① $-\dfrac{1}{4}$ ② $-\dfrac{1}{2}$ ③ $-\dfrac{3}{4}$

④ -1 ⑤ $-\dfrac{5}{4}$

082 실전 예상

그림과 같이 중심이 O이고 반지름의 길이가 1, 중심각의 크기가 $\dfrac{\pi}{2}$인 부채꼴 OAB가 있다.

$\angle AOP=\angle POQ=\theta\left(0<\theta<\dfrac{\pi}{4}\right)$

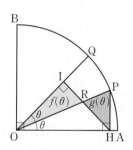

가 되도록 호 AB 위에 두 점 P, Q를 잡고, 점 P에서 선분 OA에 내린 수선의 발을 H, 점 H에서 선분 OQ에 내린 수선의 발을 I, 선분 OP와 선분 HI의 교점을 R라 하자. 삼각형 ORI의 넓이를 $f(\theta)$, 삼각형 HPR의 넓이를 $g(\theta)$라 할 때, $\displaystyle\lim_{\theta\to0+}\dfrac{f(\theta)-g(\theta)}{\theta}$의 값은? (단, $\overline{AP}<\overline{AQ}$)

① $\dfrac{1}{4}$ ② $\dfrac{3}{8}$ ③ $\dfrac{1}{2}$

④ $\dfrac{5}{8}$ ⑤ $\dfrac{3}{4}$

083 [실전 예상]

그림과 같이 좌표평면에 원 $x^2+y^2=1$이 있다. 제1사분면의 원 위의 점 P에 대하여 직선 OP가 직선 $x=1$과 만나는 점을 Q라 하고, 점 A(1, 0)에 대하여 $\angle \text{AOP}=\theta \left(0<\theta<\dfrac{\pi}{2}\right)$라 하자.

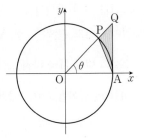

삼각형 AQP의 넓이를 $S(\theta)$라 할 때, $\displaystyle\lim_{\theta \to 0+} \dfrac{S(\theta)}{\theta^3}$의 값은?

(단, O는 원점이다.)

① $\dfrac{1}{8}$　　　② $\dfrac{1}{4}$　　　③ $\dfrac{3}{8}$

④ $\dfrac{1}{2}$　　　⑤ $\dfrac{5}{8}$

084 [실전 예상]

그림과 같이 반지름의 길이가 1인 부채꼴 OAB가 있다. 점 A를 지나고 직선 OA에 수직인 직선을 l이라 하고, 호 AB 위의 점 P에 대하여 직선 OP와 직선 l이 만나는 점을 Q라 하자. 또, 선분 PQ 위에 중심이 있으면서 직선 l에 접하고 점 P에서 호 AB에 접하는 원을 C라 하자.

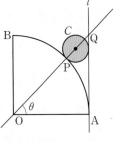

$\angle \text{POA}=\theta \left(0<\theta<\dfrac{\pi}{2}\right)$일 때, 원 C의 둘레의 길이를 $f(\theta)$라 하자. $\displaystyle\lim_{\theta \to 0+} \dfrac{f(\theta)}{\theta^2}$의 값은?

① $\dfrac{\pi}{4}$　　　② $\dfrac{\pi}{2}$　　　③ $\dfrac{3}{4}\pi$

④ π　　　⑤ $\dfrac{5}{4}\pi$

085 [대표 기출]

• 모평 기출 •

함수 $f(x)=\sin(x+\alpha)+2\cos(x+\alpha)$에 대하여 $f'\left(\dfrac{\pi}{4}\right)=0$일 때, $\tan \alpha$의 값은? (단, α는 상수이다.) [3점]

① $-\dfrac{5}{6}$　　　② $-\dfrac{2}{3}$　　　③ $-\dfrac{1}{2}$

④ $-\dfrac{1}{3}$　　　⑤ $-\dfrac{1}{6}$

핵심개념 & 연관개념

핵심개념 / 삼각함수의 도함수

(1) $y=\sin x$일 때, $y'=\cos x$

(2) $y=\cos x$일 때, $y'=-\sin x$

연관개념 / 삼각함수 사이의 관계

$$\tan x = \dfrac{\sin x}{\cos x}$$

086 [변형 유제]

함수 $f(x)=\sin x \cos x$에 대하여 $0<\alpha<2\pi$이고 $f'(\alpha)=0$을 만족시키는 실수 α의 개수를 구하시오.

087 [실전 예상]

함수 $f(x)=x\sin x+\cos x$에 대하여 $0<x<2\pi$에서 방정식 $\displaystyle\lim_{h \to 0} \dfrac{f(x+h)-f(x-h)}{h}=x$를 만족시키는 모든 실수 x의 값의 합은?

① $\dfrac{\pi}{2}$　　　② π　　　③ $\dfrac{3}{2}\pi$

④ 2π　　　⑤ $\dfrac{5}{2}\pi$

수능유형 08 몫의 미분법

088 대표 기출
• 학평 기출 •

함수 $f(x) = \dfrac{1}{x-2}$ 에 대하여 $\displaystyle\lim_{h \to 0} \dfrac{f(a+h)-f(a)}{h} = -\dfrac{1}{4}$ 을 만족시키는 양수 a의 값은? [3점]

① 4 ② $\dfrac{9}{2}$ ③ 5

④ $\dfrac{11}{2}$ ⑤ 6

핵심개념 & 연관개념

핵심개념 / 함수의 몫의 미분법

두 함수 $f(x)$, $g(x)$ $(g(x) \neq 0)$가 미분가능할 때

(1) $y = \dfrac{1}{g(x)}$ 이면 $y' = -\dfrac{g'(x)}{\{g(x)\}^2}$

(2) $y = \dfrac{f(x)}{g(x)}$ 이면 $y' = \dfrac{f'(x)g(x)-f(x)g'(x)}{\{g(x)\}^2}$

연관개념 / 미분계수의 정의

$$f'(a) = \lim_{x \to a} \dfrac{f(x)-f(a)}{x-a} = \lim_{h \to 0} \dfrac{f(a+h)-f(a)}{h}$$

089 변형 유제

함수 $f(x) = \dfrac{x^2-2}{x+1}$ 에 대하여 $\displaystyle\lim_{x \to a} \dfrac{f(x)-f(a)}{x-a} = 2$를 만족시키는 모든 실수 a의 값의 합은?

① -5 ② -4 ③ -3

④ -2 ⑤ -1

090 실전 예상

함수 $f(x) = \dfrac{e^x}{x^2+ax+b}$ 에 대하여 $f'(1)=0$, $f'(2)=0$일 때, $\dfrac{e^3}{f(3)}$ 의 값을 구하시오. (단, a, b는 상수이다.)

091 실전 예상

$a > 2$일 때, 미분가능한 함수 $f(x) = \dfrac{\sin x}{\cos x + a}$ 에 대하여 $f'(\pi) = -\dfrac{1}{2}$이다. $f'\left(\dfrac{2}{a}\pi\right)$의 값은?

① $-\dfrac{1}{25}$ ② $-\dfrac{2}{25}$ ③ $-\dfrac{3}{25}$

④ $-\dfrac{4}{25}$ ⑤ $-\dfrac{1}{5}$

수능유형 09 합성함수의 미분

092 대표 기출
•학평 기출•

실수 전체의 집합에서 미분가능한 함수 $f(x)$가 모든 실수 x에 대하여 $f(5x-1)=e^{x^2-1}$을 만족시킬 때, $f'(4)$의 값은? [3점]

① $\dfrac{1}{10}$ ② $\dfrac{1}{5}$ ③ $\dfrac{3}{10}$

④ $\dfrac{2}{5}$ ⑤ $\dfrac{1}{2}$

핵심개념 & 연관개념

핵심개념 / 합성함수의 미분법
함수 $f(x)$가 미분가능할 때,
(1) $y=f(ax+b)$이면 $y'=af'(ax+b)$ (단, a, b는 상수)
(2) $y=e^{f(x)}$이면 $y'=e^{f(x)}f'(x)$

연관개념 / $y=x^n$의 도함수
$y=x^n$이면 $y'=nx^{n-1}$ (단, n은 자연수)

093 변형 유제

양의 실수 전체의 집합에서 미분가능한 함수 $f(x)$가 모든 양의 실수 x에 대하여
$$f(x^3+x)=x\ln x$$
를 만족시킬 때, $f'(2)$의 값은?

① $\dfrac{1}{6}$ ② $\dfrac{1}{4}$ ③ $\dfrac{1}{3}$

④ $\dfrac{5}{12}$ ⑤ $\dfrac{1}{2}$

094 실전 예상

두 함수 $f(x)=e^{-x+1}$, $g(x)=e^{2x}+x$에 대하여 $h(x)=f(g(x))$라 하자. $h'(0)$의 값은?

① -5 ② -4 ③ -3

④ -2 ⑤ -1

095 실전 예상

실수 전체의 집합에서 미분가능한 세 함수 $f(x)$, $g(x)$, $h(x)$가 모든 실수 x에 대하여 다음 조건을 만족시킨다.

(가) $g(x)=f(3x-1)$
(나) $h(x)=f(x^3+x)$

$g'(1)=12$일 때, $h'(1)$의 값을 구하시오.

수능유형 10 합성함수의 미분의 활용 UP

096 대표 기출
• 학평 기출 •

실수 전체의 집합에서 미분가능한 두 함수 $f(x)$, $g(x)$에 대하여 함수 $h(x)$를 $h(x)=(f \circ g)(x)$라 하자.

$$\lim_{x \to 1} \frac{g(x)+1}{x-1}=2, \quad \lim_{x \to 1} \frac{h(x)-2}{x-1}=12$$

일 때, $f(-1)+f'(-1)$의 값은? [3점]

① 4   ② 5   ③ 6

④ 7   ⑤ 8

핵심개념 & 연관개념

핵심개념 / 합성함수의 미분법

두 함수 $y=f(u)$, $u=g(x)$가 미분가능할 때,
$y=f(g(x))$이면
$$y'=f'(g(x))g'(x)$$

---

097 변형 유제

실수 전체의 집합에서 미분가능한 두 함수 $f(x)$, $g(x)$에 대하여 함수 $h(x)=(g \circ f)(x)$라 하자.

$$\lim_{x \to 1} \frac{f(x)-2}{x-1}=3, \quad \lim_{x \to 2} \frac{g(x)-3}{x-2}=4$$

일 때, $\lim_{x \to 1} \frac{(g \circ f)(x)+a}{x-1}=b$를 만족시키는 상수 a, b에 대하여 $a+b$의 값을 구하시오.

098 실전 예상

함수

$$f(x)=\begin{cases} a\sin 2x+b & (x \le 0) \\ (2x+3)e^{-2x} & (x>0) \end{cases}$$

이 모든 실수 x에 대하여 미분가능할 때, 상수 a, b에 대하여 $a+b$의 값은?

① 1   ② 2   ③ 3

④ 4   ⑤ 5

099 실전 예상

최고차항의 계수가 1인 이차함수 $f(x)$에 대하여 함수 $g(x)=f(x)e^{f(x)}$이 다음 조건을 만족시킨다.

> $g'(0)=g'(a)=g'(a+1)=0$을 만족시키는 양수 a가 존재한다.

$f(6)$의 값을 구하시오.

100 대표 기출
• 모평 기출 •

매개변수 t로 나타내어진 곡선

$$x=e^t-4e^{-t},\ y=t+1$$

에서 $t=\ln 2$일 때, $\dfrac{dy}{dx}$의 값은? [3점]

① 1   ② $\dfrac{1}{2}$ ③ $\dfrac{1}{3}$

④ $\dfrac{1}{4}$ ⑤ $\dfrac{1}{5}$

핵심개념 & 연관개념 ⋯⋯⋯⋯⋯⋯⋯⋯⋯⋯⋯⋯⋯⋯⋯⋯

핵심개념 / 매개변수로 나타낸 함수의 미분법

두 함수 $x=f(t)$, $y=g(t)$가 t에 대하여 미분가능하고
$f'(t)\neq 0$일 때

$$\dfrac{dy}{dx}=\dfrac{\dfrac{dy}{dt}}{\dfrac{dx}{dt}}=\dfrac{g'(t)}{f'(t)}$$

101 변형 유제

매개변수 t로 나타낸 곡선

$$x=\dfrac{t^2-1}{t^2+1},\ y=\dfrac{2t}{t^2+1}$$

에서 $t=2$일 때, $\dfrac{dy}{dx}$의 값은?

① $-\dfrac{1}{4}$ ② $-\dfrac{1}{2}$ ③ $-\dfrac{3}{4}$

④ -1 ⑤ $-\dfrac{5}{4}$

102 실전 예상

매개변수 θ로 나타내어진 곡선

$$x=\sin\theta-\cos\theta,\ y=\sin\theta-2\cos\theta\left(0<\theta<\dfrac{\pi}{2}\right)$$

와 직선 $y=3x$의 교점을 P라 할 때, 점 P에서의 접선의 기울기를 α라 할 때, 9α의 값을 구하시오.

103 대표 기출
• 모평 기출 •

곡선 $x^3-y^3=e^{xy}$ 위의 점 $(a,\ 0)$에서의 접선의 기울기가 b일 때, $a+b$의 값을 구하시오. [3점]

핵심개념 & 연관개념 ⋯⋯⋯⋯⋯⋯⋯⋯⋯⋯⋯⋯⋯⋯⋯⋯

핵심개념 / 음함수로 나타낸 함수의 미분법

x의 함수 y가 음함수 $f(x,\ y)=0$의 꼴로 주어졌을 때, y를 x의 함수로 보고 각 항을 x에 대하여 미분하여 $\dfrac{dy}{dx}$를 구한다.

연관개념 / 곱의 미분법

두 함수 $f(x)$, $g(x)$가 미분가능할 때, $y=f(x)g(x)$이면

$$y'=f'(x)g(x)+f(x)g'(x)$$

104 변형 유제

곡선 $x^2+y^3+xy=8$ 위의 점 $(0,\ a)$에서의 접선의 기울기가 b일 때, ab의 값은?

① $-\dfrac{1}{6}$ ② $-\dfrac{1}{3}$ ③ $-\dfrac{1}{2}$

④ $-\dfrac{2}{3}$ ⑤ $-\dfrac{5}{6}$

105 실전 예상

곡선 $x^2+2xy-y^2=k$ 위의 두 점 P, Q에서의 접선의 기울기가 -2이다. 선분 PQ의 길이가 $2\sqrt{10}$일 때, 양수 k의 값을 구하시오.

수능유형 13 역함수의 미분법

106 대표 기출
• 모평 기출 •

열린구간 $\left(-\dfrac{\pi}{2}, \dfrac{\pi}{2}\right)$에서 정의된 함수

$$f(x)=\ln\left(\frac{\sec x+\tan x}{a}\right)$$

의 역함수를 $g(x)$라 하자. $\displaystyle\lim_{x\to-2}\dfrac{g(x)}{x+2}=b$일 때, 두 상수 a, b의 곱 ab의 값은? (단, $a>0$) [4점]

① $\dfrac{e^2}{4}$ ② $\dfrac{e^2}{2}$ ③ e^2

④ $2e^2$ ⑤ $4e^2$

핵심개념 & 연관개념 ....

핵심개념 / 역함수의 미분법

미분가능한 함수 $f(x)$의 역함수 $g(x)$가 존재하고 미분가능할 때 $f(a)=b$, 즉 $g(b)=a$이면

$$g'(b)=\frac{1}{f'(g(b))}=\frac{1}{f'(a)}\ \text{(단, } f'(a)\neq0)$$

107 변형 유제

양수 a에 대하여 열린구간 $\left(-\dfrac{\pi}{2}, \dfrac{\pi}{2}\right)$에서 정의된 함수

$$f(x)=ax+\tan x$$

의 역함수를 $g(x)$라 하자. $\displaystyle\lim_{x\to2}\dfrac{g(x)-\dfrac{\pi}{4}}{x-2}=b$일 때, 두 상수 a, b에 대하여 ab의 값은?

① $\dfrac{1}{4+2\pi}$ ② $\dfrac{1}{4+\pi}$ ③ $\dfrac{1}{2+\pi}$

④ $\dfrac{2}{4+\pi}$ ⑤ $\dfrac{2}{2+\pi}$

108 실전 예상

함수 $f(x)=x^3+2x$와 실수 t에 대하여 곡선 $y=f(x)$와 직선 $y=t$의 교점의 x좌표를 $g(t)$라 하자. $\displaystyle\lim_{t\to3}\dfrac{g(t)+a}{t-3}=b$일 때, 두 상수 a, b에 대하여 $\dfrac{a}{b}$의 값은? (단, $b\neq0$)

① -25 ② -20 ③ -15

④ -10 ⑤ -5

109 실전 예상

양의 실수 전체의 집합에서 정의된 함수 $f(x)=x+\dfrac{4}{5}-\dfrac{1}{x^2+1}$의 역함수를 $g(x)$라 하고, 두 함수 $y=f(x)$, $y=g(x)$의 그래프의 교점을 $\mathrm{P}(a, b)$라 하자. $g'(a)$의 값은?

① $\dfrac{25}{44}$ ② $\dfrac{25}{43}$ ③ $\dfrac{25}{42}$

④ $\dfrac{25}{41}$ ⑤ $\dfrac{5}{8}$

110 대표 기출
• 모평 기출 •

함수 $f(x) = \dfrac{1}{x+3}$에 대하여 $\lim\limits_{h \to 0} \dfrac{f'(a+h) - f'(a)}{h} = 2$를 만족시키는 실수 a의 값은? [3점]

① -2 ② -1 ③ 0

④ 1 ⑤ 2

핵심개념 & 연관개념 ····················

핵심개념 / 이계도함수

함수 $y = f(x)$의 도함수 $f'(x)$가 미분가능할 때, $f'(x)$의 도함수 $\lim\limits_{\Delta x \to 0} \dfrac{f'(x + \Delta x) - f'(x)}{\Delta x}$를 $y = f(x)$의 이계도함수라 한다.

연관개념 / 미분계수의 정의

미분가능한 함수 $f(x)$에 대하여
$$f'(a) = \lim_{h \to 0} \frac{f(a+h) - f(a)}{h}$$

111 변형 유제

함수 $f(x) = \ln(x^2 + 1)$에 대하여 양수 a가
$\lim\limits_{x \to a} \dfrac{f'(x) - f'(a)}{x - a} = -\dfrac{1}{4}$을 만족시킬 때, $f'(a)$의 값은?

① $\dfrac{\sqrt{3}}{2}$ ② $\dfrac{3\sqrt{3}}{4}$ ③ $\sqrt{3}$

④ $\dfrac{5\sqrt{3}}{4}$ ⑤ $\dfrac{3\sqrt{3}}{2}$

112 실전 예상

함수 $f(x) = (x^2 + ax + b)e^x$이 $\lim\limits_{h \to 0} \dfrac{f'(2+h)}{h} = 0$을 만족시키도록 하는 두 상수 a, b에 대하여 $a + b$의 값을 구하시오.

113 대표 기출
• 모평 기출 •

원점에서 곡선 $y = e^{|x|}$에 그은 두 접선이 이루는 예각의 크기를 θ라 할 때, $\tan \theta$의 값은? [3점]

① $\dfrac{e}{e^2 + 1}$ ② $\dfrac{e}{e^2 - 1}$ ③ $\dfrac{2e}{e^2 + 1}$

④ $\dfrac{2e}{e^2 - 1}$ ⑤ 1

핵심개념 & 연관개념 ····················

핵심개념 / 곡선 위의 점에서의 접선의 방정식

곡선 $y = f(x)$ 위의 점 $(a, f(a))$에서의 접선의 방정식은
$$y = f'(a)(x - a) + f(a)$$

연관개념 / 두 직선이 이루는 각의 크기

두 직선 l, m이 x축의 양의 방향과 이루는 각의 크기가 각각 α, β일 때, 두 직선 l, m이 이루는 예각의 크기를 θ라 하면
$$\tan \theta = |\tan(\alpha - \beta)| = \left| \frac{\tan \alpha - \tan \beta}{1 + \tan \alpha \tan \beta} \right|$$

114 변형 유제

점 $(0, 1)$에서 곡선 $y = \left| x + \dfrac{1}{x} \right|$에 그은 두 접선이 이루는 예각의 크기를 θ라 할 때, $\tan \theta$의 값은?

① $\dfrac{22}{7}$ ② $\dfrac{24}{7}$ ③ $\dfrac{26}{7}$

④ 4 ⑤ $\dfrac{30}{7}$

115 실전 예상

곡선 $x^2-xy+2y^2=8$ 위의 점 $(3, 1)$에서의 접선이 점 $(a, 6)$을 지날 때, a의 값은?

① -2 ② -1 ③ 0

④ 1 ⑤ 2

116 실전 예상

직선 $y=-2x$가 곡선 $y=e\ln x+mx$에 접할 때, 상수 m의 값은?

① -5 ② -4 ③ -3

④ -2 ⑤ -1

117 실전 예상

점 $A(0, -1)$에서 곡선 $y=(\ln x)^2$ $(x>0)$에 그은 접선이 x축과 만나는 점을 B라 할 때, 삼각형 OAB의 넓이는?

(단, O는 원점이다.)

① $\dfrac{e}{8}$ ② $\dfrac{e}{4}$ ③ $\dfrac{3}{8}e$

④ $\dfrac{e}{2}$ ⑤ $\dfrac{5}{8}e$

118 실전 예상

$0<t<\pi$일 때, 매개변수 t로 나타낸 곡선

$$x=t-\sin t,\ y=1-\cos t$$

에 대하여 기울기가 1인 접선의 y절편은?

① $1-\dfrac{\pi}{2}$ ② $1-\dfrac{\pi}{4}$ ③ $2-\dfrac{\pi}{2}$

④ $2-\dfrac{\pi}{4}$ ⑤ $3-\dfrac{\pi}{2}$

수능유형 **16**   접선의 기울기와 역함수의 미분법의 활용

119 [대표 기출]

·학평 기출·

함수 $f(x)=x^3-5x^2+9x-5$의 역함수를 $g(x)$라 할 때, 곡선 $y=g(x)$ 위의 점 $(4, g(4))$에서의 접선의 기울기는? [4점]

① $\dfrac{1}{18}$ ② $\dfrac{1}{12}$ ③ $\dfrac{1}{9}$

④ $\dfrac{5}{36}$ ⑤ $\dfrac{1}{6}$

핵심개념 & 연관개념

핵심개념 / 역함수의 미분법

미분가능한 함수 $f(x)$의 역함수 $g(x)$가 존재하고 미분가능할 때 $f(a)=b$, 즉 $g(b)=a$이면

$$g'(b)=\frac{1}{f'(a)} \text{ (단, } f'(a)\neq0)$$

연관개념 / 접선의 기울기

곡선 $y=f(x)$ 위의 점 $(a, f(a))$에서의 접선의 기울기는 $x=a$에서의 미분계수 $f'(a)$와 같다.

120 [변형 유제]

함수 $f(x)=x^3+3x-11$의 역함수를 $g(x)$라 할 때, 곡선 $y=g(x)$ 위의 점 $(3, g(3))$에서의 접선의 기울기는?

① $\dfrac{1}{30}$ ② $\dfrac{1}{15}$ ③ $\dfrac{1}{10}$

④ $\dfrac{2}{15}$ ⑤ $\dfrac{1}{6}$

121 [실전 예상]

함수 $f(x)=2x-\sin x$와 실수 t에 대하여 곡선 $y=f(x)$와 직선 $y=t$의 교점의 x좌표를 $g(t)$라 하자. $g(a)=\pi$일 때, 곡선 $y=g(t)$ 위의 점 $(a, g(a))$에서의 접선의 y절편은?

① $\dfrac{\pi}{3}$ ② $\dfrac{2}{3}\pi$ ③ π

④ $\dfrac{4}{3}\pi$ ⑤ $\dfrac{5}{3}\pi$

수능유형 **17**   함수의 증가, 감소

122 [대표 기출]

·학평 기출·

함수 $f(x)=\dfrac{1}{2}x^2-3x-\dfrac{k}{x}$가 열린구간 $(0, \infty)$에서 증가할 때, 실수 k의 최솟값은? [4점]

① 3 ② $\dfrac{7}{2}$ ③ 4

④ $\dfrac{9}{2}$ ⑤ 5

핵심개념 & 연관개념

핵심개념 / 함수가 증가 또는 감소할 조건

함수 $f(x)$가 어떤 구간에서 미분가능하고 이 구간에 속하는 모든 x에 대하여
(1) $f(x)$가 증가하면 $f'(x)\geq0$
(2) $f(x)$가 감소하면 $f'(x)\leq0$

연관개념 / 함수의 극대, 극소와 최대, 최소

닫힌구간 $[a, b]$에서 연속함수 $f(x)$의 극값이 하나일 때
(1) 극값이 극댓값이면 (최댓값)=(극댓값)
(2) 극값이 극솟값이면 (최솟값)=(극솟값)

123 [변형 유제]

함수 $f(x)=-x^3+9x+k\ln x$가 열린구간 $(0, \infty)$에서 감소할 때, 실수 k의 최댓값은?

① -10 ② -8 ③ -6

④ -4 ⑤ -2

124 [실전 예상]

함수 $f(x)=ax+\ln(x^2+4)$의 역함수가 존재하도록 하는 양수 a의 최솟값은?

① $\dfrac{1}{4}$ ② $\dfrac{1}{2}$ ③ 1

④ 2 ⑤ 4

수능유형 **18** 함수의 극대, 극소

125 [대표 기출]

• 학평 기출 •

함수 $f(x) = \tan(\pi x^2 + ax)$가 $x = \dfrac{1}{2}$에서 극솟값 k를 가질 때, k의 값은? (단, a는 상수이다.) [3점]

① $-\sqrt{3}$ ② -1 ③ $-\dfrac{\sqrt{3}}{3}$

④ 0 ⑤ $\dfrac{\sqrt{3}}{3}$

핵심개념 & 연관개념

핵심개념 / 도함수를 이용한 함수의 극대, 극소의 판정
미분가능한 함수 $f(x)$에 대하여 $f'(a) = 0$이고 $x = a$의 좌우에서 $f'(x)$의 부호가
(1) 양$(+)$에서 음$(-)$으로 바뀌면 $f(x)$는 $x = a$에서 극대이다.
(2) 음$(-)$에서 양$(+)$으로 바뀌면 $f(x)$는 $x = a$에서 극소이다.

연관개념 / 미분가능하고 극값을 갖는 경우의 도함수의 성질
함수 $f(x)$가 $x = a$에서 미분가능하고 $x = a$에서 극값을 가지면 $f'(a) = 0$이다.

126 [변형 유제]

함수 $f(x) = \dfrac{1 - \ln x}{x}$ $(x > 0)$는 $x = \alpha$에서 극솟값 $f(\alpha)$를 갖는다. $\alpha \times f(\alpha)$의 값은?

① -2 ② -1 ③ 0

④ 1 ⑤ 2

127 [실전 예상]

$0 < x < 2\pi$에서 함수 $f(x) = e^{-x}\cos x$의 극댓값을 M, 극솟값을 m이라 할 때, $\dfrac{M}{m}$의 값은?

① $-e^{\pi}$ ② $-e^{-\pi}$ ③ $e^{-\pi}$

④ e^{π} ⑤ -1

128 [실전 예상]

함수 $f(x) = x^2 - 2x$에 대하여 함수 $g(x)$를
$$g(x) = \sin\{\pi f(x)\}$$
라 하자. $0 < x < 2$에서 함수 $g(x)$가 극소가 되는 x의 개수는?

① 0 ② 1 ③ 2

④ 3 ⑤ 4

3점·4점 유형 정복하기

어려운 쉬운

수능유형 19 변곡점

129 대표 기출

•학평 기출•

곡선 $y=xe^{-2x}$의 변곡점을 A라 하자. 곡선 $y=xe^{-2x}$ 위의 점 A에서의 접선이 x축과 만나는 점을 B라 할 때, 삼각형 OAB의 넓이는? (단, O는 원점이다.) [3점]

① e^{-2} ② $3e^{-2}$ ③ 1

④ e^2 ⑤ $3e^2$

핵심개념 & 연관개념 ··································

핵심개념/ 변곡점

함수 $f(x)$에서 $f''(a)=0$이고 $x=a$의 좌우에서 $f''(x)$의 부호가 바뀌면 점 $(a, f(a))$는 곡선 $y=f(x)$의 변곡점이다.

---

130 변형 유제

곡선 $y=(\ln x)^2 \ (x>0)$의 변곡점을 A라 하자. 곡선 $y=(\ln x)^2$ 위의 점 A에서의 접선의 x절편은?

① $\dfrac{e}{6}$ ② $\dfrac{e}{3}$ ③ $\dfrac{e}{2}$

④ $\dfrac{2}{3}e$ ⑤ $\dfrac{5}{6}e$

---

131 실전 예상

곡선 $y=ax^2+4\sin x$가 변곡점을 갖도록 하는 정수 a의 개수는?

① 1 ② 2 ③ 3

④ 4 ⑤ 5

---

132 실전 예상

함수 $f(x)=\dfrac{x^2+ax+2a-1}{e^x}$의 그래프의 변곡점이 존재하지 않도록 하는 정수 a의 개수는?

① 9 ② 8 ③ 7

④ 6 ⑤ 5

수능유형 **20** 함수의 최대, 최소

133 대표 기출
• 모평 기출 •

그림과 같이 좌표평면에 점 A$(1, 0)$을 중심으로 하고 반지름의 길이가 1인 원이 있다. 원 위의 점 Q에 대하여 $\angle AOQ = \theta \left(0 < \theta < \dfrac{\pi}{3} \right)$라 할 때, 선분 OQ 위에 $\overline{PQ} = 1$인

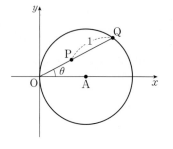

점 P를 정한다. 점 P의 y좌표가 최대가 될 때 $\cos\theta = \dfrac{a + \sqrt{b}}{8}$ 이다. $a + b$의 값을 구하시오.

(단, O는 원점이고, a와 b는 자연수이다.) [4점]

핵심개념 & 연관개념 ···································

핵심개념 / 함수의 최대, 최소
닫힌구간 $[a, b]$에서 연속함수 $f(x)$에 대하여 극값, $f(a)$, $f(b)$의 값 중에서 가장 큰 값이 최댓값, 가장 작은 값이 최솟값이다.

134 변형 유제

그림과 같이 두 점 O$(0, 0)$, A$(0, 6)$을 지름의 양 끝 점으로 하는 원 위의 점 중 제1사분면의 점을 P라 하자. 반직선 OP가 x축의 양의 방향과 이루는 각의 크기를 θ라 할 때, $\overline{PQ} = 1$을 만족시키는 반직선 위의 점 Q의 x좌표를 $f(\theta)$라 하자. $f(\theta)$

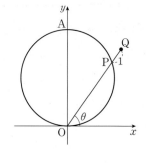

가 $\theta = \alpha$에서 최댓값 M을 가질 때, $9 \times (\sin\alpha + M^2)$의 값을 구하시오.

135 실전 예상

그림과 같이 함수 $f(x) = xe^{-x}$의 그래프 위의 점 P$(t, f(t))$ $(t > 0)$에서 x축, y축에 내린 수선의 발을 각각 H, I라 할 때, 사각형 OHPI의 넓이의 최댓값은?

(단, O는 원점이다.)

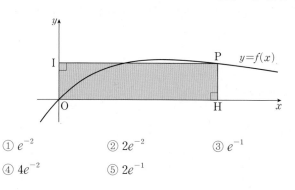

① e^{-2} ② $2e^{-2}$ ③ e^{-1}
④ $4e^{-2}$ ⑤ $2e^{-1}$

136 실전 예상

그림과 같이 원 $x^2 + y^2 = 1$ 위에 있는 제1사분면 위의 점 P에서의 접선을 l이라 하고, 직선 l과 직선 $y = -4$의 교점을 A, 직선 l과 y축의 교점을 B라 하자. 점 P의 좌표가 (a, b)일 때 삼각형 OAB의 넓이가 최소가 되고, 이때 최솟값은 m이다. $10abm$의 값을 구하시오. (단, O는 원점이고, m은 상수이다.)

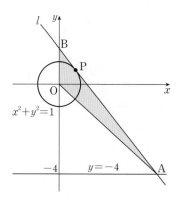

수능유형 **21** 방정식의 실근의 개수 ─UP

137 대표 기출
•모평 기출•

두 함수

$$f(x)=e^x,\ g(x)=k\sin x$$

에 대하여 방정식 $f(x)=g(x)$의 서로 다른 양의 실근의 개수가 3일 때, 양수 k의 값은? [3점]

① $\sqrt{2}e^{\frac{3\pi}{2}}$　　　② $\sqrt{2}e^{\frac{7\pi}{4}}$　　　③ $\sqrt{2}e^{2\pi}$

④ $\sqrt{2}e^{\frac{9\pi}{4}}$　　　⑤ $\sqrt{2}e^{\frac{5\pi}{2}}$

핵심개념 & 연관개념 ⋯⋯⋯⋯⋯⋯⋯⋯⋯⋯⋯⋯⋯⋯⋯⋯⋯⋯⋯

핵심개념 ╱ 방정식의 실근의 개수

방정식 $f(x)=k$의 서로 다른 실근의 개수는 함수 $y=f(x)$의 그래프와 직선 $y=k$의 교점의 개수와 같다.

138 변형 유제

두 함수

$$f(x)=x^2,\ g(x)=ke^x$$

에 대하여 방정식 $f(x)=g(x)$의 서로 다른 실근의 개수가 2일 때, 상수 k의 값은? (단, $\lim\limits_{x\to\infty}x^2e^{-x}=0$)

① e^{-2}　　　② $2e^{-2}$　　　③ $3e^{-2}$

④ $4e^{-2}$　　　⑤ $5e^{-2}$

139 실전 예상

방정식 $x^2+\dfrac{16}{x}+k=0$이 서로 다른 세 실근을 갖도록 하는 정수 k의 최댓값은?

① -19　　　② -17　　　③ -15

④ -13　　　⑤ -11

140 실전 예상

방정식 $\ln(2x+1)=x^2+k$가 실근을 갖도록 하는 실수 k의 최댓값은?

① $\ln 2-\dfrac{1}{2}$　　　② $\ln 2-\dfrac{1}{3}$　　　③ $\ln 2-\dfrac{1}{4}$

④ $\ln 3-\dfrac{1}{3}$　　　⑤ $\ln 3-\dfrac{1}{4}$

수능유형 **22** 속도와 가속도

141 대표 기출
•수능 기출•

좌표평면 위를 움직이는 점 P의 시각 $t\left(0<t<\dfrac{\pi}{2}\right)$에서의 위치 (x, y)가

$$x=t+\sin t\cos t,\ y=\tan t$$

이다. $0<t<\dfrac{\pi}{2}$에서 점 P의 속력의 최솟값은? [3점]

① 1　　　　② $\sqrt{3}$　　　　③ 2

④ $2\sqrt{2}$　　　　⑤ $2\sqrt{3}$

핵심개념 & 연관개념 ·······

핵심개념 / 평면 운동에서의 속도와 가속도의 크기

좌표평면 위를 움직이는 점 P의 시각 t에서의 위치 (x, y)가 $x=f(t)$, $y=g(t)$일 때, 시각 t에서의 점 P에 대하여

(1) 속력(속도의 크기):

$$\sqrt{\left(\dfrac{dx}{dt}\right)^2+\left(\dfrac{dy}{dt}\right)^2},\ \text{즉}\ \sqrt{\{f'(t)\}^2+\{g'(t)\}^2}$$

(2) 가속도의 크기:

$$\sqrt{\left(\dfrac{d^2x}{dt^2}\right)^2+\left(\dfrac{d^2y}{dt^2}\right)^2},\ \text{즉}\ \sqrt{\{f''(t)\}^2+\{g''(t)\}^2}$$

142 변형 유제

좌표평면 위를 움직이는 점 P의 시각 $t\ (0<t<2\pi)$에서의 위치 (x, y)가

$$x=2\sin t-t,\ y=\sqrt{2}\cos t$$

이다. $0<t<2\pi$에서 점 P의 속력의 최댓값은?

① $\sqrt{5}$　　　　② $\sqrt{6}$　　　　③ $\sqrt{7}$

④ $2\sqrt{2}$　　　　⑤ 3

143 실전 예상

좌표평면 위를 움직이는 점 P의 시각 t에서의 위치 (x, y)가

$$x=e^t-4t,\ y=e^t$$

일 때, 점 P의 속력의 최솟값은?

① $\sqrt{6}$　　　　② $2\sqrt{2}$　　　　③ $\sqrt{10}$

④ $2\sqrt{3}$　　　　⑤ $\sqrt{14}$

144 실전 예상

좌표평면 위를 움직이는 점 P의 시각 $t\ (t>0)$에서의 위치 (x, y)가

$$x=e^t(1+\cos t),\ y=e^t\sin t$$

이다. 점 P의 시각 $t=\dfrac{\pi}{6}$에서의 가속도의 크기는?

① $e^{\frac{\pi}{6}}$　　　　② $\sqrt{2}e^{\frac{\pi}{6}}$　　　　③ $\sqrt{3}e^{\frac{\pi}{6}}$

④ $2e^{\frac{\pi}{6}}$　　　　⑤ $\sqrt{5}e^{\frac{\pi}{6}}$

등급을 가르는 핵심 특강

특강1 ▷ 절댓값 기호가 포함된 함수의 미분가능성 »»

대표 기출   • 수능 기출 •

두 상수 a, b $(a<b)$에 대하여 함수 $f(x)$를

$$f(x)=(x-a)(x-b)^2$$

이라 하자. 함수 $g(x)=x^3+x+1$의 역함수 $g^{-1}(x)$에 대하여 합성함수

$h(x)=(f \circ g^{-1})(x)$가 다음 조건을 만족시킬 때, $f(8)$의 값을 구하시오. [4점]

(가) 함수 $(x-1)|h(x)|$가 실수 전체의 집합에서 미분가능하다.

(나) $h'(3)=2$

1 함수가 미분가능할 조건을 이용한다.
함수 $f(x)$가 $x=a$에서 미분가능
하면 $\lim_{x \to a+} f'(x) = \lim_{x \to a-} f'(x)$

2 합성함수와 역함수의 미분법을 이용한다.
 (1) 합성함수의 미분법을 이용하여
  $h(x)=f(g^{-1}(x))$의 양변을
  x에 대하여 미분하면
  $h'(x)=f'(g^{-1}(x))\{g^{-1}(x)\}'$
 (2) $g(x)$의 역함수를 직접 구하지
  않고 역함수의 미분법을 이용하
  여 역함수의 미분계수를 구한다.

풀이

$g(x)=x^3+x+1$에서 $g'(x)=3x^2+1>0$

함수 $g(x)$는 모든 실수 x에서 증가하는 함수이므로 $g^{-1}(x)$도 증가하는 함수이다.

❶조건 (가)에서 함수 $(x-1)|h(x)|$가 실수 전체의 집합에서 미분가능하므로 $h(k)=0$인 $x=k$에서

도 미분가능하다.

즉, $\lim_{x \to k+}\{(x-1)|h(x)|\}'=\lim_{x \to k-}\{(x-1)|h(x)|\}'$이므로

$\lim_{x \to k+}\{h(x)+(x-1)h'(x)\}=\lim_{x \to k-}\{-h(x)-(x-1)h'(x)\}$

$-h(k)-(k-1)h'(k)=h(k)+(k-1)h'(k)$

$h(k)+(k-1)h'(k)=0$ $\therefore k=1$ $(\because h(k)=0, h'(k) \neq 0)$

따라서 $h(1)=0$이므로 $h(1)=(f \circ g^{-1})(1)=f(g^{-1}(1))=0$

이때 $g^{-1}(1)=l$이라 하면 $g(l)=1$이므로

$l^3+l+1=1, l(l^2+1)=0$ $\therefore l=0$ $(\because l^2+1>0)$

따라서 $g^{-1}(1)=0$이므로 $f(0)=0$

즉, $f(x)$가 x를 인수로 가지므로 $a=0$ $\therefore f(x)=x(x-b)^2$

❷$h(x)=f(g^{-1}(x))$에서 $h'(x)=f'(g^{-1}(x))\{g^{-1}(x)\}'$이고 조건 (나)에서 $h'(3)=2$이므로

$h'(3)=f'(g^{-1}(3))\{g^{-1}(3)\}'=2$ …… ㉠

$g^{-1}(3)=m$이라 하면 $g(m)=3$이므로

$m^3+m+1=3, m^3+m-2=0$

$(m-1)(m^2+m+2)=0$ $\therefore m=1$ $(\because m^2+m+2>0)$ $\therefore g^{-1}(3)=1$

❸$\therefore \{g^{-1}(3)\}'=\dfrac{1}{g'(1)}=\dfrac{1}{4}$ …… ㉡

$f(x)=x(x-b)^2$에서 $f'(x)=(x-b)^2+2x(x-b)=(x-b)(3x-b)$이므로

$f'(g^{-1}(3))=f'(1)=(1-b)(3-b)$ …… ㉢

㉡, ㉢을 ㉠에 대입하면 $(1-b)(3-b) \times \dfrac{1}{4}=2$, $b^2-4b-5=0$

$(b+1)(b-5)=0$ $\therefore b=5$ $(\because b>0)$

따라서 $f(x)=x(x-5)^2$이므로 $f(8)=8 \times 3^2=72$ **답** 72

내용전략

❶ 함수가 미분가능할 조건 이용하기
참고 $h(x)>0$일 때
$\{(x-1)|h(x)|\}'$
$=\{(x-1)h(x)\}'$
$=h(x)+(x-1)h'(x)$
$h(x)<0$일 때
$\{(x-1)|h(x)|\}'$
$=\{-(x-1)h(x)\}'$
$=-h(x)-(x-1)h'(x)$
즉, $x=k$에서 $h(x)$의 부호가 양$(+)$에서
음$(-)$으로 바뀔 때, 함수 $(x-1)|h(x)|$
가 $x=k$에서 미분가능하면 $x=k$에서의 좌
미분계수와 우미분계수가 같아야 한다.

❷ 합성함수의 미분법 이용하기

❸ 역함수의 미분법 이용하기
참고 즉, $g^{-1}(3)=1$이고
$g'(x)=3x^2+1$이므로
$\{g^{-1}(3)\}'=\dfrac{1}{g'(g^{-1}(3))}$
$=\dfrac{1}{g'(1)}=\dfrac{1}{4}$

145

$x=0$에서 미분가능한 함수만을 보기에서 있는 대로 고른 것은?

┤ 보기 ├
ㄱ. $f(x)=|\sin x|$

ㄴ. $g(x)=|x\sin x|$

ㄷ. $h(x)=\sqrt{1-\cos|x|}$

① ㄴ   ② ㄱ, ㄴ   ③ ㄱ, ㄷ

④ ㄴ, ㄷ   ⑤ ㄱ, ㄴ, ㄷ

146

함수 $f(x)=\ln(1+|x^2-4x+3|)$은 $x=\alpha$, $x=\beta$ $(\alpha<\beta)$에서 미분가능하지 않고, $\alpha<x<\beta$에서 함수 $f(x)$의 극댓값은 $\ln M$이다. $\alpha+\beta+M$의 값을 구하시오.

147

함수 $f(x)=x^2 e^{-x}$에 대하여 함수
$$g(x)=|f(x)-t|$$
가 미분가능하지 않은 점의 개수를 $h(t)$라 하자.
$\lim\limits_{t\to a-} h(t)\neq h(a)$를 만족시키는 실수 a의 값은?

(단, $\lim\limits_{x\to\infty} x^2 e^{-x}=0$)

① 0   ② e^{-1} ③ $4e^{-2}$

④ e ⑤ $4e^2$

148

최고차항의 계수가 1인 이차함수 $f(x)$에 대하여 함수
$$g(x)=\left|\cos\frac{\pi}{2}x\right|f(x)$$
가 다음 조건을 만족시킨다.

㈎ 함수 $g(x)$는 $x=1$에서 미분가능하다.

㈏ $g'(0)=2$

$g(6)$의 값을 구하시오.

특강 2 ▷ 도함수의 활용

대표 기출

• 학평 기출 •

함수 $f(x)=2\ln(5-x)+\dfrac{1}{4}x^2$에 대하여 옳은 것만을 보기에서 있는 대로 고른 것은?

[4점]

┤ 보기 ├

ㄱ. 함수 $f(x)$는 $x=4$에서 극댓값을 갖는다.

ㄴ. 곡선 $y=f(x)$의 변곡점의 개수는 2이다.

ㄷ. 방정식 $f(x)=\dfrac{1}{4}$의 실근의 개수는 1이다.

① ㄱ　　　　　② ㄴ　　　　　③ ㄱ, ㄷ

④ ㄴ, ㄷ　　　　⑤ ㄱ, ㄴ, ㄷ

---

1 극값과 변곡점을 찾는다.

(1) $f'(a)=0$이고 $x=a$의 좌우에서 $f'(x)$의 부호가 양(음)에서 음(양)으로 바뀌면 $f(x)$는 $x=a$에서 극대(극소)이다.

(2) $f''(b)=0$이고 $x=b$의 좌우에서 $f''(x)$의 부호가 바뀌면 점 $(b, f(b))$는 곡선 $y=f(x)$의 변곡점이다.

2 함수 $y=f(x)$의 그래프의 개형은 다음을 조사하여 추론한다.

(1) 정의역과 치역

(2) 그래프의 대칭성과 주기

(3) 좌표축과 만나는 점의 좌표

(4) 증가 · 감소, 극대 · 극소

(5) 변곡점, 곡선의 오목 · 블록

(6) $\lim\limits_{x\to\infty} f(x)$, $\lim\limits_{x\to-\infty} f(x)$, 점근선

풀이

❶ $f(x)=2\ln(5-x)+\dfrac{1}{4}x^2$에서

$f'(x)=\dfrac{2}{x-5}+\dfrac{1}{2}x=\dfrac{x^2-5x+4}{2(x-5)}=\dfrac{(x-1)(x-4)}{2(x-5)}$

$f''(x)=\dfrac{-2}{(x-5)^2}+\dfrac{1}{2}=\dfrac{x^2-10x+21}{2(x-5)^2}=\dfrac{(x-3)(x-7)}{2(x-5)^2}$

$f'(x)=0$에서 $x=1$ 또는 $x=4$

$f''(x)=0$에서 $x=3$ ($\because x<5$)

$x<5$에서 함수 $f(x)$의 증가와 감소를 표로 나타내면 다음과 같다.

x	$\cdots$	1	$\cdots$	3	$\cdots$	4	$\cdots$	(5)
$f'(x)$	$-$	0	$+$	$+$	$+$	0	$-$	
$f''(x)$	$+$	$+$	$+$	0	$-$	$-$	$-$	
$f(x)$	$\searrow$	$2\ln 4+\dfrac{1}{4}$	$\nearrow$	$2\ln 2+\dfrac{9}{4}$	$\curvearrowright$	4	$\searrow$	

ㄱ. 함수 $f(x)$는 $x=4$에서 극댓값을 갖는다. (참)

ㄴ. 곡선 $y=f(x)$는 $x=3$에서 변곡점을 가지므로 변곡점의 개수는 1이다. (거짓)

❷ ㄷ. $\lim\limits_{x\to5-} f(x)=-\infty$이므로 함수 $y=f(x)$의 그래프는 오른쪽 그림과 같다.

즉, $y=f(x)$의 그래프와 직선 $y=\dfrac{1}{4}$의 교점의 개수가

1이므로 방정식 $f(x)=\dfrac{1}{4}$의 실근의 개수는 1이다. (참)

따라서 옳은 것은 ㄱ, ㄷ이다.

답 ③

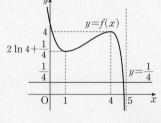

내용전략

❶ **극값과 변곡점 찾기**

❷ **그래프 그리기**

참고 진수 조건에서 $x<5$이므로 $\lim\limits_{x\to5-} f(x)$를 조사하여 그래프를 그린다.

이때 방정식 $f(x)=\dfrac{1}{4}$의 서로 다른 실근의 개수는 곡선 $y=f(x)$와 직선 $y=\dfrac{1}{4}$의 교점의 개수와 같다.

149

함수 $f(x) = \dfrac{x}{x^2+1}$에 대하여 보기에서 옳은 것만을 있는 대로 고른 것은?

┤ 보기 ├

ㄱ. 함수 $f(x)$는 $x=-1$에서 극솟값을 갖는다.

ㄴ. 곡선 $y=f(x)$의 원점이 아닌 두 변곡점 사이의 거리는 $\dfrac{\sqrt{51}}{2}$이다.

ㄷ. 방정식 $f(x) = \dfrac{1}{3}$의 실근의 개수는 2이다.

① ㄱ   ② ㄱ, ㄴ   ③ ㄱ, ㄷ
④ ㄴ, ㄷ   ⑤ ㄱ, ㄴ, ㄷ

150

함수 $f(x) = x^2 - 2\ln x \ (x>0)$에 대하여 보기에서 옳은 것만을 있는 대로 고른 것은?

┤ 보기 ├

ㄱ. 함수 $f(x)$는 $x=1$에서 극솟값을 갖는다.

ㄴ. 곡선 $y=f(x)$의 변곡점이 존재한다.

ㄷ. 방정식 $f(x)=2$의 실근의 개수는 2이다.

① ㄱ   ② ㄴ   ③ ㄱ, ㄷ
④ ㄴ, ㄷ   ⑤ ㄱ, ㄴ, ㄷ

151

함수 $f(x) = (x-1)e^{-x+2}$에 대하여 보기에서 옳은 것만을 있는 대로 고른 것은? (단, $\lim\limits_{x \to \infty} xe^{-x} = 0$)

┤ 보기 ├

ㄱ. 함수 $f(x)$는 $x=2$에서 극댓값을 갖는다.

ㄴ. 점 $\left(3, \dfrac{2}{e}\right)$는 곡선 $y=f(x)$의 변곡점이다.

ㄷ. 방정식 $f(x) = \dfrac{1}{2}$의 실근의 개수는 2이다.

① ㄱ   ② ㄷ   ③ ㄱ, ㄴ
④ ㄴ, ㄷ   ⑤ ㄱ, ㄴ, ㄷ

152

$0 < x < 2\pi$에서 정의된 함수 $f(x) = 2x - \sin x$의 역함수를 $g(x)$라 하자. 보기에서 옳은 것만을 있는 대로 고른 것은?

┤ 보기 ├

ㄱ. $f'(a) = 2$를 만족시키는 모든 a의 값의 합은 2π이다.

ㄴ. 곡선 $y=f(x)$의 변곡점이 점 $(\beta, f(\beta))$일 때, $g'(f(\beta)) = \dfrac{1}{2}$이다.

ㄷ. 방정식 $f(x) = x + \dfrac{1}{2}$의 실근의 개수는 2이다.

① ㄱ   ② ㄱ, ㄴ   ③ ㄱ, ㄷ
④ ㄴ, ㄷ   ⑤ ㄱ, ㄴ, ㄷ

153

수능유형 04

$\overline{AB}=3$, $\overline{BC}=4$, $\angle ABC=\dfrac{\pi}{2}$인 직각삼각형 ABC와

$\angle ADC=\dfrac{\pi}{2}$이고, $\overline{AD}=\overline{CD}$인 직각삼각형 ACD가 있다. 선분 AC와 선분 BD의 교점을 E라 할 때, 선분 AE의 길이는?

(단, $\overline{BD}>3$이다.)

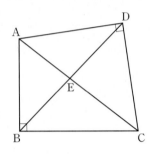

① $\dfrac{5}{3}$　　② $\dfrac{15}{8}$　　③ $\dfrac{15}{7}$

④ $\dfrac{5}{2}$　　⑤ 3

154

수능유형 15

양수 t에 대하여 매개변수 t로 나타낸 곡선

$$x=t^2+2t, \ y=t+\dfrac{1}{t}$$

이 있다. 점 $(0,\ 2)$에서 이 곡선에 그은 두 접선의 기울기를 각각 m_1, m_2라 할 때, m_1+m_2의 값은?

① $\dfrac{1}{16}$　　② $\dfrac{3}{32}$　　③ $\dfrac{1}{8}$

④ $\dfrac{5}{32}$　　⑤ $\dfrac{3}{16}$

155

수능유형 10

최고차항의 계수가 1인 이차함수 $f(x)$는 모든 실수 x에 대하여 $f(x)>0$이다. 두 함수

$$g(x)=\{f(x)\}^2, \ h(x)=\ln f(x)$$

에 대하여 $g'(1)=2$, $h'(1)=1$일 때, $f(4)$의 값을 구하시오.

156

수능유형 22

좌표평면 위를 움직이는 점 P의 시각 t $(t>0)$에서의 위치 (x, y)가

$$x=at-\ln t, \quad y=2\ln t$$

이다. $t>0$에서 점 P의 속력의 최솟값이 4일 때, 양수 a의 값은?

① $\sqrt{5}$ ② $\sqrt{10}$ ③ $\sqrt{15}$

④ $2\sqrt{5}$ ⑤ 5

157

수능유형 14

실수 전체의 집합에서 이계도함수가 존재하는 함수 $f(x)$가 모든 실수 x에 대하여 $f(x)>0$이고 다음 조건을 만족시킨다.

> (가) $f(x)+f(-x)=1$
> (나) $f'(x)=f(x)f(-x)$

$f(a)+f'(a)=\dfrac{8}{9}$을 만족시키는 상수 a에 대하여 $f''(a)$의 값은?

① $-\dfrac{2}{27}$ ② $-\dfrac{1}{9}$ ③ $-\dfrac{4}{27}$

④ $-\dfrac{5}{27}$ ⑤ $-\dfrac{2}{9}$

158

수능유형 01

정의역이 $\{x\,|\,x>-1\}$인 함수

$$f(x)=\begin{cases} \dfrac{\ln(1+x)}{x} & (x>0) \\ 2 & (-1<x\leq0) \end{cases}$$

에 대하여 보기에서 옳은 것만을 있는 대로 고른 것은?

┤ 보기 ├
ㄱ. 함수 $f(x)$는 $x=0$에서 불연속이다.
ㄴ. 함수 $xf(x)$는 $x=0$에서 연속이다.
ㄷ. 함수 $x^k f(x)$가 $x=0$에서 미분가능하도록 하는 자연수 k의 최솟값은 2이다.

① ㄱ ② ㄱ, ㄴ ③ ㄱ, ㄷ

④ ㄴ, ㄷ ⑤ ㄱ, ㄴ, ㄷ

159

그림과 같이 중심이 O이고 반지름의 길이가 1, 중심각의 크기가 $\frac{\pi}{2}$인 부채꼴 OAB가 있다.

$\angle AOQ = \angle POQ = \theta \left(0 < \theta < \frac{\pi}{4}\right)$가 되도록 호 AB 위에 두 점 P, Q를 잡고, 점 A를 지나고 선분 OA에 수직인 직선이 두 직선 OP, OQ와 만나는 점을 각각 R, S라 하자. 선분 PR, 선분 QR, 호 PQ로 둘러싸인 부분의 넓이를 $f(\theta)$, 선분 QS, 선분 AS, 호 AQ로 둘러싸인 부분의 넓이를 $g(\theta)$라 할 때,

$\lim\limits_{\theta \to 0+} \dfrac{f(\theta) - g(\theta)}{\theta^3}$의 값은? (단, $\overline{AQ} < \overline{AP}$)

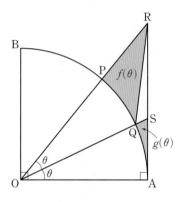

① $\dfrac{1}{2}$ ② $\dfrac{7}{12}$ ③ $\dfrac{2}{3}$

④ $\dfrac{3}{4}$ ⑤ $\dfrac{5}{6}$

160

그림과 같이 $0 < t < \frac{\pi}{2}$인 실수 t에 대하여 함수

$$f(x) = \sqrt{x^2 + \frac{7}{25}x + \sin x \cos x}$$

의 그래프 위의 점 $P(t, f(t))$에서 직선 $y = x$에 내린 수선의 발을 H라 하자. 삼각형 OHP의 넓이 $S(t)$는 $t = \alpha$에서 최댓값 $S(\alpha)$를 가질 때, $100S(\alpha) - 7\alpha$의 값은? (단, O는 원점이다.)

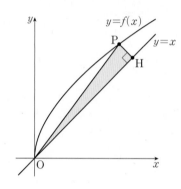

① 10 ② 12 ③ 14

④ 16 ⑤ 18

161

수능유형 18

최고차항의 계수가 1이고 모든 실수 x에 대하여 $f(x)>0$인 이차함수 $f(x)$에 대하여 함수

$$g(x)=f(x)\left\{1-\ln\frac{f(x)}{2}\right\}$$

가 다음 조건을 만족시킨다.

> ㈎ 함수 $g(x)$는 $x=2$에서 극솟값을 갖는다.
>
> ㈏ $g'(a)=0$을 만족시키는 모든 a의 값의 곱이 6이다.

$f(6)$의 값을 구하시오.

162

수능유형 18

그림과 같이 $a>0$인 상수 a에 대하여 x축 위의 점 $A(a,\,0)$이 있다. 양의 실수 전체의 집합에서 정의된 함수 $f(x)=\dfrac{e^x}{x^2}$의 그래프 위의 점 $P(t,\,f(t))$ $(t<a)$에서 x축에 내린 수선의 발을 H라 하자. 삼각형 APH의 넓이를 $S(t)$라 하면 $S(t)$는 $t=k$, $t=k+1$에서 극값을 갖는다. 함수 $S(t)$의 극댓값을 M, 극솟값을 m이라 할 때, $\dfrac{M}{m}$의 값은? (단, k는 상수이다.)

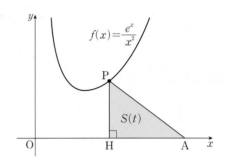

① $\dfrac{e}{8}$ ② $\dfrac{e}{4}$ ③ $\dfrac{3}{8}e$

④ $\dfrac{e}{2}$ ⑤ $\dfrac{5}{8}e$

Ⅲ 적분법

수능 실전 개념

① 여러 가지 함수의 부정적분

(1) 함수 $y=x^n$의 부정적분

   ① $n \neq -1$이면 $\int x^n dx = \dfrac{1}{n+1}x^{n+1}+C$

   ② $n=-1$이면 $\int x^{-1}dx = \int \dfrac{1}{x}dx = \ln|x|+C$

(2) 지수함수의 부정적분

   ① $\int e^x dx = e^x + C$

   ② $\int a^x dx = \dfrac{a^x}{\ln a}+C$ (단, $a>0$, $a \neq 1$)

(3) 삼각함수의 부정적분

   ① $\int \sin x \, dx = -\cos x + C$

   ② $\int \cos x \, dx = \sin x + C$

   ③ $\int \sec^2 x \, dx = \tan x + C$

   ④ $\int \csc^2 x \, dx = -\cot x + C$

   ⑤ $\int \sec x \tan x \, dx = \sec x + C$

   ⑥ $\int \csc x \cot x \, dx = -\csc x + C$

② 여러 가지 함수의 적분법

(1) 치환적분법: 미분가능한 함수 $g(t)$에 대하여 $x=g(t)$로 놓으면

$$\int f(x)dx = \int f(g(t))g'(t)dt$$

(2) $\int \dfrac{f'(x)}{f(x)}dx = \ln|f(x)|+C$

(3) 부분적분법: 두 함수 $f(x)$, $g(x)$가 미분가능할 때,

$$\int f(x)g'(x)dx = f(x)g(x) - \int f'(x)g(x)dx$$

③ 우함수 · 기함수의 정적분

함수 $f(x)$가 닫힌구간 $[-a, a]$에서 연속일 때, 이 구간의 모든 실수 x에 대하여

(1) $f(x)$가 우함수, 즉 $f(-x)=f(x)$이면

$$\int_{-a}^{a} f(x)dx = 2\int_0^a f(x)dx$$

(2) $f(x)$가 기함수, 즉 $f(-x)=-f(x)$이면

$$\int_{-a}^{a} f(x)dx = 0$$

④ 정적분으로 정의된 함수

(1) 정적분으로 정의된 함수의 미분

$$\dfrac{d}{dx}\int_x^{x+a} f(t)dt = f(x+a)-f(x) \text{ (단, } a\text{는 실수)}$$

(2) 정적분으로 정의된 함수의 극한

   ① $\displaystyle\lim_{x \to 0} \dfrac{1}{x}\int_a^{x+a} f(t)dt = f(a)$

   ② $\displaystyle\lim_{x \to a} \dfrac{1}{x-a}\int_a^x f(t)dt = f(a)$

⑤ 정적분과 급수의 관계

함수 $f(x)$가 닫힌구간 $[a, b]$에서 연속일 때,

$$\lim_{n \to \infty} \sum_{k=1}^{n} f(x_k)\varDelta x = \int_a^b f(x)dx \left(\text{단, } \varDelta x = \dfrac{b-a}{n}, \ x_k = a+k\varDelta x \right)$$

⑥ 정적분의 활용

(1) 두 곡선 사이의 넓이

   두 함수 $f(x)$, $g(x)$가 닫힌구간 $[a, b]$에서 연속일 때, 두 곡선 $y=f(x)$, $y=g(x)$ 및 두 직선 $x=a$, $x=b$로 둘러싸인 도형의 넓이 S는

$$S = \int_a^b |f(x)-g(x)|dx$$

(2) 입체도형의 부피

   닫힌구간 $[a, b]$에서 x좌표가 x인 점을 지나고 x축에 수직인 평면으로 자른 단면의 넓이가 $S(x)$인 입체도형의 부피 V는

$$V = \int_a^b S(x)dx \text{ (단, } S(x)\text{는 닫힌구간 } [a, b]\text{에서 연속이다.)}$$

(3) 속도와 거리

   ① 수직선 위를 움직이는 점 P의 시각 t에서의 속도가 $v(t)$이고 시각 $t=a$에서의 위치가 x_0일 때, 시각 t에서의 점 P의 위치를 x, 시각 $t=a$에서 $t=b$까지 점 P가 움직인 거리를 s라 하면

$$x = x_0 + \int_a^t v(t)dt, \ s = \int_a^b |v(t)|dt$$

   ② 좌표평면 위를 움직이는 점 P의 시각 t에서의 위치 (x, y)가 $x=f(t)$, $y=g(t)$일 때, 시각 $t=a$에서 $t=b$까지 점 P가 움직인 거리를 s라 하면

$$s = \int_a^b \sqrt{\{f'(t)\}^2 + \{g'(t)\}^2}dt$$

(4) 곡선의 길이

   곡선 $y=f(x)$ $(a \leq x \leq b)$의 길이를 l이라 하면

$$l = \int_a^b \sqrt{1+\{f'(x)\}^2}dx$$

기출에서 뽑은 실전 개념 ○✕

○ 정답 44쪽

■ 다음 문장이 참이면 '○'표, 거짓이면 '✕'표를 (   ) 안에 써넣으시오.

01 함수 $f(x)$의 도함수가 $f'(x)=\dfrac{1}{x}$이고 $f(1)=1$이면

$f(-e)=f(e)$이다.　　　　　　　(　　　)

02 함수 $f(x)$가 $f(x)=\tan x\cos x$이면

$\displaystyle\int_0^{\frac{\pi}{3}}2f(x)dx=1$이다.　　　(　　　)

03 함수 $f(x)$가 $f(x)=\sqrt{2x-1}$이면

$\displaystyle\int_{\frac{1}{2}}^{1}f(x)dx=\dfrac{1}{2}\int_0^1\sqrt{x}\,dx$이다.　　(　　　)

04 두 함수 $f(x)=x,\ g(x)=e^{-x^2}$에 대하여 정적분

$\displaystyle\int_0^1 f(x)g(x)dx=2-\dfrac{1}{e}$이다.　　(　　　)

05 정적분 $\displaystyle\int_1^e(\ln x+1)dx=e-1$이다.　　(　　　)

06 도함수가 실수 전체의 집합에서 연속인 함수 $f(x)$에

대하여 $f(\pi)=0$이면

$\displaystyle\int_0^\pi x^2 f'(x)dx=-2\int_0^\pi xf(x)dx$이다.　(　　　)

07 실수 전체의 집합에서 미분가능한 함수 $f(x)$가

$f(x)=e^x-1+\displaystyle\int_0^x f(t)dt$이면 $f'(0)=1$이다.

(　　　)

08 $\displaystyle\lim_{n\to\infty}\sum_{k=1}^{n}\left(1+\dfrac{2k}{n}\right)^3\dfrac{1}{n}=2\int_1^3 x^3 dx$이다.　(　　　)

09 모든 실수 x에 대하여 $f(x)>0$인 연속함수 $f(x)$에

대하여 곡선 $y=f(2x+1)$과 x축 및 두 직선 $x=1$,

$x=2$로 둘러싸인 부분의 넓이는 $\dfrac{1}{2}\displaystyle\int_3^5 f(x)dx$이다.

(　　　)

10 좌표평면에서 시각 t에서의 점 P의 위치가

$x=\sin\dfrac{\pi}{2}t,\ y=\cos\dfrac{\pi}{2}t$일 때, 시각 $t=0$에서 $t=2$

까지 점 P가 움직인 거리는 π이다.　　(　　　)

수능유형 **01** 부정적분

163 대표 기출

• 학평 기출 •

연속함수 $f(x)$의 도함수 $f'(x)$가

$$f'(x) = \begin{cases} \dfrac{1}{x^2} & (x < -1) \\[2mm] 3x^2 + 1 & (x > -1) \end{cases}$$

이고 $f(-2) = \dfrac{1}{2}$일 때, $f(0)$의 값은? [3점]

① 1 　　　　② 2 　　　　③ 3

④ 4 　　　　⑤ 5

핵심개념 & 연관개념

핵심개념 / 여러 가지 함수의 부정적분

(1) $n \neq -1$일 때, $\displaystyle\int x^n \, dx = \dfrac{1}{n+1}x^{n+1} + C$

(2) $n = -1$일 때, $\displaystyle\int x^{-1} \, dx = \int \dfrac{1}{x} \, dx = \ln|x| + C$

(3) $\displaystyle\int \sin x \, dx = -\cos x + C$, $\displaystyle\int \cos x \, dx = \sin x + C$

연관개념 / 함수의 연속

함수 $f(x)$가 $x=a$에서 연속

$\iff \displaystyle\lim_{x \to a+} f(x) = \lim_{x \to a-} f(x) = f(a)$

164 변형 유제

상수 a에 대하여 $x=1$에서 연속인 함수 $f(x)$의 도함수 $f'(x)$가

$$f'(x) = \begin{cases} 3x^2 + a & (x > 1) \\[2mm] 2x - \dfrac{1}{x^2} & (x < 1) \end{cases}$$

이다. $f(2) - f(1) = 10$일 때, $f(2) - f(-1)$의 값은?

① 8 　　　　② 10 　　　　③ 12

④ 14 　　　　⑤ 16

165 실전 예상

두 점 $(\pi, 1)$, $(2\pi, -2)$를 지나는 곡선 $y = f(x)$ 위의 임의의 점 (x, y)에서의 접선의 기울기가 $\sin x + \dfrac{a}{\pi^2}x$일 때, $a + f(0)$의 값은? (단, a는 상수이다.)

① $-\dfrac{1}{3}$ 　　　② $-\dfrac{2}{3}$ 　　　③ -1

④ $-\dfrac{4}{3}$ 　　　⑤ $-\dfrac{5}{3}$

166 실전 예상

양의 실수 전체의 집합에서 미분가능한 함수 $f(x)$가 모든 양의 실수 x에 대하여 다음 조건을 만족시킨다.

> (가) $f(x) > 0$
>
> (나) $\displaystyle\int \dfrac{e^x - f(x)}{xf(x)} \, dx = \ln f(x)$

$f(1) = e + 4$일 때, $f(2)$의 값은?

① $\dfrac{e^2 + 1}{2}$ 　　② $\dfrac{e^2 + 2}{2}$ 　　③ $\dfrac{e^2 + 3}{2}$

④ $\dfrac{e^2 + 4}{2}$ 　　⑤ $\dfrac{e^2 + 5}{2}$

수능유형 02 여러 가지 함수의 정적분

167 대표 기출
•수능 기출•

$x>0$에서 정의된 연속함수 $f(x)$가 모든 양수 x에 대하여

$$2f(x)+\frac{1}{x^2}f\left(\frac{1}{x}\right)=\frac{1}{x}+\frac{1}{x^2}$$

을 만족시킬 때, $\int_{\frac{1}{2}}^{2}f(x)dx$의 값은? [4점]

① $\dfrac{\ln 2}{3}+\dfrac{1}{2}$ ② $\dfrac{2\ln 2}{3}+\dfrac{1}{2}$ ③ $\dfrac{\ln 2}{3}+1$

④ $\dfrac{2\ln 2}{3}+1$ ⑤ $\dfrac{2\ln 2}{3}+\dfrac{3}{2}$

핵심개념 & 연관개념

핵심개념 / 여러 가지 함수의 정적분

(1) $n\neq 1$일 때, $\displaystyle\int_{a}^{b}x^n\,dx=\left[\frac{1}{n+1}x^{n+1}\right]_{a}^{b}$

(2) $n=1$일 때, $\displaystyle\int_{a}^{b}\frac{1}{x}\,dx=\Big[\ln|x|\Big]_{a}^{b}$

(3) $\displaystyle\int_{a}^{b}\sin x\,dx=\Big[-\cos x\Big]_{a}^{b}$, $\displaystyle\int_{a}^{b}\cos x\,dx=\Big[\sin x\Big]_{a}^{b}$

---

168 변형 유제

$x>0$에서 정의된 연속함수 $f(x)$가 모든 양수 x에 대하여

$$x^3\{f(x)\}^2-(x^2+x)f(x)+1=0$$

을 만족시킬 때, $\int_{\frac{1}{2}}^{2}f(x)dx$의 최댓값은?

① $1+\ln 2$ ② $1+2\ln 2$ ③ $2+\ln 2$

④ $2+2\ln 2$ ⑤ $3+\ln 2$

---

169 실전 예상

그림과 같이 길이가 2인 선분 AB를 지름으로 하는 반원 위의 점 C에 대하여 선분 AB의 중점 M에서 선분 AC 위에 내린 수선의 발을 D라 하고, 직선 MD와 반원의 교점을 E라 하자. $\angle CAB=\theta$라 하고, 선분 AE의 길이를 $f(\theta)$라 할 때,

$$\int_{\frac{\pi}{6}}^{\frac{\pi}{4}}\{f(\theta)\}^2 d\theta$$의 값은?

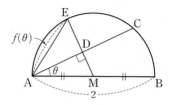

① $\sqrt{2}-\sqrt{3}+\dfrac{\pi}{6}$ ② $\sqrt{3}-\sqrt{2}+\dfrac{\pi}{6}$ ③ $\sqrt{2}+\sqrt{3}+\dfrac{\pi}{6}$

④ $\sqrt{2}-\sqrt{3}+\dfrac{\pi}{3}$ ⑤ $\sqrt{3}-\sqrt{2}+\dfrac{\pi}{3}$

---

170 실전 예상

그림과 같이 점 $P(-1,\ 0)$과 원 $x^2+y^2=1$ 위의 제1사분면에 있는 점 Q에 대하여 $\overline{PQ}=\overline{QR}$이 되도록 하는 원 위의 점을 R라 하자. $\angle PQR=\theta$라 할 때, 선분 PR의 길이를 $f(\theta)$, 삼각형 PQR의 넓이를 $g(\theta)$라 하자. $\int_{\frac{\pi}{6}}^{\frac{\pi}{3}}\dfrac{g(\theta)}{f(\theta)}d\theta$의 값은?

(단, O는 원점이다.)

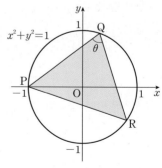

① $\dfrac{\pi}{24}+\dfrac{\sqrt{3}}{4}-\dfrac{1}{4}$ ② $\dfrac{\pi}{12}+\dfrac{\sqrt{3}}{4}-\dfrac{1}{4}$ ③ $\dfrac{\pi}{12}+\dfrac{\sqrt{3}}{2}-\dfrac{1}{2}$

④ $\dfrac{\pi}{6}+\dfrac{\sqrt{3}}{4}-\dfrac{1}{4}$ ⑤ $\dfrac{\pi}{6}+\dfrac{\sqrt{3}}{2}-\dfrac{1}{2}$

수능유형 **03**   치환적분법 (1) – 계산

171 대표 기출
•학평 기출•

$\int_0^{\frac{\pi}{4}} 2\cos 2x \sin^2 2x\, dx$의 값은? [3점]

① $\dfrac{1}{9}$ ② $\dfrac{1}{6}$ ③ $\dfrac{2}{9}$

④ $\dfrac{5}{18}$ ⑤ $\dfrac{1}{3}$

핵심개념 & 연관개념

핵심개념 치환적분법을 이용한 정적분

함수 $f(x)$가 닫힌구간 $[a,\ b]$에서 연속이고 미분가능한 함수 $x=g(t)$에 대하여 $a=g(\alpha)$, $b=g(\beta)$일 때 도함수 $g'(t)$가 α, β를 포함하는 구간에서 연속이면

$$\int_a^b f(x)dx = \int_\alpha^\beta f(g(t))g'(t)dt$$

172 변형 유제

$\int_0^{\frac{\pi}{3}} \dfrac{\sin x(\cos x + \tan x \sin x)}{\cos^2 x}\, dx$의 값은?

① $\dfrac{1}{2}$ ② 1 ③ $\dfrac{3}{2}$

④ 2 ⑤ $\dfrac{5}{2}$

173 실전 예상

$\int_{\ln 2}^{\ln 3} \dfrac{1}{e^{2x}-2}\, dx$의 값은?

① $\dfrac{1}{4}\ln\dfrac{8}{9}$ ② $\dfrac{1}{4}\ln\dfrac{10}{9}$ ③ $\dfrac{1}{4}\ln\dfrac{4}{3}$

④ $\dfrac{1}{4}\ln\dfrac{14}{9}$ ⑤ $\dfrac{1}{2}\ln\dfrac{4}{3}$

174 실전 예상

$\int_1^2 \dfrac{(x+1)^3}{\sqrt{x^2+2x}}\, dx = p\sqrt{2} + q\sqrt{3}$일 때, $p+q$의 값은?

(단, p, q는 유리수이다.)

① 4 ② $\dfrac{13}{3}$ ③ $\dfrac{14}{3}$

④ 5 ⑤ $\dfrac{16}{3}$

수능유형 **04** 치환적분법 (2) – 함수의 특성 활용

175 대표 기출

• 학평 기출 •

실수 전체의 집합에서 미분가능한 함수 $f(x)$의 역함수를 $g(x)$라 하자. 두 함수 $f(x)$, $g(x)$가 다음 조건을 만족시킨다.

> (가) $f(0)=1$
>
> (나) 모든 실수 x에 대하여 $f(x)g'(f(x))=\dfrac{1}{x^2+1}$이다.

$f(3)$의 값은? [4점]

① e^3 ② e^6 ③ e^9

④ e^{12} ⑤ e^{15}

핵심개념 & 연관개념

핵심개념 / 함수 $\dfrac{f'(x)}{f(x)}$의 부정적분

$$\int \frac{f'(x)}{f(x)}\,dx=\ln|f(x)|+C \text{ (단, } C\text{는 적분상수)}$$

연관개념 / 역함수의 미분법

미분가능한 함수 $f(x)$의 역함수 $g(x)$가 존재하고 미분가능할 때,

$$g'(x)=\frac{1}{f'(g(x))} \ (f'(g(x))\neq0)$$

176 변형 유제

실제 전체의 집합에서 미분가능한 두 함수 $f(x)$, $g(x)$가 있다. 함수 $g(x)$가 $f(x)$의 역함수이고 다음 조건을 만족시킨다.

> (가) $f(1)=2$
>
> (나) $\displaystyle\int_{1}^{2}\frac{2e^{g(x)}}{f'(g(x))}\,dx=2e-e^2$

$g(1)$의 값은?

① $2-\ln 2$ ② $1-\ln 2$ ③ $\ln 2$

④ $1+\ln 2$ ⑤ $2+\ln 2$

177 실전 예상

미분가능한 함수 $f(x)$가 모든 실수 x에 대하여 다음 조건을 만족시킨다.

> (가) $f(x)>0$
>
> (나) $\dfrac{d}{dx}\left\{\dfrac{f(x)}{x^2+1}\right\}=4xf(x)$

$f(0)=1$일 때, $f(1)$의 값은?

① e^3 ② $2e^3$ ③ $3e^3$

④ $4e^3$ ⑤ $5e^3$

178 실전 예상

실수 전체의 집합에서 미분가능한 함수 $f(x)$가 모든 실수 x에 대하여 다음 조건을 만족시킨다.

> (가) $f(x)\neq x$
>
> (나) $(3x^2+1)f(x)-f'(x)=3x^3+x-1$

$f(1)=2$일 때, $f(2)=e^a+b$이다. $a+b$의 값은?

(단, a, b는 유리수이다.)

① 8   ② 9   ③ 10

④ 11   ⑤ 12

수능유형 05 부분적분법(1) – 계산

179 대표 기출   • 수능 기출 •

$\int_e^{e^2} \dfrac{\ln x - 1}{x^2} dx$의 값은? [3점]

① $\dfrac{e+2}{e^2}$ ② $\dfrac{e+1}{e^2}$ ③ $\dfrac{1}{e}$

④ $\dfrac{e-1}{e^2}$ ⑤ $\dfrac{e-2}{e^2}$

핵심개념 & 연관개념 ....

핵심개념 / 부분적분법을 이용한 정적분

닫힌구간 $[a, b]$에서 두 함수 $f(x)$, $g(x)$가 미분가능하고 $f'(x)$, $g'(x)$가 연속일 때,

$$\int_a^b f(x)g'(x)dx = \Big[f(x)g(x) \Big]_a^b - \int_a^b f'(x)g(x)dx$$

함수 $f(x) = x^3 \sin \pi x$에 대하여 $\int_1^2 f\left(\dfrac{1}{x}\right)dx$의 값은?

① $-\dfrac{1}{2\pi} - \dfrac{1}{\pi^2}$ ② $\dfrac{1}{2\pi} - \dfrac{1}{\pi^2}$ ③ $\dfrac{1}{\pi} - \dfrac{1}{\pi^2}$

④ $\dfrac{1}{2\pi} + \dfrac{1}{\pi^2}$ ⑤ $\dfrac{1}{\pi} + \dfrac{1}{\pi^2}$

182 실전 예상

함수 $f(x) = (ax+b)e^x$에 대하여 $\dfrac{f(1)}{f'(1)} = 2$이고

$\int_0^1 f(x)\,dx = 8 - 6e$일 때, $\dfrac{f(2)}{e^2}$의 값은?

(단, a, b는 상수이다.)

① -1 ② -2 ③ -3

④ -4 ⑤ -5

180 변형 유제

$\int_1^4 e^{-\sqrt{x}}dx$의 값은?

① $\dfrac{4e-6}{e^2}$ ② $\dfrac{4e-3}{e^2}$ ③ $\dfrac{4}{e}$

④ $\dfrac{4e+3}{e^2}$ ⑤ $\dfrac{4e+6}{e^2}$

수능유형 06 부분적분법(2) – 함수의 특성 활용

183 대표 기출   •모평 기출•

두 함수 $f(x)$, $g(x)$는 실수 전체의 집합에서 도함수가 연속이고 다음 조건을 만족시킨다.

> (가) 모든 실수 x에 대하여 $f(x)g(x)=x^4-1$이다.
>
> (나) $\displaystyle\int_{-1}^{1}\{f(x)\}^2 g'(x)\,dx=120$

$\displaystyle\int_{-1}^{1}x^3 f(x)\,dx$의 값은? [4점]

① 12   ② 15   ③ 18

④ 21   ⑤ 24

핵심개념 & 연관개념

연관개념 / 합성함수의 미분법

두 함수 $y=f(u)$, $u=g(x)$가 미분가능할 때,

$$\frac{d}{dx}\{f(g(x))\}=f'(g(x))g'(x)$$

예 $\dfrac{d}{dx}\{f(x)\}^2=2f(x)f'(x)$

184 변형 유제

두 함수 $f(x)$, $g(x)$는 실수 전체의 집합에서 도함수가 연속이고 다음 조건을 만족시킨다.

> (가) 모든 실수 x에 대하여 $\{f(x)\}^2 g(x)=x^2+1$이다.
>
> (나) $\displaystyle\int_{-1}^{1}f(x)f'(x)g(x)\,dx=5$
>
> (다) $f(1)+f(-1)=0$

$\displaystyle\int_{-1}^{1}x\ln\{g(x)\}\,dx$의 값을 구하시오.

185 실전 예상

실수 전체의 집합에서 이계도함수를 갖는 함수 $f(x)$가

$$\int_0^{\pi}\{f''(x)-f(x)\}\sin x\,dx=2,\ f(\pi)+f(0)=\pi$$

를 만족시킬 때, $\displaystyle\int_0^{\pi}f'(x)\cos x\,dx$의 값은?

① $-2-\pi$ ② $-2-\dfrac{\pi}{2}$ ③ $-1-\pi$

④ $-1-\dfrac{\pi}{2}$ ⑤ $-\dfrac{1}{2}-\dfrac{\pi}{2}$

186 실전 예상

미분가능한 함수 $f(x)$가 다음 조건을 만족시킨다.

> (가) 음이 아닌 모든 실수 x에 대하여 $f'(x)\neq 0$이다.
>
> (나) $\displaystyle\int_0^4\{f(x)\}^2\,dx=3$

음이 아닌 실수 t에 대하여 점 $(4, 1)$을 지나는 곡선 $y=f(x)\,(x\geq 0)$ 위의 점 $(t, f(t))$를 지나고 이 점에서의 접선과 수직인 직선의 y절편을 $g(t)$라 할 때, $\displaystyle\int_0^4 tf'(t)g(t)\,dt$의 값은?

① $\dfrac{64}{3}$ ② $\dfrac{43}{2}$ ③ $\dfrac{65}{3}$

④ $\dfrac{131}{6}$ ⑤ 22

수능유형 **07** 치환적분법과 부분적분법의 활용 **UP**

187 대표 기출

• 학평 기출 •

미분가능한 함수 $f(x)$가 다음 조건을 만족시킨다.

(가) $x_1 < x_2$인 임의의 두 실수 x_1, x_2에 대하여 $f(x_1) > f(x_2)$이다.

(나) 닫힌구간 $[-1, 3]$에서 함수 $f(x)$의 최댓값은 1이고 최솟값은 -2이다.

$\int_{-1}^{3} f(x)\,dx = 3$일 때, $\int_{-2}^{1} f^{-1}(x)\,dx$의 값은? [3점]

① 4   ② 5   ③ 6

④ 7   ⑤ 8

핵심개념 & 연관개념 ·································

연관개념 / 역함수의 성질

함수 $f(x)$가 일대일 대응일 때
(1) $y = f(x) \iff x = f^{-1}(y)$
(2) $(f \circ f^{-1})(x) = x$, $(f^{-1} \circ f)(x) = x$

188 변형 유제

미분가능한 함수 $f(x)$가 다음 조건을 만족시킨다.

(가) $f(1) = 2$, $f(4) = 4$

(나) 닫힌구간 $[1, 4]$에 속하는 모든 실수 x에 대하여 $f'(x) > 0$이다.

$\int_{1}^{4} f(x)\,dx = 8$일 때, $\int_{1}^{2} f^{-1}(2x)\,dx$의 값은?

① 2   ② 3   ③ 4

④ 5   ⑤ 6

189 실전 예상

함수 $f(x) = e^x - 1$이고, 모든 실수 x에 대하여 함수 $g(x)$는

$$e^{g(x)} - 1 = x$$

를 만족시킬 때, $\displaystyle\int_{0}^{\ln 3} \frac{f(x)f'(f(x))}{g'(f(x))}\,dx$의 값은?

① $e^2 - 1$ ② e^2 ③ $e^2 + 1$

④ $2e^2 - 1$ ⑤ $2e^2 + 1$

190 실전 예상

양의 실수 전체의 집합에서 연속인 함수 $f(x)$가 다음 조건을 만족시킨다.

모든 양의 실수 x에 대하여 $\displaystyle\int_{1}^{x} \frac{f(t)}{t^2}\,dt = e^{x^2} - ex$이다.

$\displaystyle\int_{4}^{9} \frac{f'(\sqrt{x})}{x}\,dx = ae^9 + be^4 + ce$일 때, $a + b + c$의 값은?

(단, a, b, c는 정수이다.)

① 12   ② 13   ③ 14

④ 15   ⑤ 16

수능유형 08 정적분을 포함한 등식

191 대표 기출

• 학평 기출 •

연속함수 $f(x)$가 모든 양의 실수 t에 대하여

$$\int_0^{\ln t} f(x)\,dx = (t\ln t + a)^2 - a$$

를 만족시킬 때, $f(1)$의 값은? (단, a는 0이 아닌 상수이다.)

[3점]

① $2e^2 + 2e$ ② $2e^2 + 4e$ ③ $4e^2 + 4e$

④ $4e^2 + 8e$ ⑤ $8e^2 + 8e$

핵심개념 & 연관개념 ·····························

핵심개념 / 정적분을 포함한 등식의 성질

$\int_a^x f(t)\,dt = g(x)$에 대하여 다음이 성립한다.

(1) $x = a$를 대입하면 $g(a) = 0$이다.

(2) 양변을 x에 대하여 미분하면 $f(x) = g'(x)$이다.

연관개념 / 정적분을 포함한 등식의 미분법

$\int_a^x f(t)\,dt = g(x)$에서 $\int_a^{h(x)} f(t)\,dt = g(h(x))$이므로

합성함수의 미분법에 의하여

$$\frac{d}{dx}\left\{\int_a^{h(x)} f(t)\,dt\right\} = \frac{d}{dx}g(h(x)) = g'(h(x))h'(x)$$

192 변형 유제

연속함수 $f(x)$가 모든 양의 실수 t에 대하여

$$\int_0^{\ln t} f(x)\,dx = t(\ln t + a) - 2$$

를 만족시킬 때, $\displaystyle\int_1^a \frac{f(x)}{e^x}\,dx$의 값은? (단, a는 상수이다.)

① $\dfrac{3}{2}$ ② $\dfrac{5}{2}$ ③ $\dfrac{7}{2}$

④ $\dfrac{9}{2}$ ⑤ $\dfrac{11}{2}$

193 실전 예상

미분가능한 함수 $f(x)$가 모든 실수 x에 대하여

$$f'(x) = f(x) + e^x \int_0^1 e^{-t} f(t)\,dt$$

를 만족시킨다. $f'(0) = 6$일 때, $\dfrac{f'(1)}{e}$의 값은?

① 2 ② 4 ③ 6

④ 8 ⑤ 10

194 실전 예상

실수 전체의 집합에서 미분가능한 함수 $f(x)$가

$$f(x) = e^x + x\int_0^1 f'(t)\sin \pi t\,dt$$

일 때, $\displaystyle\int_0^1 f'(x)\sin \pi x\,dx$의 값은?

① $\dfrac{\pi^2(e-1)}{(\pi^2-1)(\pi+2)}$ ② $\dfrac{\pi^2(e+1)}{(\pi^2+1)(\pi-2)}$

③ $\dfrac{\pi^2(e+2)}{(\pi^2+1)(\pi+1)}$ ④ $\dfrac{2\pi(e+1)}{(2\pi+1)(\pi-2)}$

⑤ $\dfrac{\pi(e-2)}{(2\pi+1)(\pi+1)}$

195 대표 기출

•학평 기출•

실수 전체의 집합에서 정의된 함수

$$f(x)=\int_0^x \frac{2t-1}{t^2-t+1}dt$$

의 최솟값은? [3점]

① $\ln \dfrac{1}{2}$ ② $\ln \dfrac{2}{3}$ ③ $\ln \dfrac{3}{4}$

④ $\ln \dfrac{4}{5}$ ⑤ $\ln \dfrac{5}{6}$

핵심개념 & 연관개념

핵심개념／ 정적분과 미분의 관계

연속함수 $f(x)$에 대하여 (a는 상수)

(1) $\dfrac{d}{dx}\left\{\displaystyle\int_a^x f(t)\,dt\right\}=f(x)$

(2) $\dfrac{d}{dx}\left\{\displaystyle\int_x^{x+a} f(t)\,dt\right\}=f(x+a)-f(x)$

연관개념／ 함수의 최댓값, 최솟값

실수 전체의 집합에서 함수 $f(x)$가 정의된 경우에는 $f'(x)=0$인 x의 값에서 최대 또는 최소를 조사한다.

---

196 변형 유제

실수 전체의 집합에서 정의된 함수

$$f(x)=\int_0^x \frac{t^2-3t+a}{t^2+2}dt$$

가 $x=1$에서 극값을 가질 때, 함수 $f(x)$의 극솟값은?

(단, a는 상수이다.)

① $1-\dfrac{3}{2}\ln 3$ ② $2-\dfrac{3}{2}\ln 3$ ③ $2-\dfrac{5}{2}\ln 3$

④ $3-\dfrac{3}{2}\ln 3$ ⑤ $3-\dfrac{5}{2}\ln 3$

---

197 실전 예상

양의 실수 a에 대하여 $x \geq 0$에서 정의된 함수

$$f(x)=\int_0^x (a\sqrt{t}-t)dt$$

의 최댓값이 $\dfrac{8}{3}$일 때, $f(a+7)$의 값은?

① $-\dfrac{9}{2}$ ② $-\dfrac{7}{2}$ ③ $-\dfrac{5}{2}$

④ $-\dfrac{3}{2}$ ⑤ $-\dfrac{1}{2}$

---

198 실전 예상

실수 전체의 집합에서 정의된 함수

$$f(x)=\int_0^x (t^2-3t+2)e^t\,dt$$

에 대하여 방정식 $f(x)=k$의 서로 다른 실근의 개수가 2가 되도록 하는 모든 실수 k의 값의 합이 ae^2+be+c일 때, $a+b+c$의 값은? (단, a, b, c는 정수이다.)

① -10 ② -9 ③ -8

④ -7 ⑤ -6

수능유형 10 정적분과 급수

199 대표 기출 · 수능 기출 ·

$\lim\limits_{n \to \infty} \sum\limits_{k=1}^{n} \dfrac{k^2 + 2kn}{k^3 + 3k^2 n + n^3}$ 의 값은? [3점]

① $\ln 5$ ② $\dfrac{\ln 5}{2}$ ③ $\dfrac{\ln 5}{3}$

④ $\dfrac{\ln 5}{4}$ ⑤ $\dfrac{\ln 5}{5}$

핵심개념 & 연관개념

핵심개념 / 정적분과 급수의 합 사이의 관계

함수 $f(x)$가 닫힌구간 $[a, b]$에서 연속일 때,

$$\lim_{n \to \infty} \sum_{k=1}^{n} f(x_k) \varDelta x = \int_a^b f(x) dx$$

$$\left(\text{단}, \ \varDelta x = \frac{b-a}{n}, \ x_k = a + k \varDelta x \right)$$

---

200 변형 유제

연속함수 $f(x)$에 대하여 $\int_0^3 f(x) dx = 4$일 때,

$\lim\limits_{n \to \infty} \sum\limits_{k=1}^{n} \dfrac{k+n}{n^2} f\left(\dfrac{k^2 + 2kn}{n^2} \right)$ 의 값은?

① $\dfrac{1}{2}$ ② 1 ③ $\dfrac{3}{2}$

④ 2 ⑤ $\dfrac{5}{2}$

---

201 실전 예상

$\lim\limits_{n \to \infty} \sum\limits_{k=1}^{n} \left(\dfrac{k}{n} \right)^3 \{ \ln (\sqrt[n]{n^2 + k^2}) - \ln \sqrt[n]{n^2} \}$ 의 값은?

① $\dfrac{1}{8}$ ② $\dfrac{1}{4}$ ③ $\dfrac{3}{8}$

④ $\dfrac{1}{2}$ ⑤ $\dfrac{5}{8}$

---

202 실전 예상

자연수 n에 대하여 $0 \le x \le 1$에서 함수 $y = \sin 2n\pi x$의 그래프와 직선 $y = x$가 만나는 점의 개수를 a_n이라 할 때,

$\lim\limits_{n \to \infty} \sum\limits_{k=1}^{n} \dfrac{\sin \dfrac{2\pi k}{a_n}}{a_n}$ 의 값은?

① $\dfrac{1}{4\pi}$ ② $\dfrac{1}{2\pi}$ ③ $\dfrac{1}{\pi}$

④ $\dfrac{2}{\pi}$ ⑤ $\dfrac{4}{\pi}$

203 대표 기출

• 학평 기출 •

함수 $f(x) = \dfrac{2x-2}{x^2-2x+2}$에 대하여 곡선 $y=f(x)$와 x축 및 y축으로 둘러싸인 영역을 A, 곡선 $y=f(x)$와 x축 및 직선 $x=3$으로 둘러싸인 영역을 B라 하자. 영역 A의 넓이와 영역 B의 넓이의 합은? [4점]

① $2\ln 2$ ② $\ln 6$ ③ $3\ln 2$

④ $\ln 10$ ⑤ $\ln 12$

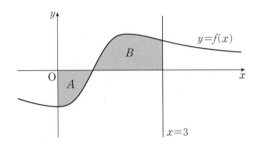

핵심개념 / 곡선과 좌표축 사이의 넓이

(1) 곡선과 x축 사이의 넓이
곡선 $y=f(x)$와 x축 및 두 직선 $x=a$, $x=b$로 둘러싸인 부분의 넓이 S는

$$S = \int_a^b |f(x)|\, dx$$

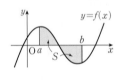

(2) 곡선과 y축 사이의 넓이
곡선 $x=g(y)$와 y축 및 두 직선 $y=c$, $y=d$로 둘러싸인 부분의 넓이 S는

$$S = \int_c^d |g(y)|\, dy$$

204 변형 유제

함수 $f(x) = (x-1)e^x$에 대하여 곡선 $y=f(x)$와 x축 및 y축으로 둘러싸인 영역을 A, 곡선 $y=f(x)$와 x축 및 직선 $x=2$로 둘러싸인 영역을 B라 하자. 영역 A의 넓이와 영역 B의 넓이의 합은?

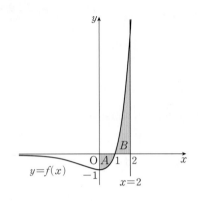

① $2e-2$ ② $2e-1$ ③ $2e$

④ $2e+1$ ⑤ $2e+2$

205 실전 예상

실수 k $(k>3)$에 대하여 곡선 $y=\dfrac{2x}{x-1}$와 y축 및 두 직선 $y=3$, $y=k$로 둘러싸인 부분의 넓이를 $S(k)$라 할 때, $S(k)=k$를 만족시키는 k의 값은 $p+e^q$이다. pq의 값을 구하시오.

(단, p, q는 유리수이다.)

206 실전 예상

자연수 n에 대하여 곡선 $y=\dfrac{2(\ln x+1)}{x}$ $(x>0)$과 x축 및 두 직선 $x=1$, $x=e^n$으로 둘러싸인 부분의 넓이를 a_n이라 할 때, $\displaystyle\sum_{n=1}^{\infty} \dfrac{1}{a_n}$의 값은?

① $\dfrac{1}{4}$ ② $\dfrac{1}{2}$ ③ $\dfrac{3}{4}$

④ 1 ⑤ $\dfrac{5}{4}$

207 실전 예상

$\int_1^2 \left| \frac{1}{x^2} - k \right| dx \neq \left| \int_1^2 \left(\frac{1}{x^2} - k \right) dx \right|$를 만족시키는 실수 k에 대하여 곡선 $y = \frac{1}{x^2}$과 직선 $y = k$ 및 두 직선 $x = 1$, $x = 2$로 둘러싸인 부분의 넓이가 $\frac{1}{4}$일 때, k의 값은?

① $\frac{49}{144}$ ② $\frac{4}{9}$ ③ $\frac{9}{16}$

④ $\frac{25}{36}$ ⑤ $\frac{121}{144}$

208 실전 예상

수열 $\{a_n\}$의 일반항이 $a_n = 1 - \frac{1}{3^{n-1}}$ $(n \geq 1)$일 때, 함수 $f(x)$를 모든 자연수 n에 대하여

$\quad f(x) = \sin 3^n \pi x \ (a_n \leq x \leq a_{n+1})$

라 하고 $S_n = \int_{a_1}^{a_{n+1}} |f(x)| \, dx$라 할 때, $\pi \times \lim_{n \to \infty} S_n$의 값은?

① 1 ② 2 ③ 3

④ 4 ⑤ 5

수능유형 12 두 곡선 사이의 넓이

209 대표 기출

•모평 기출•

그림과 같이 두 곡선 $y = 2^x - 1$, $y = \left| \sin \frac{\pi}{2} x \right|$가 원점 O와 점 $(1, 1)$에서 만난다. 두 곡선 $y = 2^x - 1$, $y = \left| \sin \frac{\pi}{2} x \right|$로 둘러싸인 부분의 넓이는? [3점]

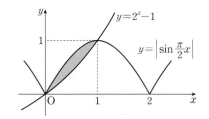

① $-\frac{1}{\pi} + \frac{1}{\ln 2} - 1$ ② $\frac{2}{\pi} - \frac{1}{\ln 2} + 1$

③ $\frac{2}{\pi} + \frac{1}{2\ln 2} - 1$ ④ $\frac{1}{\pi} - \frac{1}{2\ln 2} + 1$

⑤ $\frac{1}{\pi} + \frac{1}{\ln 2} - 1$

핵심개념 & 연관개념

핵심개념 / 두 곡선 사이의 넓이

두 곡선 $y = f(x)$, $y = g(x)$와 두 직선 $x = a$, $x = b$로 둘러싸인 부분의 넓이 S는

$$S = \int_a^b |f(x) - g(x)| \, dx$$

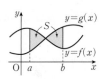

210 변형 유제

그림과 같이 두 곡선 $y = \frac{\ln x}{x}$, $y = \frac{(\ln x)^2}{x}$으로 둘러싸인 부분의 넓이를 S라 할 때, $30S$의 값을 구하시오.

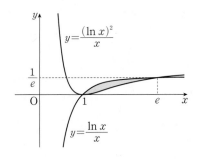

211 실전 예상

그림과 같이 두 곡선 $y=e^x$, $y=x^2e^x$으로 둘러싸인 부분의 넓이는?

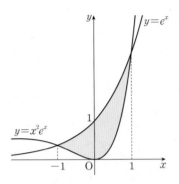

① $\dfrac{1}{e}$ ② $\dfrac{2}{e}$ ③ $\dfrac{3}{e}$

④ $\dfrac{4}{e}$ ⑤ $\dfrac{5}{e}$

212 실전 예상

그림과 같이 두 함수 $f(x)=\dfrac{\sin x}{x^2}$, $g(x)=\dfrac{\cos x}{x}$에 대하여 두 곡선 $y=f(x)$, $y=g(x)$와 두 직선 $x=\dfrac{\pi}{2}$, $x=\pi$로 둘러싸인 부분의 넓이는?

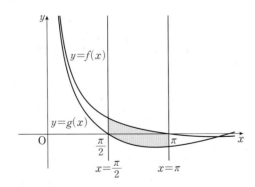

① $\dfrac{1}{\pi}$ ② $\dfrac{2}{\pi}$ ③ $\dfrac{3}{\pi}$

④ $\dfrac{4}{\pi}$ ⑤ $\dfrac{5}{\pi}$

213 실전 예상

양수 a에 대하여 두 곡선 $y=\sin x$, $y=a\cos x$와 y축 및 직선 $x=\pi$으로 둘러싸인 부분의 넓이가 $2\sqrt{5}$일 때, $\displaystyle\int_0^{\frac{\pi}{2}} a\cos x\,dx$의 값은?

① 1   ② 2   ③ 3

④ 4   ⑤ 5

214 실전 예상

양수 t에 대하여 두 곡선 $y=\ln x^2$, $y=\ln x$와 두 직선 $x=t$, $x=t+2$로 둘러싸인 부분의 넓이를 $f(t)$라 할 때, 함수 $f(t)$의 최솟값을 m이라 하자. $e^m=(a+b\sqrt{2})e^{c(\sqrt{2}-1)}$일 때, $a+b+c$의 값을 구하시오. (단, a, b, c는 유리수이다.)

수능유형 **13** 두 곡선으로 둘러싸인 넓이의 분할

215 [대표 기출]

•학평 기출•

실수 전체의 집합에서 도함수가 연속인 함수 $f(x)$에 대하여 $f(0)=0$, $f(2)=1$이다. 그림과 같이 $0 \leq x \leq 2$에서 곡선 $y=f(x)$와 x축 및 직선 $x=2$로 둘러싸인 두 부분의 넓이를 각각 A, B라 하자. $A=B$일 때, $\displaystyle\int_0^2 (2x+3)f'(x)\,dx$의 값을 구하시오. [4점]

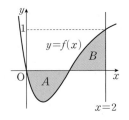

[핵심개념 & 연관개념]

핵심개념 / 두 도형의 넓이가 같을 조건

곡선 $y=f(x)$와 x축으로 둘러싸인 두 도형의 넓이를 각각 S_1, S_2라 하면 $S_1=S_2$일 때,

$$\int_\alpha^\gamma f(x)\,dx = 0$$

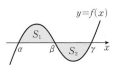

216 [변형 유제]

실수 전체의 집합에서 도함수가 연속인 함수 $f(x)$에 대하여 $f(0)=0$, $f(1)=-1$, $f(3)=2$이다. 방정식 $f'(x)=0$의 실근은 $x=1$뿐이고,

$$\int_1^3 x|f'(x)|\,dx = \int_0^1 x|f'(x)|\,dx + 5$$

이다. 그림과 같이 곡선 $y=f(x)$와 x축으로 둘러싸인 부분의 넓이를 A, 곡선 $y=f(x)$와 x축 및 직선 $x=3$으로 둘러싸인 부분의 넓이를 B라 할 때, $B-A$의 값을 구하시오.

217 [실전 예상]

함수 $f(x)=e^x$에 대하여 곡선 $y=f(x)$와 y축 및 직선 $y=\sqrt[3]{e^2}$으로 둘러싸인 부분의 넓이를 A, 곡선 $y=f(x)$와 x축, y축 및 직선 $x=k$ $(k<0)$로 둘러싸인 부분의 넓이를 B라 하자. $A=B$일 때, 상수 k의 값은?

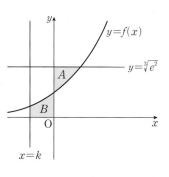

① $\dfrac{1}{3}-\ln 3$ ② $\dfrac{2}{3}-\ln 3$ ③ $1-\ln 3$

④ $\dfrac{4}{3}-\ln 3$ ⑤ $\dfrac{5}{3}-\ln 3$

218 [실전 예상]

$0<a<\sqrt{3}$인 실수 a에 대하여 $0 \leq x \leq \dfrac{\pi}{3}$에서 두 곡선 $y=\cos x$, $y=\dfrac{1}{a}\sin x$와 y축으로 둘러싸인 부분의 넓이와 두 곡선 $y=\cos x$, $y=\dfrac{1}{a}\sin x$와 직선 $x=\dfrac{\pi}{3}$로 둘러싸인 부분의 넓이의 차를 $f(a)$라 할 때, $\displaystyle\int_{\frac{1}{3}}^1 f(a)\,da$의 값은?

① $\dfrac{2\sqrt{3}-3}{3}$ ② $\dfrac{\sqrt{3}-1}{3}$ ③ $\sqrt{3}-1$

④ $\dfrac{4\sqrt{3}-3}{3}$ ⑤ $\dfrac{5\sqrt{3}-3}{3}$

수능유형 14 역함수와 넓이

219 대표 기출
• 학평 기출 •

연속함수 $f(x)$와 그 역함수 $g(x)$가 다음 조건을 만족시킨다.

> (가) $f(1)=1$, $f(3)=3$, $f(7)=7$
>
> (나) $x\neq3$인 모든 실수 x에 대하여 $f''(x)<0$이다.
>
> (다) $\displaystyle\int_1^7 f(x)\,dx=27$, $\displaystyle\int_1^3 g(x)\,dx=3$

$12\displaystyle\int_3^7 |f(x)-x|\,dx$의 값을 구하시오. [4점]

핵심개념 & 연관개념

핵심개념 / 함수 $y=f(x)$와 그 역함수 $y=f^{-1}(x)$의 그래프로 둘러싸인 부분의 넓이

$f(a)=f^{-1}(a)$, $f(b)=f^{-1}(b)$
일 때

$$\int_a^b |f(x)-f^{-1}(x)|\,dx$$
$$=2\int_a^b |f(x)-x|\,dx$$

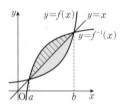

연관개념 / 이계도함수와 함수의 그래프의 개형

함수 $f(x)$의 도함수 $f'(x)$가 미분가능할 때
(1) $f''(x)>0$이면 함수 $y=f(x)$의 그래프는 아래로 볼록하다.
(2) $f''(x)<0$이면 함수 $y=f(x)$의 그래프는 위로 볼록하다.

---

220 실전 예상

실수 전체의 집합에서 연속인 함수 $f(x)$의 역함수를 $g(x)$라 할 때, 함수

$$h(x)=\begin{cases} f(x) & (x\geq0) \\ g(x) & (x<0) \end{cases}$$

가 다음 조건을 만족시킨다.

> (가) 모든 양의 실수 x에 대하여 $h(x)+h(-x)=0$이다.
>
> (나) $h(2)=2$, $\displaystyle\int_0^2 h(x)\,dx=1$

$\displaystyle\int_{-2}^2 |h^{-1}(x)+x|\,dx$의 값을 구하시오.

수능유형 15 입체도형의 부피

221 대표 기출
• 모평 기출 •

그림과 같이 곡선 $y=\sqrt{\dfrac{3x+1}{x^2}}$ $(x>0)$과 x축 및 두 직선 $x=1$, $x=2$로 둘러싸인 부분을 밑면으로 하고 x축에 수직인 평면으로 자른 단면이 모두 정사각형인 입체도형의 부피는? [3점]

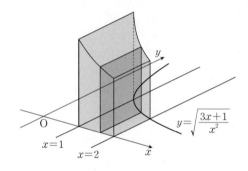

① $3\ln 2$ ② $\dfrac{1}{2}+3\ln 2$ ③ $1+3\ln 2$

④ $\dfrac{1}{2}+4\ln 2$ ⑤ $1+4\ln 2$

핵심개념 & 연관개념

핵심개념 / 입체도형의 부피

닫힌구간 $[a,\,b]$에서 x좌표가 x인 점을 지나고 x축에 수직인 평면으로 자른 단면의 넓이가 $S(x)$인 입체도형의 부피 V는

$$V=\int_a^b S(x)\,dx \text{ (단, } S(x)\text{는 닫힌구간 }[a,\,b]\text{에서 연속)}$$

---

222 변형 유제

그림과 같이 곡선 $y=\sqrt{\dfrac{\sin x\cos x}{1+\sin x}}$ $\left(0\leq x\leq\dfrac{\pi}{6}\right)$와 x축 및 직선 $x=\dfrac{\pi}{6}$로 둘러싸인 도형을 밑면으로 하는 입체도형이 있다. 이 입체도형을 x축에 수직인 평면으로 자른 단면이 모두 정사각형일 때, 이 입체도형의 부피는?

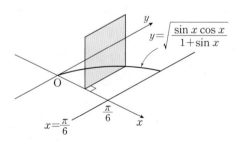

① $\dfrac{1}{4}-\ln\dfrac{3}{2}$ ② $\dfrac{1}{2}-\ln\dfrac{3}{2}$ ③ $\dfrac{3}{4}-\ln\dfrac{3}{2}$

④ $1-\ln\dfrac{3}{2}$ ⑤ $\dfrac{5}{4}-\ln\dfrac{3}{2}$

223 실전 예상

그림과 같이 두 곡선 $y=\tan x$, $y=\cot x$ $\left(0<x<\dfrac{\pi}{2}\right)$와 두 직선 $x=\dfrac{\pi}{4}$, $x=\dfrac{\pi}{3}$로 둘러싸인 도형을 밑면으로 하는 입체도형이 있다. 이 입체도형을 x축에 수직인 평면으로 자른 단면이 모두 정사각형일 때, 이 입체도형의 부피는?

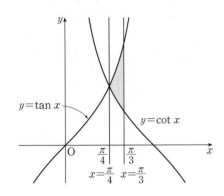

① $\dfrac{2\sqrt{3}}{3}-\dfrac{\pi}{3}$ ② $\dfrac{2\sqrt{3}}{3}-\dfrac{\pi}{6}$ ③ $\sqrt{3}-\dfrac{\pi}{3}$

④ $\sqrt{3}-\dfrac{\pi}{6}$ ⑤ $\sqrt{3}-\dfrac{\pi}{12}$

224 실전 예상

그림과 같이 곡선 $y=\ln x$와 x축 및 직선 $x=e$로 둘러싸인 도형을 밑면으로 하는 입체도형이 있다. 이 입체도형을 $1\le t\le e$인 실수 t에 대하여 점 $(t, 0)$을 지나고 x축과 수직인 평면으로 자른 단면이 한 변의 길이가 t인 직사각형일 때, 이 입체도형의 부피는?

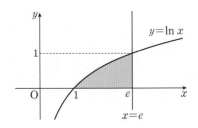

① $\dfrac{1}{4}(e^2-2)$ ② $\dfrac{1}{4}(e^2-1)$ ③ $\dfrac{e^2}{4}$

④ $\dfrac{1}{4}(e^2+1)$ ⑤ $\dfrac{1}{4}(e^2+2)$

수능유형 **16** 좌표평면 위에서 움직인 거리

225 대표 기출

• 수능 기출 •

좌표평면 위를 움직이는 점 P의 시각 t $(t>0)$에서의 위치가 곡선 $y=x^2$과 직선 $y=t^2x-\dfrac{\ln t}{8}$가 만나는 서로 다른 두 점의 중점일 때, 시각 $t=1$에서 $t=e$까지 점 P가 움직인 거리는? [3점]

① $\dfrac{e^4}{2}-\dfrac{3}{8}$ ② $\dfrac{e^4}{2}-\dfrac{5}{16}$ ③ $\dfrac{e^4}{2}-\dfrac{1}{4}$

④ $\dfrac{e^4}{2}-\dfrac{3}{16}$ ⑤ $\dfrac{e^4}{2}-\dfrac{1}{8}$

핵심개념 & 연관개념

핵심개념 / 좌표평면 위를 움직이는 점의 움직인 거리

점 P의 시각 t에서의 위치 (x, y)가 $x=f(t)$, $y=g(t)$일 때, 시각 $t=a$에서 $t=b$까지의 점 P가 움직인 거리 s는

$$s=\int_a^b\sqrt{\left(\dfrac{dx}{dt}\right)^2+\left(\dfrac{dy}{dt}\right)^2}dt=\int_a^b\sqrt{\{f'(t)\}^2+\{g'(t)\}^2}dt$$

226 변형 유제

좌표평면 위를 움직이는 점 P에서 x축과 y축에 내린 수선의 발을 각각 Q, R라 하자. 시각 t $(t>0)$에 대하여 두 점 Q, R의 속도는 x에 대한 방정식 $t^3x^2-(t^3+2t^2-t)x+2(t^2-1)=0$의 두 실근이다. 시각 $t=1$에서 $t=3$까지 점 P가 움직인 거리를 s라 할 때, $60s$의 값을 구하시오.

227 실전 예상

함수 $f(x)=e^x+x$ $(x\ge0)$에 대하여

$g(x)=\int_0^x\left\{\dfrac{1}{f(t)}-\dfrac{f(t)}{4}\right\}dt$라 할 때, $x=0$에서 $x=2$까지의 곡선 $y=g(x)$의 길이를 l이라 하자. 이때 $l-g(2)$의 값은?

① $\dfrac{1}{2}(e^2-2)$ ② $\dfrac{1}{2}(e^2-1)$ ③ $\dfrac{e^2}{2}$

④ $\dfrac{1}{2}(e^2+1)$ ⑤ $\dfrac{1}{2}(e^2+2)$

특강1▷ 정적분을 포함한 등식에서의 추론

대표 기출
•모평 기출•

실수 전체의 집합에서 미분가능한 함수 $f(x)$가 모든 실수 x에 대하여 다음 조건을 만족시킨다.

⑺ $f(x)>0$

⑻ $\ln f(x)+2\displaystyle\int_0^x (x-t)f(t)\,dt=0$

보기에서 옳은 것만을 있는 대로 고른 것은? [4점]

┤ 보기 ├

ㄱ. $x>0$에서 함수 $f(x)$는 감소한다.

ㄴ. 함수 $f(x)$의 최댓값은 1이다.

ㄷ. 함수 $F(x)$를 $F(x)=\displaystyle\int_0^x f(t)\,dt$라 할 때, $f(1)+\{F(1)\}^2=1$이다.

① ㄱ   ② ㄱ, ㄴ   ③ ㄱ, ㄷ   ④ ㄴ, ㄷ   ⑤ ㄱ, ㄴ, ㄷ

1 적분 구간의 위끝과 아래끝이 같아지도록 적분 구간의 변수에 상수를 대입하여 정리한다.

2 적분 구간에 주어진 변수에 대하여 등식의 양변을 미분한 결과를 이용하여 함수식을 구한다.

➡ 정적분으로 정의된 함수의 미분

(1) $\dfrac{d}{dx}\displaystyle\int_a^x f(t)\,dt=f(x)$

(2) $\dfrac{d}{dx}\displaystyle\int_x^{x+a} f(t)\,dt$
$=f(x+a)-f(x)$

(단, a는 실수)

풀이

ㄱ. ❶조건 ⑻의 양변을 x에 대하여 미분하면

$$\dfrac{f'(x)}{f(x)}+2\int_0^x f(t)\,dt+2xf(x)-2xf(x)=0 \qquad \therefore f'(x)=-2f(x)\int_0^x f(t)\,dt \quad\cdots\cdots ㉠$$

이때 $f(x)>0$이고 $x>0$에서 $\displaystyle\int_0^x f(t)\,dt>0$이므로 $f'(x)<0$

즉, 함수 $f(x)$는 감소한다. (참)

ㄴ. ❷$x=0$을 ㉠에 대입하면 $f'(0)=0$

$f(x)>0$이고 $x<0$에서 $\displaystyle\int_0^x f(t)\,dt<0$이므로 $f'(x)>0$

ㄱ에 의하여 함수 $f(x)$는 $x=0$에서 극대이면서 최대이므로 최댓값은 $f(0)$이다.

이때 조건 ⑻의 식에 $x=0$을 대입하면 $\ln f(0)=0$ $\therefore f(0)=1$

따라서 함수 $f(x)$의 최댓값은 1이다. (참)

ㄷ. ❸$F(x)=\displaystyle\int_0^x f(t)\,dt$ $\qquad\cdots\cdots ㉡$

㉡을 ㉠에 대입하면 $f'(x)=-2f(x)F(x)$

㉡의 양변에 $x=0$을 대입하면 $F(0)=0$

또, ㉡의 양변을 x에 대하여 미분하면 $F'(x)=f(x)$이므로

$$f'(x)=-2f(x)F(x)=-2F'(x)F(x) \qquad \therefore f'(x)+2F'(x)F(x)=0$$

$$\dfrac{d}{dx}[f(x)+\{F(x)\}^2]=0 \qquad \therefore f(x)+\{F(x)\}^2=C \text{ (단, } C\text{는 상수)}$$

이때 $f(0)+\{F(0)\}^2=1+0=1$이므로 $C=1$

즉, $f(x)+\{F(x)\}^2=1$이므로 $f(1)+\{F(1)\}^2=1$ (참)

따라서 ㄱ, ㄴ, ㄷ 모두 옳다.

답 ⑤

228

양의 실수 k에 대하여 $f(x) < k$를 만족시키는 실수 전체의 집합에서 연속인 함수 $f(x)$는

$$f(x) = \int_0^x \sqrt{k - f(t)}\, dt$$

가 성립한다. 함수 $f(x)$의 역함수 $g(x)$에 대하여

$\int_0^{\frac{3k}{4}} g(x)\, dx = \frac{8}{3}$일 때, $k + f'(2)$의 값은?

① 5　　　　② 6　　　　③ 7

④ 8　　　　⑤ 9

229

$x > 0$에서 연속인 함수 $f(x)$에 대하여 함수 $g(x)$를

$$g(x) = \int_0^x \frac{1}{t} f\left(\frac{t}{\sqrt{x}}\right) dt$$

라 하자. $\int_0^4 f(\sqrt{x})\, dx = \int_0^2 \frac{f(x)}{x}\, dx = 4$일 때,

$\int_0^4 g(x)\, dx$의 값은?

① 10　　　　② 12　　　　③ 14

④ 16　　　　⑤ 18

230

실수 전체의 집합에서 연속인 함수 $f(x)$가 모든 실수 x에 대하여

$$f(x) = \int_0^x \frac{4t^2}{\{f(t)\}^2 + 1}\, dt$$

를 만족시킬 때, 보기 중 옳은 것만을 있는 대로 고른 것은?

┤ 보기 ├

ㄱ. $f(1) = 1$

ㄴ. 함수 $f(x)$의 역함수를 $g(x)$라 할 때, $g'(1) = \frac{1}{4}$이다.

ㄷ. $\int_{-1}^1 \frac{4x^2 \{f(x) + 1\}}{\{f(x)\}^2 + 1}\, dx = 2$

① ㄱ　　　　② ㄱ, ㄴ　　　　③ ㄱ, ㄷ

④ ㄴ, ㄷ　　　　⑤ ㄱ, ㄴ, ㄷ

231

양의 실수 전체의 집합에서 미분가능한 함수 $f(x)$가 모든 양의 실수 x에 대하여 다음 조건을 만족시킨다.

(가) $f(x) > 0$

(나) $f(x) + \int_1^x \left\{ \frac{f(t)}{x} - \frac{f(t)}{t} \right\} dt = 0$

보기에서 옳은 것만을 있는 대로 고른 것은?

┤ 보기 ├

ㄱ. $f'(1) = 0$

ㄴ. 함수 $f(x)$는 $x = 1$에서 극소이다.

ㄷ. 함수 $F(x) = \int_1^x f(t)\, dt$라 할 때, $\int_1^2 F(x)\, dx = 4$이면 $F(2) - f(2) = 1$이다.

① ㄱ　　　　② ㄱ, ㄴ　　　　③ ㄱ, ㄷ

④ ㄴ, ㄷ　　　　⑤ ㄱ, ㄴ, ㄷ

특강 2 ▷ 정적분의 활용

대표 기출

•학평 기출•

실수 전체의 집합에서 미분가능한 함수 $f(x)$가 모든 실수 x에 대하여

$$f(1+x)=f(1-x), \quad f(2+x)=f(2-x)$$

를 만족시킨다. 실수 전체의 집합에서 $f'(x)$가 연속이고, $\int_2^5 f'(x)\,dx=4$일 때, 보기에서 옳은 것만을 있는 대로 고른 것은? [4점]

┤보기├

ㄱ. 모든 실수 x에 대하여 $f(x+2)=f(x)$이다.

ㄴ. $f(1)-f(0)=4$

ㄷ. $\int_0^1 f(f(x))f'(x)\,dx=6$일 때, $\int_1^{10} f(x)\,dx=\dfrac{27}{2}$이다.

① ㄱ   ② ㄷ   ③ ㄱ, ㄴ

④ ㄴ, ㄷ   ⑤ ㄱ, ㄴ, ㄷ

1 정적분의 아래끝과 위끝에 각각 주기만큼 더하면 정적분의 값은 변하지 않음을 이용한다.
참고 한 주기의 정적분의 값은 항상 같다.

2 치환적분법을 이용한다.
$g(x)=t$로 치환하면
$$\int_a^b f(g(x))g'(x)\,dx$$
$$=\int_\alpha^\beta f(t)\,dt$$
(단, $g(a)=\alpha$, $g(b)=\beta$)

풀이

ㄱ. ❶ $f(1+x)=f(1-x)$, $f(2+x)=f(2-x)$이므로

$$f(2+x)=f(2-x)=f(1+(1-x))$$
$$=f(1-(1-x))=f(x)$$

$\therefore f(x+2)=f(x)$ (참)

ㄴ. ❷ $\int_2^5 f'(x)\,dx=\Big[f(x)\Big]_2^5=f(5)-f(2)=4$

이때 ㄱ에 의하여 $f(5)=f(3)=f(1)$, $f(2)=f(0)$이므로

$f(1)-f(0)=4$ (참)

ㄷ. ❸ $f(0)=a$라 하면 ㄴ에 의하여 $f(1)=a+4$

$f(x)=t$로 치환하면 $f'(x)=\dfrac{dt}{dx}$이므로

$$\int_0^1 f(f(x))f'(x)\,dx=\int_{f(0)}^{f(1)} f(t)\,dt=\int_a^{a+4} f(t)\,dt$$

$$=2\int_a^{a+2} f(t)\,dt \ (\because \ \text{ㄱ})$$

$$=2\int_0^2 f(t)\,dt=6$$

$\therefore \int_0^2 f(t)\,dt=3$

이때 $\int_0^{10} f(x)\,dx=5\int_0^2 f(x)\,dx=15$이고, $f(1+x)=f(1-x)$이므로

$$\int_0^1 f(x)\,dx=\int_1^2 f(x)\,dx=\frac{1}{2}\int_0^2 f(x)\,dx=\frac{3}{2}$$

$\therefore \int_1^{10} f(x)\,dx=\int_0^{10} f(x)\,dx-\int_0^1 f(x)\,dx=15-\frac{3}{2}=\frac{27}{2}$ (참)

따라서 ㄱ, ㄴ, ㄷ 모두 옳다.

답 ⑤

내용전략

❶ $f(1+x)=f(1-x)$, $f(2+x)=f(2-x)$를 이용하여 ㄱ의 참, 거짓 판별하기

❷ $\int_2^5 f'(x)\,dx=4$에서 정적분의 정의를 이용하여 ㄴ의 참, 거짓 판별하기

❸ 함수 $f(x)$의 주기와 치환적분법을 이용하여 $\int_1^{10} f(x)\,dx$의 값을 구하고 ㄷ의 참, 거짓 판별하기

232

모든 실수 x에 대하여 $f(x)>0$인 연속함수 $f(x)$에 대하여 $\int_0^1 xf'(2x+1)f(2x+1)\,dx=1$, $f(3)=3$이다. 곡선 $y=f(x)$와 x축 및 두 직선 $x=1$, $x=3$으로 둘러싸인 부분을 밑면으로 하는 입체도형을 x축에 수직인 평면으로 자른 단면이 모두 정사각형일 때, 이 입체도형의 부피는?

① 10　　　　② 12　　　　③ 14

④ 16　　　　⑤ 18

233

모든 실수 x에 대하여 $f'(x)>0$인 함수 $f(x)$의 역함수를 $g(x)$라 하자. 실수 전체의 집합에서 연속인 함수 $h(x)$는 다음 조건을 만족시킨다.

⟨보기 박스⟩
(가) 모든 실수 x에 대하여 $\{h(x)-f(x)\}\{h(x)-g(x)\}=0$ 이다.
(나) 방정식 $h(x)-x=0$의 실근은 $x=1$, $x=2$, $x=5$뿐이다.

$\int_1^2 h(x)\,dx$의 최댓값이 $\dfrac{7}{4}$이고 $\int_2^5 h(x)\,dx$의 최솟값이 $\dfrac{55}{6}$일 때, $\int_1^5 |f(x)-g(x)|\,dx$의 값은?

① $\dfrac{5}{2}$　　　　② $\dfrac{8}{3}$　　　　③ $\dfrac{17}{6}$

④ 3　　　　⑤ $\dfrac{19}{6}$

234

실수 전체의 집합에서 연속인 함수 $f(x)$가 모든 양의 실수 x에 대하여 다음 조건을 만족시킨다.

⟨보기 박스⟩
(가) $f(1+x)=f(1-x)$
(나) $\int_{-x}^0 \{f(t)+|f(t)|\}\,dt=0$, $\int_0^x \{f(t)+|f(t)|\}\,dt\neq 0$
(다) $f(-1)=-2$, $2\int_{-1}^0 |f(x)|\,dx=\int_0^2 |f(x)|\,dx$

방정식 $f(x)=0$의 서로 다른 실근의 개수가 2일 때, $\int_{-1}^1 (x-1)f'(x)\,dx$의 값은?

① -5　　　　② -4　　　　③ -3

④ -2　　　　⑤ -1

235

미분가능한 함수 $f(x)$가 다음 조건을 만족시킨다.

⟨보기 박스⟩
(가) $x\geq 1$인 모든 실수 x에 대하여 $f'(x)<0$이다.
(나) 모든 실수 x에 대하여 $f(1+x)+f(1-x)=2$이다.

양수 k에 대하여 $g(x)=f(x-k)-f(x)$라 할 때, 보기에서 옳은 것만을 있는 대로 고른 것은?

⟨보기⟩
ㄱ. $g(x)>0$
ㄴ. $\int_1^{1+k} |g(x)|\,dx=2k-2\int_1^{1+k} f(x)\,dx$
ㄷ. $\int_1^{1+\frac{k}{2}} |g(x)|\,dx=k-\int_1^{1+k} f(x)\,dx$

① ㄱ　　　　② ㄱ, ㄴ　　　　③ ㄱ, ㄷ

④ ㄴ, ㄷ　　　　⑤ ㄱ, ㄴ, ㄷ

236

수능유형 **04**

연속함수 $f(x)$가 모든 실수 x에 대하여

$$f(x)+xf(x^2-1)=x^4+x-2$$

를 만족시킬 때, $\int_0^1 f(x)\,dx$의 값은?

① $\dfrac{1}{5}$ ② $\dfrac{2}{5}$ ③ $\dfrac{3}{5}$

④ $\dfrac{4}{5}$ ⑤ 1

237

수능유형 **09**

$x>0$에서 정의된 함수

$$f(x)=\int_1^x (e^t - k\cos t)\,dt$$

의 극값의 개수가 2가 되도록 하는 실수 k의 최솟값을 α라 할 때, $\ln\dfrac{\alpha^2}{2}$의 값은?

① $\dfrac{9}{2}\pi$ ② $\dfrac{11}{2}\pi$ ③ $\dfrac{13}{2}\pi$

④ $\dfrac{15}{2}\pi$ ⑤ $\dfrac{17}{2}\pi$

238

수능유형 **15**

곡선 $y=e^{-x}$과 x축 및 두 직선 $x=0$, $x=\ln 4$로 둘러싸인 도형을 밑면으로 하는 입체도형이 있다. 이 입체도형을 x축에 수직인 평면으로 자른 단면과 곡선이 만나는 점을 P, x축과 만나는 점을 Q라 할 때, 이 단면은 선분 PQ가 밑변인 이등변삼각형이다. 이 이등변삼각형의 둘레의 길이가 2일 때, 입체도형의 부피를 V라 하자. $80V$의 값은?

① 4 ② $4\sqrt{2}$ ③ $6\sqrt{2}$

④ $8\sqrt{3}$ ⑤ $10\sqrt{3}$

239 〔수능유형 14〕

실수 전체의 집합에서 $f'(x)>0$인 함수 $f(x)$의 역함수를 $g(x)$라 할 때, 두 함수 $f(x)$, $g(x)$가 다음 조건을 만족시킨다.

(가) $f(1)=1$이고 $1\leq x\leq 2$인 모든 실수 x에 대하여 $f(x)\geq x$ 이다.

(나) $x\geq 1$인 모든 실수 x에 대하여 $g(x+1)=2f(x)$이다.

$\displaystyle\int_1^2 f(x)\,dx=\frac{7}{4}$, $\displaystyle\int_2^4 f(x)\,dx=\frac{9}{2}$일 때, $\displaystyle\int_1^3 |g(x)-x|\,dx$의 값은?

① $\dfrac{5}{4}$ ② $\dfrac{3}{2}$ ③ $\dfrac{7}{4}$

④ 2 ⑤ $\dfrac{9}{4}$

240 〔수능유형 09〕

최고차항의 계수가 1인 삼차함수 $f(x)$에 대하여 함수 $g(x)=\displaystyle\int_0^x \frac{f(t)}{t^2+1}\,dt$가 다음 조건을 만족시킨다.

(가) 모든 실수 x에 대하여 $g'(-x)=-g'(x)$이다.

(나) 함수 $g(x)$가 $x=k$에서 극소가 되도록 하는 실수 k의 개수가 2이고, 극솟값은 $\dfrac{1}{2}-\ln 2$로 동일하다.

$\displaystyle\int_0^1 xg(x)\,dx$의 값은?

① $\dfrac{1}{4}-\ln 3$ ② $\dfrac{3}{4}-\ln 3$ ③ $\dfrac{3}{8}-\ln 2$

④ $\dfrac{5}{8}-\ln 2$ ⑤ $\dfrac{1}{2}$

241

수능유형 **07**

양의 실수 전체의 집합에서 연속인 함수 $f(x)$가 모든 양의 실수 x에 대하여 $\int_1^x f(t^2)\,dt = xf(x) + x^3$을 만족시킨다.

함수 $g(x)$를

$$g(x) = \int_1^{x^2} \frac{f(t)}{t}\,dt$$

라 하면 $\int_1^2 g(x)\,dx = 8$일 때, $\int_1^2 \frac{f(x)}{x}\,dx = k$이다. $50k$의 값을 구하시오.

242

수능유형 **04, 08**

$x \geq 0$인 실수 전체의 집합에서 미분가능한 함수 $f(x)$가 $x \geq 0$인 모든 실수 x에 대하여 다음 조건을 만족시킨다.

(가) $f(x) > 0$

(나) $\int_0^x \left(x - t - \frac{1}{2}\right) f(t)\,dt = -\frac{1}{2}e^x + \frac{1}{2}$

함수 $F(x) = \int_0^x f(t)\,dt$라 할 때, 보기에서 옳은 것만을 있는 대로 고른 것은?

⊢ 보기 ⊢

ㄱ. $f(0) = 1$

ㄴ. $f(1) - F(1) = e^2$

ㄷ. $\int_0^1 F(x)\,dx = \frac{1}{2}e^2 - e$

---

① ㄱ   ② ㄱ, ㄴ   ③ ㄱ, ㄷ

④ ㄴ, ㄷ   ⑤ ㄱ, ㄴ, ㄷ

243

실수 전체의 집합에서 연속인 함수 $f(x)$가 다음 조건을 만족시킨다.

> (가) 모든 실수 x에 대하여
>
> $$2\int_0^x f(t)\,dt = e^x - \int_0^1 f(x+t)\,dt$$ 이다.
>
> (나) $\int_1^2 f(x)\,dx = e-2$

$\int_{-2}^2 xf(x)\,dx = k_1 + k_2 e + \dfrac{k_3}{e} + \dfrac{k_4}{e^2}$ 일 때,
$(k_1)^2 + (k_2)^2 + (k_3)^2 + (k_4)^2$의 값을 구하시오.

(단, k_1, k_2, k_3, k_4는 유리수이다.)

244

최고차항의 계수가 1인 이차함수 $f(x)$에 대하여 함수

$$g(x) = \int_0^{|x|} f(e^t)\,dt$$

가 실수 전체의 집합에서 미분가능하고 함수 $g(x)$는 극댓값을 갖는다. 함수 $g(x)$의 최솟값이 $2\ln 2 - \dfrac{3}{2}$일 때,

$\int_{-1}^1 g(x)\,dx$의 값은?

① $\dfrac{1}{2}e^2 - 8e + \dfrac{23}{2}$ ② $\dfrac{1}{2}e^2 - 6e + 12$ ③ $\dfrac{1}{2}e^2 - 6e + \dfrac{25}{2}$

④ $e^2 - 6e + 13$ ⑤ $e^2 - 6e + \dfrac{27}{2}$

245

함수 $f(x) = \dfrac{x^2}{4}e^{2-x}$에 대하여

$$g(x) = \int_0^{f(x)} (t^2 + at + b)\,dt \ (a, b는 상수)$$

라 할 때, 다음 조건을 만족시킨다.

> (가) 함수 $g(x)$는 $x=k$에서 극값을 갖는 실수 k의 개수가 4이고, 이때 극댓값은 모두 같다.
> (나) 함수 $g(x)$의 극솟값은 0과 $-\dfrac{8}{3}$이다.

$\int_{a+7}^b f(x)\,dx = p + \dfrac{q}{e^2}$일 때, $p-q$의 값을 구하시오.

(단, p, q는 유리수이다.)

수능연유형

미니 모의고사

• 문제 풀이 강의 서비스 제공 •

 수능엔유형 어피셜 🔍

1

• 학평 기출 •

모든 항이 양의 실수인 수열 $\{a_n\}$이

$$a_1=k,\ a_n a_{n+1}+a_{n+1}=ka_n^2+ka_n\ (n\geq1)$$

을 만족시키고 $\displaystyle\sum_{n=1}^{\infty} a_n=5$일 때, 실수 k의 값은? (단, $0<k<1$)

[3점]

① $\dfrac{5}{6}$ ② $\dfrac{4}{5}$ ③ $\dfrac{3}{4}$

④ $\dfrac{2}{3}$ ⑤ $\dfrac{1}{2}$

2

좌표평면에서 자연수 n에 대하여 직선 $y=nx$가 원 $x^2+y^2=4$와 제1사분면에서 만나는 점을 A_n, 제3사분면에서 만나는 점을 B_n이라 하고, 선분 A_nB_n을 $1:5$로 내분하는 점을 P_n이라 하자. 점 P_n의 좌표를 $(a_n,\ b_n)$이라 할 때, $\displaystyle\lim_{n\to\infty}(na_n+b_n)$의 값은?

① $\dfrac{5}{3}$ ② 2 ③ $\dfrac{7}{3}$

④ $\dfrac{8}{3}$ ⑤ 3

3

• 모평 기출 •

함수 $f(x)=x^3+2x+3$의 역함수를 $g(x)$라 할 때, $g'(3)$의 값은? [3점]

① 1 ② $\dfrac{1}{2}$ ③ $\dfrac{1}{3}$

④ $\dfrac{1}{4}$ ⑤ $\dfrac{1}{5}$

4

실수 전체의 집합에서 미분가능한 함수 $f(x)$와 함수 $g(x)=\ln x$에 대하여 $h(x)=(g \circ f)(x)$라 하자. 곡선 $y=h(x)$ 위의 점 $(1, h(1))$에서의 접선이 원점을 지나고

$$\lim_{x \to 1} \frac{f(x)-e^2}{x^2-1}=k$$

일 때, 실수 k의 값은? (단, $f(x)>0$)

① $\dfrac{1}{2}e$ ② e ③ $\dfrac{1}{2}e^2$

④ e^2 ⑤ $2e^2$

5

• 모평 기출 •

좌표평면에서 점 P는 시각 $t=0$일 때 $(0, -1)$에서 출발하여 시각 t에서의 속도가

$$\vec{v}=(2t, 2\pi \sin 2\pi t)$$

이고, 점 Q는 시각 $t=0$일 때 출발하여 시각 t에서의 위치가

$$Q(4 \sin 2\pi t, |\cos 2\pi t|)$$

이다. 출발한 후 두 점 P, Q가 만나는 횟수는? [4점]

① 1   ② 2   ③ 3

④ 4   ⑤ 5

6

두 함수

$$f(x)=x^3, \quad g'(x)=e^{x^4+1}$$

에 대하여

$$\int_0^1 f'(x)g(x)\,dx=\frac{e}{4}$$

일 때, $g(1)$의 값은?

① $\dfrac{e^2}{4}-\dfrac{e}{2}$ ② $\dfrac{e^2}{4}-\dfrac{e}{4}$ ③ $\dfrac{e^2}{4}$

④ $\dfrac{e^2}{4}+\dfrac{e}{4}$ ⑤ $\dfrac{e^2}{4}+\dfrac{e}{2}$

7

그림과 같이 반지름의 길이가 1이고 중심각의 크기가 $\frac{\pi}{2}$인 부채꼴 OAB가 있다. 호 AB 위의 두 점 P, Q에 대하여 $\angle POA=\theta$, $\angle QOP=2\theta$일 때, 점 Q를 지나고 선분 OP에 수직인 직선이 선분 OP와 만나는 점을 R, 선분 OA와 만나는 점을 S라 하자. 삼각형 ORQ의 넓이를 $f(\theta)$, 삼각형 PRS의 넓이를 $g(\theta)$라 할 때, $\lim\limits_{\theta \to 0+} \dfrac{g(\theta)}{\theta^2 \times f(\theta)}$의 값은? $\left(단, 0<\theta<\dfrac{\pi}{6}\right)$

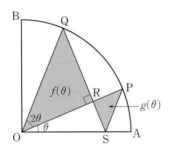

① $\dfrac{1}{4}$ ② $\dfrac{1}{2}$ ③ $\dfrac{3}{4}$

④ 1 ⑤ $\dfrac{5}{4}$

8

• 모평 기출 •

최고차항의 계수가 $\frac{1}{2}$인 삼차함수 $f(x)$에 대하여 함수 $g(x)$가

$$g(x)=\begin{cases} \ln|f(x)| & (f(x)\neq 0) \\ 1 & (f(x)=0) \end{cases}$$

이고 다음 조건을 만족시킬 때, 함수 $g(x)$의 극솟값은? [4점]

> (가) 함수 $g(x)$는 $x\neq 1$인 모든 실수 x에서 연속이다.
>
> (나) 함수 $g(x)$는 $x=2$에서 극대이고, 함수 $|g(x)|$는 $x=2$에서 극소이다.
>
> (다) 방정식 $g(x)=0$의 서로 다른 실근의 개수는 3이다.

① $\ln \dfrac{13}{27}$ ② $\ln \dfrac{16}{27}$ ③ $\ln \dfrac{19}{27}$

④ $\ln \dfrac{22}{27}$ ⑤ $\ln \dfrac{25}{27}$

9

그림과 같이 한 변의 길이가 4인 정사각형 $A_1B_1C_1D_1$에서 두 선분 A_1B_1, D_1C_1을 각각 $1:3$으로 내분하는 점을 각각 P_1, Q_1이라 하자. 두 선분 P_1C_1, Q_1B_1의 교점을 T_1이라 하고 두 삼각형 $P_1B_1T_1$, $Q_1C_1T_1$의 내부에 색칠하여 얻은 그림을 R_1이라 하자.

그림 R_1에서 선분 A_1D_1 위의 두 점 A_2, D_2, 선분 P_1T_1 위의 점 B_2, 선분 Q_1T_1 위의 점 C_2를 꼭짓점으로 하는 정사각형 $A_2B_2C_2D_2$를 그리고, 두 선분 A_2B_2, D_2C_2를 각각 $1:3$으로 내분하는 점을 각각 P_2, Q_2라 하자. 두 선분 P_2C_2, Q_2B_2의 교점을 T_2라 하고 두 삼각형 $P_2B_2T_2$, $Q_2C_2T_2$의 내부에 색칠하여 얻은 그림을 R_2라 하자.

이와 같은 과정을 계속하여 n 번째 얻은 그림 R_n에 색칠되어 있는 부분의 넓이를 S_n이라 할 때, $\lim_{n \to \infty} S_n = \dfrac{q}{p}$이다. $p+q$의 값을 구하시오. (단, p와 q는 서로소인 자연수이다.)

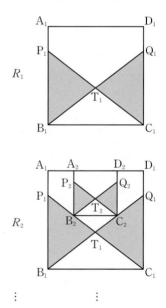

10

• 수능 기출 •

실수 전체의 집합에서 증가하고 미분가능한 함수 $f(x)$가 다음 조건을 만족시킨다.

(가) $f(1)=1$, $\displaystyle\int_1^2 f(x)\,dx = \dfrac{5}{4}$

(나) 함수 $f(x)$의 역함수를 $g(x)$라 할 때, $x \geq 1$인 모든 실수 x에 대하여 $g(2x) = 2f(x)$이다.

$\displaystyle\int_1^8 xf'(x)\,dx = \dfrac{q}{p}$일 때, $p+q$의 값을 구하시오.

(단, p와 q는 서로소인 자연수이다.) [4점]

1

• 모평 기출 •

자연수 n에 대하여 점 $(3n, 4n)$을 중심으로 하고 y축에 접하는 원 O_n이 있다. 원 O_n 위를 움직이는 점과 점 $(0, -1)$ 사이의 거리의 최댓값을 a_n, 최솟값을 b_n이라 할 때, $\lim\limits_{n \to \infty} \dfrac{a_n}{b_n}$의 값을 구하시오. [4점]

2

• 모평 기출 •

곡선 $x^2 - y \ln x + x = e$ 위의 점 (e, e^2)에서의 접선의 기울기는? [3점]

① $e+1$ ② $e+2$ ③ $e+3$

④ $2e+1$ ⑤ $2e+2$

3

그림과 같이 정사각형 ABCD에서 선분 AB를 $1 : 2$로 내분하는 점을 P, 선분 BC를 $1 : 3$으로 내분하는 점을 Q, 선분 CD를 $2 : 3$으로 내분하는 점을 R라 하고 $\angle PQR = \theta$라 하자.

$\tan \theta = \dfrac{q}{p}$일 때, $p+q$의 값을 구하시오.

(단, p와 q는 서로소인 자연수이다.)

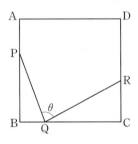

4

• 수능 예시 •

곡선 $y=x\ln{(x^2+1)}$과 x축 및 직선 $x=1$로 둘러싸인 부분의
넓이는? [3점]

① $\ln 2-\dfrac{1}{2}$ ② $\ln 2-\dfrac{1}{4}$ ③ $\ln 2-\dfrac{1}{6}$

④ $\ln 2-\dfrac{1}{8}$ ⑤ $\ln 2-\dfrac{1}{10}$

5

• 모평 기출 •

함수 $f(x)=\dfrac{1}{1+x}$에 대하여

$$F(x)=\int_0^x tf(x-t)\,dt \ (x\geq 0)$$

일 때, $F'(a)=\ln 10$을 만족시키는 상수 a의 값을 구하시오.

[4점]

6

그림과 같이 $\overline{A_1B_1}=3$, $\overline{B_1C_1}=5$인 직사각형 $A_1B_1C_1D_1$이 있다. 점 B_1을 중심으로 하고 점 C_1을 지나는 원이 선분 A_1D_1과 만나는 점을 P_1, 점 C_1을 중심으로 하고 점 B_1을 지나는 원이 선분 A_1D_1과 만나는 점을 Q_1이라 하고, 두 부채꼴 $B_1C_1P_1$, $C_1B_1Q_1$의 내부의 공통부분에 색칠하여 얻은 그림을 R_1이라 하자. 그림 R_1에서 선분 P_1Q_1 위의 두 점 A_2, D_2, 선분 C_1Q_1 위의 점 B_2, 선분 B_1P_1 위의 점 C_2를 꼭짓점으로 하고
$\overline{A_2B_2}:\overline{B_2C_2}=3:5$인 직사각형 $A_2B_2C_2D_2$를 그린다. 직사각형 $A_2B_2C_2D_2$에서 그림 R_1을 얻는 것과 같은 방법으로 두 부채꼴 $B_2C_2P_2$, $C_2B_2Q_2$를 그리고 그 내부의 공통부분에 색칠하여 얻은 그림을 R_2라 하자. 이와 같은 과정을 계속하여 n 번째 얻은 그림 R_n에 색칠되어 있는 부분의 넓이를 S_n이라 할 때, $\lim\limits_{n\to\infty} S_n$의 값은?

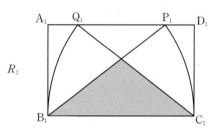

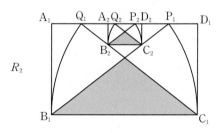

① $\dfrac{2531}{512}$ ② $\dfrac{2533}{512}$ ③ $\dfrac{2535}{512}$

④ $\dfrac{2537}{512}$ ⑤ $\dfrac{2539}{512}$

7

닫힌구간 $[0, 1]$에서 정의된 함수 $f(x)$의 역함수 $g(x)$가 존재하고, $f(0)=0$, $f(1)=1$이다.

$$\lim_{n \to \infty} \sum_{k=1}^{n} \left\{ g\left(\frac{k}{n}\right) - g\left(\frac{k-1}{n}\right) \right\} \frac{k}{n} = \frac{3}{4}$$

일 때, $\displaystyle\int_0^8 f\left(\frac{x}{8}\right) dx$의 값은?

① 2 ② 4 ③ 6
④ 8 ⑤ 10

8

25 이하의 세 자연수 a, b, c에 대하여

$$\lim_{n \to \infty} \frac{b^n + c^{2n}}{a^n + b^{2n}} = 1$$

을 만족시키는 모든 순서쌍 (a, b, c)의 개수를 구하시오.

9

• 모평 기출 •

그림과 같이 반지름의 길이가 1이고 중심각의 크기가 $\dfrac{\pi}{2}$인 부채꼴 OAB가 있다. 호 AB 위의 점 P에서 선분 OA에 내린 수선의 발을 H라 하고, ∠OAP를 이등분하는 직선과 세 선분 HP, OP, OB의 교점을 각각 Q, R, S라 하자. ∠APH=θ일 때, 삼각형 AQH의 넓이를 $f(\theta)$, 삼각형 PSR의 넓이를 $g(\theta)$라 하자. $\displaystyle\lim_{\theta\to0+}\dfrac{\theta^3\times g(\theta)}{f(\theta)}=k$일 때, $100k$의 값을 구하시오.

$\left(\text{단, } 0<\theta<\dfrac{\pi}{4}\right)$ [4점]

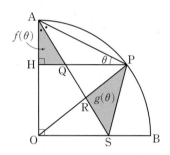

10

함수 $f(x)=x(x-1)e^{1-x}$과 1 이하의 실수 t에 대하여 기울기가 t인 직선이 곡선 $y=f(x)$에 접할 때, 접점의 x좌표를 $g(t)$라 하자. 원점을 지나고 곡선 $y=f(x)$와 제1사분면에서 접하는 직선의 기울기가 a일 때, 미분가능한 함수 $g(t)$에 대하여 $\dfrac{1}{a}+g'(a)$의 값은?

① $-e$

② $-\dfrac{e}{2}$

③ $\dfrac{e}{2}$

④ e

⑤ $\dfrac{3}{2}e$

1

• 모평 기출 •

모든 항이 양수인 수열 $\{a_n\}$이 모든 자연수 n에 대하여 부등식

$$\sqrt{9n^2+4}<\sqrt{na_n}<3n+2$$

를 만족시킬 때, $\displaystyle\lim_{n\to\infty}\frac{a_n}{n}$의 값은? [3점]

① 6   ② 7   ③ 8

④ 9   ⑤ 10

2

$0<x<2\pi$에서 함수

$$f(x)=\int_0^x(3\cos t-4\sin t)\,dt$$

의 극댓값을 M, 극솟값을 m이라 할 때, $M-m$의 값을 구하시오.

3

• 모평 기출 •

첫째항이 4인 등차수열 $\{a_n\}$에 대하여 급수

$$\sum_{n=1}^{\infty}\left(\frac{a_n}{n}-\frac{3n+7}{n+2}\right)$$

이 실수 S에 수렴할 때, S의 값은? [3점]

① $\dfrac{1}{2}$ ② 1   ③ $\dfrac{3}{2}$

④ 2   ⑤ $\dfrac{5}{2}$

4

정의역이 $\{x \mid -1 < x < 1\}$인 함수

$$f(x) = \ln(1+x) + \ln(1-x)$$

에 대하여 $x = -\dfrac{1}{2}$에서 $x = \dfrac{1}{2}$까지의 곡선 $y = f(x)$의 길이는?

① $2\ln 2 - 1$ ② $3\ln 2 - 1$ ③ $2\ln 3 - 1$

④ $4\ln 2 - 1$ ⑤ $3\ln 3 - 1$

5

• 모평 기출 •

매개변수 t $(t > 0)$으로 나타내어진 함수

$$x = \ln t + t, \ y = -t^3 + 3t$$

에 대하여 $\dfrac{dy}{dx}$가 $t = a$에서 최댓값을 가질 때, a의 값은? [3점]

① $\dfrac{1}{6}$ ② $\dfrac{1}{5}$ ③ $\dfrac{1}{4}$

④ $\dfrac{1}{3}$ ⑤ $\dfrac{1}{2}$

6

1 이상의 실수 a에 대하여 함수 $f(x) = ax + \sin x$의 그래프와 직선 $y = t$의 교점의 x좌표를 $g(t)$라 하자. $g(2\pi) = \pi$일 때, $\displaystyle\int_0^\pi \dfrac{t}{f'(g(2t))}\, dt$의 값은?

① $\dfrac{\pi^2 - 2}{4}$ ② $\dfrac{\pi^2 - 1}{4}$ ③ $\dfrac{\pi^2}{4}$

④ $\dfrac{\pi^2 + 1}{4}$ ⑤ $\dfrac{\pi^2 + 2}{4}$

7

• 수능 기출 •

그림과 같이 $\overline{AB}=5$, $\overline{AC}=2\sqrt{5}$인 삼각형 ABC의 꼭짓점 A에서 선분 BC에 내린 수선의 발을 D라 하자. 선분 AD를 $3:1$로 내분하는 점 E에 대하여 $\overline{EC}=\sqrt{5}$이다. $\angle ABD=\alpha$, $\angle DCE=\beta$라 할 때, $\cos(\alpha-\beta)$의 값은? [4점]

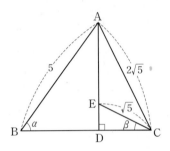

① $\dfrac{\sqrt{5}}{5}$ ② $\dfrac{\sqrt{5}}{4}$ ③ $\dfrac{3\sqrt{5}}{10}$

④ $\dfrac{7\sqrt{5}}{20}$ ⑤ $\dfrac{2\sqrt{5}}{5}$

8

그림과 같이 길이가 2인 선분 AB를 지름으로 하는 반원의 호 위에 $\overline{AP}>\overline{BP}$를 만족시키는 점 P가 있다. 점 P를 중심으로 하고 선분 BP를 반지름으로 하는 원을 그릴 때, 이 원이 호 AB와 만나는 점 중 점 B가 아닌 점을 Q, 선분 AB와 만나는 점 중 점 B가 아닌 점을 R라 하자. $\angle PAB=\theta\left(0<\theta<\dfrac{\pi}{2}\right)$일 때, 삼각형 PQR의 넓이를 $S(\theta)$라 하자. $\displaystyle\lim_{\theta\to 0+}\dfrac{S(\theta)}{\theta^3}$의 값을 구하시오.

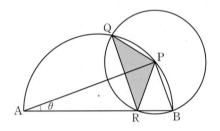

9

그림과 같이 $\overline{OA_1}=5$, $\overline{OC_1}=3$인 직사각형 $OA_1B_1C_1$이 있다. 선분 A_1B_1 위의 점 D_1에 대하여 선분 C_1D_1을 접는 선으로 하여 점 B_1이 선분 OA_1 위의 점 E_1이 되도록 접었을 때, 사각형 $B_1C_1E_1D_1$의 넓이를 R_1이라 하자.

선분 OA_1 위의 점 A_2, 선분 C_1E_1 위의 점 B_2, 선분 OC_1 위의 점 C_2에 대하여 $\overline{OA_2} : \overline{OC_2}=5 : 3$이고 사각형 $OA_2B_2C_2$가 직사각형이 되도록 점 A_2, B_2, C_2를 잡는다.

또, 선분 A_2B_2 위의 점 D_2에 대하여 선분 C_2D_2를 접는 선으로 하여 점 B_2가 선분 OA_2 위의 점 E_2가 되도록 접었을 때, 사각형 $B_2C_2E_2D_2$의 넓이를 R_2라 하자.

이와 같은 방법으로 계속하여 구한 사각형 $B_nC_nE_nD_n$의 넓이를 R_n이라 할 때, $\sum_{n=1}^{\infty} R_n=\dfrac{q}{p}$이다. $p+q$의 값은?

(단, p와 q는 서로소인 자연수이다.)

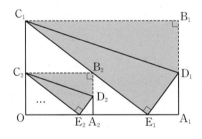

① 142 ② 144 ③ 146

④ 148 ⑤ 150

10

•학평 기출•

자연수 n에 대하여 함수 $f(x)$와 $g(x)$는 $f(x)=x^n-1$, $g(x)=\log_3 (x^4+2n)$이다. 함수 $h(x)$가 $h(x)=g(f(x))$일 때, 보기에서 옳은 것만을 있는 대로 고른 것은? [4점]

┤ 보기 ├

ㄱ. $h'(1)=0$

ㄴ. 열린구간 $(0, 1)$에서 함수 $h(x)$는 증가한다.

ㄷ. $x>0$일 때, 방정식 $h(x)=n$의 서로 다른 실근의 개수는 1이다.

① ㄱ ② ㄴ ③ ㄱ, ㄷ

④ ㄴ, ㄷ ⑤ ㄱ, ㄴ, ㄷ

1

최고차항의 계수가 1인 이차함수 $f(x)$가

$$\lim_{x \to 0} \frac{\ln f(x)}{x} = 4$$

를 만족시킬 때, $f(4)$의 값은?

① 31   ② 33   ③ 35

④ 37   ⑤ 39

2

• 모평 기출 •

수열 $\{a_n\}$이 $\sum_{n=1}^{\infty} (2a_n - 3) = 2$를 만족시킨다. $\lim_{n \to \infty} a_n = r$일 때,

$\lim_{n \to \infty} \dfrac{r^{n+2}-1}{r^n+1}$의 값은? [3점]

① $\dfrac{7}{4}$ ② 2   ③ $\dfrac{9}{4}$

④ $\dfrac{5}{2}$ ⑤ $\dfrac{11}{4}$

3

실수 전체의 집합에서 연속인 함수 $f(x)$가

$$\int_0^x f(t)\,dt + a\int_0^{\frac{\pi}{2}} f(t)\,dt = x\sin x + \cos x$$

를 만족시킬 때, 상수 a의 값은?

① $\dfrac{1}{\pi-1}$ ② $\dfrac{1}{\pi-2}$ ③ $\dfrac{2}{\pi-1}$

④ $\dfrac{3}{\pi-1}$ ⑤ $\dfrac{2}{\pi-2}$

4

• 모평 기출 •

정의역이 $\left\{x \mid -\dfrac{\pi}{4} < x < \dfrac{\pi}{4}\right\}$인 함수 $f(x) = \tan 2x$의 역함수

를 $g(x)$라 할 때, $100 \times g'(1)$의 값을 구하시오. [3점]

5

좌표평면 위를 움직이는 점 P의 시각 t에서의 위치 (x, y)가

$$x = 4\sqrt{t},\; y = t - \ln t$$

일 때, 시각 $t=1$에서 $t=e^2$까지 점 P가 움직인 거리는?

① $e^2 + 1$ ② $e^2 + 2$ ③ $e^2 + 3$

④ $e^2 + 4$ ⑤ $e^2 + 5$

6

• 모평 기출 •

그림과 같이 $\overline{A_1B_1} = 2$, $\overline{B_1A_2} = 3$이고, $\angle A_1B_1A_2 = \dfrac{\pi}{3}$인 삼각

형 $A_1A_2B_1$과 이 삼각형의 외접원 O_1이 있다.

점 A_2를 지나고 직선 A_1B_1에 평행한 직선이 원 O_1과 만나는

점 중 A_2가 아닌 점을 B_2라 하자. 두 선분 A_1B_2, B_1A_2가 만나

는 점을 C_1이라 할 때, 두 삼각형 $A_1A_2C_1$, $B_1C_1B_2$로 만들어진

$\geqslant$ 모양의 도형에 색칠하여 얻은 그림을 R_1이라 하자.

그림 R_1에서 점 B_2를 지나고 직선 B_1A_2에 평행한 직선이 직선

A_1A_2와 만나는 점을 A_3이라 할 때, 삼각형 $A_2A_3B_2$의 외접원

을 O_2라 하자. 그림 R_1을 얻은 것과 같은 방법으로 두 점 B_3,

C_2를 잡아 원 O_2에 $\geqslant$ 모양의 도형을 그리고 색칠하여 얻은

그림을 R_2라 하자.

이와 같은 과정을 계속하여 n 번째 얻은 그림 R_n에 색칠되어

있는 부분의 넓이를 S_n이라 할 때, $\lim\limits_{n \to \infty} S_n$의 값은? [3점]

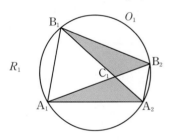

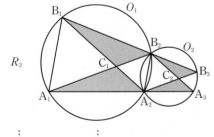

① $\dfrac{11\sqrt{3}}{9}$ ② $\dfrac{4\sqrt{3}}{3}$ ③ $\dfrac{13\sqrt{3}}{9}$

④ $\dfrac{14\sqrt{3}}{9}$ ⑤ $\dfrac{5\sqrt{3}}{3}$

7

그림과 같이 중심이 원점 O이고 반지름의 길이가 1인 원이 x축과 만나는 점을 A라 하자. 제1사분면의 원 위의 점 B에 대하여 점 A를 지나고 x축에 수직인 직선과 직선 OB는 점 C에서 만나며, 점 B에서의 원의 접선이 직선 AC와 점 D에서 만난다. $\angle AOB = \theta$일 때, 삼각형 BDC의 넓이를 $S(\theta)$라 하자. $\lim_{\theta \to 0+} \dfrac{S(\theta)}{\theta^3}$의 값은?

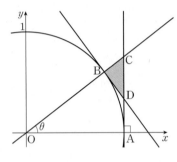

① $\dfrac{1}{8}$ ② $\dfrac{1}{4}$ ③ $\dfrac{1}{2}$

④ 1   ⑤ 2

8

• 모평 기출 •

곡선 $y = 1 - x^2$ $(0 < x < 1)$ 위의 점 P에서 y축에 내린 수선의 발을 H라 하고, 원점 O와 점 A$(0, 1)$에 대하여 $\angle APH = \theta_1$, $\angle HPO = \theta_2$라 하자. $\tan \theta_1 = \dfrac{1}{2}$일 때, $\tan(\theta_1 + \theta_2)$의 값은?

[4점]

① 2   ② 4   ③ 6

④ 8   ⑤ 10

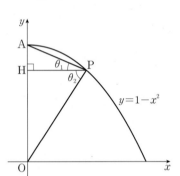

9

n이 자연수일 때, 함수 $f(x)=(x-1)^n e^{-2x}$에 대하여 두 수열 $\{a_n\}$, $\{b_n\}$을 다음과 같이 정의하자.

$$a_n=\begin{cases} 0 & (f(x)\text{의 극솟값이 존재하지 않는 경우}) \\ \alpha & (x=\alpha\text{에서 극솟값을 갖는 경우}) \end{cases}$$

$$b_n=\begin{cases} 2 & (f(x)\text{의 극댓값이 존재하지 않는 경우}) \\ \beta & (x=\beta\text{에서 극댓값을 갖는 경우}) \end{cases}$$

$\displaystyle\sum_{k=1}^{10}(a_k+b_k)=\frac{q}{p}$일 때, $p+q$의 값을 구하시오.

(단, p와 q는 서로소인 자연수이다.)

10

닫힌구간 $[0,\ 1]$에서 증가하는 연속함수 $f(x)$가

$$\int_0^1 f(x)\,dx=2,\quad \int_0^1 |f(x)|\,dx=2\sqrt{2}$$

를 만족시킨다. 함수 $F(x)$가

$$F(x)=\int_0^x |f(t)|\,dt\ (0\le x\le 1)$$

일 때, $\displaystyle\int_0^1 f(x)F(x)\,dx$의 값은? [4점]

① $4-\sqrt{2}$ ② $2+\sqrt{2}$ ③ $5-\sqrt{2}$

④ $1+2\sqrt{2}$ ⑤ $2+\sqrt{2}$

1

• 모평 기출 •

$\displaystyle\int_1^e x^3 \ln x\, dx$의 값은? [3점]

① $\dfrac{3e^4}{16}$ ② $\dfrac{3e^4+1}{16}$ ③ $\dfrac{3e^4+2}{16}$

④ $\dfrac{3e^4+3}{16}$ ⑤ $\dfrac{3e^4+4}{16}$

2

양의 실수 p에 대하여

$$\lim_{n\to\infty}\frac{p^n+p^{-n+1}-1}{2\times p^{n+1}+p^{-n}}=\frac{1}{3}$$

을 만족시키는 모든 p의 값의 합은?

① $\dfrac{13}{6}$ ② $\dfrac{7}{3}$ ③ $\dfrac{5}{2}$

④ $\dfrac{8}{3}$ ⑤ $\dfrac{17}{6}$

3

• 수능 기출 •

등비수열 $\{a_n\}$에 대하여 $\displaystyle\lim_{n\to\infty}\frac{a_n+1}{3^n+2^{2n-1}}=3$일 때, a_2의 값은?

[3점]

① 16 ② 18 ③ 20

④ 22 ⑤ 24

4

그림과 같이 닫힌구간 $\left[0, \dfrac{\pi}{2}\right]$에서 $f(x)=x\sin x$의 그래프와 직선 $x=\dfrac{\pi}{2}$, y축, 직선 $y=k\left(0<k<\dfrac{\pi}{2}\right)$로 둘러싸인 두 영역 A, B의 넓이가 같을 때, 상수 k의 값은?

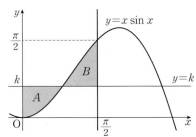

① $\dfrac{1}{\pi}$ ② $\dfrac{2}{\pi}$ ③ $\dfrac{1}{\pi^2}$

④ $\dfrac{2}{\pi^2}$ ⑤ $\dfrac{4}{\pi^2}$

5

• 모평 기출 •

양수 k에 대하여 두 곡선 $y=ke^x+1$, $y=x^2-3x+4$가 점 P에서 만나고, 점 P에서 두 곡선에 접하는 두 직선이 서로 수직일 때, k의 값은? [3점]

① $\dfrac{1}{e}$ ② $\dfrac{1}{e^2}$ ③ $\dfrac{2}{e^2}$

④ $\dfrac{2}{e^3}$ ⑤ $\dfrac{3}{e^3}$

6

그림과 같이 자연수 n에 대하여 중심이 원점 O이고 반지름의 길이가 n인 원 $x^2+y^2=n^2$이 있다. 점 P$(3n,\ 0)$에서 이 원에 그은 기울기가 음수인 접선이 원과 만나는 접점을 Q, y축과 만나는 점을 R라 하자. 삼각형 OQR의 넓이를 T_n이라 할 때, $\displaystyle\lim_{n\to\infty}\dfrac{T_n}{n^2+n}$의 값은?

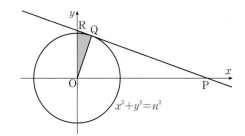

① $\dfrac{\sqrt{2}}{8}$ ② $\dfrac{\sqrt{2}}{4}$ ③ $\dfrac{3\sqrt{2}}{8}$

④ $\dfrac{\sqrt{2}}{2}$ ⑤ $\dfrac{5\sqrt{2}}{8}$

7

실수 전체의 집합에서 증가하는 삼차함수

$$f(x)=x^3-3x^2+ax+b$$

에 대하여 $f(x)$의 역함수를 $g(x)$라 할 때, 함수 $g(x)$는 다음 조건을 만족시킨다.

(가) $g(3)=1$

(나) 함수 $g(x)$는 $x=3$에서 미분가능하지 않다.

$f(2)$의 값은? (단, a, b는 상수이다.)

① 3   ② 4   ③ 5

④ 6   ⑤ 7

8

•학평 기출•

그림과 같이 반지름의 길이가 5인 원에 내접하고, $\overline{AB}=\overline{AC}$ 인 삼각형 ABC가 있다. $\angle BAC=\theta$라 하고, 점 B를 지나고 직선 AB에 수직인 직선이 원과 만나는 점 중 B가 아닌 점을 D, 직선 BD와 직선 AC가 만나는 점을 E라 하자. 삼각형 ABC의 넓이를 $f(\theta)$, 삼각형 CDE의 넓이를 $g(\theta)$라 할 때, $\displaystyle\lim_{\theta\to0+}\frac{g(\theta)}{\theta^2\times f(\theta)}$의 값은? $\left(단, 0<\theta<\dfrac{\pi}{2}\right)$ [4점]

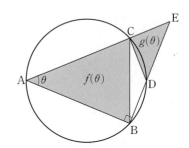

① $\dfrac{1}{8}$ ② $\dfrac{1}{4}$ ③ $\dfrac{3}{8}$

④ $\dfrac{1}{2}$ ⑤ $\dfrac{5}{8}$

9

$-4\pi < x < 4\pi$에서 정의된 함수

$$f(x) = x\cos x - \sin x$$

에 대하여 방정식

$$|f(x)| = \frac{k}{2}\pi$$

의 서로 다른 실근의 개수를 a_k라 할 때, $\sum_{k=1}^{7} a_k$의 값을 구하시오.

10

• 모평 기출 •

양의 실수 전체의 집합에서 이계도함수를 갖는 함수 $f(t)$에 대하여 좌표평면 위를 움직이는 점 P의 시각 t $(t \geq 1)$에서의 위치 (x, y)가

$$\begin{cases} x = 2\ln t \\ y = f(t) \end{cases}$$

이다. 점 P가 점 $(0, f(1))$로부터 움직인 거리가 s가 될 때 시각 t는 $t = \dfrac{s + \sqrt{s^2 + 4}}{2}$이고, $t = 2$일 때 점 P의 속도는 $\left(1, \dfrac{3}{4}\right)$이다.

시각 $t = 2$일 때 점 P의 가속도를 $\left(-\dfrac{1}{2}, a\right)$라 할 때, $60a$의 값을 구하시오. [4점]

미니 모의고사

1

• 모평 기출 •

급수 $\sum\limits_{n=1}^{\infty}\left(\dfrac{x}{5}\right)^n$이 수렴하도록 하는 모든 정수 x의 개수는?

[3점]

① 1   ② 3   ③ 5

④ 7   ⑤ 9

2

$\displaystyle\int_0^{\frac{\pi}{6}}\dfrac{\cos x}{1-\sin^2 x}dx$의 값은?

① $\dfrac{1}{2}\ln 3$ ② $\ln 3$ ③ $\dfrac{3}{2}\ln 3$

④ $2\ln 3$ ⑤ $\dfrac{5}{2}\ln 3$

3

• 수능 기출 •

곡선 $y=ax^2-2\sin 2x$가 변곡점을 갖도록 하는 정수 a의 개수는? [3점]

① 4   ② 5   ③ 6

④ 7   ⑤ 8

4

두 직선 $y=mx$, $y=\left(\dfrac{1}{m}+1\right)x$가 이루는 예각의 크기가 $\dfrac{\pi}{4}$가 되도록 하는 모든 실수 m의 값의 합은? (단, $m\neq 0$)

① $-\dfrac{5}{6}$ ② -1 ③ $-\dfrac{7}{6}$

④ $-\dfrac{4}{3}$ ⑤ $-\dfrac{3}{2}$

5

• 수능 기출 •

그림과 같이 $\overline{AB}=1$, $\angle B=\dfrac{\pi}{2}$인 직각삼각형 ABC에서 $\angle C$를 이등분하는 직선과 선분 AB의 교점을 D, 중심이 A이고 반지름의 길이가 $\overline{AD}$인 원과 선분 AC의 교점을 E라 하자. $\angle A=\theta$일 때, 부채꼴 ADE의 넓이를 $S(\theta)$, 삼각형 BCE의 넓이를 $T(\theta)$라 하자. $\displaystyle\lim_{\theta\to 0+}\dfrac{\{S(\theta)\}^2}{T(\theta)}$의 값은? [4점]

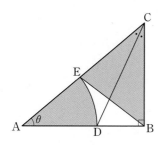

① $\dfrac{1}{4}$ ② $\dfrac{1}{2}$ ③ $\dfrac{3}{4}$

④ 1 ⑤ $\dfrac{5}{4}$

6

최고차항의 계수가 1인 이차함수 $f(x)$에 대하여 함수 $g(x)=f(x)e^{-x}$은 $x=2$에서 극댓값 $4e^{-2}$을 갖는다. 곡선 $y=g(x)$ 위의 제1사분면에 있는 점을 P라 하고 점 P에서 x축과 y축에 내린 수선의 발을 각각 Q, R라 하자. 직사각형 OQPR의 넓이의 최댓값은? (단, O는 원점이다.)

① $8e^{-2}$ ② $64e^{-4}$ ③ $27e^{-3}$

④ $16e^{-2}$ ⑤ $54e^{-3}$

7

두 등비수열 $\{a_n\}$, $\{b_n\}$에 대하여 $a_1=2$, $b_1=3$일 때, 두 급수 $\sum\limits_{n=1}^{\infty} a_n$, $\sum\limits_{n=1}^{\infty} b_n$이 각각 수렴하고 다음 조건을 만족시킨다.

(가) $\sum\limits_{n=1}^{\infty}(a_n+b_n)=7$

(나) $\sum\limits_{n=1}^{\infty}\dfrac{b_n}{a_n}=6$

$\sum\limits_{n=1}^{\infty} a_n b_n=\dfrac{q}{p}$일 때, $p+q$의 값을 구하시오.

(단, p와 q는 서로소인 자연수이다.)

8

•수능 기출•

연속함수 $y=f(x)$의 그래프가 원점에 대하여 대칭이고, 모든 실수 x에 대하여

$$f(x)=\frac{\pi}{2}\int_1^{x+1}f(t)\,dt$$

이다. $f(1)=1$일 때,

$$\pi^2\int_0^1 xf(x+1)\,dx$$

의 값은? [4점]

① $2(\pi-2)$ ② $2\pi-3$ ③ $2(\pi-1)$

④ $2\pi-1$ ⑤ 2π

9

공차가 양수인 등차수열 $\{a_n\}$의 첫째항부터 제n항까지의 합을 S_n이라 할 때, a_n과 S는 다음 조건을 만족시킨다.

(가) $\displaystyle\sum_{n=1}^{\infty}\frac{a_{n+1}}{S_n S_{n+1}}=\frac{1}{2}$

(나) $\displaystyle\lim_{n\to\infty}(\sqrt{2S_n}-\sqrt{na_n})=\frac{1}{3}$

$a_n>200$을 만족시키는 자연수 n의 최솟값은?

① 22   ② 24   ③ 26

④ 28   ⑤ 30

10

• 학평 기출 •

자연수 n에 대하여 실수 전체의 집합에서 정의된 함수 $f(x)$가

$$f(x)=\begin{cases}\dfrac{nx}{x^n+1} & (x\neq-1)\\[2mm] -2 & (x=-1)\end{cases}$$

일 때, 보기에서 옳은 것만을 있는 대로 고른 것은? [4점]

├ 보기 ┤

ㄱ. $n=3$일 때, 함수 $f(x)$는 구간 $(-\infty,\ -1)$에서 증가한다.

ㄴ. 함수 $f(x)$가 $x=-1$에서 연속이 되도록 하는 n에 대하여 방정식 $f(x)=2$의 서로 다른 실근의 개수는 2이다.

ㄷ. 구간 $(-1,\ \infty)$에서 함수 $f(x)$가 극솟값을 갖도록 하는 10 이하의 모든 자연수 n의 값의 합은 24이다.

---

① ㄱ   ② ㄱ, ㄴ   ③ ㄱ, ㄷ

④ ㄴ, ㄷ   ⑤ ㄱ, ㄴ, ㄷ

1

• 학평 기출 •

자연수 n에 대하여 $\angle A = 90°$, $\overline{AB} = 2$, $\overline{CA} = n$인 삼각형 ABC에서 $\angle A$의 이등분선이 선분 BC와 만나는 점을 D라 하자. 선분 CD의 길이를 a_n이라 할 때, $\lim_{n \to \infty} (n - a_n)$의 값은?

[4점]

① 1   ② $\sqrt{2}$ ③ 2

④ $2\sqrt{2}$ ⑤ 4

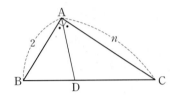

2

• 학평 기출 •

두 함수 $f(x)$, $g(x)$가 실수 전체의 집합에서 이계도함수를 갖고 함수 $g(x)$가 증가함수일 때, 함수 $h(x)$를

$$h(x) = (f \circ g)(x)$$

라 하자. 점 $(2, 2)$가 곡선 $y = g(x)$의 변곡점이고 $\dfrac{h''(2)}{f''(2)} = 4$이다. $f'(2) = 4$일 때, $h'(2)$의 값은? [4점]

① 8   ② 10   ③ 12

④ 14   ⑤ 16

3

양의 실수 전체의 집합에서 정의된 함수 $f(x)$가 미분가능한 증가함수일 때, 함수 $f(x)$의 역함수를 $g(x)$라 하자.

$$g'(f(x)) = \frac{x}{x^3 + 2x + 2}, \quad f(1) = \frac{1}{3}$$

일 때, $f(e)$의 값은?

① $\dfrac{e^3 - 6e}{3}$ ② $\dfrac{e^3 - 3e}{3}$ ③ $\dfrac{e^3}{3}$

④ $\dfrac{e^3 + 3e}{3}$ ⑤ $\dfrac{e^3 + 6e}{3}$

4

실수 전체의 집합에서 미분가능한 함수 $f(x)$가 모든 실수 x에 대하여

$$\int_0^x (x - t) f(t) \, dt = e^x - ax^3 - x - b$$

가 성립한다. 함수 $f(x)$가 $x = 1$에서 최솟값을 가질 때, $\displaystyle\int_0^b x f'(x) \, dx$의 값은? (단, a, b는 상수이다.)

① $-e + 1$ ② $-\dfrac{e}{2} + 1$ ③ 0

④ $\dfrac{e}{2} + 1$ ⑤ $e + 2$

5

• 학평 기출 •

실수 전체의 집합에서 미분가능한 함수 $f(x)$가 다음 조건을 만족시킨다.

(가) $x>0$일 때, $f(x)=axe^{2x}+bx^2$

(나) $x_1<x_2<0$인 임의의 두 실수 x_1, x_2에 대하여
$$f(x_2)-f(x_1)=3x_2-3x_1$$

$f\left(\dfrac{1}{2}\right)=2e$일 때, $f'\left(\dfrac{1}{2}\right)$의 값은? (단, a, b는 상수이다.) [4점]

① $2e$ ② $4e$ ③ $6e$

④ $8e$ ⑤ $10e$

6

좌표평면 위를 움직이는 점 P의 시각 t $(t>0)$에서의 위치는 곡선 $y=\ln(e^{2x+t^2}+t)$와 직선 $y=x+2t^2$의 두 교점을 잇는 선분의 중점이다. 시각 $t=1$에서의 점 P의 속력은?

(단, 양의 실수 x에 대하여 $e^{3x^2}-4x>0$이다.)

① $\dfrac{3}{2}\sqrt{2}$ ② $2\sqrt{2}$ ③ $\dfrac{5}{2}\sqrt{2}$

④ $3\sqrt{2}$ ⑤ $\dfrac{7}{2}\sqrt{2}$

7

0이 아닌 정수를 공비로 하는 두 등비수열 $\{a_n\}$, $\{b_n\}$에 대하여

$$a_1 = 2b_1,\ \sum_{n=1}^{\infty} \frac{1}{a_n} = \sum_{n=1}^{\infty} \frac{1}{b_n} = 2$$

일 때, 모든 $a_2 + b_2$의 값의 합은? (단, $a_1 \neq 0$)

① $\dfrac{23}{8}$ 　　② 3 　　③ $\dfrac{25}{8}$

④ $\dfrac{13}{4}$ 　　⑤ $\dfrac{27}{8}$

8

• 모평 기출 •

이차함수 $f(x)$에 대하여 함수 $g(x) = \{f(x) + 2\} e^{f(x)}$이 다음 조건을 만족시킨다.

> (가) $f(a) = 6$인 a에 대하여 $g(x)$는 $x = a$에서 최댓값을 갖는다.
>
> (나) $g(x)$는 $x = b$, $x = b + 6$에서 최솟값을 갖는다.

방정식 $f(x) = 0$의 서로 다른 두 실근을 α, β라 할 때, $(\alpha - \beta)^2$의 값을 구하시오. (단, a, b는 실수이다.) [4점]

9

그림과 같이 한 변의 길이가 1이고 중심각의 크기가 $\dfrac{\pi}{2}$인 부채꼴 OAB가 있다. 호 AB 위의 점 P에 대하여 각 OPA의 이등분선과 선분 OA가 만나는 점을 C, 점 A를 지나고 선분 OP에 수직인 직선이 호 AB와 만나는 점 중 A가 아닌 점을 D, 점 D에서 선분 OA에 그은 수선과 선분 OP가 만나는 점을 G라 하자. 또, 선분 AD와 두 선분 PC, PO가 만나는 점을 각각 E, F라 하자. ∠POA=θ일 때, 삼각형 APE의 넓이를 $f(\theta)$, 삼각형 CFG의 넓이를 $g(\theta)$라 하자. $\displaystyle\lim_{\theta \to 0+}\dfrac{g(\theta)}{f(\theta)}$의 값은?

$$\left(\text{단, } 0<\theta<\dfrac{\pi}{4}\right)$$

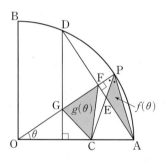

① 2   ② $\dfrac{7}{2}$ ③ 5

④ $\dfrac{13}{2}$ ⑤ 8

10

•모평 기출•

최고차항의 계수가 9인 삼차함수 $f(x)$가 다음 조건을 만족시킨다.

> (가) $\displaystyle\lim_{x \to 0}\dfrac{\sin(\pi \times f(x))}{x}=0$
>
> (나) $f(x)$의 극댓값과 극솟값의 곱은 5이다.

함수 $g(x)$는 $0 \le x < 1$일 때 $g(x)=f(x)$이고 모든 실수 x에 대하여 $g(x+1)=g(x)$이다.

$g(x)$가 실수 전체의 집합에서 연속일 때, $\displaystyle\int_0^5 xg(x)\,dx=\dfrac{q}{p}$이다. $p+q$의 값을 구하시오.

(단, p와 q는 서로소인 자연수이다.) [4점]

1

•학평 기출•

수열 $\left\{ \dfrac{(4x-1)^n}{2^{3n}+3^{2n}} \right\}$ 이 수렴하도록 하는 모든 정수 x의 개수는?

[3점]

① 2   ② 4   ③ 6

④ 8   ⑤ 10

2

•학평 기출•

좌표평면에서 양의 실수 t에 대하여 직선 $x=t$가 두 곡선 $y=e^{2x+k}$, $y=e^{-3x+k}$과 만나는 점을 각각 P, Q라 할 때, $\overline{PQ}=t$를 만족시키는 실수 k의 값을 $f(t)$라 하자. 함수 $f(t)$에 대하여 $\lim\limits_{t \to 0+} e^{f(t)}$의 값은? [3점]

① $\dfrac{1}{6}$ ② $\dfrac{1}{5}$ ③ $\dfrac{1}{4}$

④ $\dfrac{1}{3}$ ⑤ $\dfrac{1}{2}$

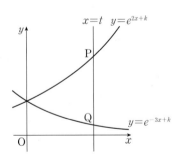

3

그림과 같이 직선 $y=x$와 곡선 $y=\dfrac{\ln x}{x}$ $(x>0)$ 및 두 직선 $x=1$, $x=e$로 둘러싸인 도형을 밑면으로 하는 입체도형이 있다. 이 입체도형을 x축과 수직인 평면으로 자른 단면이 모두 정사각형일 때, 이 입체도형의 부피는?

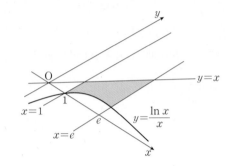

① $\dfrac{e^3}{3} - \dfrac{e}{5} - \dfrac{2}{3}$ ② $\dfrac{e^3}{3} - \dfrac{e}{5} - \dfrac{1}{3}$ ③ $\dfrac{e^3}{3} + \dfrac{e}{5} - \dfrac{2}{3}$

④ $\dfrac{e^3}{3} + \dfrac{e}{5} - \dfrac{1}{3}$ ⑤ $\dfrac{e^3}{3} + \dfrac{e}{5} + \dfrac{1}{3}$

4

함수 $f(x)=x^3+2x+2$의 역함수를 $g(x)$라 하자. 원점에서 곡선 $y=g(x)$에 그은 접선과 수직이고 접점을 지나는 직선의 y절편은?

① 24　　　　② 25　　　　③ 26

④ 27　　　　⑤ 28

5

• 수능 기출 •

$x>0$에서 미분가능한 함수 $f(x)$에 대하여

$$f'(x)=2-\frac{3}{x^2},\ f(1)=5$$

이다. $x<0$에서 미분가능한 함수 $g(x)$가 다음 조건을 만족시킬 때, $g(-3)$의 값은? [4점]

> ㈎ $x<0$인 모든 실수 x에 대하여 $g'(x)=f'(-x)$이다.
> ㈏ $f(2)+g(-2)=9$

① 1　　　　② 2　　　　③ 3

④ 4　　　　⑤ 5

6

• 수능 기출 •

실수 전체의 집합에서 미분가능한 함수 $f(x)$가 다음 조건을 만족시킬 때, $f(-1)$의 값은? [4점]

> ㈎ 모든 실수 x에 대하여
> $$2\{f(x)\}^2 f'(x)=\{f(2x+1)\}^2 f'(2x+1)$$이다.
> ㈏ $f\left(-\frac{1}{8}\right)=1,\ f(6)=2$

① $\dfrac{\sqrt[3]{3}}{6}$　　　　② $\dfrac{\sqrt[3]{3}}{3}$　　　　③ $\dfrac{\sqrt[3]{3}}{2}$

④ $\dfrac{2\sqrt[3]{3}}{3}$　　　　⑤ $\dfrac{5\sqrt[3]{3}}{6}$

7

실수 전체의 집합에서 연속인 두 함수 $f(x)$와 $g(x)$가 모든 실수 x에 대하여 다음 조건을 만족시킨다.

> (가) $g(x) \neq 0$, $\dfrac{f(x)}{g(x)} = 2xe^x$
>
> (나) $\displaystyle\int_x^{x+1} g(t)\,dt = \dfrac{3}{2}x^2$

$\displaystyle\int_1^e \dfrac{f(\ln x)}{x^2}\,dx = 2$일 때, $\displaystyle\int_{-2}^2 xg(x)\,dx$의 값은?

① $-\dfrac{11}{2}$ ② -5 ③ $-\dfrac{9}{2}$

④ -4 ⑤ $-\dfrac{7}{2}$

8

자연수 n에 대하여 곡선 $T_n : y = \dfrac{x^2}{n}$ $(x>0)$ 위의 점 P_n에서의 접선을 l_n이라 하고, 직선 l_n의 x절편을 a_n이라 할 때, 수열 $\{a_n\}$은 등차수열이다. 곡선 T_n과 x축 및 직선 l_n으로 둘러싸인 부분의 넓이를 $f(n)$, 직선 l_n과 수직이고 점 P_n을 지나는 직선의 x절편을 $g(n)$이라 할 때, $f(1)=18$, $\displaystyle\lim_{n\to\infty}\dfrac{g(n)}{2n}=66$이다. $\displaystyle\sum_{n=1}^{10} a_n$의 값을 구하시오.

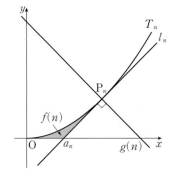

9

실수 k에 대하여 x에 대한 방정식 $2x+3-kx^2e^{-x}=0$의 서로 다른 실근의 개수를 $f(k)$라 하자.

$\lim\limits_{k \to a+} f(k) > f(a)$를 만족시키는 모든 실수 a의 값의 곱을 m 이라 할 때, $4\ln\left|\dfrac{3}{2}m\right|+f(-1)+f(16)$의 값을 구하시오.

$$\left(\text{단, } \lim_{x \to \infty} xe^{-x}=0, \ \frac{5}{2}<e<3\right)$$

10

최고차항의 계수가 1인 삼차함수 $f(x)$에 대하여 실수 전체의 집합에서 정의된 함수 $g(x)=f(\sin^2 \pi x)$가 다음 조건을 만족시킨다.

> ㈎ $0<x<1$에서 함수 $g(x)$가 극대가 되는 x의 개수가 3이고, 이때 극댓값이 모두 동일하다.
>
> ㈏ 함수 $g(x)$의 최댓값은 $\dfrac{1}{2}$이고 최솟값은 0이다.

$f(2)=a+b\sqrt{2}$일 때, a^2+b^2의 값을 구하시오.

(단, a와 b는 유리수이다.) [4점]

1

• 학평 기출 •

수열 $\{a_n\}$이 모든 자연수 n에 대하여

$$\sum_{k=1}^{n} \frac{a_k}{(k-1)!} = \frac{3}{(n+2)!}$$

을 만족시킨다. $\lim\limits_{n \to \infty}(a_1 + n^2 a_n)$의 값은? [3점]

① $-\dfrac{7}{2}$ ② -3 ③ $-\dfrac{5}{2}$

④ -2 ⑤ $-\dfrac{3}{2}$

2

• 학평 기출 •

함수 $f(x) = \cos x$에 대하여 $\lim\limits_{n \to \infty}\sum\limits_{k=1}^{n} \dfrac{k\pi}{n^2} f\left(\dfrac{\pi}{2} + \dfrac{k\pi}{n}\right)$의 값은?

[4점]

① $-\dfrac{5}{2}$ ② -2 ③ $-\dfrac{3}{2}$

④ -1 ⑤ $-\dfrac{1}{2}$

3

모든 자연수 n에 대하여 x에 대한 이차방정식

$$n^2 x^2 - 2a_n x + 2a_n - n^2 + 2n = 0$$

이 실근을 갖지 않도록 하는 수열 $\{a_n\}$에 대하여 $\lim\limits_{n \to \infty}(\sqrt{a_n + 4n} - \sqrt{a_n})$의 값은?

① 1 ② $\sqrt{2}$ ③ 2

④ $2\sqrt{2}$ ⑤ 4

4

• 학평 기출 •

삼각형 ABC에 대하여 $\angle A=\alpha$, $\angle B=\beta$, $\angle C=\gamma$라 할 때, α, β, γ가 이 순서대로 등차수열을 이루고 $\cos\alpha$, $2\cos\beta$, $8\cos\gamma$가 이 순서대로 등비수열을 이룰 때, $\tan\alpha\tan\gamma$의 값을 구하시오. (단, $\alpha<\beta<\gamma$) [4점]

5

실수 전체의 집합에서 미분가능한 함수 $f(x)$가 모든 실수 x에 대하여

$$f(x)=xe^{-x}+x\int_0^1 e^t f'(t)\,dt-\int_0^1 e^t f(t)\,dt$$

를 만족시킬 때, $\dfrac{1}{f(1)}$의 값은?

① $-e^2$ ② $e(1-e)$ ③ $e(2-e)$
④ $2e(1-e)$ ⑤ $2e(2-e)$

6

그림과 같이 반지름의 길이가 1이고 중심각의 크기가 $\dfrac{\pi}{2}$인 부채꼴 OAB가 있다. 호 AB 위의 점 P에서 선분 OB에 내린 수선의 발을 H라 하자. $\angle BPH=\theta$라 할 때, 선분 OP 위의 점 C에 대하여 $\angle PBC=2\theta$이고, 선분 PC의 길이와 선분 PH의 길이의 차를 $f(\theta)$라 하자. 함수 $f(\theta)$가 $\theta=a$에서 극댓값을 가질 때, $\tan 2a$의 값은? $\left(\text{단, } 0<\theta<\dfrac{\pi}{6}\right)$

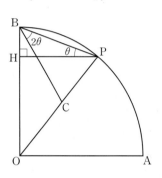

① $\dfrac{1}{2}$ ② $\dfrac{\sqrt{2}}{2}$ ③ 1
④ $\sqrt{2}$ ⑤ 2

7

미분가능한 함수 $f(x)$에 대하여 곡선 $y=f(x)$와 x축, y축 및 직선 $x=3$으로 둘러싸인 부분을 밑면으로 하는 입체도형을 x축과 수직인 직선으로 자른 단면이 정사각형일 때, 이 입체도형의 부피가 6이다. 실수 t에 대하여 곡선 $y=f(x)$ 위의 점 $(t, f(t))$에서의 접선의 y절편을 $g(t)$라 하자.

$\int_0^3 f(x)g(x)\,dx=4$일 때, $\{f(3)\}^2$의 값은?

① 3   ② $\dfrac{10}{3}$ ③ $\dfrac{11}{3}$

④ 4   ⑤ $\dfrac{13}{3}$

8

•학평 기출•

함수 $f(x)=x^3-x$와 실수 전체의 집합에서 미분가능한 역함수가 존재하는 삼차함수 $g(x)=ax^3+x^2+bx+1$이 있다.

함수 $g(x)$의 역함수 $g^{-1}(x)$에 대하여 함수 $h(x)$를

$$h(x)=\begin{cases} (f \circ g^{-1})(x) & (x<0 \text{ 또는 } x>1) \\ \dfrac{1}{\pi}\sin \pi x & (0 \le x \le 1) \end{cases}$$

이라 하자. 함수 $h(x)$가 실수 전체의 집합에서 미분가능할 때, $g(a+b)$의 값을 구하시오. (단, a, b는 상수이다.) [4점]

9

• 학평 기출 •

실수 전체의 집합에서 미분가능한 두 함수 $f(x)$, $g(x)$가 모든 실수 x에 대하여 다음 조건을 만족시킨다.

> (가) $g(x+1)-g(x)=-\pi(e+1)e^x\sin(\pi x)$
>
> (나) $g(x+1)=\displaystyle\int_0^x \{f(t+1)e^t-f(t)e^t+g(t)\}\,dt$

$\displaystyle\int_0^1 f(x)\,dx=\dfrac{10}{9}e+4$일 때, $\displaystyle\int_1^{10} f(x)\,dx$의 값을 구하시오.

[4점]

10

최고차항의 계수가 1인 이차함수 $f(x)$에 대하여 함수 $g(x)=f(x)e^x$이라 하자. 곡선 $y=g(x)$ 위의 점 $(t,\,g(t))$에서의 접선이 함수 $g(x)$의 그래프와 만나는 점의 개수를 $h(t)$라 할 때, 두 함수 $g(x)$, $h(t)$는 다음 조건을 만족시킨다.

> (가) 두 집합
>
> $A=\{x\,|\,g(x)+g(1)=0\}$, $B=\{x\,|\,|g(x)|+g(1)=0\}$
>
> 에 대하여 $n(A)+n(B)=3$이다.
>
> (나) 방정식 $h(t)=2$를 만족시키는 실수 t의 최솟값은 -3이다.

함수 $h(t)$가 $t=a$에서 불연속인 모든 실수 a의 값을 a_1, a_2, a_3, a_4 $(a_1<a_2<a_3<a_4)$라 할 때, $f(a_1)+a_2+a_3+f(a_4)=\dfrac{q}{p}$이다. $p+q$의 값을 구하시오.

(단, p와 q는 서로소인 자연수이다.)

1

• 학평 기출 •

두 곡선 $y=(\sin x)\ln x$, $y=\dfrac{\cos x}{x}$와 두 직선 $x=\dfrac{\pi}{2}$, $x=\pi$
로 둘러싸인 부분의 넓이는? [4점]

① $\dfrac{1}{4}\ln \pi$ ② $\dfrac{1}{2}\ln \pi$ ③ $\dfrac{3}{4}\ln \pi$

④ $\ln \pi$ ⑤ $\dfrac{5}{4}\ln \pi$

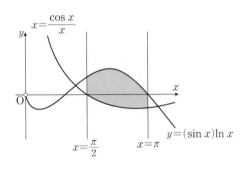

2

• 학평 기출 •

함수 $f(x)=\displaystyle\int_{x}^{x+2}|2^t-5|\,dt$의 최솟값을 m이라 할 때, 2^m의
값은? [4점]

① $\left(\dfrac{5}{4}\right)^8$ ② $\left(\dfrac{5}{4}\right)^9$ ③ $\left(\dfrac{5}{4}\right)^{10}$

④ $\left(\dfrac{5}{4}\right)^{11}$ ⑤ $\left(\dfrac{5}{4}\right)^{12}$

3

다항함수 $f(x)$에 대하여 양의 실수 전체의 집합에서 정의된 함수 $g(x)=f(x)\sin\dfrac{1}{x}$이 있다. 두 함수 $f(x)$, $g(x)$가 다음 조건을 만족시킬 때, $f(1)$의 값을 구하시오.

> (가) $\displaystyle\lim_{x\to\infty}\dfrac{g(x)}{x}=2$
>
> (나) $\displaystyle\lim_{x\to 0}\dfrac{f(x)}{x}=4$

4

두 곡선 $y=2(\ln x)^2+2\ln x$, $y=kx^2+1$이 만나는 점의 개수가 2가 되도록 하는 정수 k의 개수는?

$$\left(\text{단, }\lim_{x\to\infty}\dfrac{\ln x}{x}=0,\ 7<e^2<8\right)$$

① 4   ② 5   ③ 6

④ 7   ⑤ 8

5

• 수능 기출 •

그림과 같이 $\overline{AB_1}=2$, $\overline{AD_1}=4$인 직사각형 $AB_1C_1D_1$이 있다. 선분 AD_1을 $3:1$로 내분하는 점을 E_1이라 하고, 직사각형 $AB_1C_1D_1$의 내부에 점 F_1을 $\overline{F_1E_1}=\overline{F_1C_1}$, $\angle E_1F_1C_1=\dfrac{\pi}{2}$가 되도록 잡고 삼각형 $E_1F_1C_1$을 그린다. 사각형 $E_1F_1C_1D_1$을 색칠하여 얻은 그림을 R_1이라 하자. 그림 R_1에서 선분 AB_1 위의 점 B_2, 선분 E_1F_1 위의 점 C_2, 선분 AE_1 위의 점 D_2와 점 A를 꼭짓점으로 하고 $\overline{AB_2}:\overline{AD_2}=1:2$인 직사각형 $AB_2C_2D_2$를 그린다. 그림 R_1을 얻은 것과 같은 방법으로 직사각형 $AB_2C_2D_2$에 삼각형 $E_2F_2C_2$를 그리고 사각형 $E_2F_2C_2D_2$를 색칠하여 얻은 그림을 R_2라 하자.

이와 같은 과정을 계속하여 n 번째 얻은 그림 R_n에 색칠되어 있는 부분의 넓이를 S_n이라 할 때, $\lim\limits_{n\to\infty}S_n$의 값은? [4점]

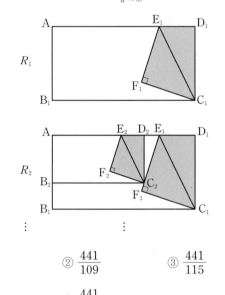

① $\dfrac{441}{103}$ ② $\dfrac{441}{109}$ ③ $\dfrac{441}{115}$

④ $\dfrac{441}{121}$ ⑤ $\dfrac{441}{127}$

6

최고차항의 계수가 1인 이차함수 $f(x)$에 대하여 함수

$$g(x)=\lim_{n\to\infty}\frac{2x^{2n+1}+f(x)}{x^{2n}+1}$$

라 할 때, 함수 $f(x)g(x)$는 실수 전체의 집합에서 연속이다. $f(2)$의 최댓값과 최솟값의 합은? (단, n은 자연수이다.)

① 2   ② 4   ③ 6

④ 8   ⑤ 10

7

실수 전체의 집합에서 $f'(x)<0$인 함수 $f(x)$가 다음 조건을 만족시킬 때, $\displaystyle\int_0^2 \{f(x)\}^2 dx$의 값은?

> (가) 모든 실수 x에 대하여 $f(f(x))=x$이다.
>
> (나) $\displaystyle\int_0^2 xf(x)\,dx=2$
>
> (다) 방정식 $f(x)=0$의 실근은 2이다.

① 2   ② 4   ③ 6

④ 8   ⑤ 10

정답과 해설 105쪽

8

• 모평 기출 •

그림과 같이 길이가 2인 선분 AB를 지름으로 하는 반원의 호 AB 위에 점 P가 있다. 선분 AB의 중점을 O라 할 때, 점 B를 지나고 선분 AB에 수직인 직선이 직선 OP와 만나는 점을 Q라 하고, ∠OQB의 이등분선이 직선 AP와 만나는 점을 R라 하자. ∠OAP=θ일 때, 삼각형 OAP의 넓이를 $f(\theta)$, 삼각형 PQR의 넓이를 $g(\theta)$라 하자. $\displaystyle\lim_{\theta \to 0+} \frac{g(\theta)}{\theta^4 \times f(\theta)}$의 값은?

$\left(\text{단, } 0<\theta<\dfrac{\pi}{4}\right)$ [4점]

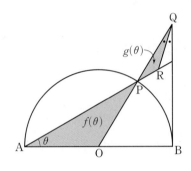

① 2
② $\dfrac{5}{2}$
③ 3

④ $\dfrac{7}{2}$
⑤ 4

9

• 모평 기출 •

$t>\dfrac{1}{2}\ln 2$인 실수 t에 대하여 곡선 $y=\ln(1+e^{2x}-e^{-2t})$과 직선 $y=x+t$가 만나는 서로 다른 두 점 사이의 거리를 $f(t)$라 할 때, $f'(\ln 2)=\dfrac{q}{p}\sqrt 2$이다. $p+q$의 값을 구하시오.

(단, p와 q는 서로소인 자연수이다.) [4점]

10

최고차항의 계수가 양수인 이차함수 $f(x)$에 대하여 함수 $g(x)=\displaystyle\int_0^{f'(x)} f(t)\,dt$가 다음 조건을 만족시킨다.

> (가) 방정식 $g(x)=0$의 서로 다른 실근의 개수는 2이고 두 실근의 합은 양수이다.
>
> (나) 함수 $g(x)$의 극댓값은 0이고 극솟값은 $-\dfrac{4}{3}$이다.

$f(3)=3$일 때, $\displaystyle\int_3^{12} \frac{1}{f(x)}\,dx$의 값은?

① $\dfrac{1}{2}\ln\dfrac{3}{2}$
② $\dfrac{1}{2}\ln 2$
③ $\dfrac{1}{2}\ln\dfrac{5}{2}$

④ $\dfrac{1}{2}\ln 3$
⑤ $\dfrac{1}{2}\ln\dfrac{7}{2}$

스코어

단기 핵심 공략서

두께는 반으로 줄이고 점수는 두 배로 올린다!

개념 중심 빠른 예습	초스피드 시험 대비	단기속성 복습 완성
START CORE	**SPEED CORE**	**SPURT CORE**
교과서 필수 개념, 내신 빈출 문제로 가볍게 시작	유형별 출제 포인트를 짚어 효율적 시험 대비	개념 압축 점검 및 빈출 유형으로 완벽한 마무리

SPEED CORE
11~12강

START CORE
8+2강

단기핵심 공략서
SPEED CORE

스코어

SPEED 스피드

12강 핵심 유형 공략
▶ 내신 + 수능 핵심 개념과 유형 학습
▶ 기출 & 예상문제로 시험 출제포인트 공략

고등 수학(상)

SPURT CORE
8+2강

*과목: 고등 수학(상), (하) / 수학I / 수학II / 확률과 통계 / 미적분 / 기하

수능연유형

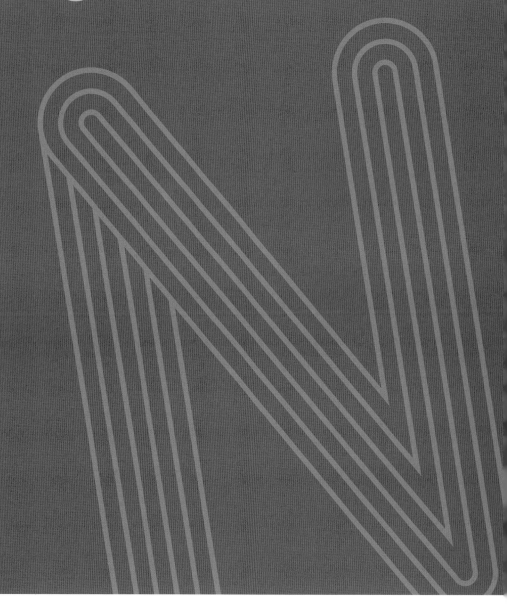

정답과 해설
미적분

3/4점 기출 집중 공략엔

수능연유형

미적분

정답과 해설

Ⅰ 수열의 극한

001	21	002	③	003	①	004	②	005	10	006	1	007	①	008	③	009	24	010	④
011	④	012	9	013	432	014	②	015	5	016	③	017	①	018	②	019	10	020	5
021	④	022	①	023	②	024	②	025	②	026	⑤	027	⑤	028	③	029	②	030	23
031	③	032	③	033	43	034	②	035	32	036	71	037	④	038	41	039	②	040	③
041	⑤	042	59	043	③	044	①	045	471	046	②	047	①	048	12	049	④	050	③
051	30	052	41	053	④	054	④	055	⑤	056	②	057	332	058	③				

Ⅱ 미분법

059	③	060	②	061	②	062	29	063	③	064	2	065	①	066	①	067	④	068	⑤
069	④	070	②	071	⑤	072	7	073	13	074	③	075	2	076	2	077	④	078	④
079	60	080	135	081	④	082	③	083	②	084	②	085	④	086	4	087	④	088	①
089	④	090	7	091	②	092	④	093	②	094	③	095	16	096	⑤	097	9	098	①
099	23	100	④	101	③	102	12	103	4	104	②	105	14	106	③	107	⑤	108	⑤
109	④	110	①	111	①	112	4	113	④	114	②	115	⑤	116	③	117	②	118	④
119	⑤	120	②	121	①	122	③	123	③	124	②	125	②	126	②	127	②	128	④
129	①	130	③	131	③	132	⑤	133	34	134	131	135	④	136	15	137	④	138	④
139	④	140	③	141	③	142	⑤	143	②	144	③	145	①	146	6	147	③	148	45
149	⑤	150	③	151	⑤	152	①	153	③	154	②	155	13	156	④	157	①	158	⑤
159	④	160	②	161	17	162	③												

Ⅲ 적분법

163	③	164	③	165	④	166	④	167	②	168	①	169	①	170	②	171	⑤	172	③
173	④	174	⑤	175	④	176	①	177	②	178	③	179	⑤	180	①	181	③	182	②
183	②	184	5	185	④	186	④	187	⑤	188	②	189	③	190	⑤	191	③	192	④
193	⑤	194	②	195	③	196	②	197	①	198	①	199	③	200	④	201	①	202	③
203	④	204	①	205	3	206	③	207	②	208	②	209	②	210	5	211	④	212	②
213	②	214	3	215	7	216	1	217	②	218	①	219	24	220	10	221	②	222	②
223	①	224	④	225	①	226	160	227	④	228	①	229	③	230	③	231	⑤	232	①
233	⑤	234	②	235	⑤	236	⑤	237	②	238	⑤	239	①	240	④	241	25	242	②
243	20	244	③	245	9														

미니 모의고사

1회

1 ①	2 ④	3 ②	4 ④	5 ②
6 ③	7 ④	8 ⑤	9 137	10 143

2회

1 4	2 ①	3 163	4 ①	5 9
6 ③	7 ③	8 561	9 50	10 ③

3회

1 ④	2 10	3 ③	4 ②	5 ⑤
6 ⑤	7 ⑤	8 8	9 ④	10 ③

4회

1 ②	2 ③	3 ⑤	4 25	5 ①
6 ②	7 ①	8 ④	9 87	10 ④

5회

1 ②	2 ⑤	3 ⑤	4 ②	5 ①
6 ①	7 ②	8 ②	9 56	10 15

6회

1 ⑤	2 ①	3 ④	4 ①	5 ②
6 ③	7 83	8 ①	9 ②	10 ②

7회

1 ③	2 ①	3 ⑤	4 ②	5 ④
6 ③	7 ③	8 24	9 ①	10 115

8회

1 ②	2 ②	3 ②	4 ③	5 ②
6 ④	7 ④	8 120	9 1	10 29

9회

1 ③	2 ④	3 ③	4 5	5 ⑤
6 ①	7 ②	8 15	9 26	10 35

10회

1 ④	2 ③	3 6	4 ⑤	5 ③
6 ⑤	7 ②	8 ①	9 11	10 ③

Ⅰ 수열의 극한

step 0 기출에서 뽑은 실전 개념 ○×
본문 9쪽

01 ×	02 ×	03 ○	04 ○	05 ×
06 ×	07 ○	08 ○	09 ○	10 ×

step 1 (어려운 쉬운) 3점·4점 유형 정복하기
본문 10~21쪽

001

$\lim\limits_{n \to \infty} n^2 a_n = 3$, $\lim\limits_{n \to \infty} \dfrac{b_n}{n} = 5$이므로

$\lim\limits_{n \to \infty} na_n(b_n+2n) = \lim\limits_{n \to \infty} n^2 a_n\left(\dfrac{b_n}{n}+2\right)$

$\qquad\qquad\qquad = \lim\limits_{n \to \infty} n^2 a_n \times \left(\lim\limits_{n \to \infty} \dfrac{b_n}{n}+\lim\limits_{n \to \infty} 2\right)$

$\qquad\qquad\qquad = 3 \times (5+2) = 21$

답 21

002

$\lim\limits_{n \to \infty} \dfrac{a_n}{2n+1} = 4$, $\lim\limits_{n \to \infty} \dfrac{n^2-4}{b_n} = 7$이므로

$\lim\limits_{n \to \infty} \dfrac{(3n-1)a_n}{b_n}$

$= \lim\limits_{n \to \infty} \left\{ \dfrac{a_n}{2n+1} \times \dfrac{n^2-4}{b_n} \times \dfrac{(3n-1)(2n+1)}{n^2-4} \right\}$

$= \lim\limits_{n \to \infty} \dfrac{a_n}{2n+1} \times \lim\limits_{n \to \infty} \dfrac{n^2-4}{b_n} \times \lim\limits_{n \to \infty} \dfrac{(3n-1)(2n+1)}{n^2-4}$

$= 4 \times 7 \times \lim\limits_{n \to \infty} \dfrac{\left(3-\frac{1}{n}\right)\left(2+\frac{1}{n}\right)}{1-\frac{4}{n^2}}$

$= 4 \times 7 \times 6 = 168$

답 ③

003

$\lim\limits_{n \to \infty} (a_n-3) = 1$이므로

$\lim\limits_{n \to \infty} a_n = \lim\limits_{n \to \infty} \{(a_n-3)+3\}$

$\qquad\quad = \lim\limits_{n \to \infty} (a_n-3) + \lim\limits_{n \to \infty} 3$

$\qquad\quad = 1+3 = 4$

$\lim\limits_{n \to \infty} (2a_n-3b_n) = 5$이므로

$\lim\limits_{n \to \infty} b_n = \lim\limits_{n \to \infty} \left[-\dfrac{1}{3}\{(2a_n-3b_n)-2a_n\} \right]$

$\qquad\quad = -\dfrac{1}{3}\lim\limits_{n \to \infty} (2a_n-3b_n) + \dfrac{2}{3}\lim\limits_{n \to \infty} a_n$

$\qquad\quad = -\dfrac{5}{3} + \dfrac{8}{3} = 1$

$\therefore \lim\limits_{n \to \infty} (a_n+2b_n) = \lim\limits_{n \to \infty} a_n + \lim\limits_{n \to \infty} 2b_n$

$\qquad\qquad\qquad = \lim\limits_{n \to \infty} a_n + 2\lim\limits_{n \to \infty} b_n$

$\qquad\qquad\qquad = 4+2 \times 1 = 6$

답 ①

004

모든 자연수 n에 대하여

$2n^2-3 < a_n < 2n^2+4$

이므로

$\sum\limits_{k=1}^{n} (2k^2-3) < \sum\limits_{k=1}^{n} a_k < \sum\limits_{k=1}^{n} (2k^2+4)$

$2 \times \dfrac{n(n+1)(2n+1)}{6} - 3n < S_n < 2 \times \dfrac{n(n+1)(2n+1)}{6} + 4n$

$\therefore \dfrac{n(2n^2+3n-8)}{3} < S_n < \dfrac{n(2n^2+3n+13)}{3}$

위의 부등식의 각 변을 n^3으로 나누면

$\dfrac{2n^2+3n-8}{3n^2} < \dfrac{S_n}{n^3} < \dfrac{2n^2+3n+13}{3n^2}$

이때

$\lim\limits_{n \to \infty} \dfrac{2n^2+3n-8}{3n^2} = \lim\limits_{n \to \infty} \dfrac{2n^2+3n+13}{3n^2} = \dfrac{2}{3}$

이므로 수열의 극한의 대소 관계에 의하여

$\lim\limits_{n \to \infty} \dfrac{S_n}{n^3} = \dfrac{2}{3}$

답 ②

참고 자연수의 거듭제곱의 합

(1) $\sum\limits_{k=1}^{n} k = \dfrac{n(n+1)}{2}$

(2) $\sum\limits_{k=1}^{n} k^2 = \dfrac{n(n+1)(2n+1)}{6}$

(3) $\sum\limits_{k=1}^{n} k^3 = \left\{ \dfrac{n(n+1)}{2} \right\}^2$

005

모든 자연수 n에 대하여

$\dfrac{5}{2n+1} < a_n < \dfrac{5}{2n-1}$

이므로

$\dfrac{5(4n-3)}{2n+1} < (4n-3)a_n < \dfrac{5(4n-3)}{2n-1}$

이때

$\lim\limits_{n \to \infty} \dfrac{5(4n-3)}{2n+1} = \lim\limits_{n \to \infty} \dfrac{5(4n-3)}{2n-1} = 10$

이므로 수열의 극한의 대소 관계에 의하여

$\lim\limits_{n \to \infty} (4n-3)a_n = 10$

답 10

006

모든 자연수 n에 대하여

$\sqrt{4n^4+8n^2+9} < (n+1)a_n < 2n^2+3$

$\therefore \dfrac{\sqrt{4n^4+8n^2+9}}{(n+1)(2n-1)} < \dfrac{a_n}{2n-1} < \dfrac{2n^2+3}{(n+1)(2n-1)}$

이때

$$\lim_{n \to \infty} \frac{\sqrt{4n^4+8n^2+9}}{(n+1)(2n-1)} = \lim_{n \to \infty} \frac{\sqrt{4+\dfrac{8}{n^2}+\dfrac{9}{n^4}}}{\left(1+\dfrac{1}{n}\right)\left(2-\dfrac{1}{n}\right)} = \frac{\sqrt{4}}{2} = 1,$$

$$\lim_{n \to \infty} \frac{2n^2+3}{(n+1)(2n-1)} = \lim_{n \to \infty} \frac{2n^2+3}{2n^2+n-1} = \frac{2}{2} = 1$$

이므로 수열의 극한의 대소 관계에 의하여

$$\lim_{n \to \infty} \frac{a_n}{2n-1} = 1 \hspace{4cm} \text{답} \ 1$$

007

수열 $\{a_n\}$은 첫째항과 공비가 모두 $\dfrac{x^2-4x}{5}$인 등비수열이므로 이 수열이 수렴하려면

$$-1 < \frac{x^2-4x}{5} \leq 1$$

이어야 한다.

$-1 < \dfrac{x^2-4x}{5}$에서

$x^2-4x+5 > 0$ ...... ㉠

이때 $x^2-4x+5 = (x-2)^2+1 > 0$이므로 모든 정수 x에 대하여 부등식 ㉠이 성립한다.

$\dfrac{x^2-4x}{5} \leq 1$에서

$x^2-4x-5 \leq 0$, $(x+1)(x-5) \leq 0$

$\therefore -1 \leq x \leq 5$

따라서 조건을 만족시키는 모든 정수 x는

$-1, 0, 1, \cdots, 5$

의 7개이다. \hspace{5cm} 답 ①

008

수열 $\{a_n\}$은 첫째항과 공비가 모두 $\dfrac{|x|-5}{2}$인 등비수열이므로 이 수열이 수렴하려면

$$-1 < \frac{|x|-5}{2} \leq 1$$

이어야 한다.

$-1 < \dfrac{|x|-5}{2}$에서 $|x| > 3$

$\therefore x < -3$ 또는 $x > 3$ ...... ㉠

$\dfrac{|x|-5}{2} \leq 1$에서 $|x| \leq 7$

$\therefore -7 \leq x \leq 7$ ...... ㉡

㉠, ㉡에서

$-7 \leq x < -3$ 또는 $3 < x \leq 7$

따라서 조건을 만족시키는 모든 정수 x는

$-7, -6, -5, -4, 4, 5, 6, 7$

의 8개이다. \hspace{5cm} 답 ③

009

$$\frac{a_n}{3^{2n}} = \frac{(x^2-8x)^n}{3^{2n}} = \left(\frac{x^2-8x}{9}\right)^n$$

이므로 수열 $\left\{\dfrac{a_n}{3^{2n}}\right\}$은 첫째항과 공비가 모두 $\dfrac{x^2-8x}{9}$인 등비수열이다.

이 수열이 수렴하려면

$$-1 < \frac{x^2-8x}{9} \leq 1$$

이어야 한다.

$-1 < \dfrac{x^2-8x}{9}$에서

$x^2-8x+9 > 0$

$\therefore x < 4-\sqrt{7}$ 또는 $x > 4+\sqrt{7}$ ...... ㉠

$\dfrac{x^2-8x}{9} \leq 1$에서

$x^2-8x-9 \leq 0$, $(x+1)(x-9) \leq 0$

$\therefore -1 \leq x \leq 9$ ...... ㉡

㉠, ㉡에서

$-1 \leq x < 4-\sqrt{7}$ 또는 $4+\sqrt{7} < x \leq 9$

따라서 조건을 만족시키는 정수 x는

$-1, 0, 1, 7, 8, 9$

이므로 그 합은

$-1+0+1+7+8+9 = 24$ \hspace{3cm} 답 24

010

$$a_n = \sqrt{25^n+(2k-7)^n} - 5^n$$
$$= \frac{\{25^n+(2k-7)^n\} - 25^n}{\sqrt{25^n+(2k-7)^n}+5^n}$$
$$= \frac{(2k-7)^n}{\sqrt{25^n+(2k-7)^n}+5^n}$$
$$= \frac{\left(\dfrac{2k-7}{5}\right)^n}{\sqrt{1+\left(\dfrac{2k-7}{25}\right)^n}+1}$$

이므로 수열 $\{a_n\}$이 수렴하려면

$$-1 < \frac{2k-7}{5} \leq 1$$

이어야 한다.

즉, $-5 < 2k-7 \leq 5$에서

$2 < 2k \leq 12$ $\therefore 1 < k \leq 6$

따라서 조건을 만족시키는 모든 정수 k의 값의 합은

$2+3+4+5+6 = 20$ \hspace{3cm} 답 ④

011

(i) $1 \leq r < 3$일 때

$\lim_{n \to \infty} \left(\dfrac{r}{3}\right)^n = 0$이므로

$$\lim_{n \to \infty} \frac{3^n+r^{n+1}}{3^n+7 \times r^n} = \lim_{n \to \infty} \frac{1+r \times \left(\dfrac{r}{3}\right)^n}{1+7 \times \left(\dfrac{r}{3}\right)^n} = 1$$

(ii) $r=3$일 때

$$\lim_{n\to\infty}\frac{3^n+r^{n+1}}{3^n+7\times r^n}=\lim_{n\to\infty}\frac{3^n+3^n\times 3}{3^n+7\times 3^n}$$
$$=\lim_{n\to\infty}\frac{4\times 3^n}{8\times 3^n}=\frac{1}{2}$$

이므로 조건을 만족시키지 않는다.

(iii) $r>3$일 때

$$\lim_{n\to\infty}\left(\frac{3}{r}\right)^n=0$$이므로

$$\lim_{n\to\infty}\frac{3^n+r^{n+1}}{3^n+7\times r^n}=\lim_{n\to\infty}\frac{\left(\frac{3}{r}\right)^n+r}{\left(\frac{3}{r}\right)^n+7}=\frac{r}{7}$$

즉, $\dfrac{r}{7}=1$에서 $r=7$

(i), (ii), (iii)에 의하여

$1\leq r<3$ 또는 $r=7$

따라서 조건을 만족시키는 모든 자연수 r의 값의 합은

$1+2+7=10$ 답 ④

012

(i) $|x|>5$일 때

$$\lim_{n\to\infty}\left(\frac{5}{x}\right)^{2n}=0$$이므로

$$f(x)=\lim_{n\to\infty}\frac{3\times x^{2n+1}-4\times 5^{2n+1}}{5\times x^{2n}+2\times 5^{2n+1}}$$
$$=\lim_{n\to\infty}\frac{3x-20\times\left(\frac{5}{x}\right)^{2n}}{5+10\times\left(\frac{5}{x}\right)^{2n}}=\frac{3x}{5}$$

즉, $\dfrac{3x}{5}=-2$에서 $x=-\dfrac{10}{3}$

이때 $|x|<5$이므로 조건을 만족시키지 않는다.

(ii) $|x|<5$일 때

$$\lim_{n\to\infty}\left(\frac{x}{5}\right)^{2n}=\lim_{n\to\infty}\left(\frac{x}{5}\right)^{2n+1}=0$$이므로

$$f(x)=\lim_{n\to\infty}\frac{3\times x^{2n+1}-4\times 5^{2n+1}}{5\times x^{2n}+2\times 5^{2n+1}}$$
$$=\lim_{n\to\infty}\frac{3\times\left(\frac{x}{5}\right)^{2n+1}-4}{\left(\frac{x}{5}\right)^{2n}+2}$$
$$=-2$$

따라서 $|x|<5$인 모든 정수 x는 조건을 만족시킨다.

(iii) $x=5$일 때

$$f(x)=\lim_{n\to\infty}\frac{3\times x^{2n+1}-4\times 5^{2n+1}}{5\times x^{2n}+2\times 5^{2n+1}}$$
$$=\lim_{n\to\infty}\frac{3\times 5^{2n+1}-4\times 5^{2n+1}}{5\times 5^{2n}+2\times 5^{2n+1}}$$
$$=\frac{3-4}{1+2}=-\frac{1}{3}$$

이므로 조건을 만족시키지 않는다.

(iv) $x=-5$일 때

$$f(x)=\lim_{n\to\infty}\frac{3\times x^{2n+1}-4\times 5^{2n+1}}{5\times x^{2n}+2\times 5^{2n+1}}$$
$$=\lim_{n\to\infty}\frac{-3\times 5^{2n+1}-4\times 5^{2n+1}}{5\times 5^{2n}+2\times 5^{2n+1}}$$
$$=\frac{-3-4}{1+2}=-\frac{7}{3}$$

이므로 조건을 만족시키지 않는다.

(i)~(iv)에 의하여 조건을 만족시키는 모든 정수 x는

$-4,\ -3,\ -2,\ \cdots,\ 2,\ 3,\ 4$

의 9개이다.   답 9

013

수열 $\{a_n\}$은 첫째항이 2이고 공비가 r인 등비수열이므로

$a_n=2r^{n-1}$

이때

$$\lim_{n\to\infty}\frac{2a_{n+2}+3}{3a_n-2}=\lim_{n\to\infty}\frac{4r^{n+1}+3}{6r^{n-1}-2}$$

이므로 $f(r)=\lim\limits_{n\to\infty}\dfrac{4r^{n+1}+3}{6r^{n-1}-2}$이라 하자.

(i) $|r|>1$일 때

$$\lim_{n\to\infty}\frac{1}{r^n}=0$$이므로

$$f(r)=\lim_{n\to\infty}\frac{4r^2+3\times\left(\frac{1}{r}\right)^{n-1}}{6-2\times\left(\frac{1}{r}\right)^{n-1}}=\frac{2r^2}{3}$$

즉, $\dfrac{2r^2}{3}=4$에서 $r^2=6$

이때 $|r|>1$이므로 조건을 만족시킨다.

(ii) $|r|<1$일 때

$$\lim_{n\to\infty}r^{n-1}=\lim_{n\to\infty}r^{n+1}=0$$이므로

$$f(r)=-\frac{3}{2}$$

따라서 조건을 만족시키지 않는다.

(iii) $r=1$일 때

$f(1)=\dfrac{7}{4}$이므로 조건을 만족시키지 않는다.

(iv) $r=-1$일 때

$$\lim_{n\to\infty}\frac{4r^{n+1}+3}{6r^{n-1}-2}$$은 수렴하지 않는다.

(i)~(iv)에 의하여 $r^2=6$이므로

$a_7=2r^6=2\times(r^2)^3=2\times 6^3=432$ 답 432

014

$$f\left(\frac{a}{3}\right)=\lim_{n\to\infty}\frac{(a+3)\times\left(\frac{a}{3}\right)^{2n}+a+1}{2\times\left(\frac{a}{3}\right)^{2n+1}+1}$$

(i) $|a|>3$일 때

$\lim\limits_{n\to\infty}\left(\dfrac{3}{a}\right)^{2n}=0$이므로

$f\left(\dfrac{a}{3}\right)=\lim\limits_{n\to\infty}\dfrac{a+3+(a+1)\times\left(\dfrac{3}{a}\right)^{2n}}{2\times\dfrac{a}{3}+\left(\dfrac{3}{a}\right)^{2n}}$

$\qquad\quad=\dfrac{a+3}{\dfrac{2}{3}a}=\dfrac{3a+9}{2a}$

즉, $\dfrac{3a+9}{2a}=2$에서

$3a+9=4a$ $\qquad\therefore a=9$

(ii) $|a|<3$일 때

$\lim\limits_{n\to\infty}\left(\dfrac{a}{3}\right)^{2n}=\lim\limits_{n\to\infty}\left(\dfrac{a}{3}\right)^{2n+1}=0$이므로

$f\left(\dfrac{a}{3}\right)=a+1$

즉, $a+1=2$에서 $a=1$

(iii) $a=3$일 때

$f\left(\dfrac{a}{3}\right)=f(1)=\dfrac{6+3+1}{2+1}=\dfrac{10}{3}$

이므로 조건을 만족시키지 않는다.

(iv) $a=-3$일 때

$f\left(\dfrac{a}{3}\right)=f(-1)=\dfrac{-3+1}{-2+1}=2$

이므로 조건을 만족시킨다.

(i)~(iv)에 의하여 조건을 만족시키는 a의 값은

$9,\ 1,\ -3$

이므로 모든 a의 값의 합은

$9+1+(-3)=7$ $\qquad\qquad$ 답 ②

015

$A_n(n,\ 0),\ B_n(n,\ 3)$이므로

$\overline{OA_n}=n,\ \overline{OB_n}=\sqrt{n^2+9}$

두 삼각형 $OPC_n,\ OA_nB_n$에 대하여 $\triangle OPC_n \backsim \triangle OA_nB_n$이므로

$\overline{OP}:\overline{OA_n}=\overline{PC_n}:\overline{A_nB_n}$

$1:n=\overline{PC_n}:3$

$\therefore \overline{PC_n}=\dfrac{3}{n}$

$\therefore \lim\limits_{n\to\infty}\dfrac{\overline{PC_n}}{\overline{OB_n}-\overline{OA_n}}=\lim\limits_{n\to\infty}\dfrac{\dfrac{3}{n}}{\sqrt{n^2+9}-n}$

$\qquad\qquad=\lim\limits_{n\to\infty}\dfrac{3}{n}\times\dfrac{\sqrt{n^2+9}+n}{9}$

$\qquad\qquad=\lim\limits_{n\to\infty}\dfrac{1}{3}\left(\sqrt{1+\dfrac{9}{n^2}}+1\right)$

$\qquad\qquad=\dfrac{1}{3}\times 2=\dfrac{2}{3}$

따라서 $p=3,\ q=2$이므로

$p+q=3+2=5$ $\qquad\qquad$ 답 5

다른 풀이

직선 OB_n의 방정식은 $y=\dfrac{3}{n}x$이므로 점 C_n의 좌표는

$\left(1,\ \dfrac{3}{n}\right)$

$\therefore \overline{PC_n}=\dfrac{3}{n}$

016

직각삼각형 ABC에서 피타고라스 정리에 의하여

$\overline{AC}=\sqrt{(4n)^2+3^2}=\sqrt{16n^2+9}$

이때 $\overline{AB}\times\overline{BC}=\overline{BH}\times\overline{AC}$이므로

$3\times 4n=f(n)\times\sqrt{16n^2+9}$

$\therefore f(n)=\dfrac{12n}{\sqrt{16n^2+9}}$

$\therefore \lim\limits_{n\to\infty}f(n)=\lim\limits_{n\to\infty}\dfrac{12n}{\sqrt{16n^2+9}}$

$\qquad\qquad=\lim\limits_{n\to\infty}\dfrac{12}{\sqrt{16+\dfrac{9}{n^2}}}$

$\qquad\qquad=\dfrac{12}{4}=3$ $\qquad\qquad$ 답 ③

017

점 P_n의 x좌표를 p라 하면

$\dfrac{1}{4}p^2+\dfrac{1}{4}=n$

$\therefore p=\sqrt{4n-1}\ (\because p>0)$

점 Q_n의 x좌표를 q라 하면

$\dfrac{1}{9}q^2-\dfrac{1}{9}=n$

$\therefore q=\sqrt{9n+1}\ (\because q>0)$

따라서

$\overline{P_nQ_n}=\sqrt{9n+1}-\sqrt{4n-1}$

이므로

$\lim\limits_{n\to\infty}\dfrac{\overline{P_nQ_n}}{\sqrt{n}}=\lim\limits_{n\to\infty}\dfrac{\sqrt{9n+1}-\sqrt{4n-1}}{\sqrt{n}}$

$\qquad\qquad=\lim\limits_{n\to\infty}\dfrac{\sqrt{9+\dfrac{1}{n}}-\sqrt{4-\dfrac{1}{n}}}{1}$

$\qquad\qquad=3-2=1$ $\qquad\qquad$ 답 ①

018

$y=\sqrt{2n(x-1)}$을 $x^2+y^2=4n^2$에 대입하면

$x^2+2nx-2n-4n^2=0$

$\therefore x=-n\pm\sqrt{n^2-(-2n-4n^2)}$

$\qquad=-n\pm\sqrt{5n^2+2n}$

원 $x^2+y^2=4n^2$과 곡선 $y=\sqrt{2n(x-1)}$이 만나는 점의 x좌표가 a_n이므로

$a_n=-n+\sqrt{5n^2+2n}$ $(\because a_n>1)$

$\therefore \lim\limits_{n\to\infty}\dfrac{a_n}{n}=\lim\limits_{n\to\infty}\dfrac{-n+\sqrt{5n^2+2n}}{n}$

$\qquad\qquad =\lim\limits_{n\to\infty}\left(-1+\sqrt{5+\dfrac{2}{n}}\right)$

$\qquad\qquad =-1+\sqrt{5}$ 　　　　　　　　　　답②

019

직선 l_n의 방정식을 $y=mx$ $(m>0)$라 하자.

직선 l_n과 곡선 $y=\sqrt{x-n}$이 접하므로

$mx=\sqrt{x-n}$

즉, $m^2x^2-x+n=0$이 중근을 가지므로 이차방정식의 판별식을 D라 하면

$D=(-1)^2-4m^2n=0$

$\therefore m=\dfrac{1}{2\sqrt{n}}$ $(\because m>0)$

즉, 직선 l_n의 방정식은 $y=\dfrac{1}{2\sqrt{n}}x$이므로 접점 P_n의 x좌표는

$\dfrac{1}{2\sqrt{n}}x=\sqrt{x-n}$에서

$\dfrac{1}{4n}x^2=x-n$

$x^2-4nx+4n^2=0,\ (x-2n)^2=0$

$\therefore x=2n$

$\therefore P_n(2n,\ \sqrt{n})$

이때 점 $(n,\ 0)$과 직선 $y=\dfrac{1}{2\sqrt{n}}x$, 즉 $x-2\sqrt{n}y=0$ 사이의 거리는

$f(n)=\dfrac{n}{\sqrt{1+4n}}$ $(\because n$은 자연수$)$

또, 점 $P_n(2n,\ \sqrt{n})$과 직선 $y=\dfrac{3x+1}{\sqrt{n}}$, 즉 $3x-\sqrt{n}y+1=0$ 사이의 거리는

$g(n)=\dfrac{|6n-n+1|}{\sqrt{9+n}}=\dfrac{5n+1}{\sqrt{9+n}}$

$\therefore \lim\limits_{n\to\infty}\dfrac{g(n)}{f(n)}=\lim\limits_{n\to\infty}\left(\dfrac{5n+1}{\sqrt{9+n}}\times\dfrac{\sqrt{1+4n}}{n}\right)$

$\qquad\qquad =\lim\limits_{n\to\infty}\dfrac{\left(5+\dfrac{1}{n}\right)\sqrt{\dfrac{1}{n}+4}}{\sqrt{\dfrac{9}{n}+1}}$

$\qquad\qquad =\dfrac{5\times2}{1}=10$ 　　　　　　　답 10

020

$\dfrac{2}{x}=x+2n$에서

$x^2+2nx-2=0$

이때 $x>0$이므로

$x=-n+\sqrt{n^2+2}$

따라서 두 점 A_n, C_n의 좌표는

$A_n(-n+\sqrt{n^2+2},\ n+\sqrt{n^2+2})$, $C_n(-n+\sqrt{n^2+2},\ 0)$

또, $-\dfrac{3}{x}=x+2n$에서

$x^2+2nx+3=0$

$\therefore x=-n\pm\sqrt{n^2-3}$

이때 직선 $y=x+2n$이 함수 $y=-\dfrac{3}{x}$의 그래프와 제2사분면에서 만나는 점 중 x좌표가 더 큰 점이 B_n이므로 두 점 B_n, D_n의 좌표는

$B_n(-n+\sqrt{n^2-3},\ n+\sqrt{n^2-3})$, $D_n(-n+\sqrt{n^2-3},\ 0)$

따라서 사각형 $A_nB_nD_nC_n$의 넓이는

$S_n=\dfrac{1}{2}\times(\overline{A_nC_n}+\overline{B_nD_n})\times\overline{C_nD_n}$

$\quad =\dfrac{1}{2}\times(2n+\sqrt{n^2+2}+\sqrt{n^2-3})\times(\sqrt{n^2+2}-\sqrt{n^2-3})$

$\quad =n(\sqrt{n^2+2}-\sqrt{n^2-3})+\dfrac{5}{2}$

이므로

$\lim\limits_{n\to\infty}S_n=\lim\limits_{n\to\infty}\left\{n(\sqrt{n^2+2}-\sqrt{n^2-3})+\dfrac{5}{2}\right\}$

$\qquad\quad =\lim\limits_{n\to\infty}\dfrac{5n}{\sqrt{n^2+2}+\sqrt{n^2-3}}+\dfrac{5}{2}$

$\qquad\quad =\lim\limits_{n\to\infty}\dfrac{5}{\sqrt{1+\dfrac{2}{n^2}}+\sqrt{1-\dfrac{3}{n^2}}}+\dfrac{5}{2}$

$\qquad\quad =\dfrac{5}{2}+\dfrac{5}{2}=5$ 　　　　　　　답 5

021

급수 $\sum\limits_{n=1}^{\infty}\left(\dfrac{a_n}{n}-2\right)$가 수렴하므로

$\lim\limits_{n\to\infty}\left(\dfrac{a_n}{n}-2\right)=0$

즉, $\lim\limits_{n\to\infty}\dfrac{a_n}{n}=2$이므로

$\lim\limits_{n\to\infty}\dfrac{2n^2+3na_n}{n^2+4}=\lim\limits_{n\to\infty}\dfrac{2+3\times\dfrac{a_n}{n}}{1+\dfrac{4}{n^2}}$

$\qquad\qquad\qquad =\dfrac{2+3\times2}{1}=8$ 　　　　답④

022

급수 $\sum\limits_{n=1}^{\infty}(na_n+3)$이 수렴하므로

$\lim\limits_{n\to\infty}(na_n+3)=0$

즉, $\lim\limits_{n\to\infty}na_n=-3$이므로

$\lim\limits_{n\to\infty}\dfrac{2n-n^2a_n}{5n+1}=\lim\limits_{n\to\infty}\dfrac{2-na_n}{5+\dfrac{1}{n}}$

$\qquad\qquad\qquad =\dfrac{2-(-3)}{5}=1$ 　　　　답①

023

급수 $\sum\limits_{n=1}^{\infty}\left(\dfrac{a_n}{n+1}-3\right)$이 수렴하므로

$\lim\limits_{n\to\infty}\left(\dfrac{a_n}{n+1}-3\right)=0$

즉, $\lim\limits_{n\to\infty}\dfrac{a_n}{n+1}=3$이므로

$$\lim_{n\to\infty}\dfrac{(2n+1)a_n}{3n^2-1}=\lim_{n\to\infty}\left\{\dfrac{a_n}{n+1}\times\dfrac{(n+1)(2n+1)}{3n^2-1}\right\}$$

$$=\lim_{n\to\infty}\left\{\dfrac{a_n}{n+1}\times\dfrac{\left(1+\dfrac{1}{n}\right)\left(2+\dfrac{1}{n}\right)}{3-\dfrac{1}{n^2}}\right\}$$

$$=3\times\dfrac{1\times2}{3}=2$$

답 ②

024

급수 $\sum\limits_{n=1}^{\infty}\left(a_n-\dfrac{2n^2-3}{3n+1}\right)$이 수렴하므로

$\lim\limits_{n\to\infty}\left(a_n-\dfrac{2n^2-3}{3n+1}\right)=0$

$b_n=a_n-\dfrac{2n^2-3}{3n+1}$이라 하면 $\lim\limits_{n\to\infty}b_n=0$이고

$a_n=b_n+\dfrac{2n^2-3}{3n+1}$

$$\therefore\ \lim_{n\to\infty}\dfrac{3a_n}{4n-1}=\lim_{n\to\infty}\dfrac{3}{4n-1}\left(b_n+\dfrac{2n^2-3}{3n+1}\right)$$

$$=\lim_{n\to\infty}\left\{\dfrac{3b_n}{4n-1}+\dfrac{3(2n^2-3)}{(4n-1)(3n+1)}\right\}$$

$$=\lim_{n\to\infty}\left\{\dfrac{3b_n}{4n-1}+\dfrac{3\left(2-\dfrac{3}{n^2}\right)}{\left(4-\dfrac{1}{n}\right)\left(3+\dfrac{1}{n}\right)}\right\}$$

$$=\dfrac{3\times2}{4\times3}=\dfrac{1}{2}$$

답 ②

025

급수 $\sum\limits_{n=1}^{\infty}\left(2a_n-\dfrac{n}{3}\right)$이 수렴하므로

$\lim\limits_{n\to\infty}\left(2a_n-\dfrac{n}{3}\right)=0$

즉, $\lim\limits_{n\to\infty}\dfrac{n}{3}\left(\dfrac{6a_n}{n}-1\right)=0$이므로

$\lim\limits_{n\to\infty}\dfrac{a_n}{n}=\dfrac{1}{6}$

$$\therefore\ \lim_{n\to\infty}\dfrac{a_n+n}{3n-a_n}=\lim_{n\to\infty}\dfrac{\dfrac{a_n}{n}+1}{3-\dfrac{a_n}{n}}=\dfrac{\dfrac{1}{6}+1}{3-\dfrac{1}{6}}=\dfrac{7}{17}$$

답 ②

다른 풀이

$b_n=2a_n-\dfrac{n}{3}$이라 하면 $\lim\limits_{n\to\infty}b_n=0$이고

$a_n=\dfrac{1}{2}\left(b_n+\dfrac{n}{3}\right)=\dfrac{1}{2}b_n+\dfrac{n}{6}$

$$\therefore\ \lim_{n\to\infty}\dfrac{a_n+n}{3n-a_n}=\lim_{n\to\infty}\dfrac{\left(\dfrac{1}{2}b_n+\dfrac{n}{6}\right)+n}{3n-\left(\dfrac{1}{2}b_n+\dfrac{n}{6}\right)}$$

$$=\lim_{n\to\infty}\dfrac{\dfrac{7}{6}n+\dfrac{1}{2}b_n}{\dfrac{17}{6}n-\dfrac{1}{2}b_n}$$

$$=\dfrac{\dfrac{7}{6}}{\dfrac{17}{6}}=\dfrac{7}{17}$$

026

급수 $\sum\limits_{n=1}^{\infty}(2^n a_n-3)$이 수렴하므로

$\lim\limits_{n\to\infty}(2^n a_n-3)=0$

즉, $\lim\limits_{n\to\infty}2^n a_n=3$이므로

$$\lim_{n\to\infty}\dfrac{4a_n+2^{-n+3}}{a_n+3^{-n}}=\lim_{n\to\infty}\dfrac{4\times2^n a_n+2^3}{2^n a_n+\left(\dfrac{2}{3}\right)^n}$$

$$=\dfrac{4\times3+8}{3}=\dfrac{20}{3}$$

답 ⑤

027

조건 ㈎에 의하여

$\log(a_n a_{n+1} b_n)=0$

$\therefore\ a_n a_{n+1}b_n=1$

수열 $\{a_n\}$이 첫째항이 양수이고 공차가 3인 등차수열이므로

$b_n=\dfrac{1}{a_n a_{n+1}}$

$\quad\ =\dfrac{1}{a_{n+1}-a_n}\left(\dfrac{1}{a_n}-\dfrac{1}{a_{n+1}}\right)$

$\quad\ =\dfrac{1}{3}\left(\dfrac{1}{a_n}-\dfrac{1}{a_{n+1}}\right)$

조건 ㈏에 의하여

$$\sum_{n=1}^{\infty}b_n=\lim_{n\to\infty}\sum_{k=1}^{n}b_k$$

$$=\lim_{n\to\infty}\sum_{k=1}^{n}\dfrac{1}{3}\left(\dfrac{1}{a_k}-\dfrac{1}{a_{k+1}}\right)$$

$$=\lim_{n\to\infty}\dfrac{1}{3}\left\{\left(\dfrac{1}{a_1}-\dfrac{1}{a_2}\right)+\left(\dfrac{1}{a_2}-\dfrac{1}{a_3}\right)+\left(\dfrac{1}{a_3}-\dfrac{1}{a_4}\right)\right.$$

$$\left.+\cdots+\left(\dfrac{1}{a_n}-\dfrac{1}{a_{n+1}}\right)\right\}$$

$$=\lim_{n\to\infty}\dfrac{1}{3}\left(\dfrac{1}{a_1}-\dfrac{1}{a_{n+1}}\right)$$

$$=\lim_{n\to\infty}\dfrac{1}{3}\left(\dfrac{1}{a_1}-\dfrac{1}{a_1+3n}\right)$$

$$=\dfrac{1}{3a_1}$$

따라서 $\sum\limits_{n=1}^{\infty}b_n=\dfrac{1}{3a_1}=\dfrac{1}{12}$이므로

$a_1=4$

답 ⑤

028

이차방정식의 근과 계수의 관계에 의하여

$$\alpha_n \beta_n = \frac{1}{n^2-1}$$

이므로

$$\sum_{n=2}^{\infty} \alpha_n \beta_n = \sum_{n=2}^{\infty} \frac{1}{n^2-1}$$

$$= \lim_{n\to\infty} \sum_{k=2}^{n} \frac{1}{k^2-1}$$

$$= \lim_{n\to\infty} \sum_{k=2}^{n} \frac{1}{(k-1)(k+1)}$$

$$= \lim_{n\to\infty} \sum_{k=2}^{n} \frac{1}{2}\left(\frac{1}{k-1}-\frac{1}{k+1}\right)$$

$$= \lim_{n\to\infty} \frac{1}{2}\left\{\left(1-\frac{1}{3}\right)+\left(\frac{1}{2}-\frac{1}{4}\right)+\left(\frac{1}{3}-\frac{1}{5}\right)\right.$$
$$\left. + \cdots + \left(\frac{1}{n-2}-\frac{1}{n}\right)+\left(\frac{1}{n-1}-\frac{1}{n+1}\right)\right\}$$

$$= \lim_{n\to\infty} \frac{1}{2}\left(1+\frac{1}{2}-\frac{1}{n}-\frac{1}{n+1}\right)$$

$$= \frac{1}{2}\times\frac{3}{2}=\frac{3}{4}$$

답 ③

029

$\dfrac{a_{n+1}}{a_n}=2^{\frac{1}{4n^2-1}}$ 에서

$$\log_2 \frac{a_{n+1}}{a_n}=\frac{1}{4n^2-1}$$

$$\therefore \log_2 a_{n+1}-\log_2 a_n=\frac{1}{4n^2-1}$$

$$\therefore \sum_{n=1}^{\infty}(\log_2 a_{n+1}-\log_2 a_n)$$

$$= \sum_{n=1}^{\infty} \frac{1}{4n^2-1}$$

$$= \lim_{n\to\infty} \sum_{k=1}^{n} \frac{1}{4k^2-1}$$

$$= \lim_{n\to\infty} \sum_{k=1}^{n} \frac{1}{(2k-1)(2k+1)}$$

$$= \lim_{n\to\infty} \sum_{k=1}^{n} \frac{1}{2}\left(\frac{1}{2k-1}-\frac{1}{2k+1}\right)$$

$$= \lim_{n\to\infty} \frac{1}{2}\left\{\left(1-\frac{1}{3}\right)+\left(\frac{1}{3}-\frac{1}{5}\right)+\left(\frac{1}{5}-\frac{1}{7}\right)\right.$$
$$\left. + \cdots + \left(\frac{1}{2n-1}-\frac{1}{2n+1}\right)\right\}$$

$$= \lim_{n\to\infty} \frac{1}{2}\left(1-\frac{1}{2n+1}\right)$$

$$= \frac{1}{2}\times 1=\frac{1}{2}$$

답 ②

030

$S_n=n^2+4n+1$이므로

$$a_1=S_1=6$$

이고, $n\geq 2$일 때

$$a_n=S_n-S_{n-1}$$

$$= (n^2+4n+1)-\{(n-1)^2+4(n-1)+1\}$$

$$= 2n+3$$

$$\therefore \sum_{n=1}^{\infty} \frac{1}{a_n a_{n+1}}=\frac{1}{a_1 a_2}+\sum_{n=2}^{\infty} \frac{1}{a_n a_{n+1}}$$

$$= \frac{1}{6\times 7}+\sum_{n=2}^{\infty} \frac{1}{(2n+3)(2n+5)}$$

$$= \frac{1}{42}+\lim_{n\to\infty} \sum_{k=2}^{n} \frac{1}{(2k+3)(2k+5)}$$

$$= \frac{1}{42}+\lim_{n\to\infty} \sum_{k=2}^{n} \frac{1}{2}\left(\frac{1}{2k+3}-\frac{1}{2k+5}\right)$$

$$= \frac{1}{42}+\lim_{n\to\infty} \frac{1}{2}\left\{\left(\frac{1}{7}-\frac{1}{9}\right)+\left(\frac{1}{9}-\frac{1}{11}\right)+\left(\frac{1}{11}-\frac{1}{13}\right)\right.$$
$$\left. + \cdots + \left(\frac{1}{2n+3}-\frac{1}{2n+5}\right)\right\}$$

$$= \frac{1}{42}+\lim_{n\to\infty} \frac{1}{2}\left(\frac{1}{7}-\frac{1}{2n+5}\right)$$

$$= \frac{1}{42}+\frac{1}{2}\times\frac{1}{7}=\frac{2}{21}$$

따라서 $p=21$, $q=2$이므로

$$p+q=21+2=23$$

답 23

031

급수 $\displaystyle\sum_{n=1}^{\infty}\left(\frac{2x-3}{7}\right)^n$은 첫째항과 공비가 모두 $\dfrac{2x-3}{7}$인 등비급수이므로 이 등비급수가 수렴하려면

$$-1<\frac{2x-3}{7}<1$$

$$-7<2x-3<7$$

$$-4<2x<10$$

$$\therefore -2<x<5$$

따라서 조건을 만족시키는 정수 x는

$$-1,\ 0,\ 1,\ 2,\ 3,\ 4$$

의 6개이다.

답 ③

032

급수 $\displaystyle\sum_{n=1}^{\infty}\frac{(2x-1)^n}{2^{3n}}=\sum_{n=1}^{\infty}\left(\frac{2x-1}{8}\right)^n$은 첫째항과 공비가 모두 $\dfrac{2x-1}{8}$인 등비급수이므로 이 등비급수가 수렴하려면

$$-1<\frac{2x-1}{8}<1$$

$$-8<2x-1<8$$

$$-7<2x<9$$

$$\therefore -\frac{7}{2}<x<\frac{9}{2}$$

따라서 조건을 만족시키는 정수 x는

$$-3,\ -2,\ -1,\ \cdots,\ 4$$

의 8개이다.

답 ③

033

급수 $\sum\limits_{n=1}^{\infty}(x+2)\left(\dfrac{x}{5}-1\right)^{n-1}$은 첫째항이 $x+2$, 공비가 $\dfrac{x}{5}-1$인 등비

급수이므로 이 등비급수가 수렴하려면

$x+2=0$ 또는 $-1<\dfrac{x}{5}-1<1$

$\therefore x=-2$ 또는 $0<x<10$

따라서 조건을 만족시키는 정수 x는

$-2,\ 1,\ 2,\ 3,\ \cdots,\ 8,\ 9$

이므로 그 합은

$(-2)+1+2+3+\cdots+8+9=43$

답 43

034

급수 $\sum\limits_{n=1}^{\infty}\left(\dfrac{a-2}{6}\right)^{n}$은 첫째항과 공비가 모두 $\dfrac{a-2}{6}$인 등비급수이므로

이 등비급수가 수렴하려면

$-1<\dfrac{a-2}{6}<1$

$-6<a-2<6$

$\therefore -4<a<8$

따라서 조건을 만족시키는 자연수 a의 최댓값은 7, 즉 $M=7$이므로

$\sum\limits_{n=1}^{\infty}\left(\dfrac{1}{M}\right)^{n}=\sum\limits_{n=1}^{\infty}\left(\dfrac{1}{7}\right)^{n}$

$=\dfrac{\dfrac{1}{7}}{1-\dfrac{1}{7}}=\dfrac{1}{6}$

답 ②

035

수열 $\{a_n\}$이 첫째항이 3이고 공비가 $\dfrac{2}{3}$인 등비수열이므로

$a_n=3\times\left(\dfrac{2}{3}\right)^{n-1}$

$\therefore a_{2n-1}=3\times\left(\dfrac{2}{3}\right)^{(2n-1)-1}=3\times\left(\dfrac{2}{3}\right)^{2(n-1)}$

$=3\times\left(\dfrac{4}{9}\right)^{n-1}$

즉, 수열 $\{a_{2n-1}\}$은 첫째항이 3이고 공비가 $\dfrac{4}{9}$인 등비수열이므로

$\sum\limits_{n=1}^{\infty}a_{2n-1}=\dfrac{3}{1-\dfrac{4}{9}}=\dfrac{27}{5}$

따라서 $p=5$, $q=27$이므로

$p+q=5+27=32$

답 32

036

수열 $\{a_n\}$이 첫째항이 2이고 공비가 $\dfrac{3}{4}$인 등비수열이므로

$a_n=2\times\left(\dfrac{3}{4}\right)^{n-1}$

$\therefore a_n{}^2=\left\{2\times\left(\dfrac{3}{4}\right)^{n-1}\right\}^2=4\times\left(\dfrac{3}{4}\right)^{2(n-1)}$

$=4\times\left(\dfrac{9}{16}\right)^{n-1}$

즉, 수열 $\{a_n{}^2\}$은 첫째항이 4이고 공비가 $\dfrac{9}{16}$인 등비수열이므로

$\sum\limits_{n=1}^{\infty}a_n{}^2=\dfrac{4}{1-\dfrac{9}{16}}=\dfrac{64}{7}$

따라서 $p=7$, $q=64$이므로

$p+q=7+64=71$

답 71

037

수열 $\{a_n\}$의 공비를 $r\ (r>0)$라 하면

$a_n=12\times r^{n-1}$

$\dfrac{a_2-a_4}{a_3}=\dfrac{8}{3}$에서

$\dfrac{12r-12r^3}{12r^2}=\dfrac{1-r^2}{r}=\dfrac{8}{3}$

$3(1-r^2)=8r$

$3r^2+8r-3=0,\ (3r-1)(r+3)=0$

$\therefore r=\dfrac{1}{3}\ (\because r>0)$

이때

$a_{2n-1}=12\times\left(\dfrac{1}{3}\right)^{(2n-1)-1}=12\times\left(\dfrac{1}{3}\right)^{2(n-1)}$

$=12\times\left(\dfrac{1}{9}\right)^{n-1}$

이므로 수열 $\{a_{2n-1}\}$은 첫째항이 12이고 공비가 $\dfrac{1}{9}$인 등비수열이다.

$\therefore \sum\limits_{n=1}^{\infty}a_{2n-1}=\dfrac{12}{1-\dfrac{1}{9}}=\dfrac{27}{2}$

답 ④

038

수열 $\{a_n\}$이 모든 자연수 n에 대하여

$a_{n+1}{}^2=a_n a_{n+2}$, 즉 $\dfrac{a_{n+1}}{a_n}=\dfrac{a_{n+2}}{a_{n+1}}$

를 만족시키므로 수열 $\{a_n\}$은 등비수열이다.

이때 $a_1=6$, $a_2=4$이므로 수열 $\{a_n\}$은 첫째항이 6이고 공비가 $\dfrac{2}{3}$인

등비수열이다.

$\therefore a_n=6\times\left(\dfrac{2}{3}\right)^{n-1}$

이때

$a_{2n}=6\times\left(\dfrac{2}{3}\right)^{2n-1}=6\times\left(\dfrac{2}{3}\right)^{2(n-1)}\times\dfrac{2}{3}$

$=4\times\left(\dfrac{4}{9}\right)^{n-1}$

이므로 수열 $\{a_{2n}\}$은 첫째항이 4이고 공비가 $\dfrac{4}{9}$인 등비수열이다.

$$\therefore \sum_{n=1}^{\infty} a_{2n} = \frac{4}{1-\frac{4}{9}} = \frac{36}{5}$$

따라서 $p=5$, $q=36$이므로

$$p+q=5+36=41 \qquad\qquad \text{답 } 41$$

039

등비수열 $\{a_n\}$의 첫째항을 a, 공비를 r라 하면 $a_n=ar^{n-1}$이므로

$$\begin{aligned} a_{2n-1}-a_{2n} &= ar^{2n-2}-ar^{2n-1} \\ &= ar^{2n-2}(1-r) \\ &= a(1-r)(r^2)^{n-1} \end{aligned}$$

$$a_n{}^2 = (ar^{n-1})^2 = a^2(r^2)^{n-1}$$

이때 $\sum\limits_{n=1}^{\infty} (a_{2n-1}-a_{2n})=3$에서 $0<r^2<1$이고,

$$\begin{aligned} \sum_{n=1}^{\infty} a(1-r)(r^2)^{n-1} &= \frac{a(1-r)}{1-r^2} \\ &= \frac{a}{1+r}=3 \qquad \cdots\cdots \text{㉠} \end{aligned}$$

또, $\sum\limits_{n=1}^{\infty} a_n{}^2=6$에서

$$\sum_{n=1}^{\infty} a^2(r^2)^{n-1} = \frac{a^2}{1-r^2}=6$$

$$\frac{a}{1-r} \times \frac{a}{1+r}=6, \quad \frac{a}{1-r} \times 3=6 \ (\because \text{㉠})$$

$$\therefore \frac{a}{1-r}=2$$

$$\therefore \sum_{n=1}^{\infty} a_n = \sum_{n=1}^{\infty} ar^{n-1} = \frac{a}{1-r}=2 \qquad \text{답 ②}$$

040

두 등비수열 $\{a_n\}$, $\{b_n\}$의 공비를 각각 r_1, r_2라 하면

$$\sum_{n=1}^{\infty} a_n = \frac{1}{1-r_1}=3$$

$$\therefore r_1 = \frac{2}{3}$$

$$\sum_{n=1}^{\infty} b_n = \frac{2}{1-r_2}=8$$

$$\therefore r_2 = \frac{3}{4}$$

따라서

$$a_n = \left(\frac{2}{3}\right)^{n-1}, \quad b_n = 2\times\left(\frac{3}{4}\right)^{n-1}$$

이므로

$$\begin{aligned} a_{2n-1}b_n &= \left(\frac{2}{3}\right)^{2n-2} \times \left\{2\times\left(\frac{3}{4}\right)^{n-1}\right\} = \left(\frac{4}{9}\right)^{n-1}\times 2\times\left(\frac{3}{4}\right)^{n-1} \\ &= 2\times\left(\frac{1}{3}\right)^{n-1} \end{aligned}$$

$$\begin{aligned} \therefore \sum_{n=1}^{\infty} a_{2n-1}b_n &= \sum_{n=1}^{\infty}\left\{2\times\left(\frac{1}{3}\right)^{n-1}\right\} \\ &= \frac{2}{1-\frac{1}{3}}=3 \qquad \text{답 ③} \end{aligned}$$

041

등비수열 $\{a_n\}$의 첫째항을 a, 공비를 r라 하면 $a_n=ar^{n-1}$이므로

$$a_{2n-1}=ar^{2n-2}=a(r^2)^{n-1}$$

$$a_{2n}=ar^{2n-1}=ar(r^2)^{n-1}$$

$$\therefore \sum_{n=1}^{\infty} a_{2n-1} = \frac{a}{1-r^2}=\frac{25}{7} \qquad \cdots\cdots \text{㉠}$$

$$\sum_{n=1}^{\infty} a_{2n} = \frac{ar}{1-r^2}=\frac{10}{7} \qquad \cdots\cdots \text{㉡}$$

㉡÷㉠을 하면

$$r = \frac{10}{7} \times \frac{7}{25} = \frac{2}{5}$$

$r=\dfrac{2}{5}$를 ㉠에 대입하면

$$\frac{a}{1-\frac{4}{25}} = \frac{25}{7} \qquad \therefore a = \frac{25}{7}\times\frac{21}{25}=3$$

$$\therefore \sum_{n=1}^{\infty} a_n = \frac{a}{1-r} = \frac{3}{1-\frac{2}{5}}=5 \qquad \text{답 ⑤}$$

042

두 등비수열 $\{a_n\}$, $\{b_n\}$의 공비를 r라 하면

$$a_n+b_n = (2+b_1)r^{n-1}$$

$$a_n-b_n = (2-b_1)r^{n-1}$$

$$\therefore \sum_{n=1}^{\infty} (a_n+b_n) = \frac{2+b_1}{1-r}=9 \qquad \cdots\cdots \text{㉠}$$

$$\sum_{n=1}^{\infty} (a_n-b_n) = \frac{2-b_1}{1-r}=6 \qquad \cdots\cdots \text{㉡}$$

㉠÷㉡을 하면

$$\frac{2+b_1}{2-b_1} = \frac{3}{2}$$

$$3(2-b_1)=2(2+b_1), \quad 5b_1=2$$

$$\therefore b_1 = \frac{2}{5}$$

$b_1=\dfrac{2}{5}$를 ㉠에 대입하면

$$\frac{2+\frac{2}{5}}{1-r}=9, \quad \frac{12}{5}=9-9r$$

$$\therefore r = \frac{11}{15}$$

즉, $a_n = 2\times\left(\frac{11}{15}\right)^{n-1}$, $b_n = \frac{2}{5}\times\left(\frac{11}{15}\right)^{n-1}$이므로

$$\begin{aligned} a_n b_{n+1} &= 2\times\left(\frac{11}{15}\right)^{n-1}\times\frac{2}{5}\times\left(\frac{11}{15}\right)^{n} \\ &= \frac{44}{75}\times\left(\frac{121}{225}\right)^{n-1} \end{aligned}$$

$$\therefore \sum_{n=1}^{\infty} a_n b_{n+1} = \frac{\frac{44}{75}}{1-\frac{121}{225}} = \frac{33}{26}$$

따라서 $p=26$, $q=33$이므로

$$p+q=26+33=59 \qquad \text{답 } 59$$

043

직각삼각형 $C_1D_1F_1$에서 $\angle C_1D_1F_1=\dfrac{\pi}{6}$, $\overline{C_1D_1}=1$이므로

$\overline{C_1F_1}=\overline{C_1D_1}\tan\dfrac{\pi}{6}=\dfrac{\sqrt{3}}{3}$

직각삼각형 $C_1D_1E_1$에서 $\angle C_1D_1E_1=\dfrac{\pi}{3}$이므로

$\overline{C_1E_1}=\overline{C_1D_1}\tan\dfrac{\pi}{3}=\sqrt{3}$

이때

$\overline{F_1G_1}=\overline{E_1F_1}=\overline{C_1E_1}-\overline{C_1F_1}=\sqrt{3}-\dfrac{\sqrt{3}}{3}=\dfrac{2\sqrt{3}}{3}$

이고, 직각삼각형 $F_1E_1H_1$에서 $\angle F_1E_1H_1=\dfrac{\pi}{6}$이므로

$\overline{F_1H_1}=\overline{E_1F_1}\tan\dfrac{\pi}{6}=\dfrac{2\sqrt{3}}{3}\times\dfrac{\sqrt{3}}{3}=\dfrac{2}{3}$

$\therefore \overline{H_1G_1}=\overline{F_1G_1}-\overline{F_1H_1}=\dfrac{2\sqrt{3}}{3}-\dfrac{2}{3}=\dfrac{2}{3}(\sqrt{3}-1)$

$\therefore S_1=\triangle H_1F_1D_1+\triangle G_1E_1H_1$

$\qquad =\dfrac{1}{2}\times\overline{F_1H_1}\times\overline{C_1F_1}+\dfrac{1}{2}\times\overline{H_1G_1}\times\overline{E_1F_1}$

$\qquad =\dfrac{1}{2}\times\dfrac{2}{3}\times\dfrac{\sqrt{3}}{3}+\dfrac{1}{2}\times\dfrac{2}{3}(\sqrt{3}-1)\times\dfrac{2\sqrt{3}}{3}$

$\qquad =\dfrac{6-\sqrt{3}}{9}$

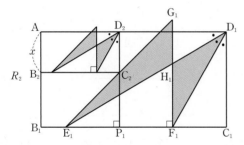

위의 그림과 같이 점 C_2에서 선분 B_1C_1에 내린 수선의 발을 P_1이라 하면 $\overline{AB_2}:\overline{B_2C_2}=1:2$이므로

$\overline{AB_2}=x$, $\overline{B_2C_2}=2x$ $(x>0)$

라고 하자.

$\overline{E_1P_1}=\overline{C_2P_1}=1-x$, $\overline{C_1P_1}=2-2x$

이므로 $\overline{C_1E_1}=\overline{E_1P_1}+\overline{C_1P_1}$에서

$\sqrt{3}=(1-x)+(2-2x)$

$\therefore x=\dfrac{3-\sqrt{3}}{3}$

즉, 그림 R_1에 색칠되어 있는 도형과 그림 R_2에 새로 색칠되어 있는

도형의 닮음비가 $1:\dfrac{3-\sqrt{3}}{3}$이므로 넓이의 비는

$1^2:\left(\dfrac{3-\sqrt{3}}{3}\right)^2=1:\dfrac{4-2\sqrt{3}}{3}$

따라서 $\displaystyle\lim_{n\to\infty}S_n$의 값은 첫째항이 $\dfrac{6-\sqrt{3}}{9}$이고, 공비가 $\dfrac{4-2\sqrt{3}}{3}$인 등

비급수이므로

$\displaystyle\lim_{n\to\infty}S_n=\dfrac{\dfrac{6-\sqrt{3}}{9}}{1-\dfrac{4-2\sqrt{3}}{3}}=\dfrac{6-\sqrt{3}}{-3+6\sqrt{3}}=\dfrac{\sqrt{3}}{3}$ 　　　答③

044

$\overline{A_1P_1}:\overline{P_1D_1}=1:2$이므로

$\overline{A_1P_1}=2$, $\overline{P_1D_1}=4$

이때 $\overline{P_1D_1}=\overline{C_1D_1}$이므로 삼각형 $C_1D_1P_1$은 직각이등변삼각형이다.

$\therefore S_1=\dfrac{1}{2}\times\overline{A_1P_1}\times\overline{A_1B_1}+\dfrac{1}{2}\times\overline{P_1D_1}\times\overline{C_1D_1}$

$\qquad =\dfrac{1}{2}\times2\times4+\dfrac{1}{2}\times4\times4=12$

$\overline{A_2B_2}:\overline{A_2D_2}=2:3$이므로

$\overline{A_2B_2}=2x$, $\overline{B_2C_2}=3x$ $(x>0)$이라 하면

$\overline{A_2P_2}=\overline{B_1B_2}=x$, $\overline{P_2D_2}=\overline{C_2C_1}=2x$

이므로 $\overline{B_1B_2}+\overline{B_2C_2}+\overline{C_2C_1}=6$에서

$x+3x+2x=6$

$\therefore x=1$

즉, $\overline{A_2B_2}=2$이므로 두 사각형 $A_1B_1C_1D_1$, $A_2B_2C_2D_2$의 닮음비는

$4:2=2:1$

이고, 넓이의 비는 $4:1$이므로

$S_n:S_{n+1}=4:1$

따라서 $\displaystyle\sum_{n=1}^{\infty}S_n$은 첫째항이 12이고 공비가 $\dfrac{1}{4}$인 등비급수이므로

$\displaystyle\sum_{n=1}^{\infty}S_n=\dfrac{12}{1-\dfrac{1}{4}}=16$ 　　　答①

045

다음 그림과 같이 두 직선 A_1Q_1, B_1C_1의 교점을 T_1이라 하고, 점 R_1에서 두 선분 A_1D_1, B_1C_1에 내린 수선의 발을 각각 H, I라 하자.

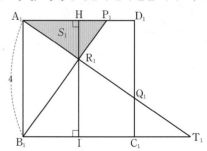

$\overline{A_1P_1}:\overline{P_1D_1}=3:1$이므로 $\overline{A_1P_1}=3$

$\overline{C_1Q_1}:\overline{Q_1D_1}=1:2$이므로 $\overline{C_1Q_1}=\dfrac{4}{3}$

이때 두 삼각형 $A_1B_1T_1$, $Q_1C_1T_1$의 닮음비는

$4:\dfrac{4}{3}=12:4=3:1$

$\overline{C_1T_1}=t$ $(t>0)$라 하면

$3:1=(4+t):t$

$4+t=3t$ $\quad\therefore t=2$

$\therefore \overline{T_1B_1}=\overline{B_1C_1}+\overline{C_1T_1}=6$

따라서 두 삼각형 $R_1P_1A_1$, $R_1B_1T_1$의 닮음비는

$\overline{A_1P_1}:\overline{T_1B_1}=3:6=1:2$

이므로

$\overline{R_1H}:\overline{R_1I}=1:2$

즉, $\overline{R_1H}=4\times\dfrac{1}{3}=\dfrac{4}{3}$이므로

$$S_1=\dfrac{1}{2}\times\overline{A_1P_1}\times\overline{R_1H}=\dfrac{1}{2}\times3\times\dfrac{4}{3}=2$$

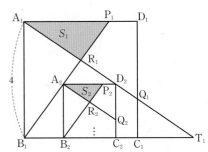

위의 그림에서 $\overline{A_2B_2}=4x\ (x>0)$라 하면

$\overline{B_2C_2}=4x$

두 삼각형 $A_1B_1P_1$, $B_2A_2B_1$이 닮음이므로 $\overline{B_1B_2}=3x$

또, 두 삼각형 $A_1B_1T_1$, $D_2C_2T_1$이 닮음이고 $\overline{T_1B_1}=6$이므로

$\overline{C_2T_1}=6x$

$\overline{B_1B_2}+\overline{B_2C_2}+\overline{C_2T_1}=\overline{T_1B_1}$에서

$3x+4x+6x=6$

$\therefore x=\dfrac{6}{13}$

즉, $\overline{A_2B_2}=\dfrac{24}{13}$이므로 두 사각형 $A_1B_1C_1D_1$, $A_2B_2C_2D_2$의 닮음비는

$4:\dfrac{24}{13}=1:\dfrac{6}{13}$이고, 넓이의 비는

$$S_1:S_2=1:\left(\dfrac{6}{13}\right)^2=1:\dfrac{36}{169}$$

따라서 $\displaystyle\sum_{n=1}^{\infty}S_n$은 첫째항이 2이고 공비가 $\dfrac{36}{169}$인 등비급수이므로

$$\sum_{n=1}^{\infty}S_n=\dfrac{2}{1-\dfrac{36}{169}}=\dfrac{338}{133}$$

즉, $p=133$, $q=338$이므로

$p+q=133+338=471$

답 471

046

$\overline{A_1D_1}=2$이고, 선분 A_1D_1의 중점이 M_1이므로

$\overline{M_1D_1}=1$

$\therefore a_1=3$

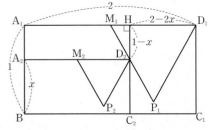

위의 그림과 같이 점 D_2에서 선분 A_1D_1에 내린 수선의 발을 H라 하자.

$\overline{A_2B}=x\ (x>0)$라 하면 $\overline{A_2D_2}=2x$이므로

$\overline{D_2H}=1-x$, $\overline{HD_1}=2-2x$

$\therefore \overline{M_1H}=1-(2-2x)=2x-1$

직각삼각형 M_1D_2H에서 $\angle HM_1D_2=\dfrac{\pi}{3}$이므로

$(2x-1):(1-x)=1:\sqrt{3}$

$1-x=2\sqrt{3}x-\sqrt{3}$

$(2\sqrt{3}+1)x=\sqrt{3}+1$

$\therefore x=\dfrac{\sqrt{3}+1}{2\sqrt{3}+1}=\dfrac{5+\sqrt{3}}{11}$

따라서 $\displaystyle\sum_{n=1}^{\infty}a_n$은 첫째항이 3이고 공비가 $\dfrac{5+\sqrt{3}}{11}$인 등비급수이므로

$$\sum_{n=1}^{\infty}a_n=\dfrac{3}{1-\dfrac{5+\sqrt{3}}{11}}=\dfrac{33}{6-\sqrt{3}}=6+\sqrt{3}$$

답 ②

047

다음 그림과 같이 점 A_1을 지나고 직선 BC에 평행한 직선이 두 선분 AB, AC와 만나는 점을 각각 P, Q라 하자.

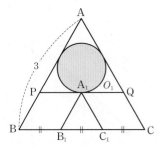

삼각형 APQ는 한 변의 길이가 2인 정삼각형이고 원 O_1은 삼각형 APQ의 내접원이므로 원 O_1의 반지름의 길이를 r라 하면 삼각형 APQ의 넓이는

$\dfrac{1}{2}\times r\times 6=\dfrac{\sqrt{3}}{4}\times 2^2$ $\therefore r=\dfrac{\sqrt{3}}{3}$

$\therefore S_1=\pi\times\left(\dfrac{\sqrt{3}}{3}\right)^2=\dfrac{\pi}{3}$

두 정삼각형 $A_nB_nC_n$, $A_{n+1}B_{n+1}C_{n+1}$의 닮음비는 $3:1$이므로 두 원 O_n, O_{n+1}의 넓이의 비는 $9:1$이다.

따라서 $\displaystyle\lim_{n\to\infty}S_n$의 값은 첫째항이 $\dfrac{\pi}{3}$이고 공비가 $\dfrac{1}{9}$인 등비급수이므로

$$\lim_{n\to\infty}S_n=\dfrac{\dfrac{\pi}{3}}{1-\dfrac{1}{9}}=\dfrac{3}{8}\pi$$

답 ①

참고 삼각형 ABC의 내접원의 반지름의 길이를 r라 하고, 삼각형의 넓이를 S라 할 때,

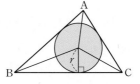

$S=\dfrac{1}{2}r(\overline{AB}+\overline{BC}+\overline{CA})$

$\Rightarrow r=\dfrac{2S}{\overline{AB}+\overline{BC}+\overline{CA}}$

048

다음 그림과 같이 원 O_1의 중심을 P, 점 P에서 두 선분 A_1D, B_1C_1에 내린 수선의 발을 각각 Q, R라 하고, 점 B_2에서 선분 QR에 내린 수선의 발을 S라 하자.

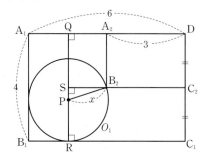

원 O_1의 반지름의 길이를 x라 하면
$$\overline{PB_2}=x, \quad \overline{PS}=2-x, \quad \overline{B_2S}=3-x$$
이므로 직각삼각형 PB_2S에서
$$x^2=(2-x)^2+(3-x)^2$$
$$x^2-10x+13=0 \quad \therefore x=5-2\sqrt{3} \; (\because x<3)$$
$$\therefore a_1=2\pi(5-2\sqrt{3})$$
두 직사각형 $A_nB_nC_nD$, $A_{n+1}B_{n+1}C_{n+1}D$의 닮음비는 $2:1$이므로 두 원 O_n, O_{n+1}의 둘레의 길이의 비는 $2:1$이다.

따라서 $\sum\limits_{n=1}^{\infty} a_n$은 첫째항이 $2\pi(5-2\sqrt{3})$이고 공비가 $\dfrac{1}{2}$인 등비급수이므로
$$\sum_{n=1}^{\infty} a_n=\frac{2\pi(5-2\sqrt{3})}{1-\dfrac{1}{2}}=4\pi(5-2\sqrt{3})=\pi(20-8\sqrt{3})$$
즉, $p=20$, $q=-8$이므로
$$p+q=20+(-8)=12$$

답 12

---

step 3 **1등급 도약하기**   본문 24~27쪽

049

전략 수열의 극한의 대소 관계를 이용한다.

$2n(\sqrt{4n^2+6n}-2n)<(2n+3)^2a_n<3n+1$의 각 변을 $2n$으로 나누면 모든 자연수 n에 대하여
$$\sqrt{4n^2+6n}-2n<\frac{(2n+3)^2a_n}{2n}<\frac{3n+1}{2n} \quad \cdots\cdots \text{㉠}$$
㉠에서
$$\lim_{n\to\infty}(\sqrt{4n^2+6n}-2n)=\lim_{n\to\infty}\frac{6n}{\sqrt{4n^2+6n}+2n}$$
$$=\lim_{n\to\infty}\frac{6}{\sqrt{4+\dfrac{6}{n}}+2}$$
$$=\frac{6}{2+2}=\frac{3}{2}$$

$$\lim_{n\to\infty}\frac{3n+1}{2n}=\lim_{n\to\infty}\frac{3+\dfrac{1}{n}}{2}=\frac{3}{2}$$
이므로 수열의 극한의 대소 관계에 의하여
$$\lim_{n\to\infty}\frac{(2n+3)^2a_n}{2n}=\frac{3}{2}$$
$$\therefore \lim_{n\to\infty}(3n+2)a_n=\lim_{n\to\infty}\left\{\frac{(2n+3)^2a_n}{2n}\times\frac{2n(3n+2)}{(2n+3)^2}\right\}$$
$$=\lim_{n\to\infty}\frac{(2n+3)^2a_n}{2n}\times\lim_{n\to\infty}\frac{2n(3n+2)}{(2n+3)^2}$$
$$=\frac{3}{2}\times\frac{2\times3}{2^2}=\frac{9}{4}$$

답 ④

050

전략 주어진 수열을 수렴하는 수열의 합, 차, 곱으로 변형하여 극한값을 구한다.

조건 ㈎에서 급수 $\sum\limits_{n=1}^{\infty} a_n$이 수렴하므로
$$\lim_{n\to\infty} a_n=0$$
$$\sum_{k=1}^{n} 2\times 3^{k-1}=\frac{2(3^n-1)}{3-1}=3^n-1$$
이므로 조건 ㈏에서 모든 자연수 n에 대하여
$$3^n-2<b_n<3^n-1$$
$$\therefore 3-\frac{2}{3^{n-1}}<\frac{b_n}{3^{n-1}}<3-\frac{1}{3^{n-1}} \quad \cdots\cdots \text{㉠}$$
㉠에서
$$\lim_{n\to\infty}\left(3-\frac{2}{3^{n-1}}\right)=\lim_{n\to\infty}\left(3-\frac{1}{3^{n-1}}\right)=3$$
이므로 수열의 극한의 대소 관계에 의하여
$$\lim_{n\to\infty}\frac{b_n}{3^{n-1}}=3$$
$$\therefore \lim_{n\to\infty}\frac{3^{n-1}a_n+3^{n+1}}{2b_n+1}=\lim_{n\to\infty}\frac{a_n+9}{2\times\dfrac{b_n}{3^{n-1}}+\dfrac{1}{3^{n-1}}}$$
$$=\frac{0+9}{2\times3+0}=\frac{3}{2}$$

답 ③

051

전략 분자와 분모가 다항식으로 이루어진 수열이 0이 아닌 값으로 수렴하려면 분자와 분모의 차수가 같아야 함을 이용한다.

$a_n=\dfrac{(n!)^3}{(pn-1)!}$이므로
$$\frac{a_n}{a_{n+1}}=\frac{(n!)^3}{(pn-1)!}\times\frac{(pn+p-1)!}{\{(n+1)!\}^3}$$
$$=\frac{(pn+p-1)\times(pn+p-2)\times\cdots\times pn}{(n+1)^3} \quad \cdots\cdots \text{㉠}$$
㉠에서 수열 $\left\{\dfrac{a_n}{a_{n+1}}\right\}$이 0이 아닌 값으로 수렴하려면 ㉠의 분모가 삼차식이므로 분자도 삼차식이어야 한다.

즉, $p-1=2$이어야 하므로

$p=3$

$\therefore a=\lim\limits_{n\to\infty}\dfrac{a_n}{a_{n+1}}$

$\qquad =\lim\limits_{n\to\infty}\dfrac{(3n+2)(3n+1)\times 3n}{(n+1)^3}=27$

$\therefore p+a=3+27=30$　　　　　　　　　　　　　답 30

052

전략 짝수항까지의 부분합과 홀수항까지의 부분합을 각각 구하여 그 극한값을 구해 본다.

수열 $\{a_n\}$의 첫째항부터 제n항까지의 합을 S_n이라 하면

$S_{2n}=\sum\limits_{k=1}^{n}a_{2k-1}+\sum\limits_{k=1}^{n}a_{2k}$

$\quad =\sum\limits_{k=1}^{n}\dfrac{3}{2^{2k-1}}+\sum\limits_{k=1}^{n}\dfrac{5}{(4k-1)(4k+3)}$

$\quad =\sum\limits_{k=1}^{n}\dfrac{3}{2}\Big(\dfrac{1}{4}\Big)^{k-1}+\sum\limits_{k=1}^{n}\dfrac{5}{4}\Big(\dfrac{1}{4k-1}-\dfrac{1}{4k+3}\Big)$

$\quad =\dfrac{3}{2}\times\dfrac{1-\dfrac{1}{4^n}}{1-\dfrac{1}{4}}+\dfrac{5}{4}\Big\{\Big(\dfrac{1}{3}-\dfrac{1}{7}\Big)+\Big(\dfrac{1}{7}-\dfrac{1}{11}\Big)+\Big(\dfrac{1}{11}-\dfrac{1}{15}\Big)$

$\qquad\qquad\qquad\qquad\qquad\qquad +\cdots+\Big(\dfrac{1}{4n-1}-\dfrac{1}{4n+3}\Big)\Big\}$

$\quad =2\Big(1-\dfrac{1}{4^n}\Big)+\dfrac{5}{4}\Big(\dfrac{1}{3}-\dfrac{1}{4n+3}\Big)$

이므로

$\lim\limits_{n\to\infty}S_{2n}=2+\dfrac{5}{12}=\dfrac{29}{12}$　　　　$\cdots\cdots$ ㉠

$S_{2n-1}=\sum\limits_{k=1}^{n}a_{2k-1}+\sum\limits_{k=1}^{n-1}a_{2k}$

$\quad =\sum\limits_{k=1}^{n}\dfrac{3}{2^{2k-1}}+\sum\limits_{k=1}^{n-1}\dfrac{5}{(4k-1)(4k+3)}$

$\quad =\sum\limits_{k=1}^{n}\dfrac{3}{2}\Big(\dfrac{1}{4}\Big)^{k-1}+\sum\limits_{k=1}^{n-1}\dfrac{5}{4}\Big(\dfrac{1}{4k-1}-\dfrac{1}{4k+3}\Big)$

$\quad =\dfrac{3}{2}\times\dfrac{1-\dfrac{1}{4^n}}{1-\dfrac{1}{4}}+\dfrac{5}{4}\Big\{\Big(\dfrac{1}{3}-\dfrac{1}{7}\Big)+\Big(\dfrac{1}{7}-\dfrac{1}{11}\Big)+\Big(\dfrac{1}{11}-\dfrac{1}{15}\Big)$

$\qquad\qquad\qquad\qquad\qquad\qquad +\cdots+\Big(\dfrac{1}{4n-5}-\dfrac{1}{4n-1}\Big)\Big\}$

$\quad =2\Big(1-\dfrac{1}{4^n}\Big)+\dfrac{5}{4}\Big(\dfrac{1}{3}-\dfrac{1}{4n-1}\Big)$

이므로

$\lim\limits_{n\to\infty}S_{2n-1}=2+\dfrac{5}{12}=\dfrac{29}{12}$　　　　$\cdots\cdots$ ㉡

㉠, ㉡에 의하여

$\lim\limits_{n\to\infty}S_n=\dfrac{29}{12}$

따라서 $\sum\limits_{n=1}^{\infty}a_n=\dfrac{29}{12}$이므로

$p=12,\ q=29$

$\therefore p+q=12+29=41$　　　　　　　　　　　답 41

053

전략 피타고라스 정리와 닮음비를 이용하여 선분의 길이를 n에 대한 식으로 나타낸다.

직각삼각형 ABC에서

$\overline{AC}=\sqrt{n^2+a^2}$

두 삼각형 AGE와 ACD에서

$\triangle AGE\backsim\triangle ACD$ (AA 닮음)

이므로

$\overline{EG}:\overline{DC}=\overline{AE}:\overline{AD}$

$\overline{EG}:a=2:n$

$\therefore \overline{EG}=\dfrac{2a}{n}$

$\therefore \lim\limits_{n\to\infty}\dfrac{\overline{AC}-\overline{BC}}{\overline{EG}}=\lim\limits_{n\to\infty}\dfrac{\sqrt{n^2+a^2}-n}{\dfrac{2a}{n}}=\lim\limits_{n\to\infty}\dfrac{a^2n}{2a(\sqrt{n^2+a^2}+n)}$

$\qquad\qquad\qquad\qquad =\lim\limits_{n\to\infty}\dfrac{a}{2\Big(\sqrt{1+\dfrac{a^2}{n^2}}+1\Big)}=\dfrac{a}{4}$

따라서 $\dfrac{a}{4}=1$이므로

$a=4$　　　　　　　　　　　　　　　　　　답 ④

054

전략 급수의 성질과 수열의 극한의 대소 관계를 이용한다.

ㄱ. [반례] $a_n=b_n=(-1)^n$이면 모든 자연수 n에 대하여

　　$a_n-b_n=0$

　　즉, $\sum\limits_{n=1}^{\infty}(a_n-b_n)=0$이지만 두 수열 $\{a_n\}$, $\{b_n\}$은 모두 수렴하지

　　않는다.

　　따라서 $\lim\limits_{n\to\infty}a_n=\lim\limits_{n\to\infty}b_n$이 성립한다고 할 수 없다. (거짓)

ㄴ. $\sum\limits_{n=1}^{\infty}(a_n+b_n)=\alpha$, $\sum\limits_{n=1}^{\infty}(a_n-b_n)=\beta$ (α, β는 실수)라 하면

　　$\sum\limits_{n=1}^{\infty}a_n=\sum\limits_{n=1}^{\infty}\dfrac{(a_n+b_n)+(a_n-b_n)}{2}=\dfrac{1}{2}(\alpha+\beta)$

　　$\sum\limits_{n=1}^{\infty}b_n=\sum\limits_{n=1}^{\infty}\dfrac{(a_n+b_n)-(a_n-b_n)}{2}=\dfrac{1}{2}(\alpha-\beta)$

　　따라서 두 급수 $\sum\limits_{n=1}^{\infty}a_n$, $\sum\limits_{n=1}^{\infty}b_n$이 모두 수렴한다. (참)

ㄷ. $\sum\limits_{k=1}^{n}a_k=S_n$, $\sum\limits_{k=1}^{n}b_k=T_n$이라 하면 $0<a_n<b_n$이므로

　　$0<S_n<T_n$

　　모든 자연수 n에 대하여 $a_n>0$이므로 급수 $\sum\limits_{n=1}^{\infty}a_n$이 발산하면

　　$\sum\limits_{n=1}^{\infty}a_n=\infty$

　　즉, $\lim\limits_{n\to\infty}S_n=\infty$이고 $S_n<T_n$이므로

　　$\lim\limits_{n\to\infty}T_n=\infty$

　　따라서 $\sum\limits_{n=1}^{\infty}b_n=\infty$이므로 급수 $\sum\limits_{n=1}^{\infty}b_n$은 발산한다. (참)

따라서 옳은 것은 ㄴ, ㄷ이다.　　　　　　　　　　답 ④

055

전략 공비의 범위에 따라 구간을 나누어 함수 $f(x)$를 구한다.

(ⅰ) $|x|<1$일 때

$\lim\limits_{n\to\infty}x^{2n+2}=\lim\limits_{n\to\infty}x^{2n}=0$이므로

$f(x)=\lim\limits_{n\to\infty}\dfrac{x^{2n+2}+a}{x^{2n}+1}=\dfrac{0+a}{0+1}=a$

(ⅱ) $|x|>1$일 때

$\lim\limits_{n\to\infty}\dfrac{1}{x^{2n}}=0$이므로

$f(x)=\lim\limits_{n\to\infty}\dfrac{x^{2n+2}+a}{x^{2n}+1}=\lim\limits_{n\to\infty}\dfrac{x^2+\dfrac{a}{x^{2n}}}{1+\dfrac{1}{x^{2n}}}=\dfrac{x^2+0}{1+0}=x^2$

(ⅲ) $|x|=1$일 때

$f(x)=\lim\limits_{n\to\infty}\dfrac{x^{2n+2}+a}{x^{2n}+1}=\dfrac{1+a}{1+1}=\dfrac{a+1}{2}$

(ⅰ), (ⅱ), (ⅲ)에 의하여

$$f(x)=\begin{cases} a & (|x|<1) \\ x^2 & (|x|>1) \\ \dfrac{a+1}{2} & (|x|=1)\end{cases}$$

따라서 함수 $y=f(x)$의 그래프는 다음 그림과 같다.

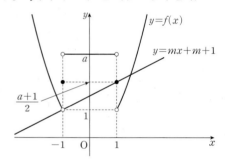

이때 직선 $y=mx+m+1$, 즉 $m(x+1)-(y-1)=0$은 실수 m의 값에 관계없이 점 $(-1,\ 1)$을 지나므로 함수 $y=f(x)$의 그래프와의 교점이 2개이고, 양의 실수 m이 최소인 경우는 위의 그림과 같다.

즉, 직선 $y=mx+m+1$이 점 $\left(1,\ \dfrac{a+1}{2}\right)$을 지날 때이므로

$\dfrac{a+1}{2}=m+m+1$

이때 m의 최솟값이 1이므로

$\dfrac{a+1}{2}=3$

$\therefore a=5$

답 ⑤

056

전략 급수가 수렴하면 일반항의 극한값이 0임을 이용한다.

급수 $\sum\limits_{n=1}^{\infty}\left(\dfrac{a_n}{n+2}-\dfrac{3n-1}{n+1}\right)$이 수렴하므로

$\lim\limits_{n\to\infty}\left(\dfrac{a_n}{n+2}-\dfrac{3n-1}{n+1}\right)=0$

$\therefore \lim\limits_{n\to\infty}\dfrac{a_n}{n+2}=3$ ...... ㉠

수열 $\{a_n\}$이 등차수열이므로 $a_n=pn+q$ ($p,\ q$는 상수)라 하면 ㉠에서

$p=3$

$\sum\limits_{n=1}^{\infty}\left(\dfrac{a_n}{n+2}-\dfrac{3n-1}{n+1}\right)=\sum\limits_{n=1}^{\infty}\left(\dfrac{3n+q}{n+2}-\dfrac{3n-1}{n+1}\right)$

$=\sum\limits_{n=1}^{\infty}\left(3+\dfrac{q-6}{n+2}-3+\dfrac{4}{n+1}\right)$

$=\sum\limits_{n=1}^{\infty}\left(\dfrac{4}{n+1}-\dfrac{4}{n+2}+\dfrac{q-2}{n+2}\right)$ ...... ㉡

㉡에서

$\sum\limits_{n=1}^{\infty}\left(\dfrac{4}{n+1}-\dfrac{4}{n+2}\right)=\lim\limits_{n\to\infty}\sum\limits_{k=1}^{n}4\left(\dfrac{1}{k+1}-\dfrac{1}{k+2}\right)$

$=\lim\limits_{n\to\infty}4\left\{\left(\dfrac{1}{2}-\dfrac{1}{3}\right)+\left(\dfrac{1}{3}-\dfrac{1}{4}\right)+\left(\dfrac{1}{4}-\dfrac{1}{5}\right)\right.$

$\left.+\cdots+\left(\dfrac{1}{n+1}-\dfrac{1}{n+2}\right)\right\}$

$=\lim\limits_{n\to\infty}4\left(\dfrac{1}{2}-\dfrac{1}{n+2}\right)$

$=2$

이때 $\sum\limits_{n=1}^{\infty}\left(\dfrac{a_n}{n+2}-\dfrac{3n-1}{n+1}\right)=2$이어야 하므로

$q=2$

따라서 $a_n=3n+2$이므로

$\sum\limits_{n=1}^{\infty}\dfrac{1}{a_n a_{n+1}}=\sum\limits_{n=1}^{\infty}\dfrac{1}{(3n+2)(3n+5)}$

$=\sum\limits_{n=1}^{\infty}\dfrac{1}{3}\left(\dfrac{1}{3n+2}-\dfrac{1}{3n+5}\right)$

$=\lim\limits_{n\to\infty}\sum\limits_{k=1}^{n}\dfrac{1}{3}\left(\dfrac{1}{3k+2}-\dfrac{1}{3k+5}\right)$

$=\lim\limits_{n\to\infty}\dfrac{1}{3}\left\{\left(\dfrac{1}{5}-\dfrac{1}{8}\right)+\left(\dfrac{1}{8}-\dfrac{1}{11}\right)+\left(\dfrac{1}{11}-\dfrac{1}{14}\right)\right.$

$\left.+\cdots+\left(\dfrac{1}{3n+2}-\dfrac{1}{3n+5}\right)\right\}$

$=\lim\limits_{n\to\infty}\dfrac{1}{3}\left(\dfrac{1}{5}-\dfrac{1}{3n+5}\right)$

$=\dfrac{1}{3}\times\dfrac{1}{5}=\dfrac{1}{15}$

답 ②

057

전략 삼각비와 닮음비를 이용하여 등비급수의 첫째항과 공비를 구한다.

다음 그림과 같이 점 P에서 선분 EF에 내린 수선의 발을 H라 하자.

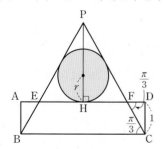

삼각형 CDF는 $\angle DFC=\dfrac{\pi}{3}$인 직각삼각형이고 $\overline{CD}=1$이므로

$\overline{DF}=\dfrac{\sqrt{3}}{3}$

$\overline{DH}=2$이므로

$\overline{FH}=2-\dfrac{\sqrt{3}}{3}$

이때 삼각형 PEF는 정삼각형이므로

$\overline{PH}=\sqrt{3}\times\overline{FH}$

$\qquad=\sqrt{3}\left(2-\dfrac{\sqrt{3}}{3}\right)$

$\qquad=2\sqrt{3}-1$

또, 삼각형 PEF의 내접원의 반지름의 길이를 r라 하면

$r=\dfrac{1}{3}\overline{PH}$

$\quad=\dfrac{2\sqrt{3}-1}{3}$

$\therefore S_1=\pi\times\left(\dfrac{2\sqrt{3}-1}{3}\right)^2$

$\qquad=\dfrac{13-4\sqrt{3}}{9}\pi$

이때 $\overline{PF}=2\overline{FH}=4-\dfrac{2\sqrt{3}}{3}$이고,

$\overline{BC}:\overline{PF}=4:\left(4-\dfrac{2\sqrt{3}}{3}\right)=1:\left(1-\dfrac{\sqrt{3}}{6}\right)$

이므로 두 직사각형의 넓이의 비는 $1:\left(1-\dfrac{\sqrt{3}}{6}\right)^2$이다.

따라서 $\lim\limits_{n\to\infty}S_n$은 첫째항이 $\dfrac{13-4\sqrt{3}}{6}\pi$이고 공비가

$\left(1-\dfrac{\sqrt{3}}{6}\right)^2=\dfrac{13-4\sqrt{3}}{12}$인 등비급수이므로

$\lim\limits_{n\to\infty}S_n=\dfrac{\dfrac{13-4\sqrt{3}}{9}\pi}{1-\dfrac{13-4\sqrt{3}}{12}}$

$\qquad=\dfrac{4(13-4\sqrt{3})\pi}{-3+12\sqrt{3}}=\dfrac{192\sqrt{3}-140}{141}\pi$

즉, $p=192$, $q=140$이므로

$p+q=192+140=332$

답 332

058

전략 n이 짝수일 때와 홀수일 때로 나누어서 점의 좌표를 구한다.

자연수 n에 대하여

$P_{2n-1}(n,\ 2n-2)$, $P_{2n}(n,\ 2n-1)$

ㄱ. $P_5(3,\ 4)$이므로

$a_5=\overline{OP_5}=\sqrt{3^2+4^2}=5$ (참)

ㄴ. $P_{2n+1}(n+1,\ 2n)$, $P_{2n}(n,\ 2n-1)$이므로

$a_{2n+1}-a_{2n}=\sqrt{(n+1)^2+(2n)^2}-\sqrt{n^2+(2n-1)^2}$

$\qquad\qquad=\sqrt{5n^2+2n+1}-\sqrt{5n^2-4n+1}$

$\therefore \lim\limits_{n\to\infty}(a_{2n+1}-a_{2n})^2=\lim\limits_{n\to\infty}(\sqrt{5n^2+2n+1}-\sqrt{5n^2-4n+1})^2$

$\qquad\qquad=\lim\limits_{n\to\infty}\left(\dfrac{6n}{\sqrt{5n^2+2n+1}+\sqrt{5n^2-4n+1}}\right)^2$

$\qquad\qquad=\left(\dfrac{3}{\sqrt{5}}\right)^2=\dfrac{9}{5}$ (거짓)

ㄷ. (i) n이 짝수일 때

$n=2k$ (k는 자연수)라 하면

$\lim\limits_{n\to\infty}(a_{n+2}-a_n)=\lim\limits_{k\to\infty}(a_{2k+2}-a_{2k})$

$\qquad=\lim\limits_{k\to\infty}\{\sqrt{(k+1)^2+(2k+1)^2}$

$\qquad\qquad\qquad -\sqrt{k^2+(2k-1)^2}\}$

$\qquad=\lim\limits_{k\to\infty}(\sqrt{5k^2+6k+2}-\sqrt{5k^2-4k+1})$

$\qquad=\lim\limits_{k\to\infty}\dfrac{10k+1}{\sqrt{5k^2+6k+2}+\sqrt{5k^2-4k+1}}$

$\qquad=\dfrac{10}{2\sqrt{5}}=\sqrt{5}$

(ii) n이 홀수일 때

$n=2k-1$ (k는 자연수)이라 하면

$\lim\limits_{n\to\infty}(a_{n+2}-a_n)=\lim\limits_{k\to\infty}(a_{2k+1}-a_{2k-1})$

$\qquad=\lim\limits_{k\to\infty}\{\sqrt{(k+1)^2+(2k)^2}-\sqrt{k^2+(2k-2)^2}\}$

$\qquad=\lim\limits_{k\to\infty}(\sqrt{5k^2+2k+1}-\sqrt{5k^2-8k+4})$

$\qquad=\lim\limits_{k\to\infty}\dfrac{10k-3}{\sqrt{5k^2+2k+1}+\sqrt{5k^2-8k+4}}$

$\qquad=\dfrac{10}{2\sqrt{5}}=\sqrt{5}$

(i), (ii)에 의하여 $\lim\limits_{n\to\infty}(a_{n+2}-a_n)=\sqrt{5}$ (참)

따라서 옳은 것은 ㄱ, ㄷ이다.

답 ③

II 미분법

기출에서 뽑은 실전 개념 ○×
본문 31쪽

01 ×	02 ×	03 ○	04 ×	05 ○
06 ×	07 ○	08 ×	09 ○	10 ○

3점·4점 유형 정복하기
본문 32~51쪽

059

$\lim\limits_{x \to 0} \dfrac{f(x)}{x} = 2$에서 $x \to 0$일 때 (분모) $\to 0$이고 극한값이 존재하므로

(분자) $\to 0$이어야 한다.

즉, $\lim\limits_{x \to 0} f(x) = 0$이므로

$\lim\limits_{x \to 0} \ln(ax+b) = 0$, $\ln b = 0$

$\therefore b = 1$

$\lim\limits_{x \to 0} \dfrac{f(x)}{x} = \lim\limits_{x \to 0} \dfrac{\ln(ax+1)}{x} = \lim\limits_{x \to 0} \dfrac{\ln(1+ax)}{ax} \times a = a$이므로

$a = 2$

따라서 $f(x) = \ln(2x+1)$이므로

$f(2) = \ln 5$ 답 ③

060

$\lim\limits_{x \to 0} \dfrac{f(x)}{x} = 3$에서 $x \to 0$일 때 (분모) $\to 0$이고 극한값이 존재하므로

(분자) $\to 0$이어야 한다.

즉, $\lim\limits_{x \to 0} f(x) = 0$이므로

$\lim\limits_{x \to 0} (e^{ax}+b) = 0$, $1+b = 0$

$\therefore b = -1$

$\lim\limits_{x \to 0} \dfrac{f(x)}{x} = \lim\limits_{x \to 0} \dfrac{e^{ax}-1}{x} = \lim\limits_{x \to 0} \dfrac{e^{ax}-1}{ax} \times a = a$이므로

$a = 3$

따라서 $f(x) = e^{3x}-1$이므로

$f(\ln 2) = e^{3\ln 2}-1 = 8-1 = 7$ 답 ②

참고 $a \neq 0$일 때, $\lim\limits_{x \to 0} \dfrac{e^{ax}-1}{ax} = 1$

061

$x \neq 0$일 때,

$f(x) = \dfrac{\ln(1+2x^2+3x^4)}{x^2}$

함수 $f(x)$는 실수 전체의 집합에서 연속이므로 $x=0$에서 연속이다.

$\therefore f(0) = \lim\limits_{x \to 0} f(x)$

$= \lim\limits_{x \to 0} \dfrac{\ln(1+2x^2+3x^4)}{x^2}$

$= \lim\limits_{x \to 0} \left\{ \dfrac{\ln(1+2x^2+3x^4)}{2x^2+3x^4} \times \dfrac{2x^2+3x^4}{x^2} \right\}$

$= \lim\limits_{x \to 0} \left\{ \dfrac{\ln(1+2x^2+3x^4)}{2x^2+3x^4} \times (2+3x^2) \right\}$

$= 1 \times 2 = 2$ 답 ②

062

$\lim\limits_{x \to 0} \dfrac{\ln f(x)}{x} = 3$에서 $x \to 0$일 때 (분모) $\to 0$이고 극한값이 존재하

므로 (분자) $\to 0$이어야 한다.

즉, $\lim\limits_{x \to 0} \ln f(x) = 0$이므로

$\ln f(0) = 0$ $\therefore f(0) = 1$

따라서 $b = 1$이므로

$\lim\limits_{x \to 0} \dfrac{\ln f(x)}{x} = \lim\limits_{x \to 0} \dfrac{\ln(x^2+ax+1)}{x}$

$= \lim\limits_{x \to 0} \left\{ \dfrac{\ln(1+x^2+ax)}{x^2+ax} \times \dfrac{x^2+ax}{x} \right\}$

$= \lim\limits_{x \to 0} \left\{ \dfrac{\ln(1+x^2+ax)}{x^2+ax} \times (x+a) \right\} = a$

즉, $a = 3$이므로

$f(x) = x^2+3x+1$

$\therefore f(4) = 16+12+1 = 29$ 답 29

063

$\mathrm{P}(k, e^{\frac{k}{2}})$, $\mathrm{Q}(k, e^{\frac{k}{2}+3t})$이므로

$\overline{\mathrm{PQ}} = e^{\frac{k}{2}+3t} - e^{\frac{k}{2}} = e^{\frac{k}{2}}(e^{3t}-1)$

점 R의 y좌표가 $e^{\frac{k}{2}+3t}$이므로 $e^{\frac{x}{2}} = e^{\frac{k}{2}+3t}$에서

$\dfrac{x}{2} = \dfrac{k}{2}+3t$ $\therefore x = k+6t$

$\therefore \overline{\mathrm{QR}} = (k+6t) - k = 6t$

$\overline{\mathrm{PQ}} = \overline{\mathrm{QR}}$에서 $e^{\frac{k}{2}}(e^{3t}-1) = 6t$

$e^{\frac{k}{2}} = \dfrac{6t}{e^{3t}-1}$, $\dfrac{k}{2} = \ln \dfrac{6t}{e^{3t}-1}$

$\therefore k = 2\ln \dfrac{6t}{e^{3t}-1}$

즉, $f(t) = 2\ln \dfrac{6t}{e^{3t}-1}$이므로

$\lim\limits_{t \to 0+} f(t) = 2\lim\limits_{t \to 0+} \ln \dfrac{6t}{e^{3t}-1}$

$= 2\lim\limits_{t \to 0+} \ln \dfrac{2}{\dfrac{e^{3t}-1}{3t}}$

$= 2\ln 2 = \ln 4$ 답 ③

064

$P(t, \ln t)$, $Q(t, 2\ln t)$이므로

$\overline{PQ} = 2\ln t - \ln t = \ln t$

점 R의 y좌표가 $\ln t$이므로 $2\ln x = \ln t$에서

$\ln x = \dfrac{1}{2}\ln t$ $\quad \therefore x = \sqrt{t}$

$\therefore \overline{PR} = t - \sqrt{t}$

$\therefore \displaystyle\lim_{t \to 1+} \dfrac{\overline{PQ}}{\overline{PR}} = \lim_{t \to 1+} \dfrac{\ln t}{t - \sqrt{t}}$

$\qquad = \displaystyle\lim_{t \to 1+} \dfrac{(t + \sqrt{t})\ln t}{t^2 - t}$

$\qquad = \displaystyle\lim_{t \to 1+} \dfrac{t + \sqrt{t}}{t} \times \lim_{t \to 1+} \dfrac{\ln t}{t - 1}$

$\qquad = \displaystyle\lim_{t \to 1+} \dfrac{t + \sqrt{t}}{t} \times \lim_{x \to 0+} \dfrac{\ln(1 + x)}{x}$

$\qquad = \dfrac{1 + 1}{1} \times 1 = 2$

답 2

065

$A(t, 3^t)$, $B(t, 6^t)$이므로

$\overline{AB} = 6^t - 3^t$

$\therefore S(t) = \dfrac{1}{2} \times t \times \overline{AB}$

$\qquad = \dfrac{t}{2}(6^t - 3^t)$

$\therefore \displaystyle\lim_{t \to 0+} \dfrac{S(t)}{t^2} = \lim_{t \to 0+} \dfrac{\dfrac{t}{2}(6^t - 3^t)}{t^2}$

$\qquad = \displaystyle\lim_{t \to 0+} \dfrac{3^t(2^t - 1)}{2t}$

$\qquad = \displaystyle\lim_{t \to 0+} \left(\dfrac{3^t}{2} \times \dfrac{2^t - 1}{t} \right)$

$\qquad = \dfrac{1}{2}\ln 2$

답 ①

참고 $a > 0$, $a \neq 1$일 때, $\displaystyle\lim_{x \to 0} \dfrac{a^x - 1}{x} = \ln a$

066

점 P의 x좌표는 $\log_2(x+1) = \log_4(3x+1)$에서

$\log_4(x+1)^2 = \log_4(3x+1)$

$(x+1)^2 = 3x + 1$, $x^2 + 2x + 1 = 3x + 1$

$x^2 - x = 0$, $x(x - 1) = 0$

$\therefore x = 1$ $(\because x \neq 0)$

즉, $P(1, 1)$이므로

$a = 1$, $b = 1$

또, $A(t, \log_2(t+1))$, $B(t, \log_4(3t+1))$이므로

$\overline{AB} = \log_2(t+1) - \log_4(3t+1)$

$\therefore S(t) = \dfrac{1}{2} \times (t - 1) \times \overline{AB}$

$\qquad = \dfrac{1}{2}(t - 1)\{\log_2(t+1) - \log_4(3t+1)\}$

$\therefore \displaystyle\lim_{t \to a+} \dfrac{S(t)}{(t-a)^2} = \lim_{t \to 1+} \dfrac{S(t)}{(t-1)^2}$

$\qquad = \displaystyle\lim_{t \to 1+} \dfrac{\dfrac{1}{2}(t-1)\{\log_2(t+1) - \log_4(3t+1)\}}{(t-1)^2}$

$\qquad = \dfrac{1}{2}\displaystyle\lim_{t \to 1+} \dfrac{\log_2(t+1) - \log_4(3t+1)}{t - 1}$

$\qquad = \dfrac{1}{2}\displaystyle\lim_{x \to 0+} \dfrac{\log_2(x+2) - \log_4(3x+4)}{x}$

$\qquad = \dfrac{1}{2}\displaystyle\lim_{x \to 0+} \dfrac{\log_4 \dfrac{(x+2)^2}{3x+4}}{x}$

$\qquad = \dfrac{1}{2}\displaystyle\lim_{x \to 0+} \dfrac{\log_4 \left(1 + \dfrac{x^2 + x}{3x + 4}\right)}{x}$

$\qquad = \dfrac{1}{2}\displaystyle\lim_{x \to 0+} \left\{ \dfrac{\log_4\left(1 + \dfrac{x^2+x}{3x+4}\right)}{\dfrac{x^2+x}{3x+4}} \times \dfrac{x+1}{3x+4} \right\}$

$\qquad = \dfrac{1}{2}\displaystyle\lim_{x \to 0+} \left\{ \log_4\left(1 + \dfrac{x^2+x}{3x+4}\right)^{\frac{3x+4}{x^2+x}} \times \dfrac{x+1}{3x+4} \right\}$

$\qquad = \dfrac{1}{2}\log_4 e \times \dfrac{1}{4} = \dfrac{1}{16\ln 2}$

답 ①

참고 $e = \displaystyle\lim_{x \to 0}(1 + x)^{\frac{1}{x}}$

067

삼각형 ABC에서 $\overline{AB} = \overline{AC}$이므로

$\angle C = \angle B = \beta$

따라서 $\alpha + 2\beta = \pi$이므로

$\tan(\alpha + \beta) = \tan(\pi - \beta) = -\tan\beta$

$\therefore \tan\beta = \dfrac{3}{2}$

$\therefore \tan\alpha = \tan(\pi - 2\beta)$

$\qquad = -\tan 2\beta = -\dfrac{2\tan\beta}{1 - \tan^2\beta}$

$\qquad = -\dfrac{2 \times \dfrac{3}{2}}{1 - \left(\dfrac{3}{2}\right)^2} = \dfrac{12}{5}$

답 ④

068

삼각형 ABC에서 $\overline{AB} = \overline{AC}$이므로

$\angle B = \angle C = \beta$

따라서 $\alpha + 2\beta = \pi$이므로

$\sin(\alpha + \beta) = \sin(\pi - \beta) = \sin\beta$

$\therefore \sin\beta = \dfrac{3}{5}$

$\therefore \sin\alpha = \sin(\pi - 2\beta) = \sin 2\beta$

$\qquad = 2\sin\beta\cos\beta$ ...... ㉠

$0 < \beta < \dfrac{\pi}{2}$이므로

$\cos\beta = \sqrt{1 - \sin^2\beta} = \sqrt{1 - \left(\dfrac{3}{5}\right)^2} = \dfrac{4}{5}$

따라서 ㉠에서
$$\sin \alpha = 2 \sin \beta \cos \beta$$
$$= 2 \times \frac{3}{5} \times \frac{4}{5} = \frac{24}{25}$$
답 ⑤

069

이차방정식의 근과 계수의 관계에 의하여
$$\tan \alpha + \tan \beta = 4, \quad \tan \alpha \tan \beta = -3$$
이므로
$$(\tan \alpha - \tan \beta)^2 = (\tan \alpha + \tan \beta)^2 - 4 \tan \alpha \tan \beta$$
$$= 4^2 - 4 \times (-3) = 28$$
$$\therefore \tan \alpha - \tan \beta = 2\sqrt{7} \ (\because \tan \alpha > \tan \beta)$$
$$\therefore \tan (\alpha - \beta) = \frac{\tan \alpha - \tan \beta}{1 + \tan \alpha \tan \beta}$$
$$= \frac{2\sqrt{7}}{1 + (-3)} = -\sqrt{7}$$
답 ④

070

$$a^2 = (\sin \alpha + \sin \beta)^2 = \sin^2 \alpha + 2 \sin \alpha \sin \beta + \sin^2 \beta,$$
$$b^2 = (\cos \alpha + \cos \beta)^2 = \cos^2 \alpha + 2 \cos \alpha \cos \beta + \cos^2 \beta$$이므로
$$a^2 + b^2 = (\sin^2 \alpha + \cos^2 \alpha) + (\sin^2 \beta + \cos^2 \beta)$$
$$+ 2(\cos \alpha \cos \beta + \sin \alpha \sin \beta)$$
$$\frac{5}{2} = 1 + 1 + 2 \cos (\alpha - \beta)$$
$$\therefore \cos (\alpha - \beta) = \frac{1}{4}$$
답 ②

071

사각형 ABCD가 정사각형이므로
$$\angle A = \angle F = \frac{\pi}{2}$$
조건 (나)에서 사각형 ABFE의 넓이는 $\frac{1}{3}$이고, 조건 (가)에서 두 삼각형 ABE, FBE의 넓이가 같으므로
$$\triangle ABE = \frac{1}{2} \times \frac{1}{3} = \frac{1}{6}, \ 즉 \ \frac{1}{2} \times 1 \times \overline{AE} = \frac{1}{6}$$
$$\therefore \overline{AE} = \frac{1}{3}$$
한편, $\angle ABE = \theta$라 하면 삼각형 ABE에서
$$\tan \theta = \frac{1}{3}$$
이때 $\angle FBE = \angle ABE = \theta$이므로
$$\angle ABF = 2\theta$$
$$\therefore \tan (\angle ABF) = \tan 2\theta = \frac{2 \tan \theta}{1 - \tan^2 \theta}$$
$$= \frac{2 \times \frac{1}{3}}{1 - \left(\frac{1}{3}\right)^2} = \frac{3}{4}$$
답 ⑤

072

$$\square ABCD = 4^2 = 16, \ \triangle AMD = \frac{1}{2} \times 4 \times 2 = 4$$이므로
$$\triangle BMN + \triangle CDN = \square ABCD - (\triangle AMD + \triangle DMN)$$
$$= 16 - (4 + 7) = 5 \quad \cdots\cdots ㉠$$
$\overline{CN} = x$라 하면 $\overline{BN} = 4 - x$이므로
$$\triangle BNM = \frac{1}{2} \times 2 \times (4 - x) = 4 - x, \ \triangle CDN = \frac{1}{2} \times 4 \times x = 2x$$
㉠에서 $(4 - x) + 2x = 5$이므로 $x = 1$
$\angle ADM = \alpha, \ \angle CDN = \beta$라 하면
$$\tan \alpha = \frac{1}{2}, \quad \tan \beta = \frac{1}{4}$$
$$\therefore \tan (\angle MDN) = \tan \left(\frac{\pi}{2} - (\alpha + \beta)\right) = \frac{1}{\tan(\alpha + \beta)}$$
$$= \frac{1 - \tan \alpha \tan \beta}{\tan \alpha + \tan \beta} = \frac{1 - \frac{1}{2} \times \frac{1}{4}}{\frac{1}{2} + \frac{1}{4}} = \frac{7}{6}$$
$$\therefore 6 \tan (\angle MDN) = 6 \times \frac{7}{6} = 7$$
답 7

참고 $\tan \left(\frac{\pi}{2} + \theta\right) = -\frac{1}{\tan \theta}, \ \tan \left(\frac{\pi}{2} - \theta\right) = \frac{1}{\tan \theta}$

다른 풀이 $\overline{MD} = 2\sqrt{5}, \ \overline{DN} = \sqrt{17}$

$\angle MDN = \theta \ \left(0 < \theta < \frac{\pi}{2}\right)$라 하면

$$\triangle DMN = \frac{1}{2} \times 2\sqrt{5} \times \sqrt{17} \times \sin \theta = 7$$

이때 $\sin \theta = \frac{7}{\sqrt{85}}$이므로

$$\tan \theta = \frac{7}{6}$$

$$\therefore 6 \tan (\angle MDN) = 6 \times \frac{7}{6} = 7$$

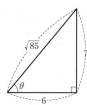

073

직각삼각형 ABC에서 피타고라스 정리에 의하여
$$\overline{BC} = \sqrt{5^2 - 4^2} = 3$$
삼각형 ABC에서 선분 CD가 $\angle ACB$의 이등분선이므로 각의 이등분선의 성질에 의하여
$$\overline{AD} : \overline{BD} = \overline{AC} : \overline{BC} = 5 : 3$$
$$\therefore \overline{BD} = 4 \times \frac{3}{8} = \frac{3}{2}$$
따라서 $\tan \alpha = \frac{3}{4}, \ \tan \beta = \frac{\frac{3}{2}}{3} \times = \frac{1}{2}$이므로
$$\tan (\alpha - \beta) = \frac{\tan \alpha - \tan \beta}{1 + \tan \alpha \tan \beta}$$
$$= \frac{\frac{3}{4} - \frac{1}{2}}{1 + \frac{3}{4} \times \frac{1}{2}} = \frac{2}{11}$$
즉, $p = 11, \ q = 2$이므로
$$p + q = 13$$
답 13

074

$\overline{BH}=x$라 하면

$\overline{CH}=7-x$

$\angle BAH=\theta$라 하면 $\angle CAH=\theta+\dfrac{\pi}{4}$이므로

$\tan\theta=\dfrac{x}{2}$, $\tan\left(\theta+\dfrac{\pi}{4}\right)=\dfrac{7-x}{2}$

$\therefore \tan\left(\theta+\dfrac{\pi}{4}\right)=\dfrac{\tan\theta+\tan\dfrac{\pi}{4}}{1-\tan\theta\tan\dfrac{\pi}{4}}=\dfrac{\tan\theta+1}{1-\tan\theta}$

$\qquad\qquad\qquad\quad=\dfrac{\dfrac{x}{2}+1}{1-\dfrac{x}{2}}=\dfrac{x+2}{2-x}$

즉, $\dfrac{x+2}{2-x}=\dfrac{7-x}{2}$이므로

$2x+4=x^2-9x+14$, $x^2-11x+10=0$

$(x-1)(x-10)=0$　$\therefore x=1\ (\because x<7)$

$\therefore \overline{BH}=1$ 　　　　　　　　　　　　　답 ③

075

$P(t,\sin t)$이므로

$Q(t,0)$, $\overline{PR}=\overline{PQ}=\sin t$

즉, $\overline{OR}=\overline{OP}-\overline{PR}=\sqrt{t^2+\sin^2 t}-\sin t$이므로

$\displaystyle\lim_{t\to 0+}\dfrac{\overline{OQ}}{\overline{OR}}=\lim_{t\to 0+}\dfrac{t}{\sqrt{t^2+\sin^2 t}-\sin t}$

$\qquad\quad=\lim_{t\to 0+}\dfrac{t(\sqrt{t^2+\sin^2 t}+\sin t)}{(\sqrt{t^2+\sin^2 t}-\sin t)(\sqrt{t^2+\sin^2 t}+\sin t)}$

$\qquad\quad=\lim_{t\to 0+}\dfrac{t(\sqrt{t^2+\sin^2 t}+\sin t)}{(t^2+\sin^2 t)-\sin^2 t}$

$\qquad\quad=\lim_{t\to 0+}\dfrac{\sqrt{t^2+\sin^2 t}+\sin t}{t}$

$\qquad\quad=\lim_{t\to 0+}\left\{\sqrt{1+\left(\dfrac{\sin t}{t}\right)^2}+\dfrac{\sin t}{t}\right\}$

$\qquad\quad=\sqrt{1+1^2}+1=1+\sqrt 2$

따라서 $a=1$, $b=1$이므로

$a+b=2$ 　　　　　　　　　　　　　답 2

076

$A(0,1)$, $P(t,\cos t)$에서 직선 AP의 기울기는 $\dfrac{\cos t-1}{t}$이므로 직선 AP의 방정식은

$y=\dfrac{\cos t-1}{t}x+1$

위의 직선이 점 $Q(f(t),0)$을 지나므로

$0=\dfrac{\cos t-1}{t}f(t)+1$

$\therefore f(t)=\dfrac{t}{1-\cos t}$

$\therefore \displaystyle\lim_{t\to 0+}tf(t)=\lim_{t\to 0+}\dfrac{t^2}{1-\cos t}$

$\qquad\qquad=\lim_{t\to 0+}\dfrac{t^2(1+\cos t)}{1-\cos^2 t}$

$\qquad\qquad=\lim_{t\to 0+}\left\{\left(\dfrac{t}{\sin t}\right)^2\times(1+\cos t)\right\}$

$\qquad\qquad=1^2\times(1+1)=2$ 　　　　　　답 2

077

삼각형 ABC에서

$\overline{AB}=\dfrac{\overline{BC}}{\cos\theta}=\dfrac{1}{\cos\theta}$

또, $\overline{BD}=\overline{BC}=1$이므로

$\overline{AD}=\overline{AB}-\overline{BD}=\dfrac{1}{\cos\theta}-1=\dfrac{1-\cos\theta}{\cos\theta}$

오른쪽 그림과 같이 점 B에서 선분 CD에

내린 수선의 발을 H라 하면 $\angle CBH=\dfrac{\theta}{2}$이

므로 삼각형 BCH에서

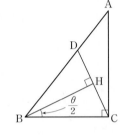

$\overline{CH}=\overline{BC}\sin\dfrac{\theta}{2}=\sin\dfrac{\theta}{2}$

$\therefore \overline{CD}=2\overline{CH}=2\sin\dfrac{\theta}{2}$

$\therefore \displaystyle\lim_{\theta\to 0+}\dfrac{\overline{AD}}{\theta\times\overline{CD}}=\lim_{\theta\to 0+}\dfrac{\dfrac{1-\cos\theta}{\cos\theta}}{\theta\times 2\sin\dfrac{\theta}{2}}$

$\qquad\quad=\lim_{\theta\to 0+}\dfrac{\dfrac{1}{\cos\theta}\times\dfrac{1-\cos\theta}{\theta^2}}{\dfrac{2\sin\dfrac{\theta}{2}}{\theta}}$

$\qquad\quad=\lim_{\theta\to 0+}\dfrac{\dfrac{1}{\cos\theta}\times\dfrac{1-\cos^2\theta}{\theta^2(1+\cos\theta)}}{\dfrac{\sin\dfrac{\theta}{2}}{\dfrac{\theta}{2}}}$

$\qquad\quad=\lim_{\theta\to 0+}\dfrac{\dfrac{1}{\cos\theta}\times\dfrac{\sin^2\theta}{\theta^2(1+\cos\theta)}}{\dfrac{\sin\dfrac{\theta}{2}}{\dfrac{\theta}{2}}}$

$\qquad\quad=\dfrac{\dfrac{1}{1}\times 1^2\times\dfrac{1}{2}}{1}=\dfrac{1}{2}$ 　　　　　답 ④

078

오른쪽 그림과 같이 주어진 원의 중심을 C

라 하고, 점 C에서 선분 OA에 내린 수선

의 발을 H라 하자.

원의 반지름의 길이를 r라 하면

$\overline{CM}=r$이므로

$\overline{OC}=1-r$, $\overline{CH}=r$

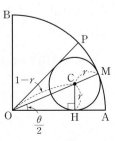

이때 $\angle COH = \dfrac{\theta}{2}$이므로

$\sin \dfrac{\theta}{2} = \dfrac{r}{1-r}$

$\sin \dfrac{\theta}{2} - r \sin \dfrac{\theta}{2} = r$, $r\left(1 + \sin \dfrac{\theta}{2}\right) = \sin \dfrac{\theta}{2}$

$\therefore r = \dfrac{\sin \dfrac{\theta}{2}}{1 + \sin \dfrac{\theta}{2}}$

즉, $l(\theta) = 2\pi r = 2\pi \times \dfrac{\sin \dfrac{\theta}{2}}{1 + \sin \dfrac{\theta}{2}}$이므로

$\displaystyle \lim_{\theta \to 0+} \dfrac{l(\theta)}{\theta} = \lim_{\theta \to 0+} \dfrac{2\pi \sin \dfrac{\theta}{2}}{\theta\left(1 + \sin \dfrac{\theta}{2}\right)}$

$\qquad = \displaystyle \lim_{\theta \to 0+} \left(\dfrac{\pi}{1 + \sin \dfrac{\theta}{2}} \times \dfrac{\sin \dfrac{\theta}{2}}{\dfrac{\theta}{2}} \right)$

$\qquad = \dfrac{\pi}{1+0} \times 1 = \pi$ 답 ④

079

$\triangle ABG = \dfrac{1}{2} \times \overline{AB} \times \overline{BG}$

$\qquad = \dfrac{1}{2} \times 2 \times 2\tan\theta = 2\tan\theta$

(부채꼴 ADF의 넓이) $= \dfrac{1}{2} \times 1^2 \times \theta = \dfrac{\theta}{2}$

$\therefore f(\theta) = 2\tan\theta - \dfrac{\theta}{2}$

$\overset{\frown}{DE} = 3\overset{\frown}{DF}$이므로

$\angle CAB = 3\theta$

$\therefore g(\theta) = \dfrac{1}{2} \times 1^2 \times (3\theta - \theta) = \theta$

$\therefore 40 \times \displaystyle \lim_{\theta \to 0+} \dfrac{f(\theta)}{g(\theta)} = 40 \times \lim_{\theta \to 0+} \left(\dfrac{2\tan\theta}{\theta} - \dfrac{1}{2} \right)$

$\qquad = 40 \times \left(2 - \dfrac{1}{2} \right) = 60$ 답 60

080

$\overset{\frown}{DE} = 2\overset{\frown}{DF}$이므로 $\angle EAD = 2\theta$

삼각형 ABC에서

$\overline{BC} = \overline{AB}\tan 2\theta = 4\tan 2\theta$

삼각형 ABG에서

$\overline{BG} = \overline{AB}\tan\theta = 4\tan\theta$

따라서 $\overline{CG} = \overline{BC} - \overline{BG} = 4\tan 2\theta - 4\tan\theta$이므로

$\triangle AGC = \dfrac{1}{2} \times (4\tan 2\theta - 4\tan\theta) \times 4 = 8(\tan 2\theta - \tan\theta)$

또, (부채꼴 AFE의 넓이) $= \dfrac{1}{2} \times 1^2 \times \theta = \dfrac{\theta}{2}$이므로

$f(\theta) = 8(\tan 2\theta - \tan\theta) - \dfrac{\theta}{2}$

$\therefore 30 \times \displaystyle \lim_{\theta \to 0+} \dfrac{f(\theta)}{\theta} = 30 \times \lim_{\theta \to 0+} \left\{ 8\left(\dfrac{\tan 2\theta}{\theta} - \dfrac{\tan\theta}{\theta} \right) - \dfrac{1}{2} \right\}$

$\qquad = 18 \times \left\{ 8 \times (2-1) - \dfrac{1}{2} \right\} = 135$ 답 135

081

$\overline{OP} = 1$, $\angle POH = 2\angle PAH = 2\theta$이므로 삼각형 OHP에서

$\overline{OH} = \overline{OP}\cos 2\theta = \cos 2\theta$, $\overline{PH} = \overline{OP}\sin 2\theta = \sin 2\theta$

$\therefore f(\theta) = \dfrac{1}{2} \times \cos 2\theta \times \sin 2\theta$

$\therefore \displaystyle \lim_{\theta \to 0+} \dfrac{f(\theta)}{\theta} = \lim_{\theta \to 0+} \dfrac{\dfrac{1}{2} \times \cos 2\theta \times \sin 2\theta}{\theta}$

$\qquad = \displaystyle \lim_{\theta \to 0+} \left(\cos 2\theta \times \dfrac{\sin 2\theta}{2\theta} \right)$

$\qquad = 1 \times 1 = 1$

한편, $\overline{BH} = \overline{OB} - \overline{OH} = 1 - \cos 2\theta$이므로

$g(\theta) = \dfrac{1}{2} \times (1 - \cos 2\theta) \times \sin 2\theta$

$\therefore \displaystyle \lim_{\theta \to 0+} \dfrac{g(\theta)}{\theta^3} = \lim_{\theta \to 0+} \dfrac{\dfrac{1}{2} \times (1 - \cos 2\theta) \times \sin 2\theta}{\theta^3}$

$\qquad = \displaystyle \lim_{\theta \to 0+} \left(\dfrac{1 - \cos 2\theta}{\theta^2} \times \dfrac{\sin 2\theta}{2\theta} \right)$

$\qquad = \displaystyle \lim_{\theta \to 0+} \left\{ \dfrac{1 - \cos^2 2\theta}{\theta^2(1 + \cos 2\theta)} \times \dfrac{\sin 2\theta}{2\theta} \right\}$

$\qquad = \displaystyle \lim_{\theta \to 0+} \left\{ \dfrac{\sin^2 2\theta}{(2\theta)^2} \times \dfrac{4}{1 + \cos 2\theta} \times \dfrac{\sin 2\theta}{2\theta} \right\}$

$\qquad = 1^2 \times \dfrac{4}{2} \times 1 = 2$

$\therefore \displaystyle \lim_{\theta \to 0+} \dfrac{\theta^2 f(\theta) - g(\theta)}{\theta^3} = \lim_{\theta \to 0+} \dfrac{f(\theta)}{\theta} - \lim_{\theta \to 0+} \dfrac{g(\theta)}{\theta^3}$

$\qquad = 1 - 2 = -1$ 답 ④

082

$f(\theta) = \triangle OHI - \triangle OHR$, $g(\theta) = \triangle OHP - \triangle OHR$이므로

$f(\theta) - g(\theta) = \triangle OHI - \triangle OHP$ ······ ㉠

삼각형 OHP에서

$\overline{OH} = \overline{OP}\cos\theta = \cos\theta$, $\overline{HP} = \overline{OP}\sin\theta = \sin\theta$

$\therefore \triangle OHP = \dfrac{1}{2} \times \overline{OH} \times \overline{HP}$

$\qquad = \dfrac{1}{2} \times \cos\theta \times \sin\theta = \dfrac{1}{2}\cos\theta\sin\theta$

삼각형 OHI에서

$\overline{OI} = \overline{OH}\cos 2\theta = \cos\theta\cos 2\theta$,

$\overline{HI} = \overline{OH}\sin 2\theta = \cos\theta\sin 2\theta$

$\therefore \triangle OHI = \dfrac{1}{2} \times \overline{OI} \times \overline{HI}$

$\qquad = \dfrac{1}{2} \times \cos\theta\cos 2\theta \times \cos\theta\sin 2\theta$

$\qquad = \dfrac{1}{2}\cos^2\theta\cos 2\theta\sin 2\theta$

따라서 ㉠에서

$$f(\theta)-g(\theta)=\triangle \text{OHI}-\triangle \text{OHP}$$
$$=\frac{1}{2}\cos^2\theta\cos 2\theta\sin 2\theta-\frac{1}{2}\cos\theta\sin\theta$$

$$\therefore \lim_{\theta\to 0+}\frac{f(\theta)-g(\theta)}{\theta}$$
$$=\lim_{\theta\to 0+}\frac{\cos^2\theta\cos 2\theta\sin 2\theta-\cos\theta\sin\theta}{2\theta}$$
$$=\lim_{\theta\to 0+}\left(\cos^2\theta\cos 2\theta\times\frac{\sin 2\theta}{2\theta}-\frac{1}{2}\times\cos\theta\times\frac{\sin\theta}{\theta}\right)$$
$$=1^2\times 1\times 1-\frac{1}{2}\times 1\times 1=\frac{1}{2}$$

답 ③

083

삼각형 OAQ에서 $\overline{\text{AQ}}=\tan\theta$이므로

$$\triangle \text{OAQ}=\frac{1}{2}\times 1\times\tan\theta=\frac{1}{2}\tan\theta$$

$$\triangle \text{OAP}=\frac{1}{2}\times 1^2\times\sin\theta=\frac{1}{2}\sin\theta$$

$$\therefore S(\theta)=\frac{1}{2}\tan\theta-\frac{1}{2}\sin\theta$$

$$\therefore \lim_{\theta\to 0+}\frac{S(\theta)}{\theta^3}=\lim_{\theta\to 0+}\frac{\frac{1}{2}\tan\theta-\frac{1}{2}\sin\theta}{\theta^3}$$
$$=\lim_{\theta\to 0+}\frac{\tan\theta(1-\cos\theta)}{2\theta^3}$$
$$=\lim_{\theta\to 0+}\left(\frac{1}{2}\times\frac{\tan\theta}{\theta}\times\frac{1-\cos\theta}{\theta^2}\right)$$
$$=\lim_{\theta\to 0+}\left(\frac{1}{2}\times\frac{\tan\theta}{\theta}\times\frac{1-\cos^2\theta}{\theta^2}\times\frac{1}{1+\cos\theta}\right)$$
$$=\lim_{\theta\to 0+}\left\{\frac{1}{2}\times\frac{\tan\theta}{\theta}\times\left(\frac{\sin\theta}{\theta}\right)^2\times\frac{1}{1+\cos\theta}\right\}$$
$$=\frac{1}{2}\times 1\times 1^2\times\frac{1}{1+1}=\frac{1}{4}$$

답 ②

084

다음 그림과 같이 원 C의 중심을 C라 하고, 점 C에서 선분 OA에 내린 수선의 발을 D, 점 C에서 직선 l에 내린 수선의 발을 E라 하자.

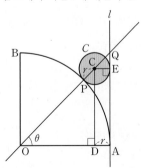

원 C의 반지름의 길이를 r라 하면

$$\overline{\text{CP}}=\overline{\text{CE}}=\overline{\text{DA}}=r$$

이때 삼각형 ODC에서

$$\cos\theta=\frac{\overline{\text{OD}}}{\overline{\text{OC}}}=\frac{1-r}{1+r}$$

$$(1+r)\cos\theta=1-r$$
$$(1+\cos\theta)r=1-\cos\theta$$
$$\therefore r=\frac{1-\cos\theta}{1+\cos\theta}$$

따라서 $f(\theta)=2\pi r=2\pi\times\dfrac{1-\cos\theta}{1+\cos\theta}$이므로

$$\lim_{\theta\to 0+}\frac{f(\theta)}{\theta^2}=\lim_{\theta\to 0+}\frac{2\pi\times\dfrac{1-\cos\theta}{1+\cos\theta}}{\theta^2}$$
$$=\lim_{\theta\to 0+}\frac{2\pi(1-\cos\theta)}{\theta^2(1+\cos\theta)}$$
$$=\lim_{\theta\to 0+}\frac{2\pi(1-\cos^2\theta)}{\theta^2(1+\cos\theta)^2}$$
$$=\lim_{\theta\to 0+}\frac{2\pi\sin^2\theta}{\theta^2(1+\cos\theta)^2}$$
$$=\lim_{\theta\to 0+}\left\{2\pi\times\left(\frac{\sin\theta}{\theta}\right)^2\times\frac{1}{(1+\cos\theta)^2}\right\}$$
$$=2\pi\times 1^2\times\frac{1}{2^2}=\frac{\pi}{2}$$

답 ②

085

$f(x)=\sin(x+\alpha)+2\cos(x+\alpha)$에서

$$f'(x)=\cos(x+\alpha)-2\sin(x+\alpha)$$

$f'\left(\dfrac{\pi}{4}\right)=0$에서

$$\cos\left(\frac{\pi}{4}+\alpha\right)-2\sin\left(\frac{\pi}{4}+\alpha\right)=0$$

$$\cos\left(\frac{\pi}{4}+\alpha\right)=2\sin\left(\frac{\pi}{4}+\alpha\right)$$

즉, $\tan\left(\dfrac{\pi}{4}+\alpha\right)=\dfrac{1}{2}$이므로

$$\frac{\tan\dfrac{\pi}{4}+\tan\alpha}{1-\tan\dfrac{\pi}{4}\tan\alpha}=\frac{1}{2},\ \frac{1+\tan\alpha}{1-\tan\alpha}=\frac{1}{2}$$

$$2(1+\tan\alpha)=1-\tan\alpha$$

$$\therefore \tan\alpha=-\frac{1}{3}$$

답 ④

086

$f(x)=\sin x\cos x$에서

$$f'(x)=\cos x\cos x+\sin x\times(-\sin x)$$
$$=\cos^2 x-\sin^2 x$$

$f'(\alpha)=0$에서

$$\cos^2\alpha-\sin^2\alpha=0,\ (\cos\alpha+\sin\alpha)(\cos\alpha-\sin\alpha)=0$$

$$\therefore \cos\alpha=\pm\sin\alpha$$

(ⅰ) $\cos\alpha=-\sin\alpha$일 때

$\tan\alpha=-1$이므로

$$\alpha=\frac{3}{4}\pi\ \text{또는}\ \alpha=\frac{7}{4}\pi\ (\because 0<\alpha<2\pi)$$

(ii) $\cos \alpha = \sin \alpha$일 때

$\tan \alpha = 1$이므로

$\alpha = \dfrac{\pi}{4}$ 또는 $\alpha = \dfrac{5}{4}\pi$ $(\because 0 < \alpha < 2\pi)$

(i), (ii)에 의하여 실수 α는 $\dfrac{\pi}{4}$, $\dfrac{3}{4}\pi$, $\dfrac{5}{4}\pi$, $\dfrac{7}{4}\pi$의 4개이다.   답 4

087

$\displaystyle\lim_{h \to 0} \dfrac{f(x+h)-f(x-h)}{h}$

$= \displaystyle\lim_{h \to 0} \left\{ \dfrac{f(x+h)-f(x)}{h} + \dfrac{f(x-h)-f(x)}{-h} \right\}$

$= 2f'(x)$

$f(x) = x\sin x + \cos x$에서

$f'(x) = \sin x + x\cos x - \sin x = x\cos x$

$2x\cos x = x$에서

$x(2\cos x - 1) = 0$

$\cos x = \dfrac{1}{2}$ $(\because 0 < x < 2\pi)$

$\therefore x = \dfrac{\pi}{3}$ 또는 $x = \dfrac{5}{3}\pi$

따라서 모든 실수 x의 값의 합은

$\dfrac{\pi}{3} + \dfrac{5}{3}\pi = 2\pi$ 답 ④

088

$f(x) = \dfrac{1}{x-2}$에서

$f'(x) = -\dfrac{1}{(x-2)^2}$

$\displaystyle\lim_{h \to 0} \dfrac{f(a+h)-f(a)}{h} = f'(a) = -\dfrac{1}{4}$이므로

$-\dfrac{1}{(a-2)^2} = -\dfrac{1}{4}$

$(a-2)^2 = 4$

$a^2 - 4a = 0$, $a(a-4) = 0$

$\therefore a = 4$ $(\because a > 0)$ 답 ①

089

$f(x) = \dfrac{x^2-2}{x+1}$에서

$f'(x) = \dfrac{2x(x+1)-(x^2-2)}{(x+1)^2} = \dfrac{x^2+2x+2}{(x+1)^2}$

$\displaystyle\lim_{x \to a} \dfrac{f(x)-f(a)}{x-a} = f'(a) = 2$이므로

$\dfrac{a^2+2a+2}{(a+1)^2} = 2$

$a^2 + 2a + 2 = 2a^2 + 4a + 2$

$a^2 + 2a = 0$, $a(a+2) = 0$

$\therefore a = -2$ 또는 $a = 0$

따라서 모든 실수 a의 값의 합은

$(-2) + 0 = -2$ 답 ④

090

$f'(x) = \dfrac{e^x(x^2+ax+b) - e^x(2x+a)}{(x^2+ax+b)^2}$

$\qquad = \dfrac{e^x\{x^2+(a-2)x+b-a\}}{(x^2+ax+b)^2}$

$f'(1) = 0$, $f'(2) = 0$이므로 이차방정식 $x^2+(a-2)x+b-a = 0$의 두 근이 1, 2이다.

이차방정식의 근과 계수의 관계에 의하여

$1+2 = -a+2$, $1 \times 2 = b-a$

위의 두 식을 연립하여 풀면

$a = -1$, $b = 1$

따라서 $f(x) = \dfrac{e^x}{x^2-x+1}$이므로

$f(3) = \dfrac{e^3}{7}$

$\therefore \dfrac{e^3}{f(3)} = 7$ 답 7

091

$f(x) = \dfrac{\sin x}{\cos x + a}$에서

$f'(x) = \dfrac{\cos x(\cos x + a) - \sin x \times (-\sin x)}{(\cos x + a)^2}$

$\qquad = \dfrac{a\cos x + 1}{(\cos x + a)^2}$

$\therefore f'(\pi) = \dfrac{a\cos \pi + 1}{(\cos \pi + a)^2} = \dfrac{-a+1}{(-1+a)^2}$

$\qquad\qquad = -\dfrac{1}{a-1}$

$f'(\pi) = -\dfrac{1}{2}$에서

$-\dfrac{1}{a-1} = -\dfrac{1}{2}$

$a - 1 = 2$ $\therefore a = 3$

따라서 $f'(x) = \dfrac{3\cos x + 1}{(\cos x + 3)^2}$이므로

$f'\left(\dfrac{2}{a}\pi\right) = f'\left(\dfrac{2}{3}\pi\right)$

$\qquad = \dfrac{3\cos \dfrac{2}{3}\pi + 1}{\left(\cos \dfrac{2}{3}\pi + 3\right)^2}$

$\qquad = \dfrac{-\dfrac{3}{2}+1}{\left(-\dfrac{1}{2}+3\right)^2} = -\dfrac{2}{25}$ 답 ②

092

$f(5x-1)=e^{x^2-1}$의 양변을 x에 대하여 미분하면

$5f'(5x-1)=e^{x^2-1}\times 2x$

양변에 $x=1$을 대입하면

$5f'(4)=2$

$\therefore f'(4)=\dfrac{2}{5}$ 답 ④

093

$f(x^3+x)=x\ln x$의 양변을 x에 대하여 미분하면

$f'(x^3+x)\times(3x^2+1)=1\times\ln x+x\times\dfrac{1}{x}=\ln x+1$

양변에 $x=1$을 대입하면

$f'(2)\times 4=1$

$\therefore f'(2)=\dfrac{1}{4}$ 답 ②

094

$h(x)=f(g(x))$에서 $h'(x)=f'(g(x))g'(x)$이므로

$h'(0)=f'(g(0))g'(0)=f'(1)g'(0)$ ······ ㉠

이때 $f'(x)=-e^{-x+1}$, $g'(x)=2e^{2x}+1$이므로

$f'(1)=-1$, $g'(0)=3$

이것을 ㉠에 대입하면

$h'(0)=f'(1)g'(0)=(-1)\times 3=-3$ 답 ③

095

조건 ㈎에서 $g(x)=f(3x-1)$의 양변을 x에 대하여 미분하면

$g'(x)=3f'(3x-1)$

양변에 $x=1$을 대입하면

$g'(1)=3f'(2)$

이때 $g'(1)=12$이므로

$3f'(2)=12$ $\therefore f'(2)=4$

조건 ㈏에서 $h(x)=f(x^3+x)$의 양변을 x에 대하여 미분하면

$h'(x)=f'(x^3+x)\times(3x^2+1)$

양변에 $x=1$을 대입하면

$h'(1)=4f'(2)=4\times 4=16$ 답 16

096

$\displaystyle\lim_{x\to 1}\dfrac{g(x)+1}{x-1}=2$에서 $x\to 1$일 때 (분모) $\to 0$이고 극한값이 존재하

므로 (분자) $\to 0$이어야 한다.

즉, $\displaystyle\lim_{x\to 1}\{g(x)+1\}=0$이므로

$g(1)+1=0$ $\therefore g(1)=-1$

$\therefore \displaystyle\lim_{x\to 1}\dfrac{g(x)+1}{x-1}=\lim_{x\to 1}\dfrac{g(x)-g(1)}{x-1}=g'(1)=2$

$\displaystyle\lim_{x\to 1}\dfrac{h(x)-2}{x-1}=12$에서 $x\to 1$일 때 (분모) $\to 0$이고 극한값이 존재

하므로 (분자) $\to 0$이어야 한다.

즉, $\displaystyle\lim_{x\to 1}\{h(x)-2\}=0$이므로

$h(1)-2=0$ $\therefore h(1)=2$

$\therefore \displaystyle\lim_{x\to 1}\dfrac{h(x)-2}{x-1}=\lim_{x\to 1}\dfrac{h(x)-h(1)}{x-1}=h'(1)=12$

$h(x)=(f\circ g)(x)=f(g(x))$의 양변에 $x=1$을 대입하면

$h(1)=f(g(1))=f(-1)$

$\therefore f(-1)=2$

또, $h'(x)=f'(g(x))g'(x)$이므로 양변에 $x=1$을 대입하면

$h'(1)=f'(g(1))g'(1)$

$12=f'(-1)\times 2$ $\therefore f'(-1)=6$

$\therefore f(-1)+f'(-1)=2+6=8$ 답 ⑤

097

$\displaystyle\lim_{x\to 1}\dfrac{f(x)-2}{x-1}=3$에서 $x\to 1$일 때 (분모) $\to 0$이고 극한값이 존재하

므로 (분자) $\to 0$이어야 한다.

즉, $\displaystyle\lim_{x\to 1}\{f(x)-2\}=0$이므로

$f(1)-2=0$ $\therefore f(1)=2$

$\therefore \displaystyle\lim_{x\to 2}\dfrac{f(x)-2}{x-1}=\lim_{x\to 1}\dfrac{f(x)-f(1)}{x-1}=f'(1)=3$

$\displaystyle\lim_{x\to 2}\dfrac{g(x)-3}{x-2}=4$에서 $x\to 2$일 때 (분모) $\to 0$이고 극한값이 존재하

므로 (분자) $\to 0$이어야 한다.

즉, $\displaystyle\lim_{x\to 2}\{g(x)-3\}=0$이므로

$g(2)-3=0$ $\therefore g(2)=3$

$\therefore \displaystyle\lim_{x\to 2}\dfrac{g(x)-3}{x-2}=\lim_{x\to 2}\dfrac{g(x)-g(2)}{x-2}=g'(2)=4$

$\displaystyle\lim_{x\to 1}\dfrac{(g\circ f)(x)+a}{x-1}=b$에서 $x\to 1$일 때 (분모) $\to 0$이고 극한값이

존재하므로 (분자) $\to 0$이어야 한다.

즉, $\displaystyle\lim_{x\to 1}\{(g\circ f)(x)+a\}=0$이므로

$(g\circ f)(1)+a=0$ $\therefore (g\circ f)(1)=-a$

이때 $(g\circ f)(1)=g(f(1))=g(2)=3$이므로

$-a=3$ $\therefore a=-3$

$\therefore \displaystyle\lim_{x\to 1}\dfrac{(g\circ f)(x)+a}{x-1}=\lim_{x\to 1}\dfrac{(g\circ f)(x)-3}{x-1}$

$=\displaystyle\lim_{x\to 1}\dfrac{(g\circ f)(x)-(g\circ f)(1)}{x-1}$

$=(g\circ f)'(1)=b$

$y=(g\circ f)(x)$에서 $y'=g'(f(x))f'(x)$이므로 양변에 $x=1$을 대입하면

$b=g'(f(1))f'(1)=g'(2)f'(1)=4\times 3=12$

$\therefore a+b=(-3)+12=9$ 답 9

098

함수 $f(x)$가 $x=0$에서 미분가능하므로 $x=0$에서 연속이다.

즉, $\lim\limits_{x \to 0-} f(x) = \lim\limits_{x \to 0+} f(x) = f(0)$이므로

$\lim\limits_{x \to 0-}(a\sin 2x + b) = \lim\limits_{x \to 0+}(2x+3)e^{-2x} = b$

$\therefore b = 3$

또,

$f'(x) = \begin{cases} 2a\cos 2x & (x<0) \\ 2e^{-2x} + (2x+3) \times (-2e^{-2x}) & (x>0) \end{cases}$

$= \begin{cases} 2a\cos 2x & (x<0) \\ -4e^{-2x}(x+1) & (x>0) \end{cases}$

이때 $f'(0)$이 존재하므로

$\lim\limits_{x \to 0-} f'(x) = \lim\limits_{x \to 0+} f'(x)$에서

$\lim\limits_{x \to 0-} 2a\cos 2x = \lim\limits_{x \to 0+}\{-4e^{-2x}(x+1)\}$

$2a = -4 \qquad \therefore a = -2$

$\therefore a+b = (-2) + 3 = 1$ 답 ①

099

$g(x) = f(x)e^{f(x)}$에서

$g'(x) = f'(x)e^{f(x)} + f(x)e^{f(x)} \times f'(x)$

$= f'(x)e^{f(x)}\{f(x)+1\}$

$g'(x) = 0$에서

$f'(x) = 0$ 또는 $f(x)+1 = 0 \ (\because e^{f(x)} > 0)$

함수 $f(x)$가 최고차항의 계수가 1인 이차함수이고 $0 < a < a+1$이므로 주어진 조건에 의하여

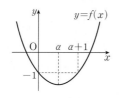

$f'(a) = 0$, $f(0)+1 = 0$, $f(a+1)+1 = 0$

따라서 방정식 $f(x)+1 = 0$은 $x = 0$,

$x = a+1$을 두 근으로 가지므로

$f(x)+1 = x(x-a-1)$

$\therefore f(x) = x^2 - (a+1)x - 1$

즉, $f'(x) = 2x - (a+1)$이고 $f'(a) = 0$이므로

$2a - (a+1) = 0$

$\therefore a = 1$

따라서 $f(x) = x^2 - 2x - 1$이므로

$f(6) = 36 - 12 - 1 = 23$ 답 23

참고 함수 $f(x)$가 이차함수이므로 $f'(x) = 0$을 만족시키는 x의 값은 $y = f(x)$의 그래프의 꼭짓점의 x좌표이다.

100

$\dfrac{dx}{dt} = e^t + 4e^{-t}$, $\dfrac{dy}{dt} = 1$이므로

$\dfrac{dy}{dx} = \dfrac{\dfrac{dy}{dt}}{\dfrac{dx}{dt}} = \dfrac{1}{e^t + 4e^{-t}}$

따라서 $t = \ln 2$일 때

$\dfrac{dy}{dx} = \dfrac{1}{e^{\ln 2} + 4e^{-\ln 2}} = \dfrac{1}{e^{\ln 2} + 4e^{\ln \frac{1}{2}}}$

$= \dfrac{1}{2 + 4 \times \dfrac{1}{2}} = \dfrac{1}{4}$ 답 ④

101

$\dfrac{dx}{dt} = \dfrac{2t(t^2+1) - (t^2-1) \times 2t}{(t^2+1)^2} = \dfrac{4t}{(t^2+1)^2}$

$\dfrac{dy}{dt} = \dfrac{2(t^2+1) - 2t \times 2t}{(t^2+1)^2} = \dfrac{-2t^2+2}{(t^2+1)^2}$

이므로

$\dfrac{dy}{dx} = \dfrac{\dfrac{dy}{dt}}{\dfrac{dx}{dt}} = \dfrac{\dfrac{-2t^2+2}{(t^2+1)^2}}{\dfrac{4t}{(t^2+1)^2}} = \dfrac{-t^2+1}{2t}$ (단, $t \neq 0$)

따라서 $t = 2$일 때

$\dfrac{dy}{dx} = \dfrac{-4+1}{2 \times 2} = -\dfrac{3}{4}$ 답 ③

102

$\dfrac{dx}{d\theta} = \cos\theta + \sin\theta$, $\dfrac{dy}{d\theta} = \cos\theta + 2\sin\theta$이므로

$\dfrac{dy}{dx} = \dfrac{\dfrac{dy}{d\theta}}{\dfrac{dx}{d\theta}} = \dfrac{\cos\theta + 2\sin\theta}{\cos\theta + \sin\theta}$ ...... ㉠

$y = 3x$에 $x = \sin\theta - \cos\theta$, $y = \sin\theta - 2\cos\theta$를 대입하면

$\sin\theta - 2\cos\theta = 3(\sin\theta - \cos\theta)$

$\therefore \cos\theta = 2\sin\theta$ ...... ㉡

㉡을 ㉠에 대입하면

$\dfrac{dy}{dx} = \dfrac{2\sin\theta + 2\sin\theta}{2\sin\theta + \sin\theta} = \dfrac{4}{3}$

따라서 점 P에서의 접선의 기울기는

$a = \dfrac{4}{3}$

$\therefore 9a = 9 \times \dfrac{4}{3} = 12$ 답 12

다른 풀이 $y = 3x$에 $x = \sin\theta - \cos\theta$, $y = \sin\theta - 2\cos\theta$를 대입하면

$\sin\theta - 2\cos\theta = 3(\sin\theta - \cos\theta)$에서

$\cos\theta = 2\sin\theta$

이때 $\sin^2\theta + \cos^2\theta = 1$이므로

$\sin^2\theta + (2\sin\theta)^2 = 1$, $5\sin^2\theta = 1$

$\sin^2\theta = \dfrac{1}{5} \qquad \therefore \sin\theta = \dfrac{\sqrt{5}}{5} \left(\because 0 < \theta < \dfrac{\pi}{2}\right)$

$\therefore \cos\theta = \sqrt{1 - \sin^2\theta} = \sqrt{1 - \left(\dfrac{\sqrt{5}}{5}\right)^2} = \dfrac{2\sqrt{5}}{5} \left(\because 0 < \theta < \dfrac{\pi}{2}\right)$

$\therefore a = \dfrac{dy}{dx} = \dfrac{\dfrac{2\sqrt{5}}{5} + 2 \times \dfrac{\sqrt{5}}{5}}{\dfrac{2\sqrt{5}}{5} + \dfrac{\sqrt{5}}{5}} = \dfrac{4\sqrt{5}}{3\sqrt{5}} = \dfrac{4}{3}$

103

점 $(a, 0)$은 곡선 $x^3-y^3=e^{xy}$ 위의 점이므로

$a^3=1$ $\therefore a=1$ ($\because a$는 실수)

$x^3-y^3=e^{xy}$의 양변을 x에 대하여 미분하면

$3x^2-3y^2\dfrac{dy}{dx}=ye^{xy}+xe^{xy}\dfrac{dy}{dx}$

$(xe^{xy}+3y^2)\dfrac{dy}{dx}=3x^2-ye^{xy}$

$\therefore \dfrac{dy}{dx}=\dfrac{3x^2-ye^{xy}}{xe^{xy}+3y^2}$ (단, $xe^{xy}+3y^2\neq0$)

따라서 곡선 $x^3-y^3=e^{xy}$ 위의 점 $(1, 0)$에서의 접선의 기울기는

$b=\dfrac{3-0}{1+0}=3$

$\therefore a+b=1+3=4$　　　　　　　　　답 4

104

점 $(0, a)$가 곡선 $x^2+y^3+xy=8$ 위의 점이므로

$a^3=8$ $\therefore a=2$ ($\because a$는 실수)

$x^2+y^3+xy=8$의 양변을 x에 대하여 미분하면

$2x+3y^2\dfrac{dy}{dx}+y+x\dfrac{dy}{dx}=0$

$(x+3y^2)\dfrac{dy}{dx}=-(2x+y)$

$\therefore \dfrac{dy}{dx}=-\dfrac{2x+y}{x+3y^2}$ (단, $x+3y^2\neq0$)

따라서 곡선 $x^2+y^3+xy=8$ 위의 점 $(0, 2)$에서의 접선의 기울기는

$b=-\dfrac{0+2}{0+12}=-\dfrac{1}{6}$

$\therefore ab=2\times\left(-\dfrac{1}{6}\right)=-\dfrac{1}{3}$　　　　답 ②

105

$x^2+2xy-y^2=k$의 양변을 x에 대하여 미분하면

$2x+2y+2x\dfrac{dy}{dx}-2y\dfrac{dy}{dx}=0$

$(x-y)\dfrac{dy}{dx}=-(x+y)$

$\therefore \dfrac{dy}{dx}=-\dfrac{x+y}{x-y}$ (단, $x\neq y$)

이때 $-\dfrac{x+y}{x-y}=-2$에서

$x+y=2x-2y$ $\therefore x=3y$

$x=3y$를 $x^2+2xy-y^2=k$에 대입하면

$9y^2+6y^2-y^2=k$ $\therefore k=14y^2$ …… ㉠

$14y^2=k$를 만족시키는 y의 값을 $-\beta$, β $(\beta>0)$라 하면 두 점 P, Q의 좌표는

$(-3\beta, -\beta)$, $(3\beta, \beta)$

$\therefore \overline{\mathrm{PQ}}=\sqrt{(3\beta+3\beta)^2+(\beta+\beta)^2}=2\sqrt{10}\beta$

즉, $\overline{\mathrm{PQ}}=2\sqrt{10}$에서 $2\sqrt{10}\beta=2\sqrt{10}$ $\therefore \beta=1$

$\therefore k=14$ ($\because$ ㉠)　　　　　　　답 14

106

$\lim\limits_{x\to-2}\dfrac{g(x)}{x+2}=b$에서 $x\to-2$일 때 (분모) $\to 0$이고 극한값이 존재하므로 (분자) $\to 0$이어야 한다.

즉, $\lim\limits_{x\to-2}g(x)=0$이므로

$g(-2)=0$

$g(x)$는 함수 $f(x)$의 역함수이므로

$f(0)=-2$

이때 $f(0)=\ln\left(\dfrac{\sec 0+\tan 0}{a}\right)=\ln\dfrac{1}{a}$이므로

$\ln\dfrac{1}{a}=-2$, $\dfrac{1}{a}=e^{-2}$ $\therefore a=e^2$

또, $g(-2)=0$이므로

$b=\lim\limits_{x\to-2}\dfrac{g(x)}{x+2}=\lim\limits_{x\to-2}\dfrac{g(x)-g(-2)}{x-(-2)}$

$\quad=g'(-2)=\dfrac{1}{f'(g(-2))}=\dfrac{1}{f'(0)}$　　…… ㉠

한편, $f(x)=\ln\left(\dfrac{\sec x+\tan x}{e^2}\right)$에서

$f'(x)=\dfrac{e^2}{\sec x+\tan x}\times\dfrac{\sec x\tan x+\sec^2 x}{e^2}=\sec x$

$\therefore b=\dfrac{1}{f'(0)}=\dfrac{1}{\sec 0}=1$ ($\because$ ㉠)

$\therefore ab=e^2\times1=e^2$　　　　　　　답 ③

107

$\lim\limits_{x\to2}\dfrac{g(x)-\dfrac{\pi}{4}}{x-2}=b$에서 $x\to2$일 때 (분모) $\to 0$이고 극한값이 존재하므로 (분자) $\to 0$이어야 한다.

즉, $\lim\limits_{x\to2}\left\{g(x)-\dfrac{\pi}{4}\right\}=0$이므로

$g(2)=\dfrac{\pi}{4}$

$g(x)$는 함수 $f(x)$의 역함수이므로

$f\left(\dfrac{\pi}{4}\right)=2$

이때 $f\left(\dfrac{\pi}{4}\right)=\dfrac{a}{4}\pi+\tan\dfrac{\pi}{4}=\dfrac{a}{4}\pi+1$이므로

$\dfrac{a}{4}\pi+1=2$ $\therefore a=\dfrac{4}{\pi}$

또, $g(2)=\dfrac{\pi}{4}$이므로

$b=\lim\limits_{x\to2}\dfrac{g(x)-\dfrac{\pi}{4}}{x-2}=\lim\limits_{x\to2}\dfrac{g(x)-g(2)}{x-2}$

$\quad=g'(2)=\dfrac{1}{f'(g(2))}=\dfrac{1}{f'\left(\dfrac{\pi}{4}\right)}$　　…… ㉠

한편, $f(x)=\dfrac{4}{\pi}x+\tan x$에서

$f'(x)=\dfrac{4}{\pi}+\sec^2 x$

$$\therefore b=\frac{1}{f'\left(\frac{\pi}{4}\right)}=\frac{1}{\frac{4}{\pi}+2}=\frac{\pi}{4+2\pi} \ (\because \ \bigcirc)$$

$$\therefore ab=\frac{4}{\pi}\times\frac{\pi}{4+2\pi}=\frac{2}{2+\pi} \qquad \text{답 ⑤}$$

108

곡선 $y=f(x)$와 직선 $y=t$의 교점의 x좌표가 $g(t)$이므로

$$f(g(t))=t \qquad \therefore g(t)=f^{-1}(t)$$

$\lim\limits_{t\to3}\dfrac{g(t)+a}{t-3}=b$에서 $t\to3$일 때 (분모) $\to0$이고 극한값이 존재하

므로 (분자) $\to0$이어야 한다.

즉, $\lim\limits_{t\to3}\{g(t)+a\}=0$이므로

$$g(3)=-a$$

$g(t)$는 함수 $f(t)$의 역함수이므로

$$f(-a)=3$$

즉, $-a^3-2a=3$이므로

$$a^3+2a+3=0$$

$$(a+1)(a^2-a+3)=0$$

$$\therefore a=-1 \ (\because \ a^2-a+3>0)$$

또, $g(3)=-a=1$이므로

$$b=\lim_{t\to3}\frac{g(t)+a}{t-3}=\lim_{t\to3}\frac{g(t)-g(3)}{t-3}$$

$$=g'(3)=\frac{1}{f'(g(3))}=\frac{1}{f'(1)} \qquad \cdots\cdots \ \bigcirc$$

한편, $f(x)=x^3+2x$에서

$$f'(x)=3x^2+2$$

$$\therefore b=\frac{1}{f'(1)}=\frac{1}{5} \ (\because \ \bigcirc)$$

$$\therefore \frac{a}{b}=\frac{-1}{\frac{1}{5}}=-5 \qquad \text{답 ⑤}$$

109

$f(x)=x+\dfrac{4}{5}-\dfrac{1}{x^2+1}$에서

$$f'(x)=1-\frac{-2x}{(x^2+1)^2}=1+\frac{2x}{(x^2+1)^2} \qquad \cdots\cdots \ \bigcirc$$

$x>0$일 때 $f'(x)>0$이므로 두 함수 $y=f(x)$, $y=g(x)$의 그래프의

교점은 $y=f(x)$의 그래프와 직선 $y=x$의 교점과 같다.

즉, $x+\dfrac{4}{5}-\dfrac{1}{x^2+1}=x$에서

$$\frac{1}{x^2+1}=\frac{4}{5}, \ x^2+1=\frac{5}{4}$$

$$x^2=\frac{1}{4} \qquad \therefore x=\frac{1}{2} \ (\because \ x>0)$$

따라서 $P\left(\dfrac{1}{2}, \dfrac{1}{2}\right)$에서 $a=\dfrac{1}{2}$, $b=\dfrac{1}{2}$이므로

$$g'\left(\frac{1}{2}\right)=\frac{1}{f'\left(g\left(\frac{1}{2}\right)\right)}=\frac{1}{f'\left(\frac{1}{2}\right)}$$

$\bigcirc$에서

$$f'\left(\frac{1}{2}\right)=1+\frac{2\times\frac{1}{2}}{\left(\frac{1}{4}+1\right)^2}=1+\frac{16}{25}=\frac{41}{25}$$

이므로

$$g'\left(\frac{1}{2}\right)=\frac{25}{41} \qquad \text{답 ④}$$

110

$f(x)=\dfrac{1}{x+3}$에서

$$f'(x)=-\frac{1}{(x+3)^2}$$

$$f''(x)=\frac{2(x+3)}{(x+3)^4}=\frac{2}{(x+3)^3}$$

$\lim\limits_{h\to0}\dfrac{f'(a+h)-f'(a)}{h}=f''(a)$이므로

$$f''(a)=\frac{2}{(a+3)^3}=2$$

$$(a+3)^3=1, \ a+3=1$$

$$\therefore a=-2 \qquad \text{답 ①}$$

111

$f(x)=\ln(x^2+1)$에서

$$f'(x)=\frac{2x}{x^2+1}$$

$$f''(x)=\frac{2(x^2+1)-2x\times2x}{(x^2+1)^2}=\frac{-2(x^2-1)}{(x^2+1)^2}$$

$\lim\limits_{x\to a}\dfrac{f'(x)-f'(a)}{x-a}=f''(a)$이므로

$$f''(a)=\frac{-2(a^2-1)}{(a^2+1)^2}=-\frac{1}{4}$$

$$8a^2-8=a^4+2a^2+1, \ a^4-6a^2+9=0$$

$$(a^2-3)^2=0, \ a^2=3$$

$$\therefore a=\sqrt{3} \ (\because \ a>0)$$

$$\therefore f'(a)=f'(\sqrt{3})=\frac{2\sqrt{3}}{3+1}=\frac{\sqrt{3}}{2} \qquad \text{답 ①}$$

112

$\lim\limits_{h\to0}\dfrac{f'(2+h)}{h}=0$에서 $h\to0$일 때 (분모) $\to0$이고 극한값이 존재

하므로 (분자) $\to0$이어야 한다.

즉, $\lim\limits_{h\to0}f'(2+h)=0$이므로

$$f'(2)=0$$

$$\therefore \lim_{h\to0}\frac{f'(2+h)}{h}=\lim_{h\to0}\frac{f'(2+h)-f'(2)}{h}=f''(2)=0$$

$f(x)=(x^2+ax+b)e^x$에서

$$f'(x)=(2x+a)e^x+(x^2+ax+b)e^x$$

$$=\{x^2+(a+2)x+a+b\}e^x$$

$f''(x)=(2x+a+2)e^x+\{x^2+(a+2)x+a+b\}e^x$
$\qquad =\{x^2+(a+4)x+2a+b+2\}e^x$

$f'(2)=0$에서

$4+(a+2)\times 2+a+b=0$

$\therefore 3a+b=-8$ $\qquad\cdots\cdots$ ㉠

$f''(2)=0$에서

$4+(a+4)\times 2+2a+b+2=0$

$\therefore 4a+b=-14$ $\qquad\cdots\cdots$ ㉡

㉠, ㉡을 연립하여 풀면

$a=-6$, $b=10$

$\therefore a+b=(-6)+10=4$ $\qquad\qquad$ 답 4

113

곡선 $y=e^{|x|}=\begin{cases} e^x & (x\geq 0) \\ e^{-x} & (x<0) \end{cases}$ 은 y축에 대하여 대칭이다.

$x\geq 0$일 때, 접점의 좌표를 $(t,\ e^t)$이라 하면 $y'=e^x$이므로 접선의 방정식은

$y-e^t=e^t(x-t)$ $\qquad \therefore y=e^t(x-t)+e^t$

이 접선이 원점을 지나므로

$0=-te^t+e^t$, $e^t(1-t)=0$

$\therefore t=1$ $(\because e^t>0)$

따라서 접선의 기울기는 e이고 이 접선과 y축에 대하여 대칭인 접선의 기울기는 $-e$이다.

$x\geq 0$일 때의 접선과 $x<0$일 때의 접선이 x축의 양의 방향과 이루는 각의 크기를 각각 α, β라 하면

$\theta=\beta-\alpha$, $\tan\alpha=e$, $\tan\beta=-e$

$\therefore \tan\theta=|\tan(\beta-\alpha)|=\left|\dfrac{\tan\beta-\tan\alpha}{1+\tan\beta\tan\alpha}\right|$

$\qquad =\left|\dfrac{-e-e}{1+(-e)\times e}\right|=\left|\dfrac{-2e}{1-e^2}\right|$

$\qquad =\dfrac{2e}{e^2-1}$ $\qquad\qquad$ 답 ④

114

곡선 $y=\left|x+\dfrac{1}{x}\right|=\begin{cases} x+\dfrac{1}{x} & (x>0) \\ -x-\dfrac{1}{x} & (x<0) \end{cases}$ 은 y축에 대하여 대칭이다.

$x>0$일 때, 접점의 좌표를 $\left(t,\ t+\dfrac{1}{t}\right)$이라 하면 $y'=1-\dfrac{1}{x^2}$이므로 접선의 방정식은

$y-t-\dfrac{1}{t}=\left(1-\dfrac{1}{t^2}\right)(x-t)$

$\therefore y=\left(1-\dfrac{1}{t^2}\right)x+\dfrac{2}{t}$

이 접선이 점 $(0,\ 1)$을 지나므로

$1=\dfrac{2}{t}$ $\qquad \therefore t=2$

따라서 접선의 기울기는 $1-\dfrac{1}{4}=\dfrac{3}{4}$이고 이 접선과 y축에 대하여 대칭인 접선의 기울기는 $-\dfrac{3}{4}$이다.

$x>0$일 때의 접선과 $x<0$일 때의 접선이 x축의 양의 방향과 이루는 각의 크기를 각각 α, β라 하면

$\tan\alpha=\dfrac{3}{4}$, $\tan\beta=-\dfrac{3}{4}$

$\therefore \tan\theta=|\tan(\beta-\alpha)|=\left|\dfrac{\tan\beta-\tan\alpha}{1+\tan\beta\tan\alpha}\right|$

$\qquad =\left|\dfrac{-\dfrac{3}{4}-\dfrac{3}{4}}{1+\left(-\dfrac{3}{4}\right)\times\dfrac{3}{4}}\right|=\dfrac{\dfrac{3}{2}}{\dfrac{7}{16}}=\dfrac{24}{7}$ $\qquad$ 답 ②

115

$x^2-xy+2y^2=8$의 양변을 x에 대하여 미분하면

$2x-y-x\dfrac{dy}{dx}+4y\dfrac{dy}{dx}=0$

$\therefore \dfrac{dy}{dx}=\dfrac{2x-y}{x-4y}$ (단, $x\neq 4y$)

점 $(3,\ 1)$에서의 접선의 기울기는

$\dfrac{dy}{dx}=\dfrac{6-1}{3-4}=-5$

이므로 접선의 방정식은

$y-1=-5(x-3)$ $\qquad \therefore y=-5x+16$

이 접선이 점 $(a,\ 6)$을 지나므로

$6=-5a+16$, $5a=10$

$\therefore a=2$ $\qquad\qquad$ 답 ⑤

116

$y=e\ln x+mx$에서 $y'=\dfrac{e}{x}+m$

접점의 좌표를 $(t,\ e\ln t+mt)$라 하면 접선의 기울기가 -2이므로

$\dfrac{e}{t}+m=-2$

$\therefore mt=-2t-e$ $\qquad\cdots\cdots$ ㉠

점 $(t,\ e\ln t+mt)$는 직선 $y=-2x$ 위의 점이므로

$e\ln t+mt=-2t$ $\qquad\cdots\cdots$ ㉡

㉠을 ㉡에 대입하면

$e\ln t-2t-e=-2t$, $\ln t=1$

$\therefore t=e$

$t=e$를 ㉠에 대입하면 $me=-2e-e$

$\therefore m=-3$ $\qquad\qquad$ 답 ③

117

$y=(\ln x)^2$에서

$y'=2\ln x\times\dfrac{1}{x}=\dfrac{2\ln x}{x}$

접점의 좌표를 $(t, (\ln t)^2)$이라 하면 접선의 방정식은

$$y-(\ln t)^2=\frac{2\ln t}{t}(x-t)$$

$$\therefore y=\frac{2\ln t}{t}x-2\ln t+(\ln t)^2 \quad \cdots\cdots \text{㉠}$$

이 접선이 점 $(0, -1)$을 지나므로

$-1=-2\ln t+(\ln t)^2$, $(\ln t)^2-2\ln t+1=0$

$(\ln t-1)^2=0$, $\ln t=1$

$\therefore t=e$

$t=e$를 ㉠에 대입하면 접선의 방정식은

$$y=\frac{2}{e}x-1$$

따라서 접선이 x축과 만나는 점은 $\mathrm{B}\left(\dfrac{e}{2}, 0\right)$이므로

$$\triangle\mathrm{OAB}=\frac{1}{2}\times\frac{e}{2}\times1=\frac{e}{4}$$

답 ②

118

$\dfrac{dx}{dt}=1-\cos t$, $\dfrac{dy}{dt}=\sin t$이므로

$$\frac{dy}{dx}=\frac{\dfrac{dy}{dt}}{\dfrac{dx}{dt}}=\frac{\sin t}{1-\cos t}$$

이때 접선의 기울기가 1이므로 $\dfrac{\sin t}{1-\cos t}=1$에서

$\sin t=1-\cos t$, 즉 $\sin t+\cos t=1$

위의 식의 양변을 제곱하면

$\sin^2 t+\cos^2 t+2\sin t\cos t=1$

$\sin t\cos t=0$ ($\because \sin^2 t+\cos^2 t=1$)

$0<t<\pi$에서 $\sin t\neq0$이므로

$\cos t=0$

$\therefore t=\dfrac{\pi}{2}$ ($\because 0<t<\pi$)

즉, $x=\dfrac{\pi}{2}-\sin\dfrac{\pi}{2}=\dfrac{\pi}{2}-1$, $y=1-\cos\dfrac{\pi}{2}=1$이므로 접선의 방정식은

$$y-1=x-\left(\frac{\pi}{2}-1\right) \quad \therefore y=x+2-\frac{\pi}{2}$$

따라서 접선의 y절편은 $2-\dfrac{\pi}{2}$이다.

답 ③

119

$g(4)=k$라 하면 함수 $g(x)$는 $f(x)$의 역함수이므로

$f(k)=4$

즉, $k^3-5k^2+9k-5=4$이므로

$k^3-5k^2+9k-9=0$, $(k-3)(k^2-2k+3)=0$

$\therefore k=3$ ($\because k^2-2k+3>0$)

$f(x)=x^3-5x^2+9x-5$에서

$f'(x)=3x^2-10x+9$

$\therefore f'(3)=27-30+9=6$

따라서 점 $(4, g(4))$에서의 접선의 기울기는

$$g'(4)=\frac{1}{f'(g(4))}=\frac{1}{f'(3)}=\frac{1}{6}$$

답 ⑤

120

$g(3)=k$라 하면 함수 $g(x)$는 $f(x)$의 역함수이므로 $f(k)=3$

즉, $k^3+3k-11=3$이므로

$k^3+3k-14=0$, $(k-2)(k^2+2k+7)=0$

$\therefore k=2$ ($\because k^2+2k+7>0$)

$f(x)=x^3+3x-11$에서

$f'(x)=3x^2+3$

$\therefore f'(2)=12+3=15$

따라서 점 $(3, g(3))$에서의 접선의 기울기는

$$g'(3)=\frac{1}{f'(g(3))}=\frac{1}{f'(2)}=\frac{1}{15}$$

답 ②

121

곡선 $y=f(x)$와 직선 $y=t$의 교점의 x좌표가 $g(t)$이므로

$f(g(t))=t \quad \therefore g(t)=f^{-1}(t)$

$g(\alpha)=\pi$이므로 $f(\pi)=\alpha$

$f(x)=2x-\sin x$에서

$f(\pi)=2\pi-\sin\pi=2\pi \quad \therefore \alpha=2\pi$

또, $f'(x)=2-\cos x$이므로

$f'(\pi)=2-\cos\pi=2-(-1)=3$

이때 점 $(\alpha, g(\alpha))$, 즉 $(2\pi, \pi)$에서의 접선의 기울기는

$$g'(\alpha)=\frac{1}{f'(g(\alpha))}=\frac{1}{f'(\pi)}=\frac{1}{3}$$

이므로 접선의 방정식은

$$y=\frac{1}{3}(x-2\pi)+\pi \quad \therefore y=\frac{1}{3}x+\frac{\pi}{3}$$

따라서 접선의 y절편은 $\dfrac{\pi}{3}$이다.

답 ①

122

함수 $f(x)$가 열린구간 $(0, \infty)$에서 증가하므로 $x>0$에서

$$f'(x)=x-3+\frac{k}{x^2}=\frac{x^3-3x^2+k}{x^2}\geq0$$

$x^3-3x^2+k\geq0$ ($\because x^2>0$)

$\therefore k\geq-x^3+3x^2$

$g(x)=-x^3+3x^2$이라 하면

$g'(x)=-3x^2+6x=-3x(x-2)$

$g'(x)=0$에서 $x=0$ 또는 $x=2$

$x>0$에서 함수 $g(x)$의 증가와 감소를 표로 나타내면 다음과 같다.

x	(0)	$\cdots$	2	$\cdots$
$g'(x)$		$+$	0	$-$
$g(x)$		↗	4	↘

따라서 열린구간 $(0, \infty)$에서 함수 $g(x)$의 최댓값은 $g(2)=4$이므로

$k\geq4$

즉, 실수 k의 최솟값은 4이다.

답 ③

123

함수 $f(x)$가 열린구간 $(0, \infty)$에서 감소하므로 $x>0$에서

$f'(x)=-3x^2+9+\dfrac{k}{x}=\dfrac{-3x^3+9x+k}{x}\leq0$

$-3x^3+9x+k\leq0$ $(\because x>0)$

$\therefore k\leq3x^3-9x$

$g(x)=3x^3-9x$라 하면

$g'(x)=9x^2-9=9(x+1)(x-1)$

$g'(x)=0$에서 $x=-1$ 또는 $x=1$

$x>0$에서 함수 $g(x)$의 증가와 감소를 표로 나타내면 다음과 같다.

x	(0)	$\cdots$	1	$\cdots$
$g'(x)$		$-$	0	$+$
$g(x)$		$\searrow$	-6	$\nearrow$

따라서 열린구간 $(0, \infty)$에서 함수 $g(x)$의 최솟값은 $g(1)=-6$이므로

$k\leq-6$

즉, 실수 k의 최댓값은 -6이다.   답 ③

124

$f(x)=ax+\ln(x^2+4)$에서

$f'(x)=a+\dfrac{2x}{x^2+4}=\dfrac{ax^2+2x+4a}{x^2+4}$ $\cdots\cdots$ ㉠

함수 $f(x)$의 역함수가 존재하려면 함수 $f(x)$가 항상 증가하거나 항상 감소해야 한다.

㉠에서 $x^2+4>0$, $a>0$이므로 $f'(x)\geq0$이어야 한다.

$\therefore ax^2+2x+4a\geq0$

이차방정식 $ax^2+2x+4a=0$의 판별식을 D라 하면

$\dfrac{D}{4}=1-4a^2\leq0$, $(2a+1)(2a-1)\geq0$

$\therefore a\geq\dfrac{1}{2}$ $(\because a>0)$

따라서 a의 최솟값은 $\dfrac{1}{2}$이다.   답 ②

참고 모든 실수 x에 대하여 이차부등식이 항상 성립할 조건은 다음과 같다.

(1) $ax^2+bx+c>0$ ➡ $a>0$, $b^2-4ac<0$
(2) $ax^2+bx+c\geq0$ ➡ $a>0$, $b^2-4ac\leq0$
(3) $ax^2+bx+c<0$ ➡ $a<0$, $b^2-4ac<0$
(4) $ax^2+bx+c\leq0$ ➡ $a<0$, $b^2-4ac\leq0$

125

$f(x)=\tan(\pi x^2+ax)$에서

$f'(x)=(2\pi x+a)\sec^2(\pi x^2+ax)$

함수 $f(x)$가 $x=\dfrac{1}{2}$에서 극솟값을 가지므로 $f'\left(\dfrac{1}{2}\right)=0$

$(\pi+a)\sec^2\left(\dfrac{\pi}{4}+\dfrac{1}{2}a\right)=0$

$\pi+a=0$ $\left(\because \sec^2\left(\dfrac{\pi}{4}+\dfrac{1}{2}a\right)>0\right)$

$\therefore a=-\pi$

따라서 $f(x)=\tan(\pi x^2-\pi x)$이므로

$k=f\left(\dfrac{1}{2}\right)=\tan\left(\dfrac{\pi}{4}-\dfrac{\pi}{2}\right)=\tan\left(-\dfrac{\pi}{4}\right)=-1$ 답 ②

126

$f(x)=\dfrac{1-\ln x}{x}$에서

$f'(x)=\dfrac{-\dfrac{1}{x}\times x-(1-\ln x)}{x^2}$

$=\dfrac{-2+\ln x}{x^2}$

$f'(x)=0$에서

$\ln x=2$ $\therefore x=e^2$

$x>0$에서 함수 $f(x)$의 증가와 감소를 표로 나타내면 다음과 같다.

x	(0)	$\cdots$	e^2	$\cdots$
$f'(x)$		$-$	0	$+$
$f(x)$		$\searrow$	$-\dfrac{1}{e^2}$	$\nearrow$

따라서 함수 $f(x)$는 $x=e^2$에서 극솟값 $f(e^2)=-\dfrac{1}{e^2}$을 가지므로

$a=e^2$, $f(a)=-\dfrac{1}{e^2}$

$\therefore a\times f(a)=e^2\times\left(-\dfrac{1}{e^2}\right)=-1$ 답 ②

127

$f(x)=e^{-x}\cos x$에서

$f'(x)=-e^{-x}\cos x+e^{-x}\times(-\sin x)$

$=-e^{-x}(\cos x+\sin x)$

$f''(x)=e^{-x}(\cos x+\sin x)-e^{-x}(-\sin x+\cos x)$

$=2e^{-x}\sin x$

$f'(x)=0$에서 $\cos x+\sin x=0$ $(\because e^{-x}>0)$

$\therefore x=\dfrac{3}{4}\pi$ 또는 $x=\dfrac{7}{4}\pi$ $(\because 0<x<2\pi)$

이때 $f''\left(\dfrac{3}{4}\pi\right)=2e^{-\frac{3}{4}\pi}\sin\dfrac{3}{4}\pi=2e^{-\frac{3}{4}\pi}\times\dfrac{\sqrt2}{2}=\sqrt2 e^{-\frac{3}{4}\pi}>0$,

$f''\left(\dfrac{7}{4}\pi\right)=2e^{-\frac{7}{4}\pi}\sin\dfrac{7}{4}\pi=2e^{-\frac{7}{4}\pi}\times\left(-\dfrac{\sqrt2}{2}\right)=-\sqrt2 e^{-\frac{7}{4}\pi}<0$에서

함수 $f(x)$는 $x=\dfrac{3}{4}\pi$에서 극솟값, $x=\dfrac{7}{4}\pi$에서 극댓값을 가지므로

$m=f\left(\dfrac{3}{4}\pi\right)=e^{-\frac{3}{4}\pi}\cos\dfrac{3}{4}\pi=e^{-\frac{3}{4}\pi}\times\left(-\dfrac{\sqrt2}{2}\right)=-\dfrac{\sqrt2}{2}e^{-\frac{3}{4}\pi}$,

$M=f\left(\dfrac{7}{4}\pi\right)=e^{-\frac{7}{4}\pi}\cos\dfrac{7}{4}\pi=e^{-\frac{7}{4}\pi}\times\dfrac{\sqrt2}{2}=\dfrac{\sqrt2}{2}e^{-\frac{7}{4}\pi}$

$\therefore \dfrac{M}{m}=\dfrac{\dfrac{\sqrt2}{2}e^{-\frac{7}{4}\pi}}{-\dfrac{\sqrt2}{2}e^{-\frac{3}{4}\pi}}=-e^{-\pi}$ 답 ②

참고 이계도함수를 갖는 함수 $f(x)$에 대하여 $f'(a)=0$일 때

(1) $f''(a)<0$이면 $f(x)$는 $x=a$에서 극대이다.
(2) $f''(a)>0$이면 $f(x)$는 $x=a$에서 극소이다.

128

$g(x) = \sin\{\pi f(x)\}$에서

$g'(x) = \pi f'(x)\cos\{\pi f(x)\}$

$g'(x) = 0$에서 $f'(x) = 0$ 또는 $\cos\{\pi f(x)\} = 0$

$f(x) = (x-1)^2 - 1$이므로 $0 < x < 2$에서

$-1 \leq f(x) < 0$ $\therefore -\pi \leq \pi f(x) < 0$

$\cos\{\pi f(x)\} = 0$에서 $\pi f(x) = -\dfrac{\pi}{2}$ $\therefore f(x) = -\dfrac{1}{2}$

$x^2 - 2x = -\dfrac{1}{2}$을 만족시키는 x의 값을 α, β $(\alpha < \beta)$라 하면

$\alpha < 1 < \beta$

또, $f(x) = x^2 - 2x$에서 $f'(x) = 2x - 2$이므로

$f'(x) = 0$에서 $x = 1$

$0 < x < 2$에서 함수 $g(x)$의 증가와 감소를 표로 나타내면 다음과 같다.

x	(0)	$\cdots$	α	$\cdots$	1	$\cdots$	β	$\cdots$	(2)
$\cos\{\pi f(x)\}$		$+$	0	$-$	$-$	$-$	0	$+$	
$f'(x)$		$-$	$-$	$-$	0	$+$	$+$	$+$	
$g'(x)$		$-$	0	$+$	0	$-$	0	$+$	
$g(x)$		$\searrow$	극소	$\nearrow$	극대	$\searrow$	극소	$\nearrow$	

따라서 함수 $g(x)$는 $x = \alpha$, $x = \beta$에서 극소이고, $x = 1$에서 극대이므로 극소가 되는 x의 개수는 2이다.   답 ③

참고 $f(x) = -\dfrac{1}{2}$에서 $x^2 - 2x = -\dfrac{1}{2}$

$2x^2 - 4x + 1 = 0$ $\therefore x = \dfrac{2 \pm \sqrt{2}}{2}$

$\therefore \alpha = \dfrac{2 - \sqrt{2}}{2}$, $\beta = \dfrac{2 + \sqrt{2}}{2}$

129

$f(x) = xe^{-2x}$이라 하면

$f'(x) = e^{-2x} + xe^{-2x} \times (-2)$
$\quad\quad = (-2x + 1)e^{-2x}$

$f''(x) = -2e^{-2x} + (-2x+1)e^{-2x} \times (-2)$
$\quad\quad = 4(x-1)e^{-2x}$

$f''(x) = 0$에서

$x = 1$ $(\because e^{-2x} > 0)$

$x = 1$의 좌우에서 $f''(x)$의 부호가 음$(-)$에서 양$(+)$으로 바뀌므로 변곡점 A의 좌표는

$A(1, e^{-2})$

$f'(1) = -e^{-2}$이므로 곡선 $y = f(x)$ 위의 점 A에서의 접선의 방정식은

$y - e^{-2} = -e^{-2}(x-1)$ $\therefore y = -e^{-2}(x-2)$ $\cdots\cdots$ ㉠

$y = 0$을 ㉠에 대입하면

$0 = -e^{-2}(x-2)$ $\therefore x = 2$

따라서 점 B의 좌표는

$B(2, 0)$

$\therefore \triangle OAB = \dfrac{1}{2} \times 2 \times e^{-2} = e^{-2}$ 답 ①

130

$f(x) = (\ln x)^2$이라 하면

$f'(x) = 2\ln x \times \dfrac{1}{x} = \dfrac{2\ln x}{x}$

$f''(x) = \dfrac{\dfrac{2}{x} \times x - 2\ln x}{x^2} = \dfrac{2(1 - \ln x)}{x^2}$

$f''(x) = 0$에서

$\ln x = 1$ $\therefore x = e$

$x = e$의 좌우에서 $f''(x)$의 부호가 양$(+)$에서 음$(-)$으로 바뀌므로 변곡점 A의 좌표는

$A(e, 1)$

$f'(e) = \dfrac{2}{e}$이므로 곡선 $y = f(x)$ 위의 점 A에서의 접선의 방정식은

$y - 1 = \dfrac{2}{e}(x - e)$ $\therefore y = \dfrac{2}{e}x - 1$ $\cdots\cdots$ ㉠

$y = 0$을 ㉠에 대입하면

$0 = \dfrac{2}{e}x - 1$, $\dfrac{2}{e}x = 1$

$\therefore x = \dfrac{e}{2}$

따라서 구하는 x절편은 $\dfrac{e}{2}$이다.   답 ③

131

$y = ax^2 + 4\sin x$에서

$y' = 2ax + 4\cos x$

$y'' = 2a - 4\sin x$

$y'' = 0$에서 $\sin x = \dfrac{a}{2}$

$-1 \leq \sin x \leq 1$이므로

$-1 \leq \dfrac{a}{2} \leq 1$ $\therefore -2 \leq a \leq 2$

$a = 2$일 때, $y'' = 4 - 4\sin x \geq 0$

따라서 y''의 부호가 바뀌지 않으므로 변곡점을 갖지 않는다.

또, $a = -2$일 때, $y'' = -4 - 4\sin x \leq 0$

따라서 y''의 부호가 바뀌지 않으므로 변곡점을 갖지 않는다.

따라서 주어진 곡선이 변곡점을 갖도록 하는 정수 a는 -1, 0, 1의 3개이다.   답 ③

132

$f(x) = \dfrac{x^2 + ax + 2a - 1}{e^x} = (x^2 + ax + 2a - 1)e^{-x}$에서

$f'(x) = (2x + a)e^{-x} + (x^2 + ax + 2a - 1) \times (-e^{-x})$
$\quad\quad = -e^{-x}\{x^2 + (a-2)x + a - 1\}$

$f''(x) = e^{-x}\{x^2 + (a-2)x + a - 1\} - e^{-x}(2x + a - 2)$
$\quad\quad = e^{-x}\{x^2 + (a-4)x + 1\}$

$e^{-x} > 0$이므로 변곡점이 존재하지 않으려면 $x^2 + (a-4)x + 1 \geq 0$이어야 한다.

이차방정식 $x^2+(a-4)x+1=0$의 판별식을 D라 하면

$D=(a-4)^2-4\leq0$

$a^2-8a+12\leq0$

$(a-2)(a-6)\leq0$

$\therefore 2\leq a\leq6$

따라서 변곡점이 존재하지 않도록 하는 정수 a는 2, 3, 4, 5, 6의 5개이다.　　　　　　　　　　　　　　　　　답 ⑤

참고 함수 $f(x)$의 그래프의 변곡점이 존재하지 않으려면 $f''(x)=0$을 만족시키는 x의 값의 좌우에서 $f''(x)$의 부호가 변하지 않아야 한다.
이때 곡선 $y=x^2+(a-4)x+1$이 아래로 볼록이므로
$x^2+(a-4)x+1\geq0$이어야 한다.

133

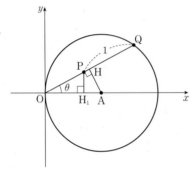

위의 그림과 같이 점 A에서 선분 OQ에 내린 수선의 발을 H라 하면 삼각형 OAH에서

$\overline{OH}=\overline{OA}\cos\theta=\cos\theta$

$\overline{OQ}=2\overline{OH}=2\cos\theta$이므로

$\overline{OP}=\overline{OQ}-\overline{PQ}=2\cos\theta-1$

점 P에서 x축에 내린 수선의 발을 H_1이라 하면 삼각형 POH_1에서 점 P의 y좌표는

$\overline{PH_1}=\overline{OP}\sin\theta=(2\cos\theta-1)\sin\theta$

$f(\theta)=(2\cos\theta-1)\sin\theta$라 하면

$f'(\theta)=-2\sin^2\theta+(2\cos\theta-1)\cos\theta$

$\qquad=-2(1-\cos^2\theta)+2\cos^2\theta-\cos\theta$

$\qquad=4\cos^2\theta-\cos\theta-2$

$f'(\theta)=0$에서 $4\cos^2\theta-\cos\theta-2=0$

$\therefore \cos\theta=\dfrac{1+\sqrt{33}}{8}\left(\because 0<\theta<\dfrac{\pi}{3}\right)$　　　…… ㉠

㉠을 만족시키는 θ의 값을 θ_1이라 하고 $0<\theta<\dfrac{\pi}{3}$에서 함수 $f(\theta)$의 증가와 감소를 표로 나타내면 다음과 같다.

θ	(0)	$\cdots$	θ_1	$\cdots$	$\left(\dfrac{\pi}{3}\right)$
$f'(\theta)$		$+$	0	$-$	
$f(\theta)$		↗	극대	↘	

따라서 함수 $f(\theta)$는 $\theta=\theta_1$에서 극대이면서 최대이므로

$a=1$, $b=33$

$\therefore a+b=1+33=34$　　　　　　　　　　　답 34

134

삼각형 AOP에서 $\angle APO=\dfrac{\pi}{2}$이므로

$\overline{OP}=\overline{OA}\cos\left(\dfrac{\pi}{2}-\theta\right)=6\sin\theta$

$\overline{OQ}=\overline{OP}+1=6\sin\theta+1$이므로 점 Q의 x좌표는

$f(\theta)=\overline{OQ}\cos\theta=(6\sin\theta+1)\cos\theta$

$\therefore f'(\theta)=6\cos^2\theta+(6\sin\theta+1)\times(-\sin\theta)$

$\qquad=6(1-\sin^2\theta)-6\sin^2\theta-\sin\theta$

$\qquad=-12\sin^2\theta-\sin\theta+6$

$f'(\theta)=0$에서 $12\sin^2\theta+\sin\theta-6=0$

$(3\sin\theta-2)(4\sin\theta+3)=0$

$\therefore \sin\theta=\dfrac{2}{3}\left(\because 0<\theta<\dfrac{\pi}{2}\right)$　　　…… ㉠

㉠을 만족시키는 θ의 값을 θ_1이라 하고 $0<\theta<\dfrac{\pi}{2}$에서 함수 $f(\theta)$의 증가와 감소를 표로 나타내면 다음과 같다.

θ	(0)	$\cdots$	θ_1	$\cdots$	$\left(\dfrac{\pi}{2}\right)$
$f'(\theta)$		$+$	0	$-$	
$f(\theta)$		↗	극대	↘	

따라서 함수 $f(\theta)$는 $\theta=\theta_1$에서 극대이면서 최대이므로

$\sin\alpha=\sin\theta_1=\dfrac{2}{3}$

$\therefore \cos\theta_1=\sqrt{1-\sin^2\theta_1}=\sqrt{1-\left(\dfrac{2}{3}\right)^2}=\dfrac{\sqrt5}{3}\left(\because 0<\theta_1<\dfrac{\pi}{2}\right)$

$\therefore M=f(\theta_1)=(6\sin\theta_1+1)\cos\theta_1=\left(6\times\dfrac{2}{3}+1\right)\times\dfrac{\sqrt5}{3}=\dfrac{5\sqrt5}{3}$

$\therefore 9\times(\sin\alpha+M^2)=9\times\left(\dfrac{2}{3}+\dfrac{125}{9}\right)=9\times\dfrac{131}{9}=131$　　답 131

135

$\overline{OH}=t$, $\overline{PH}=te^{-t}$이므로 사각형 OHPI의 넓이를 $S(t)$라 하면

$S(t)=t\times te^{-t}=t^2e^{-t}$

$\therefore S'(t)=2te^{-t}-t^2e^{-t}=-t(t-2)e^{-t}$

$S'(t)=0$에서 $t=2$ ($\because t>0$, $e^{-t}>0$)

$t>0$에서 함수 $S(t)$의 증가와 감소를 표로 나타내면 다음과 같다.

t	(0)	$\cdots$	2	$\cdots$
$S'(t)$		$+$	0	$-$
$S(t)$		↗	극대	↘

따라서 $S(t)$는 $t=2$에서 극대이면서 최대이므로 최댓값은

$S(2)=4e^{-2}$　　　　　　　　　　　　　　　　답 ④

136

선분 OP가 x축의 양의 방향과 이루는 각의 크기를 θ라 하면

$P(\cos\theta,\ \sin\theta)\left(단,\ 0<\theta<\dfrac{\pi}{2}\right)$

이때 점 P에서의 접선의 방정식은

$x\cos\theta+y\sin\theta=1$ ······ ㉠

$y=-4$를 ㉠에 대입하면

$x\cos\theta-4\sin\theta=1$　∴ $x=\dfrac{1+4\sin\theta}{\cos\theta}$

∴ $\text{A}\left(\dfrac{1+4\sin\theta}{\cos\theta},\ -4\right)$

$x=0$을 ㉠에 대입하면

$y\sin\theta=1$　∴ $y=\dfrac{1}{\sin\theta}$

∴ $\text{B}\left(0,\ \dfrac{1}{\sin\theta}\right)$

삼각형 OAB의 넓이를 $S(\theta)$라 하면

$S(\theta)=\dfrac{1}{2}\times\dfrac{1+4\sin\theta}{\cos\theta}\times\dfrac{1}{\sin\theta}=\dfrac{4\sin\theta+1}{2\sin\theta\cos\theta}$

$S'(\theta)=\dfrac{4\cos\theta\times2\sin\theta\cos\theta-(4\sin\theta+1)(2\cos^2\theta-2\sin^2\theta)}{4\sin^2\theta\cos^2\theta}$

$\qquad=\dfrac{4\sin^3\theta-\cos^2\theta+\sin^2\theta}{2\sin^2\theta\cos^2\theta}$

$S'(\theta)=0$에서

$4\sin^3\theta-\cos^2\theta+\sin^2\theta=0\ (\because\ 2\sin^2\theta\cos^2\theta>0)$

$4\sin^3\theta-(1-\sin^2\theta)+\sin^2\theta=0$

$4\sin^3\theta+2\sin^2\theta-1=0$

$(2\sin\theta-1)(2\sin^2\theta+2\sin\theta+1)=0$

∴ $\sin\theta=\dfrac{1}{2}\ (\because\ 2\sin^2\theta+2\sin\theta+1>0)$

∴ $\theta=\dfrac{\pi}{6}\left(\because\ 0<\theta<\dfrac{\pi}{2}\right)$

$0<\theta<\dfrac{\pi}{2}$에서 함수 $S(\theta)$의 증가와 감소를 표로 나타내면 다음과 같다.

θ	(0)	⋯	$\dfrac{\pi}{6}$	⋯	$\left(\dfrac{\pi}{2}\right)$
$S'(\theta)$		$-$	0	$+$	
$S(\theta)$		↘	극소	↗	

따라서 함수 $S(\theta)$는 $\theta=\dfrac{\pi}{6}$에서 극소이면서 최소이므로 최솟값은

$S\left(\dfrac{\pi}{6}\right)=\dfrac{4\sin\dfrac{\pi}{6}+1}{2\sin\dfrac{\pi}{6}\cos\dfrac{\pi}{6}}=\dfrac{2+1}{2\times\dfrac{1}{2}\times\dfrac{\sqrt{3}}{2}}=2\sqrt{3}$

즉, $a=\cos\dfrac{\pi}{6}=\dfrac{\sqrt{3}}{2}$, $b=\sin\dfrac{\pi}{6}=\dfrac{1}{2}$, $m=2\sqrt{3}$이므로

$10abm=10\times\dfrac{\sqrt{3}}{2}\times\dfrac{1}{2}\times2\sqrt{3}=15$　　　답 15

137

$f(x)=g(x)$에서 $e^x=k\sin x$

∴ $\dfrac{1}{k}=\dfrac{\sin x}{e^x}$　　 ······ ㉠

$h(x)=\dfrac{\sin x}{e^x}$라 하면

$h'(x)=\dfrac{e^x\cos x-e^x\sin x}{e^{2x}}=\dfrac{\cos x-\sin x}{e^x}$

$h'(x)=0$에서 $x=\dfrac{\pi}{4}$ 또는 $x=\dfrac{5}{4}\pi$ 또는 $x=\dfrac{9}{4}\pi\ \cdots\ (\because\ e^x>0)$

$x>0$에서 함수 $h(x)$의 증가와 감소를 표로 나타내면 다음과 같다.

x	(0)	⋯	$\dfrac{\pi}{4}$	⋯	$\dfrac{5}{4}\pi$	⋯	$\dfrac{9}{4}\pi$	⋯	$\dfrac{13}{4}\pi$	⋯
$h'(x)$		$+$	0	$-$	0	$+$	0	$-$	0	$+$
$h(x)$		↗	$\dfrac{1}{\sqrt{2e^{\frac{\pi}{4}}}}$	↘	$-\dfrac{1}{\sqrt{2e^{\frac{5}{4}\pi}}}$	↗	$\dfrac{1}{\sqrt{2e^{\frac{9}{4}\pi}}}$	↘	$-\dfrac{1}{\sqrt{2e^{\frac{13}{4}\pi}}}$	↗

따라서 함수 $y=h(x)$의 그래프는 다음 그림과 같다.

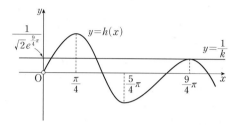

이때 ㉠의 서로 다른 양의 실근의 개수가 3이려면 곡선 $y=h(x)$와

직선 $y=\dfrac{1}{k}$의 교점의 개수가 3이어야 하므로

$\dfrac{1}{k}=\dfrac{1}{\sqrt{2e^{\frac{9}{4}\pi}}}$

∴ $k=\sqrt{2e^{\frac{9}{4}\pi}}$　　　답 ④

참고 $e^{\frac{\pi}{4}}<e^{\frac{9}{4}\pi}$이므로

$\dfrac{1}{e^{\frac{\pi}{4}}}>\dfrac{1}{e^{\frac{9}{4}\pi}}$, $\dfrac{1}{\sqrt{2e^{\frac{\pi}{4}}}}>\dfrac{1}{\sqrt{2e^{\frac{9}{4}\pi}}}$

∴ $h\left(\dfrac{\pi}{4}\right)>h\left(\dfrac{9}{4}\pi\right)$

138

$f(x)=g(x)$에서

$x^2=ke^x$

∴ $x^2e^{-x}=k$　　 ······ ㉠

$h(x)=x^2e^{-x}$이라 하면

$h'(x)=2xe^{-x}-x^2e^{-x}$

$\qquad=-x(x-2)e^{-x}$

$h'(x)=0$에서

$x=0$ 또는 $x=2\ (\because\ e^{-x}>0)$

함수 $h(x)$의 증가와 감소를 표로 나타내면 다음과 같다.

x	⋯	0	⋯	2	⋯
$h'(x)$	$-$	0	$+$	0	$-$
$h(x)$	↘	0	↗	$4e^{-2}$	↘

$\displaystyle\lim_{x\to\infty}x^2e^{-x}=0$이므로 함수 $y=h(x)$의 그래프는 다음 그림과 같다.

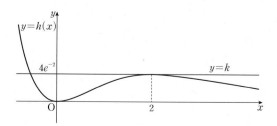

이때 ㉠의 서로 다른 실근의 개수가 2이려면 곡선 $y=h(x)$와 직선 $y=k$의 교점의 개수가 2이어야 하므로

$k=4e^{-2}$ 답 ④

139

$x^2+\dfrac{16}{x}+k=0$에서

$x^2+\dfrac{16}{x}=-k$ ...... ㉠

$f(x)=x^2+\dfrac{16}{x}$이라 하면

$f'(x)=2x-\dfrac{16}{x^2}$

$f'(x)=0$에서

$2x=\dfrac{16}{x^2}$

$x^3=8$

$\therefore x=2$ ($\because x$는 실수)

함수 $f(x)$의 증가와 감소를 표로 나타내면 다음과 같다.

x	$\cdots$	(0)	$\cdots$	2	$\cdots$
$f'(x)$	$-$		$-$	0	$+$
$f(x)$	$\searrow$		$\searrow$	12	$\nearrow$

$\lim\limits_{x\to 0-}f(x)=-\infty$, $\lim\limits_{x\to 0+}f(x)=\infty$이므로 함수 $y=f(x)$의 그래프는 다음 그림과 같다.

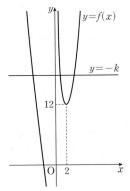

이때 ㉠이 서로 다른 세 실근을 가지려면 곡선 $y=f(x)$와 직선 $y=-k$의 교점의 개수가 3이어야 하므로

$-k>12$

$\therefore k<-12$

따라서 정수 k의 최댓값은 -13이다. 답 ④

140

$\ln(2x+1)=x^2+k$에서

$\ln(2x+1)-x^2=k$ ...... ㉠

$f(x)=\ln(2x+1)-x^2$이라 하면

$f'(x)=\dfrac{2}{2x+1}-2x$

$f'(x)=0$에서

$\dfrac{2}{2x+1}=2x$

$2x^2+x-1=0$

$(x+1)(2x-1)=0$

$\therefore x=-1$ 또는 $x=\dfrac{1}{2}$

이때 진수 조건에서 $x>-\dfrac{1}{2}$이므로 $x>-\dfrac{1}{2}$에서 함수 $f(x)$의 증가와 감소를 표로 나타내면 다음과 같다.

x	$\left(-\dfrac{1}{2}\right)$	$\cdots$	$\dfrac{1}{2}$	$\cdots$
$f'(x)$		$+$	0	$-$
$f(x)$		$\nearrow$	$\ln 2-\dfrac{1}{4}$	$\searrow$

따라서 함수 $y=f(x)$의 그래프는 다음 그림과 같다.

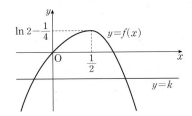

이때 ㉠이 실근을 가지려면 곡선 $y=f(x)$와 직선 $y=k$가 만나야 하므로

$k\leq \ln 2-\dfrac{1}{4}$

따라서 실수 k의 최댓값은 $\ln 2-\dfrac{1}{4}$이다. 답 ③

141

$\dfrac{dx}{dt}=1+\cos^2 t-\sin^2 t$

$\quad=1+\cos^2 t-(1-\cos^2 t)$

$\quad=2\cos^2 t$

$\dfrac{dy}{dt}=\sec^2 t$

이므로 점 P의 시각 t에서의 속력은

$\sqrt{\left(\dfrac{dx}{dt}\right)^2+\left(\dfrac{dy}{dt}\right)^2}=\sqrt{(2\cos^2 t)^2+(\sec^2 t)^2}$

$\qquad\qquad\qquad\qquad =\sqrt{4\cos^4 t+\sec^4 t}$ ...... ㉠

이때 $0<t<\dfrac{\pi}{2}$에서 $4\cos^4 t>0$, $\sec^4 t>0$이므로 산술평균과 기하평균의 관계에 의하여

$4\cos^4 t+\sec^4 t\geq 2\sqrt{4\cos^4 t\times \sec^4 t}$

$\qquad\qquad\qquad =2\sqrt{4\cos^4 t\times \dfrac{1}{\cos^4 t}}$

$\qquad\qquad\qquad =2\times 2$

$\qquad\qquad\qquad =4$ (단, 등호는 $4\cos^4 t=\sec^4 t$일 때 성립)

따라서 점 P의 시각 t에서의 속력의 최솟값은

$\sqrt{4}=2$ ($\because$ ㉠) 답 ③

142

$\dfrac{dx}{dt}=2\cos t-1$, $\dfrac{dy}{dt}=-\sqrt{2}\sin t$

이므로 점 P의 시각 t에서의 속력은

$\sqrt{\left(\dfrac{dx}{dt}\right)^2+\left(\dfrac{dy}{dt}\right)^2}=\sqrt{(2\cos t-1)^2+(-\sqrt{2}\sin t)^2}$

$=\sqrt{4\cos^2 t-4\cos t+1+2\sin^2 t}$

$=\sqrt{4\cos^2 t-4\cos t+1+2(1-\cos^2 t)}$

$=\sqrt{2\cos^2 t-4\cos t+3}$

$=\sqrt{2(\cos t-1)^2+1}$

$-1\leq\cos t<1$이므로 $\cos t=-1$, 즉 $t=\pi$일 때 점 P의 속력의 최댓값은

$\sqrt{2(-1-1)^2+1}=3$ 답 ⑤

143

$\dfrac{dx}{dt}=e^t-4$, $\dfrac{dy}{dt}=e^t$

이므로 점 P의 시각 t에서의 속력은

$\sqrt{\left(\dfrac{dx}{dt}\right)^2+\left(\dfrac{dy}{dt}\right)^2}=\sqrt{(e^t-4)^2+e^{2t}}$

$=\sqrt{2e^{2t}-8e^t+16}$

$=\sqrt{2(e^t-2)^2+8}$

따라서 $e^t=2$, 즉 $t=\ln 2$일 때 점 P의 속력의 최솟값은

$\sqrt{8}=2\sqrt{2}$ 답 ②

144

$f(t)=e^t(1+\cos t)$라 하면

$f'(t)=e^t(1+\cos t)-e^t\sin t=e^t(1+\cos t-\sin t)$

$f''(t)=e^t(1+\cos t-\sin t)+e^t(-\sin t-\cos t)$

$\qquad=e^t(1-2\sin t)$

$g(t)=e^t\sin t$라 하면

$g'(t)=e^t\sin t+e^t\cos t=e^t(\sin t+\cos t)$

$g''(t)=e^t(\sin t+\cos t)+e^t(\cos t-\sin t)$

$\qquad=2e^t\cos t$

$t=\dfrac{\pi}{6}$일 때

$f''\left(\dfrac{\pi}{6}\right)=e^{\frac{\pi}{6}}\left(1-2\sin\dfrac{\pi}{6}\right)$

$\qquad=e^{\frac{\pi}{6}}\left(1-2\times\dfrac{1}{2}\right)=0$

$g''\left(\dfrac{\pi}{6}\right)=2e^{\frac{\pi}{6}}\cos\dfrac{\pi}{6}$

$\qquad=2e^{\frac{\pi}{6}}\times\dfrac{\sqrt{3}}{2}=\sqrt{3}e^{\frac{\pi}{6}}$

따라서 점 P의 시각 $t=\dfrac{\pi}{6}$에서의 가속도의 크기는

$\sqrt{\left\{f''\left(\dfrac{\pi}{6}\right)\right\}^2+\left\{g''\left(\dfrac{\pi}{6}\right)\right\}^2}=\sqrt{(\sqrt{3}e^{\frac{\pi}{6}})^2}=\sqrt{3}e^{\frac{\pi}{6}}$ 답 ③

145

ㄱ. $\lim\limits_{x\to 0+}\dfrac{f(x)-f(0)}{x-0}=\lim\limits_{x\to 0+}\dfrac{|\sin x|}{x}=\lim\limits_{x\to 0+}\dfrac{\sin x}{x}=1$

$\lim\limits_{x\to 0-}\dfrac{f(x)-f(0)}{x-0}=\lim\limits_{x\to 0-}\dfrac{|\sin x|}{x}=\lim\limits_{x\to 0-}\dfrac{-\sin x}{x}=-1$

따라서 $x=0$에서 미분가능하지 않다.

ㄴ. $\lim\limits_{x\to 0+}\dfrac{g(x)-g(0)}{x-0}=\lim\limits_{x\to 0+}\dfrac{|x\sin x|}{x}=\lim\limits_{x\to 0+}\dfrac{x\sin x}{x}$

$\qquad=\lim\limits_{x\to 0+}\sin x=0$

$\lim\limits_{x\to 0-}\dfrac{g(x)-g(0)}{x-0}=\lim\limits_{x\to 0-}\dfrac{|x\sin x|}{x}=\lim\limits_{x\to 0-}\dfrac{x\sin x}{x}$

$\qquad=\lim\limits_{x\to 0-}\sin x=0$

따라서 $x=0$에서 미분가능하다.

ㄷ. $\lim\limits_{x\to 0+}\dfrac{h(x)-h(0)}{x-0}=\lim\limits_{x\to 0+}\dfrac{\sqrt{1-\cos|x|}}{x}$

$\qquad=\lim\limits_{x\to 0+}\dfrac{\sqrt{1-\cos x}}{x}$

$\qquad=\lim\limits_{x\to 0+}\sqrt{\dfrac{1-\cos x}{x^2}}$

$\qquad=\lim\limits_{x\to 0+}\sqrt{\dfrac{1-\cos^2 x}{x^2(1+\cos x)}}$

$\qquad=\lim\limits_{x\to 0+}\sqrt{\dfrac{\sin^2 x}{x^2(1+\cos x)}}$

$\qquad=\lim\limits_{x\to 0+}\sqrt{\left(\dfrac{\sin x}{x}\right)^2\times\dfrac{1}{1+\cos x}}$

$\qquad=\sqrt{1^2\times\dfrac{1}{1+1}}=\dfrac{\sqrt{2}}{2}$ ······ ㉠

$\lim\limits_{x\to 0-}\dfrac{h(x)-h(0)}{x-0}=\lim\limits_{x\to 0-}\dfrac{\sqrt{1-\cos|x|}}{x}$

$\qquad=\lim\limits_{x\to 0-}\dfrac{\sqrt{1-\cos(-x)}}{x}$

$\qquad=\lim\limits_{x\to 0-}\dfrac{\sqrt{1-\cos(-x)}}{-(-x)}$

$\qquad=-\lim\limits_{t\to 0+}\dfrac{\sqrt{1-\cos t}}{t}=-\dfrac{\sqrt{2}}{2}\,(\because ㉠)$

따라서 $x=0$에서 미분가능하지 않다.

따라서 $x=0$에서 미분가능한 함수는 ㄴ뿐이다.   답 ①

146

$f(x)=\ln(1+|x^2-4x+3|)$

$\qquad=\ln\{1+|(x-1)(x-3)|\}$

(i) $(x-1)(x-3)>0$, 즉 $x<1$ 또는 $x>3$일 때

$\qquad f(x)=\ln\{1+(x-1)(x-3)\}=\ln(x^2-4x+4)$

$\qquad\therefore f'(x)=\dfrac{2x-4}{x^2-4x+4}$

(ii) $(x-1)(x-3)<0$, 즉 $1<x<3$일 때

$\qquad f(x)=\ln\{1-(x-1)(x-3)\}=\ln(-x^2+4x-2)$

$\qquad\therefore f'(x)=\dfrac{-2x+4}{-x^2+4x-2}$

$$\lim_{x \to 1+} f'(x) = \lim_{x \to 1+} \frac{-2x+4}{-x^2+4x-2} = 2,$$

$$\lim_{x \to 1-} f'(x) = \lim_{x \to 1-} \frac{2x-4}{x^2-4x+4} = -2$$

이므로 $x=1$에서 미분가능하지 않다.

$$\lim_{x \to 3+} f'(x) = \lim_{x \to 3+} \frac{2x-4}{x^2-4x+4} = 2,$$

$$\lim_{x \to 3-} f'(x) = \lim_{x \to 3-} \frac{-2x+4}{-x^2+4x-2} = -2$$

이므로 $x=3$에서 미분가능하지 않다.

$\therefore \alpha=1, \beta=3$

즉, $1<x<3$에서 $f'(x)=0$일 때 (ii)에 의하여

$-2x+4=0 \qquad \therefore x=2$

$1<x<3$에서 함수 $f(x)$의 증가와 감소를 표로 나타내면 다음과 같다.

x	(1)	$\cdots$	2	$\cdots$	(3)
$f'(x)$		$+$	0	$-$	
$f(x)$		↗	$\ln 2$	↘	

함수 $f(x)$는 $x=2$에서 극대이므로 극댓값은

$f(2) = \ln 2$

$\therefore M = 2$

$\therefore \alpha+\beta+M = 1+3+2 = 6$ 　　　답 6

참고 $f'(x)=0$일 때, (i)에서 $2x-4=0$

$\therefore x=2$

이 값은 (i)의 $x<1$ 또는 $x>3$에 포함되지 않는다.

147

$f(x) = x^2 e^{-x}$에서

$f'(x) = 2xe^{-x} - x^2 e^{-x} = -x(x-2)e^{-x}$

$f'(x)=0$에서

$x=0$ 또는 $x=2$ ($\because e^{-x}>0$)

함수 $f(x)$의 증가와 감소를 표로 나타내면 다음과 같다.

x	$\cdots$	0	$\cdots$	2	$\cdots$
$f'(x)$	$-$	0	$+$	0	$-$
$f(x)$	↘	0	↗	$4e^{-2}$	↘

$\lim\limits_{x \to \infty} x^2 e^{-x} = 0$이므로 함수 $y=f(x)$의 그래프는 다음 그림과 같다.

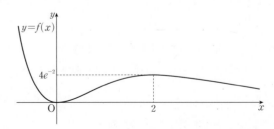

함수 $g(x) = |f(x)-t|$의 그래프는 $y=f(x)$의 그래프를 y축의 방향으로 $-t$만큼 평행이동하고, $y<0$인 부분을 x축에 대하여 대칭이동한 그래프이다.

(i) $t \le 0$일 때

$g(x) = |f(x)-t|$의 그래프는 오른쪽 그림과 같으므로 미분가능하지 않은 점은 없다.

$\therefore h(t) = 0$

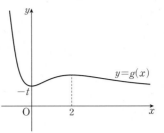

(ii) $0 < t < \dfrac{4}{e^2}$일 때

$g(x) = |f(x)-t|$의 그래프는 오른쪽 그림과 같으므로 미분가능하지 않은 점은 3개이다.

$\therefore h(t) = 3$

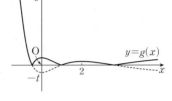

(iii) $t \ge \dfrac{4}{e^2}$일 때

$g(x) = |f(x)-t|$의 그래프는 오른쪽 그림과 같으므로 미분가능하지 않은 점은 1개이다.

$\therefore h(t) = 1$

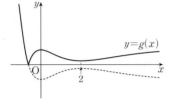

(i), (ii), (iii)에 의하여 함수 $y=h(t)$의 그래프는 다음 그림과 같다.

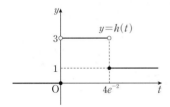

$\lim\limits_{t \to 4e^{-2}-} h(t) = 3$, $h(4e^{-2}) = 1$이므로

$\lim\limits_{t \to 4e^{-2}-} h(t) \ne h(4e^{-2})$

$\therefore a = 4e^{-2}$ 　　　답 ③

148

함수 $g(x)$는 $x=1$에서 미분가능하므로

$\lim\limits_{x \to 1+} g'(x) = \lim\limits_{x \to 1-} g'(x)$

$$\lim_{x \to 1+} g'(x) = \lim_{x \to 1+} \left\{-\cos\frac{\pi}{2}x \times f(x)\right\}'$$

$$= \lim_{x \to 1+} \left\{\frac{\pi}{2}\sin\frac{\pi}{2}x \times f(x) - \cos\frac{\pi}{2}x \times f'(x)\right\}$$

$$= \frac{\pi}{2}\sin\frac{\pi}{2} \times f(1) - \cos\frac{\pi}{2} \times f'(1)$$

$$= \frac{\pi}{2}f(1) \qquad \cdots\cdots ㉠$$

$$\lim_{x \to 1-} g'(x) = \lim_{x \to 1-} \left\{\cos\frac{\pi}{2}x \times f(x)\right\}'$$

$$= \lim_{x \to 1-} \left\{-\frac{\pi}{2}\sin\frac{\pi}{2}x \times f(x) + \cos\frac{\pi}{2}x \times f'(x)\right\}$$

$$= -\frac{\pi}{2}\sin\frac{\pi}{2} \times f(1) + \cos\frac{\pi}{2} \times f'(1)$$

$$= -\frac{\pi}{2}f(1) \qquad \cdots\cdots ㉡$$

㉠, ㉡에서

$$\frac{\pi}{2}f(1)=-\frac{\pi}{2}f(1)$$

$$\therefore f(1)=0 \qquad \cdots\cdots ㉢$$

한편, $-1<x<1$에서 $\cos\frac{\pi}{2}x>0$이므로

$$g(x)=\cos\frac{\pi}{2}x\times f(x)$$

$$g'(x)=-\frac{\pi}{2}\sin\frac{\pi}{2}x\times f(x)+\cos\frac{\pi}{2}x\times f'(x)$$이므로

$$g'(0)=-\frac{\pi}{2}\sin 0\times f(0)+\cos 0\times f'(0)=f'(0)$$

조건 ⑭에서 $g'(0)=2$이므로

$$f'(0)=2 \qquad \cdots\cdots ㉣$$

$f(x)=x^2+ax+b$라 하면

$$f'(x)=2x+a$$

㉢에서 $1+a+b=0$, ㉣에서 $a=2$이므로

$$b=-3$$

따라서 $f(x)=x^2+2x-3$이므로

$$g(6)=|\cos 3\pi|f(6)=f(6)$$
$$=36+12-3=45$$

답 45

149

$f(x)=\dfrac{x}{x^2+1}$에서

$$f'(x)=\frac{x^2+1-x\times 2x}{(x^2+1)^2}=\frac{-x^2+1}{(x^2+1)^2}=-\frac{(x+1)(x-1)}{(x^2+1)^2}$$

$$f''(x)=\frac{-2x(x^2+1)^2-(-x^2+1)\times 2(x^2+1)\times 2x}{(x^2+1)^4}$$
$$=\frac{-2x(x^2+1)-4x(-x^2+1)}{(x^2+1)^3}$$
$$=\frac{2x(x^2-3)}{(x^2+1)^3}$$

$f'(x)=0$에서

$x=-1$ 또는 $x=1$

$f''(x)=0$에서

$x=-\sqrt{3}$ 또는 $x=0$ 또는 $x=\sqrt{3}$

함수 $f(x)$의 증가와 감소를 표로 나타내면 다음과 같다.

x	$\cdots$	$-\sqrt{3}$	$\cdots$	-1	$\cdots$	0	$\cdots$	1	$\cdots$	$\sqrt{3}$	$\cdots$
$f'(x)$	$-$	$-$	$-$	0	$+$	$+$	$+$	0	$-$	$-$	$-$
$f''(x)$	$-$	0	$+$	$+$	$+$	0	$-$	$-$	$-$	0	$+$
$f(x)$	$\searrow$	$-\frac{\sqrt{3}}{4}$	$\searrow$	$-\frac{1}{2}$	$\nearrow$	0	$\nearrow$	$\frac{1}{2}$	$\searrow$	$\frac{\sqrt{3}}{4}$	$\searrow$

ㄱ. 함수 $f(x)$는 $x=-1$에서 극솟값을 갖는다. (참)

ㄴ. 곡선 $y=f(x)$의 원점이 아닌 두 변곡점의 좌표는

$$\left(-\sqrt{3},\ -\frac{\sqrt{3}}{4}\right),\ \left(\sqrt{3},\ \frac{\sqrt{3}}{4}\right)$$

이므로 두 변곡점 사이의 거리는

$$\sqrt{(\sqrt{3}+\sqrt{3})^2+\left(\frac{\sqrt{3}}{4}+\frac{\sqrt{3}}{4}\right)^2}=\frac{\sqrt{51}}{2}$$ (참)

ㄷ. $\displaystyle\lim_{x\to-\infty}f(x)=0$, $\displaystyle\lim_{x\to\infty}f(x)=0$이므로 함수 $y=f(x)$의 그래프는 다음 그림과 같다.

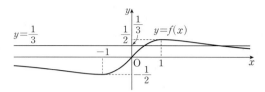

즉, 함수 $y=f(x)$의 그래프와 직선 $y=\dfrac{1}{3}$의 교점의 개수가 2이므로 방정식 $f(x)=\dfrac{1}{3}$의 실근의 개수는 2이다. (참)

따라서 ㄱ, ㄴ, ㄷ 모두 옳다.

답 ⑤

150

$f(x)=x^2-2\ln x$에서

$$f'(x)=2x-\frac{2}{x}=\frac{2x^2-2}{x}=\frac{2(x+1)(x-1)}{x}$$

$f'(x)=0$에서 $x=1$ $(\because x>0)$

$x>0$에서 함수 $f(x)$의 증가와 감소를 표로 나타내면 다음과 같다.

x	(0)	$\cdots$	1	$\cdots$
$f'(x)$		$-$	0	$+$
$f(x)$		$\searrow$	1	$\nearrow$

ㄱ. 함수 $f(x)$는 $x=1$에서 극솟값을 갖는다. (참)

ㄴ. $f''(x)=2+\dfrac{2}{x^2}>0$이므로 곡선 $y=f(x)$는 항상 아래로 볼록하다. 따라서 변곡점은 존재하지 않는다. (거짓)

ㄷ. $\displaystyle\lim_{x\to 0+}f(x)=\infty$, $\displaystyle\lim_{x\to\infty}f(x)=\infty$이므로 함수 $y=f(x)$의 그래프는 다음 그림과 같다.

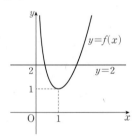

즉, 함수 $y=f(x)$의 그래프와 직선 $y=2$의 교점의 개수가 2이므로 방정식 $f(x)=2$의 실근의 개수는 2이다. (참)

따라서 옳은 것은 ㄱ, ㄷ이다.

답 ③

151

$f(x)=(x-1)e^{-x+2}$에서

$$f'(x)=e^{-x+2}-(x-1)e^{-x+2}$$
$$=(2-x)e^{-x+2}$$

$$f''(x)=-e^{-x+2}-(2-x)e^{-x+2}$$
$$=(x-3)e^{-x+2}$$

$f'(x)=0$에서 $x=2$ $(\because e^{-x+2}>0)$

$f''(x)=0$에서 $x=3$ $(\because e^{-x+2}>0)$

함수 $f(x)$의 증가와 감소를 표로 나타내면 다음과 같다.

x	$\cdots$	2	$\cdots$	3	$\cdots$
$f'(x)$	$+$	0	$-$	$-$	$-$
$f''(x)$	$-$	$-$	$-$	0	$+$
$f(x)$	↗	1	↘	$\dfrac{2}{e}$	↘

ㄱ. 함수 $f(x)$는 $x=2$에서 극댓값을 갖는다. (참)

ㄴ. 곡선 $y=f(x)$의 변곡점의 좌표는 $\left(3,\ \dfrac{2}{e}\right)$이다. (참)

ㄷ. $\displaystyle\lim_{x\to\infty} xe^{-x}=0$이므로 함수 $y=f(x)$의 그래프는 다음 그림과 같다.

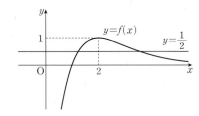

즉, 함수 $y=f(x)$의 그래프와 직선 $y=\dfrac{1}{2}$의 교점의 개수가 2이

므로 방정식 $f(x)=\dfrac{1}{2}$의 실근의 개수는 2이다. (참)

따라서 ㄱ, ㄴ, ㄷ 모두 옳다.　　　　　　　　　　　　답 ⑤

152

ㄱ. $f(x)=2x-\sin x$에서 $f'(x)=2-\cos x$

방정식 $f'(x)=2$에서 $2-\cos x=2$

$\cos x=0$　　$\therefore x=\dfrac{\pi}{2}$ 또는 $x=\dfrac{3}{2}\pi$ ($\because 0<x<2\pi$)

따라서 α의 값은 $\dfrac{\pi}{2}$, $\dfrac{3}{2}\pi$이므로 그 합은

$\dfrac{\pi}{2}+\dfrac{3}{2}\pi=2\pi$ (참)

ㄴ. $f''(x)=\sin x$이므로 $f''(x)=0$에서

$\sin x=0$　　$\therefore x=\pi$ ($\because 0<x<2\pi$)

$x=\pi$의 좌우에서 $f''(x)$의 부호가 바뀌므로 곡선 $y=f(x)$는

$x=\pi$에서 변곡점을 갖는다.

$\therefore \beta=\pi$

$f(\pi)=2\pi$이므로 $g(2\pi)=\pi$

$\therefore g'(f(\pi))=\dfrac{1}{f'(\pi)}=\dfrac{1}{2-\cos\pi}=\dfrac{1}{3}$ (거짓)

ㄷ. 방정식 $f(x)=x+\dfrac{1}{2}$에서

$2x-\sin x=x+\dfrac{1}{2}$　　$\therefore x-\sin x=\dfrac{1}{2}$

$h(x)=x-\sin x$라 하면 $h'(x)=1-\cos x\geq 0$

즉, 함수 $h(x)$는 증가하는 함수이고 $h(0)=0$, $h(2\pi)=2\pi$이므

로 $y=h(x)$의 그래프는 직선 $y=\dfrac{1}{2}$과 한 점에서 만난다.

따라서 방정식 $f(x)=x+\dfrac{1}{2}$의 실근의 개수는 1이다. (거짓)

따라서 옳은 것은 ㄱ뿐이다.　　　　　　　　　　　　답 ①

153

전략 $\angle\mathrm{BAD}=\angle\mathrm{BAC}+\dfrac{\pi}{4}$임을 이용하여 변의 길이를 삼각함수로 나타내

고, $\triangle\mathrm{ABD}=\triangle\mathrm{ABE}+\triangle\mathrm{AED}$임을 이용한다.

직각삼각형 ABC에서

$\overline{\mathrm{AC}}=\sqrt{3^2+4^2}=5$

$\angle\mathrm{BAC}=\alpha$라 하면 $\cos\alpha=\dfrac{3}{5}$, $\sin\alpha=\dfrac{4}{5}$

$\therefore \sin(\angle\mathrm{BAD})=\sin\left(\alpha+\dfrac{\pi}{4}\right)$

$\qquad\qquad\qquad = \sin\alpha\cos\dfrac{\pi}{4}+\cos\alpha\sin\dfrac{\pi}{4}$

$\qquad\qquad\qquad = \dfrac{4}{5}\times\dfrac{\sqrt{2}}{2}+\dfrac{3}{5}\times\dfrac{\sqrt{2}}{2}=\dfrac{7\sqrt{2}}{10}$

직각삼각형 ACD에서

$\overline{\mathrm{AD}}=\overline{\mathrm{AC}}\cos\dfrac{\pi}{4}=5\times\dfrac{\sqrt{2}}{2}=\dfrac{5\sqrt{2}}{2}$

$\overline{\mathrm{AE}}=x$라 하면 $\triangle\mathrm{ABD}=\triangle\mathrm{ABE}+\triangle\mathrm{AED}$이므로

$\dfrac{1}{2}\times 3\times\dfrac{5\sqrt{2}}{2}\times\sin(\angle\mathrm{BAD})$

$=\dfrac{1}{2}\times 3\times x\times\sin\alpha+\dfrac{1}{2}\times x\times\dfrac{5\sqrt{2}}{2}\times\sin\dfrac{\pi}{4}$

$\dfrac{1}{2}\times 3\times\dfrac{5\sqrt{2}}{2}\times\dfrac{7\sqrt{2}}{10}=\dfrac{1}{2}\times 3\times x\times\dfrac{4}{5}+\dfrac{1}{2}\times x\times\dfrac{5\sqrt{2}}{2}\times\dfrac{\sqrt{2}}{2}$

$\dfrac{21}{4}=\dfrac{49}{20}x$　　$\therefore x=\dfrac{15}{7}$

따라서 선분 AE의 길이는 $\dfrac{15}{7}$이다.　　　　　　　답 ③

154

전략 $\dfrac{dy}{dx}=\dfrac{\dfrac{dy}{dt}}{\dfrac{dx}{dt}}$를 이용하여 접선의 방정식을 구한 후, 점 $(0,\ 2)$의 좌표

를 대입하여 t의 값을 구한다.

$\dfrac{dx}{dt}=2t+2$, $\dfrac{dy}{dt}=1-\dfrac{1}{t^2}$이므로

$\dfrac{dy}{dx}=\dfrac{\dfrac{dy}{dt}}{\dfrac{dx}{dt}}=\dfrac{1-\dfrac{1}{t^2}}{2t+2}=\dfrac{t-1}{2t^2}$　　　$\cdots\cdots$ ㉠

따라서 접선의 방정식은

$y-\left(t+\dfrac{1}{t}\right)=\dfrac{t-1}{2t^2}(x-t^2-2t)$

$\therefore y=\dfrac{t-1}{2t^2}x-\dfrac{t^2+t-2}{2t}+t+\dfrac{1}{t}$

이 접선이 점 $(0,\ 2)$를 지나므로

$2=-\dfrac{t^2+t-2}{2t}+t+\dfrac{1}{t}$

$4t=-t^2-t+2+2t^2+2$

$t^2-5t+4=0$, $(t-1)(t-4)=0$

$\therefore t=1$ 또는 $t=4$

$t=1$을 ㉠에 대입하면 $\dfrac{dy}{dx}=\dfrac{1-1}{2\times 1}=0$

$t=4$를 ㉠에 대입하면 $\dfrac{dy}{dx}=\dfrac{4-1}{2\times 16}=\dfrac{3}{32}$

$\therefore m_1+m_2=0+\dfrac{3}{32}=\dfrac{3}{32}$ 　　　　　答 ②

155

[전략] $g'(1)=2$, $h'(1)=1$을 이용하여 $f(1)$, $f'(1)$의 값을 구하고, 함수 $f(x)$를 구한다.

$g(x)=\{f(x)\}^2$에서 $g'(x)=2f(x)f'(x)$이므로

$g'(1)=2f(1)f'(1)$

이때 $g'(1)=2$이므로 $2f(1)f'(1)=2$

$\therefore f(1)f'(1)=1$ 　　　　　…… ㉠

$h(x)=\ln f(x)$에서 $h'(x)=\dfrac{f'(x)}{f(x)}$이므로

$h'(1)=\dfrac{f'(1)}{f(1)}$

이때 $h'(1)=1$이므로 $\dfrac{f'(1)}{f(1)}=1$

$\therefore f'(1)=f(1)$ 　　　　　…… ㉡

㉡을 ㉠에 대입하면 $\{f(1)\}^2=1$이므로

$f(1)=1$ $(\because f(1)>0)$

$\therefore f'(1)=f(1)=1$

$f(x)=x^2+ax+b$라 하면 $f(1)=1$에서

$1+a+b=1$ 　　$\therefore a+b=0$ 　　…… ㉢

또, $f'(x)=2x+a$이므로 $f'(1)=1$에서

$2+a=1$ 　　$\therefore a=-1$

$\therefore b=1$ $(\because ㉢)$

따라서 $f(x)=x^2-x+1$이므로

$f(4)=16-4+1=13$ 　　　　　答 13

156

[전략] 시각 t에서 점 P의 속력 $\sqrt{\left(\dfrac{dx}{dt}\right)^2+\left(\dfrac{dy}{dt}\right)^2}$을 구하고 미분을 이용하여 a의 값을 구한다.

$\dfrac{dx}{dt}=a-\dfrac{1}{t}$, $\dfrac{dy}{dt}=\dfrac{2}{t}$이므로 시각 t에서의 점 P의 속력은

$\sqrt{\left(\dfrac{dx}{dt}\right)^2+\left(\dfrac{dy}{dt}\right)^2}=\sqrt{\left(a-\dfrac{1}{t}\right)^2+\left(\dfrac{2}{t}\right)^2}$

$\qquad\qquad\qquad\qquad =\sqrt{\dfrac{5}{t^2}-\dfrac{2a}{t}+a^2}$

$f(t)=\dfrac{5}{t^2}-\dfrac{2a}{t}+a^2$이라 하면

$f'(t)=-\dfrac{10}{t^3}+\dfrac{2a}{t^2}=\dfrac{-10+2at}{t^3}$

$f'(t)=0$에서 $-10+2at=0$

$\therefore t=\dfrac{5}{a}$ $(\because a>0)$

$t>0$에서 함수 $f(t)$의 증가와 감소를 표로 나타내면 다음과 같다.

t	(0)	$\cdots$	$\dfrac{5}{a}$	$\cdots$
$f'(t)$		$-$	0	$+$
$f(t)$		$\searrow$	극소	$\nearrow$

따라서 함수 $f(t)$는 $t=\dfrac{5}{a}$에서 극소이면서 최소이므로

$\sqrt{f\left(\dfrac{5}{a}\right)}=4$

즉, $\sqrt{\dfrac{a^2}{5}-\dfrac{2a^2}{5}+a^2}=4$이므로

$\sqrt{\dfrac{4}{5}a^2}=4$,

$\dfrac{4}{5}a^2=16$, $a^2=20$

$\therefore a=2\sqrt{5}$ $(\because a>0)$ 　　　　　答 ④

157

[전략] 조건 ㈎, ㈏를 이용하여 $f(a)$, $f'(a)$의 값을 구한 후, 조건 ㈏의 식의 양변을 미분한다.

조건 ㈎에서 $f(a)+f(-a)=1$이므로

$f(-a)=1-f(a)$

조건 ㈏에서 $f'(a)=f(a)f(-a)$이므로

$f(a)+f'(a)=f(a)+f(a)f(-a)$

$\qquad\qquad\qquad =f(a)+f(a)\{1-f(a)\}$

$\qquad\qquad\qquad =2f(a)-\{f(a)\}^2=\dfrac{8}{9}$

$9\{f(a)\}^2-18f(a)+8=0$

$\{3f(a)-2\}\{3f(a)-4\}=0$

$\therefore f(a)=\dfrac{2}{3}$ $(\because 0<f(a)<1)$

$f'(a)=\dfrac{8}{9}-f(a)=\dfrac{8}{9}-\dfrac{2}{3}=\dfrac{2}{9}$

이때 조건 ㈎, ㈏에서

$f'(x)=f(x)f(-x)=f(x)\{1-f(x)\}=f(x)-\{f(x)\}^2$

이므로 양변을 x에 대하여 미분하면

$f''(x)=f'(x)-2f(x)f'(x)$

$\therefore f''(a)=f'(a)-2f(a)f'(a)$

$\qquad\qquad =\dfrac{2}{9}-2\times\dfrac{2}{3}\times\dfrac{2}{9}=-\dfrac{2}{27}$ 　　　　答 ①

[참고] 조건 ㈎에서 $f(x)+f(-x)=1$이므로

$f(-x)=1-f(x)$

이때 $f(-x)>0$이므로

$1-f(x)>0$ 　　$\therefore f(x)<1$

$\therefore 0<f(x)<1$

158

함수 $f(x)$에서 $\lim\limits_{x \to a-} f(x) = \lim\limits_{x \to a+} f(x) = f(a)$이면 $x=a$에서 연속임을 이용하여 ㄱ, ㄴ, ㄷ을 판별한다.

ㄱ. $\lim\limits_{x \to 0-} f(x) = \lim\limits_{x \to 0-} 2 = 2$

$\lim\limits_{x \to 0+} f(x) = \lim\limits_{x \to 0+} \dfrac{\ln(1+x)}{x} = 1$

따라서 $\lim\limits_{x \to 0-} f(x) \neq \lim\limits_{x \to 0+} f(x)$이므로 함수 $f(x)$는 $x=0$에서 불연속이다. (참)

ㄴ. $g(x) = xf(x)$라 하면

$g(x) = \begin{cases} \ln(1+x) & (x>0) \\ 2x & (-1 < x \leq 0) \end{cases}$

$\lim\limits_{x \to 0-} g(x) = \lim\limits_{x \to 0-} 2x = 0$, $\lim\limits_{x \to 0+} g(x) = \lim\limits_{x \to 0+} \ln(1+x) = 0$

따라서 $\lim\limits_{x \to 0-} g(x) = \lim\limits_{x \to 0+} g(x) = g(0)$이므로 함수 $xf(x)$는 $x=0$에서 연속이다. (참)

ㄷ. $h(x) = x^k f(x)$라 하면

$h(x) = \begin{cases} x^{k-1}\ln(1+x) & (x>0) \\ 2x^k & (-1 < x \leq 0) \end{cases}$

$h(0) = 0$이므로

$\lim\limits_{x \to 0-} \dfrac{h(x)-h(0)}{x-0} = \lim\limits_{x \to 0-} \dfrac{2x^k}{x}$

$\qquad\qquad = \lim\limits_{x \to 0-} 2x^{k-1}$ ...... ㉠

$\lim\limits_{x \to 0+} \dfrac{h(x)-h(0)}{x-0} = \lim\limits_{x \to 0+} \dfrac{x^{k-1}\ln(1+x)}{x}$

$\qquad\qquad = \lim\limits_{x \to 0+} x^{k-2}\ln(1+x)$ ...... ㉡

(i) $k=1$일 때

㉠에서

$\lim\limits_{x \to 0-} \dfrac{h(x)-h(0)}{x-0} = \lim\limits_{x \to 0-} 2 = 2$

㉡에서

$\lim\limits_{x \to 0+} \dfrac{h(x)-h(0)}{x-0} = \lim\limits_{x \to 0+} \dfrac{\ln(1+x)}{x} = 1$

따라서 $\lim\limits_{x \to 0-} \dfrac{h(x)-h(0)}{x-0} \neq \lim\limits_{x \to 0+} \dfrac{h(x)-h(0)}{x-0}$이므로 함수 $h(x)$는 $x=0$에서 미분가능하지 않다.

(ii) $k \geq 2$일 때

㉠에서

$\lim\limits_{x \to 0-} \dfrac{h(x)-h(0)}{x-0} = \lim\limits_{x \to 0-} 2x^{k-1} = 0$

㉡에서

$\lim\limits_{x \to 0+} \dfrac{h(x)-h(0)}{x-0} = \lim\limits_{x \to 0+} x^{k-2}\ln(1+x) = 0$

따라서 $\lim\limits_{x \to 0-} \dfrac{h(x)-h(0)}{x-0} = \lim\limits_{x \to 0+} \dfrac{h(x)-h(0)}{x-0}$이므로 함수 $h(x)$는 $x=0$에서 미분가능하다.

(i), (ii)에서 함수 $x^k f(x)$가 $x=0$에서 미분가능하도록 하는 자연수 k의 최솟값은 2이다. (참)

따라서 ㄱ, ㄴ, ㄷ 모두 옳다.

답 ⑤

159

$\angle AOQ = \angle POQ$임을 이용하여 $f(\theta) - g(\theta)$의 식을 구한다.

$f(\theta) =$ (삼각형 OQR의 넓이) $-$ (부채꼴 OPQ의 넓이),

$g(\theta) =$ (삼각형 OAS의 넓이) $-$ (부채꼴 OAQ의 넓이)

이고, 이때 $\angle AOQ = \angle POQ = \theta \left(0 < \theta < \dfrac{\pi}{4}\right)$이므로 부채꼴 OPQ의 넓이와 부채꼴 OAQ의 넓이는 같다.

$\therefore f(\theta) - g(\theta) = \triangle OQR - \triangle OAS$ ...... ㉠

또, $\overline{OA} = \overline{OQ} = 1$이고

삼각형 OAR에서 $\overline{OA} = \overline{OR}\cos 2\theta$이므로

$\overline{OR} = \dfrac{1}{\cos 2\theta}$

삼각형 OAS에서 $\overline{OA} = \overline{OS}\cos\theta$이므로

$\overline{OS} = \dfrac{1}{\cos\theta}$

$\triangle OQR = \dfrac{1}{2} \times \overline{OR} \times \overline{OQ} \times \sin\theta = \dfrac{1}{2} \times \dfrac{1}{\cos 2\theta} \times 1 \times \sin\theta$

$\qquad = \dfrac{\sin\theta}{2\cos 2\theta}$

$\triangle OAS = \dfrac{1}{2} \times \overline{OS} \times \overline{OA} \times \sin\theta = \dfrac{1}{2} \times \dfrac{1}{\cos\theta} \times 1 \times \sin\theta$

$\qquad = \dfrac{\sin\theta}{2\cos\theta}$

㉠에서

$f(\theta) - g(\theta) = \dfrac{\sin\theta}{2\cos 2\theta} - \dfrac{\sin\theta}{2\cos\theta}$

$\therefore \lim\limits_{\theta \to 0+} \dfrac{f(\theta)-g(\theta)}{\theta^3} = \lim\limits_{\theta \to 0+} \dfrac{\dfrac{\sin\theta}{2\cos 2\theta} - \dfrac{\sin\theta}{2\cos\theta}}{\theta^3}$

$= \lim\limits_{\theta \to 0+} \dfrac{\sin\theta\left(\dfrac{1}{\cos 2\theta} - \dfrac{1}{\cos\theta}\right)}{2\theta^3}$

$= \lim\limits_{\theta \to 0+} \dfrac{\sin\theta(\cos\theta - \cos 2\theta)}{2\theta^3 \cos 2\theta \cos\theta}$

$= \lim\limits_{\theta \to 0+} \dfrac{\sin\theta(\cos^2\theta - \cos^2 2\theta)}{2\theta^3 \cos 2\theta \cos\theta(\cos\theta + \cos 2\theta)}$

$= \lim\limits_{\theta \to 0+} \dfrac{\sin\theta\{1 - \sin^2\theta - (1 - \sin^2 2\theta)\}}{2\theta^3 \cos 2\theta \cos\theta(\cos\theta + \cos 2\theta)}$

$= \lim\limits_{\theta \to 0+} \dfrac{\sin\theta(\sin^2 2\theta - \sin^2\theta)}{2\theta^3 \cos 2\theta \cos\theta(\cos\theta + \cos 2\theta)}$

$= \lim\limits_{\theta \to 0+} \dfrac{\dfrac{\sin\theta}{\theta}\left\{\left(\dfrac{\sin 2\theta}{\theta}\right)^2 - \left(\dfrac{\sin\theta}{\theta}\right)^2\right\}}{2\cos 2\theta \cos\theta(\cos\theta + \cos 2\theta)}$

$= \dfrac{1 \times (2^2 - 1^2)}{2 \times 1 \times 1 \times (1+1)} = \dfrac{3}{4}$

답 ④

160

직선 PH의 방정식을 구한 후, 점 H의 좌표를 이용하여 삼각형 OHP의 넓이를 구한다.

$0 < t < \dfrac{\pi}{2}$일 때, $\dfrac{7}{25}t + \sin t \cos t = \dfrac{7}{25}t + \dfrac{\sin 2t}{2} > 0$이므로

$f(t) > t$

따라서 점 $P(t, f(t))$와 직선 $y=x$, 즉 $x-y=0$ 사이의 거리는

$$\overline{PH}=\frac{|t-f(t)|}{\sqrt{1^2+(-1)^2}}=\frac{f(t)-t}{\sqrt{2}}$$

직선 PH의 기울기가 -1이므로 직선 PH의 방정식은

$$y=-(x-t)+f(t)$$

직선 PH와 직선 $y=x$의 교점의 x좌표는

$$x=-(x-t)+f(t)$$

$$\therefore x=\frac{f(t)+t}{2}$$

즉, $H\left(\dfrac{f(t)+t}{2},\ \dfrac{f(t)+t}{2}\right)$이므로

$$\overline{OH}=\sqrt{\left\{\frac{f(t)+t}{2}\right\}^2+\left\{\frac{f(t)+t}{2}\right\}^2}=\frac{f(t)+t}{\sqrt{2}}$$

$$\therefore S(t)=\frac{1}{2}\times\overline{OH}\times\overline{PH}$$

$$=\frac{1}{2}\times\frac{f(t)+t}{\sqrt{2}}\times\frac{f(t)-t}{\sqrt{2}}$$

$$=\frac{\{f(t)\}^2-t^2}{4}$$

$$=\frac{1}{4}\left(\frac{7}{25}t+\sin t\cos t\right)$$

$S'(t)=\dfrac{1}{4}\left(\dfrac{7}{25}+\cos^2 t-\sin^2 t\right)$이므로 $S'(t)=0$에서

$$\cos^2 t-\sin^2 t=-\frac{7}{25}$$

$$1-\sin^2 t-\sin^2 t=-\frac{7}{25}$$

$$\sin^2 t=\frac{16}{25}$$

$$\therefore \sin t=\frac{4}{5}\left(\because 0<t<\frac{\pi}{2}\right)\quad\cdots\cdots\ \text{㉠}$$

㉠을 만족시키는 t의 값을 t_1이라 하고 $0<t<\dfrac{\pi}{2}$에서 함수 $S(t)$의 증

가와 감소를 표로 나타내면 다음과 같다.

t	(0)	$\cdots$	t_1	$\cdots$	$\left(\dfrac{\pi}{2}\right)$
$S'(t)$		$+$	0	$-$	
$S(t)$		↗	극대	↘	

따라서 함수 $S(t)$는 $t=t_1$에서 극대이면서 최대이므로 $\alpha=t_1$, 즉

$$\sin\alpha=\frac{4}{5}$$

$\cos\alpha=\sqrt{1-\sin^2\alpha}=\sqrt{1-\left(\dfrac{4}{5}\right)^2}=\dfrac{3}{5}\left(\because 0<\alpha<\dfrac{\pi}{2}\right)$이므로

$$S(\alpha)=\frac{1}{4}\left(\frac{7}{25}\alpha+\sin\alpha\cos\alpha\right)$$

$$=\frac{1}{4}\left(\frac{7}{25}\alpha+\frac{4}{5}\times\frac{3}{5}\right)$$

$$=\frac{1}{4}\left(\frac{7}{25}\alpha+\frac{12}{25}\right)=\frac{1}{100}(7\alpha+12)$$

$$\therefore 100S(\alpha)-7\alpha=12\qquad\qquad\text{답 ②}$$

참고 점과 직선 사이의 거리

점 (x_1, y_1)과 직선 $ax+by+c=0$ 사이의 거리는

$$\frac{|ax_1+by_1+c|}{\sqrt{a^2+b^2}}$$

161

전략 $g'(2)=0$을 만족시키는 경우를 모두 구하여 $f(x)$를 구한다.

$g(x)=f(x)\left\{1-\ln\dfrac{f(x)}{2}\right\}$에서

$$g'(x)=f'(x)\left\{1-\ln\frac{f(x)}{2}\right\}-f(x)\times\frac{f'(x)}{f(x)}$$

$$=-f'(x)\ln\frac{f(x)}{2}$$

$g'(x)=0$에서 $f'(x)=0$ 또는 $\ln\dfrac{f(x)}{2}=0$

$\therefore f'(x)=0$ 또는 $f(x)=2$

조건 ㈎에서 $g'(2)=0$이므로

$$f'(2)=0 \text{ 또는 } f(2)=2$$

(i) $f(2)=2$이고 $a>2$에서 $f'(\alpha)=0$이면

$f'(2)<0$

또, $x=2$의 좌우에서 $\ln\dfrac{f(x)}{2}$의 값이

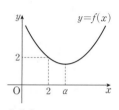

양$(+)$에서 음$(-)$으로 바뀌므로

$g'(x)$의 부호가 양$(+)$에서 음$(-)$으로 바뀐다.

즉, 함수 $g(x)$가 $x=2$에서 극댓값을 가지므로 조건 ㈎를 만족시

키지 않는다.

(ii) $f(2)=2$이고 $a<2$에서 $f'(\alpha)=0$이면

$f'(2)>0$

또, $x=2$의 좌우에서 $\ln\dfrac{f(x)}{2}$의 값이

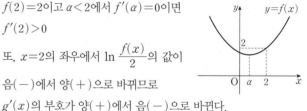

음$(-)$에서 양$(+)$으로 바뀌므로

$g'(x)$의 부호가 양$(+)$에서 음$(-)$으로 바뀐다.

즉, 함수 $g(x)$가 $x=2$에서 극댓값을 가지므로 조건 ㈎를 만족시

키지 않는다.

(i), (ii)에서 $f(2)\neq 2$이므로

$$f'(2)=0$$

따라서 함수 $y=f(x)$의 그래프의 축의 방정식은

$$x=2$$

한편, 이차방정식 $f(x)=2$, 즉 $f(x)-2=0$의 두 근을 β, γ라 하면

$y=f(x)-2$의 그래프가 직선 $x=2$에 대하여 대칭이므로

$$\frac{\beta+\gamma}{2}=2 \qquad \therefore \beta+\gamma=4$$

또, 조건 ㈏에서 $2\beta\gamma=6$이므로 $\beta\gamma=3$

따라서 $f(x)-2=x^2-4x+3$이므로

$$f(x)=x^2-4x+5$$

$$\therefore f(6)=36-24+5=17\qquad\qquad\text{답 17}$$

참고 $f(x)-2=0$이 중근을 가지면 $y=f(x)-2$의 그래프가 $x=2$인 점에

서 x축에 접하므로 $f(x)-2=0$의 근은

$$x=2$$

따라서 $g'(x)=0$을 만족시키는 모든 α의 값의 곱은

$$2\times 2=4$$

그런데 이것은 조건 ㈏를 만족시키지 않으므로 $f(x)-2=0$은 서로 다른

두 실근을 갖는다.

162

전략 삼각형 APH의 넓이 $S(t)$를 구하고 $S'(t)=0$의 두 근이 $t=k$, $t=k+1$임을 이용한다.

$\overline{\text{AH}}=a-t$, $\overline{\text{PH}}=\dfrac{e^t}{t^2}$이므로

$$S(t)=\frac{1}{2}\times(a-t)\times\frac{e^t}{t^2}$$

$$=\frac{e^t}{2}\left(\frac{a}{t^2}-\frac{1}{t}\right)$$

$$\therefore S'(t)=\frac{e^t}{2}\left(\frac{a}{t^2}-\frac{1}{t}\right)+\frac{e^t}{2}\left(-\frac{2a}{t^3}+\frac{1}{t^2}\right)$$

$$=-\frac{e^t}{2t^3}\{t^2-(a+1)t+2a\}$$

$S'(t)=0$에서

$t^2-(a+1)t+2a=0$ ($\because t>0$, $e^t>0$)

$S(t)$가 $t=k$, $t=k+1$에서 극값을 가지므로 $t^2-(a+1)t+2a=0$의 두 근이 k, $k+1$이다.

이차방정식의 근과 계수의 관계에 의하여

$k+(k+1)=a+1$ $\therefore a=2k$ ...... ㉠

$k(k+1)=2a$ ...... ㉡

㉠을 ㉡에 대입하면

$k(k+1)=4k$

$k^2-3k=0$, $k(k-3)=0$

이때 $k>0$이므로

$k=3$

$\therefore a=6$ ($\because$ ㉠)

즉, $S(t)=\dfrac{e^t}{2}\left(\dfrac{6}{t^2}-\dfrac{1}{t}\right)$이고

$$S'(t)=-\frac{e^t}{2t^3}(t^2-7t+12)$$

$$=-\frac{e^t}{2t^3}(t-3)(t-4)$$

$S'(t)=0$에서 $t=3$ 또는 $t=4$

$0<t<6$에서 함수 $S(t)$의 증가와 감소를 표로 나타내면 다음과 같다.

t	(0)	$\cdots$	3	$\cdots$	4	$\cdots$	(6)
$S'(t)$		$-$	0	$+$	0	$-$	
$S(t)$		$\searrow$	$\dfrac{e^3}{6}$	$\nearrow$	$\dfrac{e^4}{16}$	$\searrow$	

따라서 함수 $S(t)$의 극솟값은 $S(3)=\dfrac{e^3}{6}$, 극댓값은 $S(4)=\dfrac{e^4}{16}$이므로

$m=\dfrac{e^3}{6}$, $M=\dfrac{e^4}{16}$

$$\therefore \frac{M}{m}=\frac{\frac{e^4}{16}}{\frac{e^3}{6}}=\frac{3}{8}e$$ 답 ③

참고 이차방정식의 근과 계수의 관계

이차방정식 $ax^2+bx+c=0$의 두 근을 α, β라 할 때

$$\alpha+\beta=-\frac{b}{a},\ \alpha\beta=\frac{c}{a}$$

---

step 0   기출에서 뽑은 실전 개념 ○×   본문 63쪽

○× 01 ○	○× 02 ○	○× 03 ○	○× 04 ×	○× 05 ×
○× 06 ○	○× 07 ○	○× 08 ×	○× 09 ○	○× 10 ○

step 1   어려운 쉬운 3점·4점 유형 정복하기   본문 64~79쪽

163

$f(x)$의 도함수 $f'(x)$의 부정적분은

$$f(x)=\begin{cases} -\dfrac{1}{x}+C_1 & (x<-1) \\ x^3+x+C_2 & (x>-1) \end{cases}$$ (단, C_1, C_2는 적분상수)

이때 $f(-2)=\dfrac{1}{2}+C_1=\dfrac{1}{2}$이므로

$C_1=0$

함수 $f(x)$가 실수 전체의 집합에서 연속이므로 $x=-1$에서 연속이다.

즉, $\lim\limits_{x\to-1-}f(x)=\lim\limits_{x\to-1+}f(x)$가 성립한다.

$\lim\limits_{x\to-1-}f(x)=1+C_1=1$, $\lim\limits_{x\to-1+}f(x)=-2+C_2$이므로

$1=-2+C_2$ $\therefore C_2=3$

$\therefore f(0)=3$ 답 ③

164

함수 $f(x)$의 도함수 $f'(x)$의 부정적분은

$$f(x)=\begin{cases} x^3+ax+C_1 & (x>1) \\ x^2+\dfrac{1}{x}+C_2 & (x<1) \end{cases}$$ (단, C_1, C_2는 적분상수)

함수 $f(x)$는 $x=1$에서 연속이므로

$\lim\limits_{x\to1-}f(x)=\lim\limits_{x\to1+}f(x)=f(1)$이 성립한다.

$\lim\limits_{x\to1-}f(x)=2+C_2$, $\lim\limits_{x\to1+}f(x)=1+a+C_1$이므로

$2+C_2=1+a+C_1$

$\therefore C_2=a+C_1-1$ ...... ㉠

따라서

$f(2)-f(1)=(8+2a+C_1)-(1+a+C_1)$ ($\because$ ㉠)

$=7+a$

이므로

$7+a=10$ $\therefore a=3$

즉, $C_2=C_1+2$에서 $C_1-C_2=-2$이므로

$f(2)-f(-1)=(8+6+C_1)-(1-1+C_2)$

$=14+C_1-C_2$

$=12$ 답 ③

165

곡선 $y=f(x)$ 위의 임의의 점 (x, y)에서의 접선의 기울기가

$\sin x+\dfrac{a}{\pi^2}x$이므로

$f(x)=\displaystyle\int\left(\sin x+\dfrac{a}{\pi^2}x\right)dx$

$\qquad=-\cos x+\dfrac{a}{2\pi^2}x^2+C$ (단, C는 적분상수)

곡선 $y=f(x)$가 두 점 $(\pi, 1)$, $(2\pi, -2)$를 지나므로

$f(\pi)=1+\dfrac{a}{2}+C=1$, $f(2\pi)=-1+2a+C=-2$

위의 두 식을 연립하여 풀면 $a=-\dfrac{2}{3}$, $C=\dfrac{1}{3}$

따라서 $f(0)=-1+C=-\dfrac{2}{3}$이므로

$a+f(0)=-\dfrac{2}{3}+\left(-\dfrac{2}{3}\right)=-\dfrac{4}{3}$ 　　　　　답 ④

166

조건 ㈏의 양변을 x에 대하여 미분하면

$\dfrac{e^x-f(x)}{xf(x)}=\dfrac{f'(x)}{f(x)}$

조건 ㈎에서 $f(x)\neq0$이므로

$e^x-f(x)=xf'(x)$

$xf'(x)+f(x)=e^x$

$\{xf(x)\}'=e^x$

$\therefore\ xf(x)=\displaystyle\int e^x dx$

$\qquad\qquad=e^x+C$ (단, C는 적분상수)

이때 $f(1)=e+4$이므로

$e+C=e+4\quad\therefore\ C=4$

따라서 $f(x)=\dfrac{e^x+4}{x}$이므로

$f(2)=\dfrac{e^2+4}{2}$ 　　　　　답 ④

167

$2f(x)+\dfrac{1}{x^2}f\left(\dfrac{1}{x}\right)=\dfrac{1}{x}+\dfrac{1}{x^2}$ 　　 …… ㉠

㉠의 양변에 x 대신 $\dfrac{1}{x}$을 대입하면

$2f\left(\dfrac{1}{x}\right)+x^2f(x)=x+x^2$ 　　 …… ㉡

㉡의 양변을 $2x^2$으로 나누면

$\dfrac{1}{x^2}f\left(\dfrac{1}{x}\right)+\dfrac{1}{2}f(x)=\dfrac{1}{2x}+\dfrac{1}{2}$ 　　 …… ㉢

㉠$-$㉢을 하면

$\dfrac{3}{2}f(x)=\dfrac{1}{x^2}+\dfrac{1}{2x}-\dfrac{1}{2}$

$\therefore\ f(x)=\dfrac{2}{3x^2}+\dfrac{1}{3x}-\dfrac{1}{3}$

$\therefore\ \displaystyle\int_{\frac{1}{2}}^{2}f(x)dx=\int_{\frac{1}{2}}^{2}\left(\dfrac{2}{3x^2}+\dfrac{1}{3x}-\dfrac{1}{3}\right)dx$

$\qquad=\left[-\dfrac{2}{3x}+\dfrac{1}{3}\ln x-\dfrac{1}{3}x\right]_{\frac{1}{2}}^{2}$

$\qquad=\left(-\dfrac{1}{3}+\dfrac{1}{3}\ln 2-\dfrac{2}{3}\right)-\left(-\dfrac{4}{3}+\dfrac{1}{3}\ln\dfrac{1}{2}-\dfrac{1}{6}\right)$

$\qquad=\left(\dfrac{1}{3}\ln 2-1\right)-\left(\dfrac{1}{3}\ln\dfrac{1}{2}-\dfrac{3}{2}\right)$

$\qquad=\dfrac{2\ln 2}{3}+\dfrac{1}{2}$ 　　　　　답 ②

다른 풀이 $2f(x)+\dfrac{1}{x^2}f\left(\dfrac{1}{x}\right)=\dfrac{1}{x}+\dfrac{1}{x^2}$에서 $x=\dfrac{1}{2}$에서 $x=2$까지의

정적분을 계산하면

$\displaystyle\int_{\frac{1}{2}}^{2}\left\{2f(x)+\dfrac{1}{x^2}f\left(\dfrac{1}{x}\right)\right\}dx=\int_{\frac{1}{2}}^{2}\left(\dfrac{1}{x}+\dfrac{1}{x^2}\right)dx$

$\qquad=\left[\ln x-\dfrac{1}{x}\right]_{\frac{1}{2}}^{2}$

$\qquad=\left(\ln 2-\dfrac{1}{2}\right)-\left(\ln\dfrac{1}{2}-2\right)$

$\qquad=2\ln 2+\dfrac{3}{2}$

$u=\dfrac{1}{x}$로 치환하면 $\dfrac{du}{dx}=-\dfrac{1}{x^2}$이므로

$\displaystyle\int_{\frac{1}{2}}^{2}\left\{2f(x)+\dfrac{1}{x^2}f\left(\dfrac{1}{x}\right)\right\}dx=2\int_{\frac{1}{2}}^{2}f(x)dx+\int_{2}^{\frac{1}{2}}\left\{-f(u)\right\}du$

$\qquad=3\displaystyle\int_{\frac{1}{2}}^{2}f(x)dx$

따라서 $3\displaystyle\int_{\frac{1}{2}}^{2}f(x)dx=2\ln 2+\dfrac{3}{2}$이므로

$\displaystyle\int_{\frac{1}{2}}^{2}f(x)dx=\dfrac{2\ln 2}{3}+\dfrac{1}{2}$

168

$x^3\{f(x)\}^2-(x^2+x)f(x)+1=0$에서

$\{xf(x)-1\}\{x^2f(x)-1\}=0$

$\therefore\ f(x)=\dfrac{1}{x}$ 또는 $f(x)=\dfrac{1}{x^2}$

함수 $f(x)$가 $x>0$에서 연속이므로

$f(x)=\dfrac{1}{x}$ 또는 $f(x)=\dfrac{1}{x^2}$ 또는 $f(x)=\begin{cases}\dfrac{1}{x}&(0<x\leq1)\\\dfrac{1}{x^2}&(x<1)\end{cases}$

또는 $f(x)=\begin{cases}\dfrac{1}{x^2}&(0<x\leq1)\\\dfrac{1}{x}&(x<1)\end{cases}$

이어야 한다.

$0<x\leq1$에서 $\dfrac{1}{x}\leq\dfrac{1}{x^2}$이고, $x>1$에서 $\dfrac{1}{x}>\dfrac{1}{x^2}$이므로

$f(x)=\begin{cases}\dfrac{1}{x^2}&(0<x\leq1)\\\dfrac{1}{x}&(x>1)\end{cases}$

이때 $\displaystyle\int_{\frac{1}{2}}^{2}f(x)dx$의 값이 최대이다.

따라서 $\int_{\frac{1}{2}}^{2} f(x)\,dx$의 최댓값은

$$\int_{\frac{1}{2}}^{1} f(x)\,dx + \int_{1}^{2} f(x)\,dx = \int_{\frac{1}{2}}^{1} \frac{1}{x^2}\,dx + \int_{1}^{2} \frac{1}{x}\,dx$$
$$= \left[-\frac{1}{x}\right]_{\frac{1}{2}}^{1} + \left[\ln x\right]_{1}^{2}$$
$$= 1 + \ln 2 \qquad \text{답 ①}$$

169

$\overline{AM}=1$이므로

$\overline{AD}=\cos\theta$, $\overline{MD}=\sin\theta$

$\overline{ED}=\overline{ME}-\overline{MD}=1-\sin\theta$

삼각형 ADE에서 피타고라스 정리에 의하여

$$\overline{AE}^2 = \overline{AD}^2 + \overline{ED}^2 = \cos^2\theta + (1-\sin\theta)^2$$
$$= \cos^2\theta + \sin^2\theta - 2\sin\theta + 1 = 2 - 2\sin\theta$$

이때 $\overline{AE}=f(\theta)$이므로

$\{f(\theta)\}^2 = 2 - 2\sin\theta$

$$\therefore \int_{\frac{\pi}{6}}^{\frac{\pi}{4}} \{f(\theta)\}^2\,d\theta = \int_{\frac{\pi}{6}}^{\frac{\pi}{4}} (2 - 2\sin\theta)\,d\theta$$
$$= \left[2\theta + 2\cos\theta\right]_{\frac{\pi}{6}}^{\frac{\pi}{4}}$$
$$= \left(\frac{\pi}{2} + 2\cos\frac{\pi}{4}\right) - \left(\frac{\pi}{3} + 2\cos\frac{\pi}{6}\right)$$
$$= \sqrt{2} - \sqrt{3} + \frac{\pi}{6} \qquad \text{답 ①}$$

170

삼각형 PRQ의 외접원의 반지름이 1이므로 사인법칙에 의하여

$\dfrac{\overline{PR}}{\sin\theta}=2$이므로

$f(\theta)=\overline{PR}=2\sin\theta$

$\overline{PQ}=\overline{QR}$이므로

$\angle PRQ = \dfrac{1}{2}(\pi-\theta)$

$\therefore \angle POQ = 2\angle PRQ = \pi - \theta$

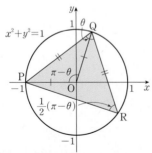

삼각형 POQ에서 $\overline{PO}=\overline{QO}=1$이므로 코사인법칙에 의하여

$\overline{PQ}^2 = 1^2 + 1^2 - 2\cos(\pi-\theta) = 2 + 2\cos\theta$

$\overline{PQ}^2 = 2 + 2\cos\theta$이므로 삼각형 PQR의 넓이는

$$g(\theta) = \frac{1}{2} \times \overline{PQ} \times \overline{QR} \times \sin\theta = \frac{1}{2} \times \overline{PQ}^2 \times \sin\theta$$
$$= (1 + \cos\theta) \times \sin\theta$$

따라서 $\dfrac{g(\theta)}{f(\theta)} = \dfrac{1+\cos\theta}{2}$이므로

$$\int_{\frac{\pi}{6}}^{\frac{\pi}{3}} \frac{g(\theta)}{f(\theta)}\,d\theta = \int_{\frac{\pi}{6}}^{\frac{\pi}{3}} \frac{1+\cos\theta}{2}\,d\theta = \left[\frac{\theta}{2} + \frac{\sin\theta}{2}\right]_{\frac{\pi}{6}}^{\frac{\pi}{3}}$$
$$= \left(\frac{\pi}{6} + \frac{\sqrt{3}}{4}\right) - \left(\frac{\pi}{12} + \frac{1}{4}\right)$$
$$= \frac{\pi}{12} + \frac{\sqrt{3}}{4} - \frac{1}{4} \qquad \text{답 ②}$$

171

$\sin 2x = t$로 놓으면 $\dfrac{dt}{dx} = 2\cos 2x$이고

$x=0$일 때 $t=0$, $x=\dfrac{\pi}{4}$일 때 $t=1$이므로

$$\int_{0}^{\frac{\pi}{4}} 2\cos 2x \sin^2 2x\,dx = \int_{0}^{1} t^2\,dt$$
$$= \left[\frac{1}{3}t^3\right]_{0}^{1} = \frac{1}{3} \qquad \text{답 ⑤}$$

172

$\sin x(\cos x + \tan x \sin x) = \sin x \cos x(1 + \tan^2 x) = \tan x$

이므로

$$\int_{0}^{\frac{\pi}{3}} \frac{\sin x(\cos x + \tan x \sin x)}{\cos^2 x}\,dx = \int_{0}^{\frac{\pi}{3}} \frac{\tan x}{\cos^2 x}\,dx$$
$$= \int_{0}^{\frac{\pi}{3}} \frac{\sin x}{\cos^3 x}\,dx$$

$\cos x = t$로 놓으면 $\dfrac{dt}{dx} = -\sin x$이고

$x=0$일 때 $t=1$, $x=\dfrac{\pi}{3}$일 때 $t=\dfrac{1}{2}$이므로

$$\int_{0}^{\frac{\pi}{3}} \frac{\sin x}{\cos^3 x}\,dx = \int_{1}^{\frac{1}{2}} \left(-\frac{1}{t^3}\right)dt = \int_{\frac{1}{2}}^{1} \frac{1}{t^3}\,dt$$
$$= \left[-\frac{1}{2t^2}\right]_{\frac{1}{2}}^{1} = -\frac{1}{2} - (-2) = \frac{3}{2} \qquad \text{답 ③}$$

참고 삼각함수 사이의 관계

$\tan x = \dfrac{\sin x}{\cos x}$, $1 + \tan^2 x = \sec^2 x$

173

$e^{2x} - 2 = t$로 놓으면 $e^{2x} = t + 2$이고

$\dfrac{dt}{dx} = 2e^{2x} = 2(t+2)$

또, $x=\ln 2$일 때 $t=2$, $x=\ln 3$일 때 $t=7$이므로

$$\int_{\ln 2}^{\ln 3} \frac{1}{e^{2x}-2}\,dx = \int_{2}^{7} \frac{1}{2t(t+2)}\,dt = \frac{1}{2}\int_{2}^{7} \frac{1}{t(t+2)}\,dt$$
$$= \frac{1}{4}\int_{2}^{7} \left(\frac{1}{t} - \frac{1}{t+2}\right)dt = \frac{1}{4}\left[\ln t - \ln(t+2)\right]_{2}^{7}$$
$$= \frac{1}{4}\{(\ln 7 - \ln 9) - (\ln 2 - \ln 4)\}$$
$$= \frac{1}{4}\ln\frac{14}{9} \qquad \text{답 ④}$$

174

$x^2+2x=t$로 놓으면 $(x+1)^2=t+1$이고

$\dfrac{dt}{dx}=2(x+1)$

또, $x=1$일 때 $t=3$, $x=2$일 때 $t=8$이므로

$$\int_1^2 \dfrac{(x+1)^3}{\sqrt{x^2+2x}}\,dx=\int_3^8 \dfrac{t+1}{2\sqrt{t}}\,dt$$

$$=\dfrac{1}{2}\int_3^8\left(\sqrt{t}+\dfrac{1}{\sqrt{t}}\right)dt$$

$$=\dfrac{1}{2}\left[\dfrac{2}{3}t^{\frac{3}{2}}+2t^{\frac{1}{2}}\right]_3^8$$

$$=\dfrac{1}{2}\left\{\left(\dfrac{32\sqrt{2}}{3}+4\sqrt{2}\right)-(2\sqrt{3}+2\sqrt{3})\right\}$$

$$=\dfrac{22}{3}\sqrt{2}-2\sqrt{3}$$

따라서 $p=\dfrac{22}{3}$, $q=-2$이므로

$$p+q=\dfrac{22}{3}+(-2)=\dfrac{16}{3}$$

답 ⑤

175

조건 ㈏에서 $g'(f(x))\neq 0$이고, 역함수의 미분법에 의하여

$g'(f(x))=\dfrac{1}{f'(x)}$이므로

$f(x)g'(f(x))=\dfrac{f(x)}{f'(x)}=\dfrac{1}{x^2+1}$ $\therefore \dfrac{f'(x)}{f(x)}=x^2+1$

위의 식의 양변을 x에 대하여 적분하면

$\ln|f(x)|=\dfrac{1}{3}x^3+x+C$ (단, C는 적분상수)

$\therefore |f(x)|=e^{\frac{1}{3}x^3+x+C}$

조건 ㈎에서 $f(0)=1>0$이고, 함수 $f(x)$가 실수 전체의 집합에서 미분가능하므로

$f(x)=e^{\frac{1}{3}x^3+x+C}$

이때 $f(0)=1$에서 $C=0$이므로

$f(x)=e^{\frac{1}{3}x^3+x}$

$\therefore f(3)=e^{12}$

답 ④

176

함수 $f(x)$의 역함수 $g(x)$가 미분가능하므로 $f'(g(x))\neq 0$이고, 역함수의 미분법에 의하여

$g'(x)=\dfrac{1}{f'(g(x))}$

즉, 조건 ㈏에서

$$\int_1^2 \dfrac{2e^{g(x)}}{f'(g(x))}\,dx=\int_1^2 2e^{g(x)}g'(x)\,dx$$

$g(x)=t$로 놓으면 $\dfrac{dt}{dx}=g'(x)$이므로

$$\int_1^2 2e^{g(x)}g'(x)\,dx=\int_{g(1)}^{g(2)} 2e^t\,dt=\Big[2e^t\Big]_{g(1)}^{g(2)}=2e^{g(2)}-2e^{g(1)}$$

$\therefore 2e^{g(2)}-2e^{g(1)}=2e-e^2$

이때 조건 ㈎에서 $f(1)=2$이므로

$g(2)=1$

$2e-2e^{g(1)}=2e-e^2$이므로

$2e^{g(1)}=e^2$, $e^{g(1)}=\dfrac{e^2}{2}$

$\therefore g(1)=\ln\dfrac{e^2}{2}=2-\ln 2$

답 ①

177

조건 ㈏에서

$\dfrac{f'(x)(x^2+1)-2xf(x)}{(x^2+1)^2}=4xf(x)$

위의 식의 양변에 $\dfrac{x^2+1}{f(x)}$ 을 곱하면

$\dfrac{f'(x)(x^2+1)-2xf(x)}{f(x)(x^2+1)}=4x(x^2+1)$

$\therefore \dfrac{f'(x)}{f(x)}-\dfrac{2x}{x^2+1}=4x^3+4x$

조건 ㈎에 의하여 위의 식의 양변을 x에 대하여 적분하면

$\ln f(x)-\ln(x^2+1)=x^4+2x^2+C$ (단, C는 적분상수)

$x=0$을 위의 식에 대입하면 $\ln f(0)-\ln 1=C$이고, $f(0)=1$이므로

$C=0$

즉, $\ln f(x)-\ln(x^2+1)=x^4+2x^2$이므로

$\ln\left\{\dfrac{f(x)}{x^2+1}\right\}=x^4+2x^2$

따라서 $f(x)=(x^2+1)e^{x^4+2x^2}$이므로

$f(1)=2e^3$

답 ②

178

조건 ㈏에서

$(3x^2+1)f(x)-(3x^3+x)=f'(x)-1$

$(3x^2+1)\{f(x)-x\}=f'(x)-1$

조건 ㈎에서 $f(x)-x\neq 0$이므로 양변을 $f(x)-x$로 나누면

$\dfrac{f'(x)-1}{f(x)-x}=3x^2+1$

위의 식의 양변을 x에 대하여 적분하면

$\ln|f(x)-x|=x^3+x+C$ (단, C는 적분상수)

$|f(x)-x|=e^{x^3+x+C}$

$f(1)-1=1>0$이고, 함수 $f(x)$가 실수 전체의 집합에서 미분가능하므로

$f(x)-x=e^{x^3+x+C}$

즉, $f(x)=e^{x^3+x+C}+x$이고 $f(1)=2$이므로

$e^{2+C}+1=2$, $e^{2+C}=1$

$2+C=0$ $\therefore C=-2$

따라서 $f(x)=e^{x^3+x-2}+x$이므로

$f(2)=e^8+2$

즉, $a=8$, $b=2$이므로

$a+b=8+2=10$

답 ③

179

$u(x)=\ln x-1$, $v'(x)=\dfrac{1}{x^2}$로 놓으면

$u'(x)=\dfrac{1}{x}$, $v(x)=-\dfrac{1}{x}$

$\therefore \displaystyle\int_e^{e^2}\dfrac{\ln x-1}{x^2}\,dx=\left[-\dfrac{\ln x-1}{x}\right]_e^{e^2}+\displaystyle\int_e^{e^2}\dfrac{1}{x^2}\,dx$

$\qquad=\left[-\dfrac{\ln x-1}{x}\right]_e^{e^2}+\left[-\dfrac{1}{x}\right]_e^{e^2}$

$\qquad=-\dfrac{1}{e^2}+\left(-\dfrac{1}{e^2}+\dfrac{1}{e}\right)=\dfrac{e-2}{e^2}$ 　　답 ⑤

다른 풀이 $\ln x-1=t$로 놓으면 $x=e^{t+1}$이고

$\dfrac{dt}{dx}=\dfrac{1}{x}$

또, $x=e$일 때 $t=0$, $x=e^2$일 때 $t=1$이므로

$\displaystyle\int_e^{e^2}\dfrac{\ln x-1}{x^2}\,dx=\displaystyle\int_0^1\dfrac{t}{e^{t+1}}\,dt=\dfrac{1}{e}\displaystyle\int_0^1 te^{-t}\,dt$

$u(t)=t$, $v'(t)=e^{-t}$으로 놓으면

$u'(t)=1$, $v(t)=-e^{-t}$

$\therefore \dfrac{1}{e}\displaystyle\int_0^1 te^{-t}\,dt=\dfrac{1}{e}\left[-te^{-t}\right]_0^1+\dfrac{1}{e}\displaystyle\int_0^1 e^{-t}\,dt$

$\qquad=\dfrac{1}{e}\left[-te^{-t}\right]_0^1+\dfrac{1}{e}\left[-e^{-t}\right]_0^1$

$\qquad=-\dfrac{1}{e^2}+\left(-\dfrac{1}{e^2}+\dfrac{1}{e}\right)=\dfrac{e-2}{e^2}$

180

$\sqrt{x}=t$로 놓으면 $\dfrac{dt}{dx}=\dfrac{1}{2\sqrt{x}}=\dfrac{1}{2t}$이고

$x=1$일 때 $t=1$, $x=4$일 때 $t=2$이므로

$\displaystyle\int_1^4 e^{-\sqrt{x}}\,dx=2\displaystyle\int_1^2 te^{-t}\,dt$

$u(t)=t$, $v'(t)=e^{-t}$으로 놓으면

$u'(t)=1$, $v(t)=-e^{-t}$

$\therefore 2\displaystyle\int_1^2 te^{-t}\,dt=2\left[-te^{-t}\right]_1^2+2\displaystyle\int_1^2 e^{-t}\,dt$

$\qquad=2\left[-te^{-t}\right]_1^2+2\left[-e^{-t}\right]_1^2$

$\qquad=\left(-\dfrac{4}{e^2}+\dfrac{2}{e}\right)+\left(-\dfrac{2}{e^2}+\dfrac{2}{e}\right)=\dfrac{4e-6}{e^2}$ 　　답 ①

181

주어진 식에 x 대신 $\dfrac{1}{x}$을 대입하면

$f\left(\dfrac{1}{x}\right)=\dfrac{1}{x^3}\sin\dfrac{\pi}{x}$

$\displaystyle\int_1^2 f\left(\dfrac{1}{x}\right)dx=\displaystyle\int_1^2\dfrac{1}{x^3}\sin\dfrac{\pi}{x}\,dx$에서

$\dfrac{1}{x}=t$로 놓으면 $\dfrac{dt}{dx}=-\dfrac{1}{x^2}$이고

$x=1$일 때 $t=1$, $x=2$일 때 $t=\dfrac{1}{2}$이므로

$\displaystyle\int_1^2\dfrac{1}{x^3}\sin\dfrac{\pi}{x}\,dx=\displaystyle\int_1^{\frac{1}{2}}(-t\sin\pi t)\,dt=\displaystyle\int_{\frac{1}{2}}^1 t\sin\pi t\,dt$

$u(t)=t$, $v'(t)=\sin\pi t$로 놓으면

$u'(t)=1$, $v(t)=-\dfrac{1}{\pi}\cos\pi t$

$\therefore \displaystyle\int_{\frac{1}{2}}^1 t\sin\pi t\,dt=\left[-\dfrac{1}{\pi}t\cos\pi t\right]_{\frac{1}{2}}^1+\dfrac{1}{\pi}\displaystyle\int_{\frac{1}{2}}^1\cos\pi t\,dt$

$\qquad=\left[-\dfrac{1}{\pi}t\cos\pi t\right]_{\frac{1}{2}}^1+\dfrac{1}{\pi}\left[\dfrac{1}{\pi}\sin\pi t\right]_{\frac{1}{2}}^1$

$\qquad=\dfrac{1}{\pi}-\dfrac{1}{\pi^2}$ 　　답 ③

182

$f(x)=(ax+b)e^x$에서 $f'(x)=(ax+a+b)e^x$이므로

$f(1)=(a+b)e$, $f'(1)=(2a+b)e$

$\dfrac{f(1)}{f'(1)}=\dfrac{a+b}{2a+b}=2$이므로

$a+b=4a+2b$ 　　$\therefore b=-3a$

따라서 $f(x)=a(x-3)e^x$이므로

$\displaystyle\int_0^1 f(x)\,dx=a\displaystyle\int_0^1(x-3)e^x\,dx$

$u(x)=x-3$, $v'(x)=e^x$으로 놓으면

$u'(x)=1$, $v(x)=e^x$

$\therefore a\displaystyle\int_0^1(x-3)e^x\,dx=a\left[(x-3)e^x\right]_0^1-a\displaystyle\int_0^1 e^x\,dx$

$\qquad=a\left[(x-3)e^x\right]_0^1-a\left[e^x\right]_0^1$

$\qquad=(-2ae+3a)-(ae-a)=-3ae+4a$

즉, $4a-3ae=8-6e$이므로

$4a=8$, $-3a=-6$

$\therefore a=2$, $b=-6$

따라서 $f(x)=(2x-6)e^x$이므로

$f(2)=-2e^2$

$\therefore \dfrac{f(2)}{e^2}=-2$ 　　답 ②

183

조건 ㈎에서

$f(1)g(1)=0$, $f(-1)g(-1)=0$

조건 ㈏에서 $u(x)=\{f(x)\}^2$, $v'(x)=g'(x)$로 놓으면

$u'(x)=2f(x)f'(x)$, $v(x)=g(x)$

이므로

$\displaystyle\int_{-1}^1\{f(x)\}^2 g'(x)\,dx=\left[\{f(x)\}^2 g(x)\right]_{-1}^1-\displaystyle\int_{-1}^1 2f(x)f'(x)g(x)\,dx$

$\qquad=0-2\displaystyle\int_{-1}^1\{f(x)g(x)\}f'(x)\,dx$

$\qquad=-2\displaystyle\int_{-1}^1(x^4-1)f'(x)\,dx \ (\because ㈎)$

$\qquad=120$

$$\therefore \int_{-1}^{1}(x^4-1)f'(x)dx=-60$$

$r(x)=x^4-1,\ s'(x)=f'(x)$로 놓으면

$r'(x)=4x^3,\ s(x)=f(x)$이므로

$$\int_{-1}^{1}(x^4-1)f'(x)dx=\Big[(x^4-1)f(x)\Big]_{-1}^{1}-4\int_{-1}^{1}x^3f(x)dx$$
$$=0-4\int_{-1}^{1}x^3f(x)dx$$
$$=-60$$

$$\therefore \int_{-1}^{1}x^3f(x)dx=15 \qquad\qquad \text{답 ②}$$

184

조건 ㈎에서 $x^2+1>0$, $\{f(x)\}^2>0$이므로

$g(x)>0$

$\dfrac{d}{dx}\{f(x)\}^2=2f(x)f'(x)$이므로

조건 ㈏의 $\displaystyle\int_{-1}^{1}f(x)f'(x)g(x)dx$에서

$u(x)=g(x),\ v'(x)=f(x)f'(x)$로 놓으면

$u'(x)=g'(x),\ v(x)=\dfrac{1}{2}\{f(x)\}^2$

$$\therefore \int_{-1}^{1}f(x)f'(x)g(x)dx$$
$$=\Big[\dfrac{1}{2}\{f(x)\}^2g(x)\Big]_{-1}^{1}-\int_{-1}^{1}\dfrac{1}{2}\{f(x)\}^2g'(x)dx$$
$$=\dfrac{1}{2}\Big[x^2+1\Big]_{-1}^{1}-\dfrac{1}{2}\int_{-1}^{1}\{f(x)\}^2g'(x)dx$$
$$=-\dfrac{1}{2}\int_{-1}^{1}\{f(x)\}^2g'(x)dx$$

$$\therefore \int_{-1}^{1}\{f(x)\}^2g'(x)dx=-10 \quad\cdots\cdots\ \text{㉠}$$

조건 ㈎에서 $\{f(1)\}^2g(1)=\{f(-1)\}^2g(-1)=2$이고

조건 ㈐에서 $f(1)=-f(-1)$이므로

$\{f(1)\}^2=\{f(-1)\}^2$

$\therefore g(1)=g(-1)$

또, 조건 ㈎에서 $\{f(x)\}^2=\dfrac{x^2+1}{g(x)}$이므로

$$\int_{-1}^{1}\{f(x)\}^2g'(x)dx=\int_{-1}^{1}(x^2+1)\dfrac{g'(x)}{g(x)}dx$$
$$=\Big[(x^2+1)\ln g(x)\Big]_{-1}^{1}-\int_{-1}^{1}2x\ln g(x)dx$$
$$=2\ln\dfrac{g(1)}{g(-1)}-2\int_{-1}^{1}x\ln g(x)dx$$

이때 $g(1)=g(-1)$이므로

$\ln\dfrac{g(1)}{g(-1)}=\ln 1=0$

$$\therefore \int_{-1}^{1}\{f(x)\}^2g'(x)dx=-2\int_{-1}^{1}x\ln g(x)dx$$

$$\therefore \int_{-1}^{1}x\ln g(x)dx=-\dfrac{1}{2}\int_{-1}^{1}\{f(x)\}^2g'(x)dx$$
$$=-\dfrac{1}{2}\times(-10)=5\ (\because \text{㉠}) \qquad \text{답 5}$$

185

$$\int_{0}^{\pi}\{f''(x)-f(x)\}\sin x\,dx$$
$$=\int_{0}^{\pi}f''(x)\sin x\,dx-\int_{0}^{\pi}f(x)\sin x\,dx$$

$\displaystyle\int_{0}^{\pi}f''(x)\sin x\,dx$에서 $u(x)=\sin x,\ v'(x)=f''(x)$로 놓으면

$u'(x)=\cos x,\ v(x)=f'(x)$이므로

$$\int_{0}^{\pi}f''(x)\sin x\,dx=\Big[f'(x)\sin x\Big]_{0}^{\pi}-\int_{0}^{\pi}f'(x)\cos x\,dx$$
$$=0-\int_{0}^{\pi}f'(x)\cos x\,dx$$
$$=-\int_{0}^{\pi}f'(x)\cos x\,dx \quad\cdots\cdots\ \text{㉠}$$

$\displaystyle\int_{0}^{\pi}f(x)\sin x\,dx$에서 $r(x)=f(x),\ s'(x)=\sin x$로 놓으면

$r'(x)=f'(x),\ s(x)=-\cos x$이므로

$$\int_{0}^{\pi}f(x)\sin x\,dx=\Big[-f(x)\cos x\Big]_{0}^{\pi}+\int_{0}^{\pi}f'(x)\cos x\,dx$$
$$=f(\pi)+f(0)+\int_{0}^{\pi}f'(x)\cos x\,dx$$
$$=\pi+\int_{0}^{\pi}f'(x)\cos x\,dx \quad\cdots\cdots\ \text{㉡}$$

㉠-㉡을 하면

$$\int_{0}^{\pi}\{f''(x)-f(x)\}\sin x\,dx=-\pi-2\int_{0}^{\pi}f'(x)\cos x\,dx$$
$$=2$$

$$\therefore \int_{0}^{\pi}f'(x)\cos x\,dx=-1-\dfrac{\pi}{2} \qquad \text{답 ④}$$

186

곡선 $y=f(x)$ 위의 점 $(t,\ f(t))$에서의 접선의 기울기는 $f'(t)$이므로 이 접선과 수직인 직선의 기울기는 $-\dfrac{1}{f'(t)}$이다.

즉, 점 $(t,\ f(t))$를 지나고 이 점에서의 접선과 수직인 직선의 방정식은

$$y=-\dfrac{1}{f'(t)}(x-t)+f(t)$$
$$=-\dfrac{1}{f'(t)}x+\dfrac{t}{f'(t)}+f(t)$$

따라서 $g(t)=f(t)+\dfrac{t}{f'(t)}$이므로

$$\int_{0}^{4}tf'(t)g(t)dt=\int_{0}^{4}\{tf(t)f'(t)+t^2\}dt$$
$$=\int_{0}^{4}tf(t)f'(t)dt+\int_{0}^{4}t^2dt \quad\cdots\cdots\ \text{㉠}$$

$u(t)=t,\ v'(t)=f(t)f'(t)$로 놓으면

$u'(t)=1,\ v(x)=\dfrac{1}{2}\{f(t)\}^2$이므로

$$\int_{0}^{4}tf(t)f'(t)dt=\Big[\dfrac{1}{2}t\{f(t)\}^2\Big]_{0}^{4}-\dfrac{1}{2}\int_{0}^{4}\{f(t)\}^2dt$$
$$=2\{f(4)\}^2-\dfrac{3}{2}\ (\because \text{조건 ㈏})$$

이때 점 $(4, 1)$이 곡선 $y=f(x)$ 위의 점이므로

$f(4)=1$

$\therefore \int_0^4 tf(t)f'(t)dt=2\times1^2-\dfrac{3}{2}=\dfrac{1}{2}$ ...... ㉡

또, $\int_0^4 t^2 dt=\left[\dfrac{1}{3}t^3\right]_0^4=\dfrac{64}{3}$ ...... ㉢

㉡, ㉢을 ㉠에 대입하면

$\int_0^4 tf'(t)g(t)dt=\dfrac{1}{2}+\dfrac{64}{3}=\dfrac{131}{6}$ 답 ④

187

조건 ㈎에서 함수 $f(x)$는 실수 전체 집합에서 감소하므로 조건 ㈏에서

$f(-1)=1,\ f(3)=-2$

$\therefore f^{-1}(1)=-1,\ f^{-1}(-2)=3$

$f^{-1}(x)=t$로 놓으면

$x=-2$일 때 $t=f^{-1}(-2)=3$, $x=1$일 때 $t=f^{-1}(1)=-1$

또, $x=f(t)$에서 $\dfrac{dx}{dt}=f'(t)$이므로

$\int_{-2}^1 f^{-1}(x)dx=\int_3^{-1} tf'(t)dt$

$u(t)=t,\ v'(t)=f'(t)$로 놓으면

$u'(t)=1,\ v(t)=f(t)$이므로

$\int_3^{-1} tf'(t)dt=\left[tf(t)\right]_3^{-1}-\int_3^{-1} f(t)dt$

$\qquad = -f(-1)-3f(3)+\int_{-1}^3 f(t)dt$

$\qquad = -1+6+3=8$ 답 ⑤

188

조건 ㈎에서

$f^{-1}(2)=1,\ f^{-1}(4)=4$

$f^{-1}(2x)=t$로 놓으면

$x=1$일 때 $t=f^{-1}(2)=1$, $x=2$일 때 $t=f^{-1}(4)=4$

또, $2x=f(t)$에서 $\dfrac{dx}{dt}=\dfrac{1}{2}f'(t)$이므로

$\int_1^2 f^{-1}(2x)dx=\dfrac{1}{2}\int_1^4 tf'(t)dt$

$u(t)=t,\ v'(t)=f'(t)$로 놓으면

$u'(t)=1,\ v(t)=f(t)$이므로

$\dfrac{1}{2}\int_1^4 tf'(t)dt=\dfrac{1}{2}\left[tf(t)\right]_1^4-\dfrac{1}{2}\int_1^4 f(t)dt$

$\qquad = 2f(4)-\dfrac{1}{2}f(1)-\dfrac{1}{2}\int_1^4 f(x)dx$

$\qquad = 8-1-4=3$ 답 ②

189

함수 $f(x)=e^x-1$은 일대일 대응이고 모든 실수 x에 대하여

$e^{g(x)}-1=x$이므로 함수 $g(x)$는 함수 $f(x)$의 역함수이다.

역함수의 미분법에 의하여 $f'(x)=\dfrac{1}{g'(f(x))}$이므로

$\int_0^{\ln 3} \dfrac{f(x)f'(f(x))}{g'(f(x))}dx=\int_0^{\ln 3} f(x)f'(f(x))f'(x)dx$

$f(x)=t$로 놓으면

$x=0$일 때 $t=f(0)=0$, $x=\ln 3$일 때 $t=f(\ln 3)=2$이고

$\dfrac{dt}{dx}=f'(x)$이므로

$\int_0^{\ln 3} f(x)f'(f(x))f'(x)dx=\int_0^2 tf'(t)dt$

$\qquad = \left[tf(t)\right]_0^2-\int_0^2 f(t)dt$

$\qquad = 2f(2)-\int_0^2 (e^t-1)dt$

$\qquad = 2(e^2-1)-\left[e^t-t\right]_0^2$

$\qquad = 2(e^2-1)-(e^2-2)+1$

$\qquad = e^2+1$ 답 ③

190

$\sqrt{x}=t$로 놓으면

$x=4$일 때 $t=2$, $x=9$일 때 $t=3$이고 $\dfrac{dt}{dx}=\dfrac{1}{2\sqrt{x}}=\dfrac{1}{2t}$이므로

$\int_4^9 \dfrac{f'(\sqrt{x})}{x}dx=2\int_2^3 \dfrac{f'(t)}{t}dt$

$u(t)=\dfrac{1}{t},\ v'(t)=f'(t)$로 놓으면

$u'(t)=-\dfrac{1}{t^2},\ v(t)=f(t)$이므로

$\int_2^3 \dfrac{f'(t)}{t}dt=\left[\dfrac{f(t)}{t}\right]_2^3+\int_2^3 \dfrac{f(t)}{t^2}dt$

$\qquad = \dfrac{f(3)}{3}-\dfrac{f(2)}{2}+\int_1^3 \dfrac{f(t)}{t^2}dt-\int_1^2 \dfrac{f(t)}{t^2}dt$

$\int_1^x \dfrac{f(t)}{t^2}dt=e^{x^2}-ex$의 양변을 x에 대하여 미분하면

$\dfrac{f(x)}{x^2}=2xe^{x^2}-e$이므로

$\dfrac{f(x)}{x}=2x^2 e^{x^2}-ex$

$\therefore \dfrac{f(3)}{3}-\dfrac{f(2)}{2}=(18e^9-3e)-(8e^4-2e)$

$\qquad = 18e^9-8e^4-e$

또, $\int_1^3 \dfrac{f(t)}{t^2}dt=e^9-3e,\ \int_1^2 \dfrac{f(t)}{t^2}dt=e^4-2e$이므로

$\int_1^3 \dfrac{f(t)}{t^2}dt-\int_1^2 \dfrac{f(t)}{t^2}dt=e^9-e^4-e$

$\therefore \int_2^3 \dfrac{f'(t)}{t}dt=18e^9-8e^4-e+(e^9-e^4-e)$

$\qquad = 19e^9-9e^4-2e$

따라서 $\int_4^9 \dfrac{f'(\sqrt{x})}{x}dx=2\int_2^3 \dfrac{f'(t)}{t}dt=38e^9-18e^4-4e$이므로

$a=38,\ b=-18,\ c=-4$

$\therefore a+b+c=38+(-18)+(-4)=16$ 답 ⑤

다른 풀이 $\int_1^x \dfrac{f(t)}{t^2}dt = e^{x^2}-ex$의 양변을 x에 대하여 미분하면

$\dfrac{f(x)}{x^2} = 2xe^{x^2}-e$

$\therefore f(x)=2x^3e^{x^2}-ex^2$

이때 $f'(x)=2(3x^2e^{x^2}+2x^4e^{x^2})-2ex$,

$f'(\sqrt{x})=2(3xe^x+2x^2e^x)-2e\sqrt{x}$이므로

$\dfrac{f'(\sqrt{x})}{x}=2(3e^x+2xe^x)-2ex^{-\frac{1}{2}}$

$\therefore \int_4^9 \dfrac{f'(\sqrt{x})}{x}dx$

$=\int_4^9 \{2(3e^x+2xe^x)-2ex^{-\frac{1}{2}}\}dx$

$=\int_4^9 (6e^x+4xe^x-2ex^{-\frac{1}{2}})dx$

$=\left[6e^x-4ex^{\frac{1}{2}}\right]_4^9+4\int_4^9 xe^x dx$

$=\{(6e^9-12e)-(6e^4-8e)\}+4\{\left[xe^x\right]_4^9-\int_4^9 e^x dx\}$

$=6e^9-6e^4-4e+4\{(9e^9-4e^4)-(e^9-e^4)\}$

$=38e^9-18e^4-4e$

191

$\int_0^{\ln t} f(x)dx=(t\ln t+a)^2-a$ ······ ㉠

$t=1$을 ㉠에 대입하면

$a^2-a=0$, $a(a-1)=0$

$\therefore a=1$ $(\because a\neq 0)$

㉠의 양변을 t에 대하여 미분하면

$f(\ln t)\times\dfrac{1}{t}=2(t\ln t+1)(\ln t+1)$ ······ ㉡

㉡에 $t=e$를 대입하면

$f(1)\times\dfrac{1}{e}=2(e+1)\times 2$

$\therefore f(1)=4e^2+4e$ **답** ③

192

$\int_0^{\ln t} f(x)dx=t(\ln t+a)-2$ ······ ㉠

$t=1$을 ㉠에 대입하면

$a-2=0$ $\therefore a=2$

㉠의 양변을 t에 대하여 미분하면

$f(\ln t)\times\dfrac{1}{t}=\ln t+3$ ······ ㉡

$t=e^x$을 ㉡에 대입하면

$\dfrac{f(x)}{e^x}=x+3$

$\therefore \int_1^2 \dfrac{f(x)}{e^x}dx=\int_1^2(x+3)dx=\left[\dfrac{1}{2}x^2+3x\right]_1^2$

$=8-\dfrac{7}{2}=\dfrac{9}{2}$ **답** ④

193

$f'(x)=f(x)+e^x\int_0^1 e^{-t}f(t)dt$ ······ ㉠

$f'(x)-f(x)=e^x\int_0^1 e^{-t}f(t)dt$

$e^{-x}f'(x)-e^{-x}f(x)=\int_0^1 e^{-t}f(t)dt$

$\{e^{-x}f(x)\}'=\int_0^1 e^{-t}f(t)dt$

$\int_0^1 e^{-t}f(t)dt=a$ (a는 상수)로 놓으면

$\{e^{-x}f(x)\}'=a$이므로

$e^{-x}f(x)=ax+C$ (단, C는 적분상수)

이때

$a=\int_0^1 e^{-t}f(t)dt=\int_0^1(at+C)dt=\left[\dfrac{a}{2}t^2+Ct\right]_0^1=\dfrac{1}{2}a+C$

이므로

$\dfrac{a}{2}=C$ $\therefore a=2C$

$x=0$을 ㉠에 대입하면

$f'(0)=f(0)+\int_0^1 e^{-t}f(t)dt=C+a$

$6=C+a=C+2C$, $3C=6$

$\therefore C=2$, $a=4$

즉, $e^{-x}f(x)=4x+2$이므로

$f(x)=(4x+2)e^x$

따라서 $f'(x)=(4x+6)e^x$이므로

$\dfrac{f'(1)}{e}=\dfrac{10e}{e}=10$ **답** ⑤

194

$\int_0^1 f'(t)\sin\pi t\,dt=a$ (a는 상수)로 놓으면

$f(x)=e^x+ax$이므로

$f'(x)\sin\pi x=(e^x+a)\sin\pi x=e^x\sin\pi x+a\sin\pi x$

$\therefore a=\int_0^1 f'(t)\sin\pi t\,dt$

$=\int_0^1 e^t\sin\pi t\,dt+a\int_0^1 \sin\pi t\,dt$ ······ ㉠

$\int_0^1 e^t\sin\pi t\,dt$에서 $u(t)=\sin\pi t$, $v'(t)=e^t$으로 놓으면

$u'(t)=\pi\cos\pi t$, $v(t)=e^t$이므로

$\int_0^1 e^t\sin\pi t\,dt=\left[e^t\sin\pi t\right]_0^1-\pi\int_0^1 e^t\cos\pi t\,dt$

$=0-\pi\int_0^1 e^t\cos\pi t\,dt$

$r(t)=\cos\pi t$, $s'(t)=e^t$으로 놓으면

$r'(t)=-\pi\sin\pi t$, $s(t)=e^t$이므로

$-\pi\int_0^1 e^t\cos\pi t\,dt=-\pi\left[e^t\cos\pi t\right]_0^1-\pi^2\int_0^1 e^t\sin\pi t\,dt$

$=\pi(e+1)-\pi^2\int_0^1 e^t\sin\pi t\,dt$

$$\therefore \int_0^1 e^t \sin \pi t\, dt = \pi(e+1) - \pi^2 \int_0^1 e^t \sin \pi t\, dt$$

즉, $(\pi^2+1)\int_0^1 e^t \sin \pi t\, dt = \pi(e+1)$이므로

$$\int_0^1 e^t \sin \pi t\, dt = \frac{\pi(e+1)}{\pi^2+1} \qquad \cdots\cdots \text{ⓛ}$$

또, $\int_0^1 \sin \pi t\, dt = \left[-\frac{1}{\pi}\cos \pi t\right]_0^1 = \frac{2}{\pi} \qquad \cdots\cdots \text{ⓒ}$

ⓛ, ⓒ을 ㉠에 대입하면

$a = \frac{\pi(e+1)}{\pi^2+1} + \frac{2}{\pi}a$이므로

$\left(1-\frac{2}{\pi}\right)a = \frac{\pi(e+1)}{\pi^2+1}$

$\frac{\pi-2}{\pi}a = \frac{\pi(e+1)}{\pi^2+1}$

$\therefore a = \frac{\pi^2(e+1)}{(\pi^2+1)(\pi-2)}$

$\therefore \int_0^1 f'(t)\sin \pi t\, dt = \frac{\pi^2(e+1)}{(\pi^2+1)(\pi-2)}$ 답 ②

195

$f(x) = \int_0^x \frac{2t-1}{t^2-t+1}\, dt$의 양변을 x에 대하여 미분하면

$f'(x) = \frac{2x-1}{x^2-x+1}$

$f'(x)=0$에서 $x=\frac{1}{2}$

함수 $f(x)$의 증가와 감소를 표로 나타내면 다음과 같다.

x	$\cdots$	$\frac{1}{2}$	$\cdots$
$f'(x)$	$-$	0	$+$
$f(x)$	$\searrow$	극소	$\nearrow$

따라서 함수 $f(x)$는 $x=\frac{1}{2}$에서 극소이면서 최소이므로 구하는 최솟

값은

$$f\left(\frac{1}{2}\right) = \int_0^{\frac{1}{2}} \frac{2t-1}{t^2-t+1}\, dt$$

$$= \int_0^{\frac{1}{2}} \frac{(t^2-t+1)'}{t^2-t+1}\, dt$$

$$= \left[\ln|t^2-t+1|\right]_0^{\frac{1}{2}}$$

$$= \ln\frac{3}{4} \qquad\qquad\qquad\qquad \text{답 ③}$$

196

$f(x) = \int_0^x \frac{t^2-3t+a}{t^2+2}\, dt$의 양변을 x에 대하여 미분하면

$f'(x) = \frac{x^2-3x+a}{x^2+2}$

이때 함수 $f(x)$는 $x=1$에서 극값을 가지므로

$f'(1) = \frac{-2+a}{3} = 0$ $\therefore a=2$

즉, $f'(x) = \frac{x^2-3x+2}{x^2+2} = \frac{(x-1)(x-2)}{x^2+2}$이므로 $f'(x)=0$에서

$x=1$ 또는 $x=2$

함수 $f(x)$의 증가와 감소를 표로 나타내면 다음과 같다.

x	$\cdots$	1	$\cdots$	2	$\cdots$
$f'(x)$	$+$	0	$-$	0	$+$
$f(x)$	$\nearrow$	극대	$\searrow$	극소	$\nearrow$

따라서 함수 $f(x)$는 $x=2$에서 극솟값을 가지므로 구하는 극솟값은

$$f(2) = \int_0^2 \frac{t^2-3t+2}{t^2+2}\, dt = \int_0^2 \left(1-\frac{3t}{t^2+2}\right) dt$$

$$= \left[t-\frac{3}{2}\ln(t^2+2)\right]_0^2 = \left(2-\frac{3}{2}\ln 6\right) + \frac{3}{2}\ln 2$$

$$= 2-\frac{3}{2}\ln 3 \qquad\qquad\qquad\qquad \text{답 ②}$$

197

$f(x) = \int_0^x (a\sqrt{t}-t)\, dt$의 양변을 x에 대하여 미분하면

$f'(x) = a\sqrt{x}-x$

$f'(x)=0$에서

$x=0$ 또는 $x=a^2$

$x\geq 0$에서 함수 $f(x)$의 증가와 감소를 표로 나타내면 다음과 같다.

x	0	$\cdots$	a^2	$\cdots$
$f'(x)$	0	$+$	0	$-$
$f(x)$	0	$\nearrow$	극대	$\searrow$

따라서 함수 $f(x)$는 $x=a^2$에서 극대이면서 최대이므로 최댓값은

$$f(a^2) = \int_0^{a^2} (a\sqrt{t}-t)\, dt = \left[\frac{2}{3}at^{\frac{3}{2}} - \frac{1}{2}t^2\right]_0^{a^2}$$

$$= \frac{2}{3}a^4 - \frac{1}{2}a^4 = \frac{1}{6}a^4 = \frac{8}{3}$$

즉, $a^4=16$이므로

$a=2$ ($\because a$는 양의 실수)

$$\therefore f(a+7) = f(9) = \int_0^9 (2\sqrt{t}-t)\, dt$$

$$= \left[\frac{4}{3}t^{\frac{3}{2}} - \frac{1}{2}t^2\right]_0^9 = 36 - \frac{81}{2} = -\frac{9}{2} \qquad \text{답 ①}$$

198

$f(x) = \int_0^x (t^2-3t+2)e^t\, dt$의 양변을 x에 대하여 미분하면

$f'(x) = (x^2-3x+2)e^x = (x-1)(x-2)e^x$

$f'(x)=0$에서

$x=1$ 또는 $x=2$

함수 $f(x)$의 증가와 감소를 표로 나타내면 다음과 같다.

x	$\cdots$	1	$\cdots$	2	$\cdots$
$f'(x)$	$+$	0	$-$	0	$+$
$f(x)$	$\nearrow$	극대	$\searrow$	극소	$\nearrow$

이때 $f(0)=0$이므로 함수 $y=f(x)$의 그래프는 다음 그림과 같다.

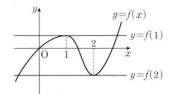

함수 $y=f(x)$의 그래프와 직선 $y=k$의 교점의 개수가 2인 경우는
$k=f(1)$ 또는 $k=f(2)$

$f(x)=\int_0^x (t^2-3t+2)e^t dt$에서

$u(t)=t^2-3t+2$, $v'(t)=e^t$으로 놓으면

$u'(t)=2t-3$, $v(t)=e^t$이므로

$f(x)=\int_0^x (t^2-3t+2)e^t dt$

$\qquad = \left[(t^2-3t+2)e^t\right]_0^x - \int_0^x (2t-3)e^t dt$

$\qquad = (x^2-3x+2)e^x - 2 - \int_0^x (2t-3)e^t dt$

또, $r(t)=2t-3$, $s'(t)=e^t$으로 놓으면

$r'(t)=2$, $s(t)=e^t$이므로

$\int_0^x (2t-3)e^t dt = \left[(2t-3)e^t\right]_0^x - \int_0^x 2e^t dt$

$\qquad = (2x-3)e^x + 3 - 2\left[e^t\right]_0^x$

$\qquad = (2x-5)e^x + 5$

$\therefore f(x) = (x^2-3x+2)e^x - 2 - (2x-5)e^x - 5$

$\qquad = (x^2-5x+7)e^x - 7$

따라서 $f(1)=3e-7$, $f(2)=e^2-7$이므로 모든 실수 k의 값의 합은
$f(1)+f(2)=e^2+3e-14$

즉, $a=1$, $b=3$, $c=-14$이므로

$a+b+c=1+3+(-14)=-10$ 답 ①

199

$\displaystyle\lim_{n\to\infty}\sum_{k=1}^n \frac{k^2+2kn}{k^3+3k^2n+n^3} = \lim_{n\to\infty}\sum_{k=1}^n \frac{\left(\frac{k}{n}\right)^2+2\times\frac{k}{n}}{\left(\frac{k}{n}\right)^3+3\left(\frac{k}{n}\right)^2+1}\times\frac{1}{n}$

이때 $f(x)=\dfrac{x^2+2x}{x^3+3x^2+1}$, $x_k=\dfrac{k}{n}$, $\Delta x=\dfrac{1}{n}$로 놓으면

$\displaystyle\lim_{n\to\infty}\sum_{k=1}^n \frac{\left(\frac{k}{n}\right)^2+2\times\frac{k}{n}}{\left(\frac{k}{n}\right)^3+3\left(\frac{k}{n}\right)^2+1}\times\frac{1}{n} = \lim_{n\to\infty}\sum_{k=1}^n f(x_k)\Delta x$

$\qquad = \int_0^1 f(x)\,dx = \int_0^1 \frac{x^2+2x}{x^3+3x^2+1}\,dx$

$\qquad = \frac{1}{3}\int_0^1 \frac{(x^3+3x^2+1)'}{x^3+3x^2+1}\,dx$

$\qquad = \frac{1}{3}\left[\ln|x^3+3x^2+1|\right]_0^1$

$\qquad = \frac{\ln 5}{3}$ 답 ③

200

$\displaystyle\lim_{n\to\infty}\sum_{k=1}^n \frac{k+n}{n^2}f\left(\frac{k^2+2kn}{n^2}\right) = \lim_{n\to\infty}\sum_{k=1}^n \frac{1}{n}\left(1+\frac{k}{n}\right)f\left(2\times\frac{k}{n}+\left(\frac{k}{n}\right)^2\right)$

이때 $x_k=\dfrac{k}{n}$, $\Delta x=\dfrac{1}{n}$로 놓으면

$\displaystyle\lim_{n\to\infty}\sum_{k=1}^n \frac{1}{n}\left(1+\frac{k}{n}\right)f\left(2\times\frac{k}{n}+\left(\frac{k}{n}\right)^2\right)$

$= \displaystyle\lim_{n\to\infty}\sum_{k=1}^n (1+x_k)f((x_k)^2+2x_k)\Delta x$

$= \displaystyle\int_0^1 (x+1)f(x^2+2x)\,dx$

$x^2+2x=t$로 놓으면 $\dfrac{dt}{dx}=2x+2$이고

$x=0$일 때 $t=0$, $x=1$일 때 $t=3$이므로

$\displaystyle\int_0^1 (x+1)f(x^2+2x)\,dx = \int_0^3 \frac{1}{2}f(t)\,dt = \frac{1}{2}\int_0^3 f(x)\,dx$

$\qquad\qquad\qquad\qquad = \frac{1}{2}\times 4 = 2$

$\therefore \displaystyle\lim_{n\to\infty}\sum_{k=1}^n \frac{k+n}{n^2}f\left(\frac{k^2+2kn}{n^2}\right)=2$ 답 ④

201

$\displaystyle\lim_{n\to\infty}\sum_{k=1}^n \left(\frac{k}{n}\right)^3\{\ln(\sqrt[n]{n^2+k^2})-\ln\sqrt[n]{n^2}\}$

$= \displaystyle\lim_{n\to\infty}\sum_{k=1}^n \left(\frac{k}{n}\right)^3\{\ln(n^2+k^2)^{\frac{1}{n}}-\ln(n^2)^{\frac{1}{n}}\}$

$= \displaystyle\lim_{n\to\infty}\sum_{k=1}^n \left(\frac{k}{n}\right)^3\ln\left(\frac{n^2+k^2}{n^2}\right)^{\frac{1}{n}}$

$= \displaystyle\lim_{n\to\infty}\sum_{k=1}^n \frac{1}{n}\left(\frac{k}{n}\right)^3\ln\left\{1+\left(\frac{k}{n}\right)^2\right\}$

이때 $f(x)=x^3\ln(1+x^2)$, $x_k=\dfrac{k}{n}$, $\Delta x=\dfrac{1}{n}$로 놓으면

$\displaystyle\lim_{n\to\infty}\sum_{k=1}^n \frac{1}{n}\left(\frac{k}{n}\right)^3\ln\left\{1+\left(\frac{k}{n}\right)^2\right\} = \int_0^1 f(x)\,dx$

$\qquad\qquad\qquad\qquad\qquad\qquad = \int_0^1 x^3\ln(x^2+1)\,dx$

$\ln(x^2+1)=t$로 놓으면

$x=0$일 때 $t=0$, $x=1$일 때 $t=\ln 2$

또, $\dfrac{dt}{dx}=\dfrac{2x}{x^2+1}$, $x^2=e^t-1$이므로

$\displaystyle\int_0^1 x^3\ln(x^2+1)\,dx = \int_0^{\ln 2} \frac{1}{2}te^t(e^t-1)\,dt$

$\qquad\qquad\qquad\qquad = \frac{1}{2}\int_0^{\ln 2} t(e^{2t}-e^t)\,dt$

$u(t)=t$, $v'(t)=e^{2t}-e^t$으로 놓으면

$u'(t)=1$, $v(t)=\dfrac{1}{2}e^{2t}-e^t$이므로

$\displaystyle\frac{1}{2}\int_0^{\ln 2} t(e^{2t}-e^t)\,dt = \frac{1}{2}\left[t\left(\frac{1}{2}e^{2t}-e^t\right)\right]_0^{\ln 2} - \frac{1}{2}\int_0^{\ln 2}\left(\frac{1}{2}e^{2t}-e^t\right)dt$

$\qquad\qquad\qquad\qquad = -\frac{1}{2}\left[\frac{1}{4}e^{2t}-e^t\right]_0^{\ln 2}$

$\qquad\qquad\qquad\qquad = -\frac{1}{2}\left(-1+\frac{3}{4}\right) = \frac{1}{8}$ 답 ①

202

함수 $y=\sin 2n\pi x$의 주기는 $\dfrac{2\pi}{2n\pi}=\dfrac{1}{n}$이므로 자연수 n에 대하여

$0\le x\le 1$에서 함수 $y=\sin 2n\pi x$의 그래프는 다음 그림과 같다.

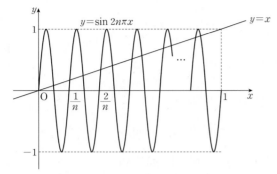

$0\le x\le 1$에서 함수 $y=\sin 2n\pi x$의 그래프는 한 주기의 그래프의 개형이 n번 반복된다.

이때 함수 $y=\sin 2n\pi x$의 한 주기의 그래프와 직선 $y=x$가 만나는 교점의 개수는 $2n$이므로

$a_n=2n$

$\therefore \displaystyle\lim_{n\to\infty}\sum_{k=1}^{n}\dfrac{\sin\dfrac{2\pi k}{a_n}}{a_n}=\lim_{n\to\infty}\sum_{k=1}^{n}\dfrac{1}{2n}\sin\dfrac{\pi k}{n}$

$f(x)=\sin\pi x$, $x_k=\dfrac{k}{n}$, $\varDelta x=\dfrac{1}{n}$로 놓으면

$\displaystyle\lim_{n\to\infty}\sum_{k=1}^{n}\dfrac{1}{2n}\sin\dfrac{\pi k}{n}=\lim_{n\to\infty}\sum_{k=1}^{n}\dfrac{1}{2}f(x_k)\varDelta x$

$\qquad\qquad\qquad\qquad =\dfrac{1}{2}\displaystyle\int_0^1 f(x)\,dx$

$\qquad\qquad\qquad\qquad =\dfrac{1}{2}\displaystyle\int_0^1 \sin\pi x\,dx$

$\qquad\qquad\qquad\qquad =\dfrac{1}{2}\left[-\dfrac{1}{\pi}\cos\pi x\right]_0^1$

$\qquad\qquad\qquad\qquad =\dfrac{1}{2}\left(\dfrac{1}{\pi}+\dfrac{1}{\pi}\right)=\dfrac{1}{\pi}$ 답 ③

203

$x^2-2x+2=(x-1)^2+1>0$이고, $f(1)=0$이므로

$x<1$일 때 $f(x)<0$, $x\ge 1$일 때 $f(x)\ge 0$

따라서 영역 A의 넓이는

$\displaystyle\int_0^1 |f(x)|\,dx=-\int_0^1 f(x)\,dx=-\int_0^1 \dfrac{2x-2}{x^2-2x+2}\,dx$

$\qquad\qquad\qquad =\left[-\ln(x^2-2x+2)\right]_0^1$

$\qquad\qquad\qquad =\ln 2$

영역 B의 넓이는

$\displaystyle\int_1^3 |f(x)|\,dx=\int_1^3 f(x)\,dx=\int_1^3 \dfrac{2x-2}{x^2-2x+2}\,dx$

$\qquad\qquad\qquad =\left[\ln(x^2-2x+2)\right]_1^3$

$\qquad\qquad\qquad =\ln 5$

따라서 영역 A의 넓이와 영역 B의 넓이의 합은

$\ln 2+\ln 5=\ln 10$ 답 ④

204

$f(1)=0$이므로

$x<1$일 때 $f(x)<0$, $x\ge 1$일 때 $f(x)\ge 0$

따라서 영역 A의 넓이는

$\displaystyle\int_0^1 |(x-1)e^x|\,dx=-\int_0^1 (x-1)e^x\,dx$

$\qquad\qquad\qquad =-\left[(x-1)e^x\right]_0^1+\int_0^1 e^x\,dx$

$\qquad\qquad\qquad =-1+\left[e^x\right]_0^1$

$\qquad\qquad\qquad =-1+e-1=e-2$

영역 B의 넓이는

$\displaystyle\int_1^2 |(x-1)e^x|\,dx=\int_1^2 (x-1)e^x\,dx$

$\qquad\qquad\qquad =\left[(x-1)e^x\right]_1^2-\int_1^2 e^x\,dx$

$\qquad\qquad\qquad =e^2-\left[e^x\right]_1^2$

$\qquad\qquad\qquad =e^2-e^2+e=e$

따라서 영역 A의 넓이와 영역 B의 넓이의 합은

$(e-2)+e=2e-2$ 답 ①

205

$y=\dfrac{2x}{x-1}$에서 $yx-y=2x$

$(y-2)x=y$

$\therefore x=\dfrac{y}{y-2}=1+\dfrac{2}{y-2}$

곡선 $x=1+\dfrac{2}{y-2}$와 y축 및 두 직선 $y=3$, $y=k\ (k>3)$로 둘러싸인 부분의 넓이는

$S(k)=\displaystyle\int_3^k \left|1+\dfrac{2}{y-2}\right|\,dy=\int_3^k \left(1+\dfrac{2}{y-2}\right)\,dy$

$\qquad =\left[y+2\ln(y-2)\right]_3^k$

$\qquad =(k-3)+2\ln(k-2)$

즉, $(k-3)+2\ln(k-2)=k$이므로

$2\ln(k-2)=3$, $k-2=e^{\frac{3}{2}}$

$\therefore k=2+e^{\frac{3}{2}}$

따라서 $p=2$, $q=\dfrac{3}{2}$이므로

$pq=2\times\dfrac{3}{2}=3$ 답 3

206

$1\le x\le e^n$에서 $y=\dfrac{2(\ln x+1)}{x}>0$이므로

$a_n=\displaystyle\int_1^{e^n} \dfrac{2(\ln x+1)}{x}\,dx$

$\ln x+1=t$로 놓으면 $\dfrac{1}{x}dx=dt$이고

$x=1$일 때 $t=1$, $x=e^n$일 때 $t=n+1$이므로

$a_n=\displaystyle\int_1^{n+1}2t\,dt=\Big[\,t^2\,\Big]_1^{n+1}=n^2+2n$

수열 $\left\{\dfrac{1}{a_n}\right\}$의 부분합을 S_n이라 하면

$S_n=\displaystyle\sum_{k=1}^n\dfrac{1}{a_k}=\sum_{k=1}^n\dfrac{1}{k(k+2)}=\dfrac{1}{2}\sum_{k=1}^n\left(\dfrac{1}{k}-\dfrac{1}{k+2}\right)$

$=\dfrac{1}{2}\Big\{\left(\dfrac{1}{1}-\dfrac{1}{3}\right)+\left(\dfrac{1}{2}-\dfrac{1}{4}\right)+\left(\dfrac{1}{3}-\dfrac{1}{5}\right)$

$+\cdots+\left(\dfrac{1}{n-1}-\dfrac{1}{n+1}\right)+\left(\dfrac{1}{n}-\dfrac{1}{n+2}\right)\Big\}$

$=\dfrac{1}{2}\left(\dfrac{3}{2}-\dfrac{1}{n+1}-\dfrac{1}{n+2}\right)$

$\therefore \displaystyle\sum_{n=1}^{\infty}\dfrac{1}{a_n}=\lim_{n\to\infty}S_n$

$\phantom{\therefore \sum_{n=1}^{\infty}\dfrac{1}{a_n}}=\lim_{n\to\infty}\left\{\dfrac{1}{2}\left(\dfrac{3}{2}-\dfrac{1}{n+1}-\dfrac{1}{n+2}\right)\right\}$

$\phantom{\therefore \sum_{n=1}^{\infty}\dfrac{1}{a_n}}=\dfrac{1}{2}\times\dfrac{3}{2}=\dfrac{3}{4}$ 답 ③

207

$\displaystyle\int_1^2\left|\dfrac{1}{x^2}-k\right|dx\neq\left|\int_1^2\left(\dfrac{1}{x^2}-k\right)dx\right|$이므로 $\dfrac{1}{x^2}-k=0$을 만족시키는

x의 값이 열린구간 $(1,\ 2)$에 존재한다.

즉, $1<\dfrac{1}{\sqrt{k}}<2$에서 $\dfrac{1}{2}<\sqrt{k}<1$

곡선 $y=\dfrac{1}{x^2}$과 직선 $y=k$ 및 두 직선 $x=1$, $x=2$로 둘러싸인 부분의

넓이는

$\displaystyle\int_1^2\left|\dfrac{1}{x^2}-k\right|dx=\dfrac{1}{4}$

열린구간 $\left(1,\ \dfrac{1}{\sqrt{k}}\right)$에서 $\dfrac{1}{x^2}>k$,

열린구간 $\left(\dfrac{1}{\sqrt{k}},\ 2\right)$에서 $\dfrac{1}{x^2}<k$이므로

$\displaystyle\int_1^2\left|\dfrac{1}{x^2}-k\right|dx=\int_1^{\frac{1}{\sqrt{k}}}\left(\dfrac{1}{x^2}-k\right)dx+\int_{\frac{1}{\sqrt{k}}}^2\left(k-\dfrac{1}{x^2}\right)dx$

$\phantom{\int_1^2\left|\dfrac{1}{x^2}-k\right|dx}=\left[-\dfrac{1}{x}-kx\right]_1^{\frac{1}{\sqrt{k}}}+\left[kx+\dfrac{1}{x}\right]_{\frac{1}{\sqrt{k}}}^2$

$\phantom{\int_1^2\left|\dfrac{1}{x^2}-k\right|dx}=(-2\sqrt{k}+1+k)+\left(2k+\dfrac{1}{2}-2\sqrt{k}\right)$

$\phantom{\int_1^2\left|\dfrac{1}{x^2}-k\right|dx}=3k-4\sqrt{k}+\dfrac{3}{2}=\dfrac{1}{4}$

$3k-4\sqrt{k}+\dfrac{5}{4}=0$에서

$12k-16\sqrt{k}+5=0$, $(6\sqrt{k}-5)(2\sqrt{k}-1)=0$

$\therefore \sqrt{k}=\dfrac{5}{6}$ 또는 $\sqrt{k}=\dfrac{1}{2}$

이때 $\dfrac{1}{2}<\sqrt{k}<1$이므로 $\sqrt{k}=\dfrac{5}{6}$

$\therefore k=\dfrac{25}{36}$ 답 ④

208

$a_{n+1}-a_n=\left(1-\dfrac{1}{3^n}\right)-\left(1-\dfrac{1}{3^{n-1}}\right)=\dfrac{2}{3^n}$

또, 닫힌구간 $[a_n,\ a_{n+1}]$에서

$f(a_n)=\sin(3^n\pi-3\pi)=0$, $f(a_{n+1})=\sin(3^n\pi-\pi)=0$

이고, 함수 $y=\sin 3^n\pi x$의 주기는 $\dfrac{2}{3^n}$이므로

$\displaystyle\int_{a_n}^{a_{n+1}}|f(x)|dx=2\int_{a_n}^{\frac{a_{n+1}+a_n}{2}}\sin 3^n\pi x\,dx$

$\phantom{\int_{a_n}^{a_{n+1}}|f(x)|dx}=2\left[-\dfrac{1}{3^n\pi}\cos 3^n\pi x\right]_{1-\frac{1}{3^{n-1}}}^{1-\frac{2}{3^n}}$

$\phantom{\int_{a_n}^{a_{n+1}}|f(x)|dx}=2\left\{-\dfrac{1}{3^n\pi}\cos(3^n\pi-2\pi)+\dfrac{1}{3^n\pi}\cos(3^n\pi-3\pi)\right\}$

$\phantom{\int_{a_n}^{a_{n+1}}|f(x)|dx}=2\left\{-\dfrac{1}{3^n\pi}\cos 3^n\pi-\dfrac{1}{3^n\pi}\cos 3^n\pi\right\}$

$\phantom{\int_{a_n}^{a_{n+1}}|f(x)|dx}=\dfrac{4}{3^n\pi}$

따라서

$S_n=\displaystyle\int_{a_1}^{a_2}|f(x)|dx+\int_{a_2}^{a_3}|f(x)|dx+\cdots+\int_{a_n}^{a_{n+1}}|f(x)|dx$

$=\dfrac{4}{3\pi}+\dfrac{4}{3^2\pi}+\cdots+\dfrac{4}{3^n\pi}$

이므로

$\pi\times\displaystyle\lim_{n\to\infty}S_n=\pi\times\dfrac{4}{3\pi}\sum_{n=1}^{\infty}\left(\dfrac{1}{3}\right)^{n-1}$

$\phantom{\pi\times\lim_{n\to\infty}S_n}=\dfrac{4}{3}\displaystyle\sum_{n=1}^{\infty}\left(\dfrac{1}{3}\right)^{n-1}$

$\phantom{\pi\times\lim_{n\to\infty}S_n}=\dfrac{\dfrac{4}{3}}{1-\dfrac{1}{3}}=2$ 답 ②

209

두 곡선 $y=2^x-1$, $y=\left|\sin\dfrac{\pi}{2}x\right|$의 교점의 좌표는

$(0,\ 0),\ (1,\ 1)$

$0\leq x\leq 1$에서 $2^x-1\leq\sin\dfrac{\pi}{2}x$이므로 두 곡선 $y=2^x-1$,

$y=\left|\sin\dfrac{\pi}{2}x\right|$로 둘러싸인 부분의 넓이는

$\displaystyle\int_0^1\left\{\sin\dfrac{\pi}{2}x-(2^x-1)\right\}dx=\int_0^1\left(\sin\dfrac{\pi}{2}x-2^x+1\right)dx$

$\phantom{\int_0^1\left\{\sin\dfrac{\pi}{2}x-(2^x-1)\right\}dx}=\left[-\dfrac{2}{\pi}\cos\dfrac{\pi}{2}x-\dfrac{2^x}{\ln 2}+x\right]_0^1$

$\phantom{\int_0^1\left\{\sin\dfrac{\pi}{2}x-(2^x-1)\right\}dx}=\left(-\dfrac{2}{\ln 2}+1\right)-\left(-\dfrac{2}{\pi}-\dfrac{1}{\ln 2}\right)$

$\phantom{\int_0^1\left\{\sin\dfrac{\pi}{2}x-(2^x-1)\right\}dx}=\dfrac{2}{\pi}-\dfrac{1}{\ln 2}+1$ 답 ②

210

두 곡선 $y=\dfrac{\ln x}{x}$, $y=\dfrac{(\ln x)^2}{x}$의 교점의 좌표는

$(1,\ 0),\ \left(e,\ \dfrac{1}{e}\right)$

$1 \leq x \leq e$에서 $\dfrac{\ln x}{x} \geq \dfrac{(\ln x)^2}{x}$이므로 두 곡선

$y = \dfrac{\ln x}{x}$, $y = \dfrac{(\ln x)^2}{x}$으로 둘러싸인 부분의 넓이는

$S = \displaystyle\int_1^e \left\{ \dfrac{\ln x}{x} - \dfrac{(\ln x)^2}{x} \right\} dx$

$\ln x = t$라 하면 $\dfrac{1}{x} = \dfrac{dt}{dx}$이고

$x = 1$일 때 $t = 0$, $x = e$일 때 $t = 1$이므로

$S = \displaystyle\int_1^e \left\{ \dfrac{\ln x}{x} - \dfrac{(\ln x)^2}{x} \right\} dx = \int_0^1 (t - t^2) \, dx$

$\quad = \left[\dfrac{1}{2} t^2 - \dfrac{1}{3} t^3 \right]_0^1 = \dfrac{1}{2} - \dfrac{1}{3} = \dfrac{1}{6}$

$\therefore 30S = 30 \times \dfrac{1}{6} = 5$ 답 5

211

두 곡선 $y = e^x$, $y = x^2 e^x$의 교점의 좌표는

$\left(-1, \dfrac{1}{e} \right)$, $(1, e)$

$-1 \leq x \leq 1$에서 $e^x \geq x^2 e^x$이므로 두 곡선 $y = e^x$, $y = x^2 e^x$으로 둘러싸인 부분의 넓이는

$\displaystyle\int_{-1}^1 (e^x - x^2 e^x) \, dx = \int_{-1}^1 (1 - x^2) e^x \, dx$

$u(x) = 1 - x^2$, $v'(x) = e^x$으로 놓으면

$u'(x) = -2x$, $v(x) = e^x$이므로

$\displaystyle\int_{-1}^1 (1 - x^2) e^x \, dx = \left[(1 - x^2) e^x \right]_{-1}^1 + 2 \int_{-1}^1 x e^x \, dx$

$\qquad\qquad\qquad\qquad = 2 \displaystyle\int_{-1}^1 x e^x \, dx$

$r(x) = x$, $s'(x) = e^x$으로 놓으면

$r'(x) = 1$, $s(x) = e^x$이므로

$2 \displaystyle\int_{-1}^1 x e^x \, dx = 2 \left\{ \left[x e^x \right]_{-1}^1 - \int_{-1}^1 e^x \, dx \right\}$

$\qquad\qquad = 2 \left\{ \left(e + \dfrac{1}{e} \right) - \left[e^x \right]_{-1}^1 \right\}$

$\qquad\qquad = 2 \left(e + \dfrac{1}{e} - e + \dfrac{1}{e} \right) = \dfrac{4}{e}$ 답 ④

212

두 함수 $f(x) = \dfrac{\sin x}{x^2}$, $g(x) = \dfrac{\cos x}{x}$의 그래프에서

$\dfrac{\pi}{2} \leq x \leq \pi$일 때 $f(x) > g(x)$이므로 두 곡선 $y = f(x)$, $y = g(x)$와

두 직선 $x = \dfrac{\pi}{2}$, $x = \pi$로 둘러싸인 부분의 넓이는

$\displaystyle\int_{\frac{\pi}{2}}^\pi |f(x) - g(x)| \, dx = \int_{\frac{\pi}{2}}^\pi \left(\dfrac{\sin x}{x^2} - \dfrac{\cos x}{x} \right) dx$

$\qquad\qquad\qquad\qquad = \displaystyle\int_{\frac{\pi}{2}}^\pi \dfrac{\sin x - x \cos x}{x^2} \, dx$

이때 $\dfrac{\sin x - x \cos x}{x^2} = \left(-\dfrac{\sin x}{x} \right)'$이므로

$\displaystyle\int_{\frac{\pi}{2}}^\pi \dfrac{\sin x - x \cos x}{x^2} \, dx = \left[-\dfrac{\sin x}{x} \right]_{\frac{\pi}{2}}^\pi = \dfrac{2}{\pi}$ 답 ②

213

구간 $(0, \pi)$에서 두 곡선 $y = \sin x$, $y = a \cos x$의 교점의 개수는 1이므로 교점의 x좌표를 α라 하면

$0 < \alpha < \dfrac{\pi}{2}$

이때 $\sin \alpha = a \cos \alpha$이고 $\sin^2 \alpha + \cos^2 \alpha = 1$이므로

$(1 + a^2) \cos^2 \alpha = 1$

$\therefore \cos \alpha = \dfrac{1}{\sqrt{a^2 + 1}}$, $\sin \alpha = \dfrac{a}{\sqrt{a^2 + 1}}$ $(\because \cos \alpha > 0, \, a > 0)$

따라서 두 곡선 $y = \sin x$, $y = a \cos x$와 y축 및 직선 $x = \pi$로 둘러싸인 부분의 넓이는

$\displaystyle\int_0^\alpha (a \cos x - \sin x) \, dx + \int_\alpha^\pi (\sin x - a \cos x) \, dx$

$= \left[a \sin x + \cos x \right]_0^\alpha + \left[-\cos x - a \sin x \right]_\alpha^\pi$

$= (a \sin \alpha + \cos \alpha - 1) + (1 + \cos \alpha + a \sin \alpha)$

$= 2a \sin \alpha + 2 \cos \alpha$

$= 2 \times \dfrac{a^2}{\sqrt{a^2 + 1}} + 2 \times \dfrac{1}{\sqrt{a^2 + 1}}$

$= 2 \sqrt{a^2 + 1} = 2\sqrt{5}$

$\sqrt{a^2 + 1} = \sqrt{5}$이므로

$a^2 = 4$ $\therefore a = 2$ $(\because a > 0)$

$\therefore \displaystyle\int_0^{\frac{\pi}{2}} a \cos x \, dx = \int_0^{\frac{\pi}{2}} 2 \cos x \, dx$

$\qquad\qquad\qquad = \left[2 \sin x \right]_0^{\frac{\pi}{2}} = 2$ 답 ②

214

$0 < x \leq 1$에서 $\ln x^2 \leq \ln x$이고, $x \geq 1$에서 $\ln x^2 \geq \ln x$이므로 t의 범위를 다음과 같은 경우로 나눌 수 있다.

(i) $0 < t < 1$일 때

$f(t) = \displaystyle\int_t^{t+2} |\ln x^2 - \ln x| \, dx$

$\quad = \displaystyle\int_t^1 (\ln x - \ln x^2) \, dx + \int_1^{t+2} (\ln x^2 - \ln x) \, dx$

$\quad = \displaystyle\int_1^t \ln x \, dx + \int_1^{t+2} \ln x \, dx$

$f'(t) = \ln t + \ln (t + 2) = \ln (t^2 + 2t)$이므로 $f'(t) = 0$에서

$t^2 + 2t - 1 = 0$

$\therefore t = -1 + \sqrt{2}$ $(\because 0 < t < 1)$

(ii) $t \geq 1$일 때

$f(t) = \displaystyle\int_t^{t+2} (\ln x^2 - \ln x) \, dx = \int_t^{t+2} \ln x \, dx$이므로

$f'(t) = \ln (t + 2) - \ln t = \ln \left(1 + \dfrac{2}{t} \right) > 0$

(i), (ii)에 의하여 함수 $f(t)$의 증가와 감소를 표로 나타내면 다음과 같다.

t	$\cdots$	$-1+\sqrt{2}$	$\cdots$
$f'(t)$	$-$	0	$+$
$f(t)$	$\searrow$	극소	$\nearrow$

함수 $f(t)$는 $t=-1+\sqrt{2}$일 때 극소이면서 최소이므로

$m=f(-1+\sqrt{2})$

$\quad=\int_1^{-1+\sqrt{2}}\ln x\,dx+\int_1^{1+\sqrt{2}}\ln x\,dx$

$\quad=\Big[x\ln x-x\Big]_1^{-1+\sqrt{2}}+\Big[x\ln x-x\Big]_1^{1+\sqrt{2}}$

$\quad=\{(-1+\sqrt{2})\ln(-1+\sqrt{2})-(-1+\sqrt{2})+1\}$
$\qquad\qquad\qquad+\{(1+\sqrt{2})\ln(1+\sqrt{2})-(1+\sqrt{2})+1\}$

$\quad=(-1+\sqrt{2})\ln(-1+\sqrt{2})+(1+\sqrt{2})\ln(1+\sqrt{2})+2-2\sqrt{2}$

$\quad=-\ln(\sqrt{2}-1)+\sqrt{2}\ln(\sqrt{2}-1)+\ln(\sqrt{2}+1)+\sqrt{2}\ln(\sqrt{2}+1)$
$\qquad\qquad\qquad\qquad\qquad\qquad\qquad +2-2\sqrt{2}$

$\quad=\ln\dfrac{\sqrt{2}+1}{\sqrt{2}-1}+\sqrt{2}\ln\{(\sqrt{2}-1)(\sqrt{2}+1)\}-2(\sqrt{2}-1)$

$\quad=\ln(3+2\sqrt{2})-2(\sqrt{2}-1)$

$\therefore e^m=e^{\ln(3+2\sqrt{2})-2(\sqrt{2}-1)}$

$\qquad\;\;=(3+2\sqrt{2})e^{-2(\sqrt{2}-1)}$

따라서 $a=3$, $b=2$, $c=-2$이므로

$a+b+c=3+2+(-2)=3$　　　　　　　　　　답 3

215

$A=B$이므로 $\displaystyle\int_0^2 f(x)\,dx=0$

$\displaystyle\int_0^2 (2x+3)f'(x)\,dx$에서

$u(x)=2x+3$, $v'(x)=f'(x)$로 놓으면

$u'(x)=2$, $v(x)=f(x)$이므로

$\displaystyle\int_0^2 (2x+3)f'(x)\,dx=\Big[(2x+3)f(x)\Big]_0^2-2\int_0^2 f(x)\,dx$

$\qquad\qquad\qquad\qquad\qquad =7f(2)-3f(0)-0=7$　　　　답 7

216

$x<1$일 때 $f'(x)<0$이고, $x>1$일 때 $f'(x)>0$이므로

$\displaystyle\int_1^3 x|f'(x)|\,dx=\int_1^3 xf'(x)\,dx,$

$\displaystyle\int_0^1 x|f'(x)|\,dx=-\int_0^1 xf'(x)\,dx$

즉, $\displaystyle\int_1^3 x|f'(x)|\,dx=\int_0^1 x|f'(x)|\,dx+5$에서

$\displaystyle\int_1^3 xf'(x)\,dx=-\int_0^1 xf'(x)\,dx+5$

$\displaystyle\int_0^1 xf'(x)\,dx+\int_1^3 xf'(x)\,dx=5$

따라서 $\displaystyle\int_0^3 xf'(x)\,dx=5$이므로

$\Big[xf(x)\Big]_0^3-\int_0^3 f(x)\,dx=5$

$3f(3)-\displaystyle\int_0^3 f(x)\,dx=5$

$\therefore \displaystyle\int_0^3 f(x)\,dx=3\times2-5=1$

한편, 곡선 $y=f(x)$와 x축의 교점의 x좌표를 $\alpha\,(\alpha\neq0)$라 하면

$A=\displaystyle\int_0^\alpha |f(x)|\,dx=-\int_0^\alpha f(x)\,dx$

$B=\displaystyle\int_\alpha^3 |f(x)|\,dx=\int_\alpha^3 f(x)\,dx$

$\therefore B-A=\displaystyle\int_\alpha^3 f(x)\,dx+\int_0^\alpha f(x)\,dx$

$\qquad\qquad =\displaystyle\int_0^3 f(x)\,dx=1$　　　　　　답 1

217

곡선 $y=f(x)$와 직선 $y=\sqrt[3]{e^2}$이 만나는 점의 x좌표는 $\dfrac{2}{3}$이다.

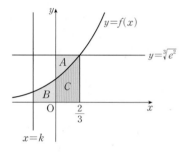

위의 그림과 같이 곡선 $y=f(x)$와 x축, y축 및 직선 $x=\dfrac{2}{3}$로 둘러싸인 부분의 넓이를 C라 하면

$A+C=\dfrac{2}{3}e^{\frac{2}{3}}$

$B+C=\displaystyle\int_k^{\frac{2}{3}} e^x\,dx=\Big[e^x\Big]_k^{\frac{2}{3}}=e^{\frac{2}{3}}-e^k$

이때 $A=B$에서 $A+C=B+C$이므로

$\dfrac{2}{3}e^{\frac{2}{3}}=e^{\frac{2}{3}}-e^k$　　$\therefore e^k=\dfrac{1}{3}e^{\frac{2}{3}}$

$\therefore k=\dfrac{2}{3}+\ln\dfrac{1}{3}=\dfrac{2}{3}-\ln3$　　　　答 ②

218

다음 그림과 같이 두 곡선 $y=\cos x$, $y=\dfrac{1}{a}\sin x$와 y축으로 둘러싸인 부분의 넓이를 A, 두 곡선 $y=\cos x$, $y=\dfrac{1}{a}\sin x$와 직선 $x=\dfrac{\pi}{3}$로 둘러싸인 부분의 넓이를 B, 두 곡선 $y=\cos x$, $y=\dfrac{1}{a}\sin x$와 x축 및 직선 $x=\dfrac{\pi}{3}$로 둘러싸인 부분의 넓이를 C라 하자.

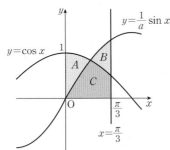

$f(a)=|A-B|=|(A+C)-(B+C)|$

$A+C=\displaystyle\int_0^{\frac{\pi}{3}}\cos x\,dx=\Big[\sin x\Big]_0^{\frac{\pi}{3}}=\dfrac{\sqrt{3}}{2}$

$B+C=\displaystyle\int_0^{\frac{\pi}{3}}\dfrac{1}{a}\sin x\,dx=\Big[-\dfrac{1}{a}\cos x\Big]_0^{\frac{\pi}{3}}=-\dfrac{1}{2a}+\dfrac{1}{a}=\dfrac{1}{2a}$

$\therefore f(a)=\Big|\dfrac{\sqrt{3}}{2}-\dfrac{1}{2a}\Big|$

$\dfrac{\sqrt{3}}{2}-\dfrac{1}{2a}=0$에서 $a=\dfrac{\sqrt{3}}{3}$이므로

$0<a<\dfrac{\sqrt{3}}{3}$일 때 $\dfrac{\sqrt{3}}{2}<\dfrac{1}{2a}$이고, $\dfrac{\sqrt{3}}{3}\le a<\sqrt{3}$일 때 $\dfrac{\sqrt{3}}{2}\ge\dfrac{1}{2a}$

$\therefore \displaystyle\int_{\frac{1}{3}}^{1}f(a)\,da=\int_{\frac{1}{3}}^{\frac{\sqrt{3}}{3}}\Big(\dfrac{1}{2a}-\dfrac{\sqrt{3}}{2}\Big)\,da+\int_{\frac{\sqrt{3}}{3}}^{1}\Big(\dfrac{\sqrt{3}}{2}-\dfrac{1}{2a}\Big)\,da$

$\qquad=\Big[\dfrac{1}{2}\ln|a|-\dfrac{\sqrt{3}}{2}a\Big]_{\frac{1}{3}}^{\frac{\sqrt{3}}{3}}+\Big[\dfrac{\sqrt{3}}{2}a-\dfrac{1}{2}\ln|a|\Big]_{\frac{\sqrt{3}}{3}}^{1}$

$\qquad=\Big(\dfrac{1}{2}\ln 3^{-\frac{1}{2}}-\dfrac{1}{2}\Big)-\Big(\dfrac{1}{2}\ln\dfrac{1}{3}-\dfrac{\sqrt{3}}{6}\Big)$

$\qquad\qquad+\dfrac{\sqrt{3}}{2}-\Big(\dfrac{1}{2}-\dfrac{1}{2}\ln 3^{-\frac{1}{2}}\Big)$

$\qquad=\dfrac{2\sqrt{3}-3}{3}$　　　　　　답 ①

219

$\displaystyle\int_1^3 f(x)\,dx$에서 $t=f(x)$로 놓으면 $x=g(t)$이므로 $\dfrac{dx}{dt}=g'(t)$

또, $f(1)=1$, $f(3)=3$이므로

$g(1)=1$, $g(3)=3$

$\displaystyle\int_1^3 f(x)\,dx=\int_1^3 tg'(t)\,dt$

$\qquad=\Big[tg(t)\Big]_1^3-\int_1^3 g(t)\,dt$

$\qquad=3g(3)-g(1)-\int_1^3 g(t)\,dt$

$\qquad=3\times 3-1-\int_1^3 g(t)\,dt$

조건 ㈐에서 $\displaystyle\int_1^3 g(x)\,dx=3$이므로

$\displaystyle\int_1^3 f(x)\,dx=8-3=5$

$\therefore \displaystyle\int_3^7 f(x)\,dx=\int_1^7 f(x)\,dx-\int_1^3 f(x)\,dx=27-5=22$

이때 조건 ㈐에 의하여 함수 $y=f(x)$의 그래프는 열린구간 $(3, 7)$에서 위로 볼록하고, 조건 ㈎에 의하여 $f(3)=3$, $f(7)=7$이므로 닫힌구간 $[3, 7]$에서 $f(x)-x\ge 0$이다.

$\therefore \displaystyle\int_3^7|f(x)-x|\,dx=\int_3^7\{f(x)-x\}\,dx$

$\qquad=\displaystyle\int_3^7 f(x)\,dx-\int_3^7 x\,dx$

$\qquad=22-\Big[\dfrac{1}{2}x^2\Big]_3^7=22-20=2$

$\therefore 12\displaystyle\int_3^7|f(x)-x|\,dx=24$　　　　　　답 24

다른 풀이 다음 그림과 같이 함수 $f(x)$가 $f(1)<f(3)$이고 일대일 응이므로 함수 $f(x)$는 닫힌구간 $[1, 3]$에서 증가한다.

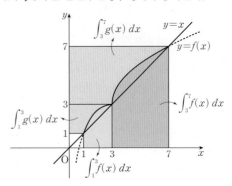

$\therefore \displaystyle\int_1^3 f(x)\,dx=3\times 3-1\times 1-\int_1^3 g(x)\,dx$

$\qquad=9-1-3=5$

따라서 $\displaystyle\int_3^7 f(x)\,dx=27-5=22$이므로

$\displaystyle\int_3^7|f(x)-x|\,dx=22-\dfrac{1}{2}\times 4\times(3+7)=2$

220

조건 ㈎에서 $x=0$을 대입하면 $h(0)=0$

조건 ㈏에서 $h(2)=2$이므로 $h(-2)=-2$

즉, $f(0)=0$, $f(2)=2$, $g(-2)=-2$이고

$\displaystyle\int_0^2 f(x)\,dx=\int_0^2 h(x)\,dx=1$

$g(x)=t$로 놓으면 $x=f(t)$이고 $\dfrac{dx}{dt}=f'(t)$

또, $g(0)=0$, $g(2)=2$이므로

$\displaystyle\int_0^2 g(x)\,dx=\int_0^2 tf'(t)\,dt$

$\qquad=\Big[tf(t)\Big]_0^2-\int_0^2 f(t)\,dt$

$\qquad=2f(2)-1=3$

이때 $h(x)+h(-x)=0$에서 $h(-x)=-h(x)$이므로 함수 $y=h(x)$의 그래프는 원점에 대하여 대칭이다.

즉, $\displaystyle\int_{-2}^2 h(x)\,dx=0$이고

$\displaystyle\int_{-2}^2 h(x)\,dx=\int_{-2}^0 h(x)\,dx+\int_0^2 h(x)\,dx$이므로

$\displaystyle\int_{-2}^0 h(x)\,dx=-1$

$\therefore \displaystyle\int_{-2}^0 g(x)\,dx=\int_{-2}^0 h(x)\,dx=-1$

$f(x)=s$로 놓으면 $x=g(s)$이고 $\dfrac{dx}{ds}=g'(s)$

또, $f(0)=0$, $f(-2)=-2$이므로

$$\int_{-2}^{0}f(x)\,dx=\int_{-2}^{0}sg'(s)\,ds$$
$$=\Big[\,sg(s)\,\Big]_{-2}^{0}-\int_{-2}^{0}g(s)\,ds$$
$$=2g(-2)-(-1)$$
$$=2\times(-2)+1=-3$$

$f(0)=0$, $f(2)=2$, $f(-2)=-2$이고 함수 $f(x)$는 역함수가 존재하므로

$x\ge 0$일 때, $f(x)\ge 0$이고 $g(x)\ge 0$

$x<0$일 때, $f(x)<0$이고 $g(x)<0$

$$\therefore\ h^{-1}(x)=\begin{cases}g(x) & (x\ge 0)\\ f(x) & (x<0)\end{cases}$$

$x\ge 0$일 때 $g(x)\ge -x$이고, $x<0$일 때 $f(x)<-x$이므로

$$\int_{-2}^{2}|\,h^{-1}(x)+x\,|\,dx$$
$$=-\int_{-2}^{0}\{f(x)+x\}\,dx+\int_{0}^{2}\{g(x)+x\}\,dx$$
$$=-\int_{-2}^{0}f(x)\,dx-\Big[\tfrac{1}{2}x^{2}\Big]_{-2}^{0}+\int_{0}^{2}g(x)\,dx+\Big[\tfrac{1}{2}x^{2}\Big]_{0}^{2}$$
$$=-(-3)+2+3+2=10$$

답 10

221

입체도형을 x축에 수직인 평면으로 자른 단면은 한 변의 길이가

$\sqrt{\dfrac{3x+1}{x^{2}}}$인 정사각형이므로 단면의 넓이는

$\dfrac{3x+1}{x^{2}}$

따라서 구하는 입체도형의 부피는

$$\int_{1}^{2}\frac{3x+1}{x^{2}}\,dx=\int_{1}^{2}\Big(\frac{3}{x}+\frac{1}{x^{2}}\Big)dx=\Big[3\ln|x|-\frac{1}{x}\Big]_{1}^{2}$$
$$=\Big(3\ln 2-\frac{1}{2}\Big)-(-1)=\frac{1}{2}+3\ln 2$$

답 ②

222

입체도형을 x축에 수직인 평면으로 자른 단면은 한 변의 길이가

$\sqrt{\dfrac{\sin x\cos x}{1+\sin x}}$인 정사각형이므로 단면의 넓이는

$\dfrac{\sin x\cos x}{1+\sin x}$

따라서 구하는 입체도형의 부피는

$$\int_{0}^{\frac{\pi}{6}}\frac{\sin x\cos x}{1+\sin x}\,dx$$

$1+\sin x=t$로 놓으면 $\sin x=t-1$, $\dfrac{dt}{dx}=\cos x$이고

$x=0$일 때 $t=1$, $x=\dfrac{\pi}{6}$일 때 $t=\dfrac{3}{2}$이므로

$$\int_{0}^{\frac{\pi}{6}}\frac{\sin x\cos x}{1+\sin x}\,dx=\int_{1}^{\frac{3}{2}}\frac{t-1}{t}\,dt=\int_{1}^{\frac{3}{2}}\Big(1-\frac{1}{t}\Big)dt$$
$$=\Big[\,t-\ln|t|\,\Big]_{1}^{\frac{3}{2}}=\Big(\frac{3}{2}-\ln\frac{3}{2}\Big)-1$$
$$=\frac{1}{2}-\ln\frac{3}{2}$$

답 ②

223

입체도형을 x축에 수직인 평면으로 자른 단면은 한 변의 길이가

$\tan x-\cot x$인 정사각형이므로 단면의 넓이는

$(\tan x-\cot x)^{2}$

따라서 구하는 입체도형의 부피는

$$\int_{\frac{\pi}{4}}^{\frac{\pi}{3}}(\tan x-\cot x)^{2}\,dx=\int_{\frac{\pi}{4}}^{\frac{\pi}{3}}(\tan^{2}x-2+\cot^{2}x)\,dx$$
$$=\int_{\frac{\pi}{4}}^{\frac{\pi}{3}}(\sec^{2}x+\csc^{2}x-4)\,dx$$
$$=\Big[\tan x-\cot x-4x\Big]_{\frac{\pi}{4}}^{\frac{\pi}{3}}$$
$$=\Big(\sqrt{3}-\frac{1}{\sqrt{3}}-\frac{4}{3}\pi\Big)-(1-1-\pi)$$
$$=\frac{2\sqrt{3}}{3}-\frac{\pi}{3}$$

답 ①

참고 **삼각함수 사이의 관계**

$\tan^{2}\theta+1=\sec^{2}\theta$, $1+\cot^{2}\theta=\csc^{2}\theta$

224

점 $(t,\ 0)$ $(1\le t\le e)$을 지나고 x축에 수직인 평면으로 자른 단면은 두 변의 길이가 각각 t, $\ln t$인 직사각형이므로 단면의 넓이는 $t\ln t$

따라서 구하는 입체도형의 부피는

$$\int_{1}^{e}t\ln t\,dt$$

$u(t)=\ln t$, $v'(t)=t$로 놓으면

$u'(t)=\dfrac{1}{t}$, $v(t)=\dfrac{1}{2}t^{2}$이므로

$$\int_{1}^{e}t\ln t\,dt=\Big[\frac{1}{2}t^{2}\ln t\Big]_{1}^{e}-\int_{1}^{e}\frac{1}{2}t\,dt=\frac{1}{2}e^{2}-\frac{1}{4}\Big[t^{2}\Big]_{1}^{e}$$
$$=\frac{1}{2}e^{2}-\frac{1}{4}(e^{2}-1)=\frac{1}{4}(e^{2}+1)$$

답 ④

225

곡선 $y=x^{2}$과 직선 $y=t^{2}x-\dfrac{\ln t}{8}$가 만나는 두 점의 x좌표를 각각 α, β라 하면 두 점의 좌표는

$(\alpha,\ \alpha^{2})$, $(\beta,\ \beta^{2})$

두 식 $y=x^{2}$, $y=t^{2}x-\dfrac{\ln t}{8}$를 연립하면

$$x^{2}=t^{2}x-\frac{\ln t}{8}$$
$$\therefore\ x^{2}-t^{2}x+\frac{\ln t}{8}=0$$

이 이차방정식의 두 근이 α, β이므로 근과 계수의 관계에 의하여

$\alpha+\beta=t^2$, $\alpha\beta=\dfrac{\ln t}{8}$

$\therefore \alpha^2+\beta^2=(\alpha+\beta)^2-2\alpha\beta=t^4-\dfrac{\ln t}{4}$

두 점 (α, α^2), (β, β^2)의 중점의 좌표가

$\left(\dfrac{\alpha+\beta}{2}, \dfrac{\alpha^2+\beta^2}{2}\right)$, 즉 $\left(\dfrac{t^2}{2}, \dfrac{t^4}{2}-\dfrac{\ln t}{8}\right)$

이므로 점 P의 시각 t에서의 위치는

$x=\dfrac{t^2}{2}$, $y=\dfrac{t^4}{2}-\dfrac{\ln t}{8}$

$\dfrac{dx}{dt}=t$, $\dfrac{dy}{dt}=2t^3-\dfrac{1}{8t}$

$\therefore \sqrt{\left(\dfrac{dx}{dt}\right)^2+\left(\dfrac{dy}{dt}\right)^2}=\sqrt{t^2+\left(2t^3-\dfrac{1}{8t}\right)^2}$

$=\sqrt{t^2+4t^6-\dfrac{1}{2}t^2+\dfrac{1}{64t^2}}$

$=\sqrt{4t^6+\dfrac{1}{2}t^2+\dfrac{1}{64t^2}}$

$=\sqrt{\left(2t^3+\dfrac{1}{8t}\right)^2}=2t^3+\dfrac{1}{8t}$

따라서 시각 $t=1$에서 $t=e$까지 점 P가 움직인 거리는

$\displaystyle\int_1^e \sqrt{\left(\dfrac{dx}{dt}\right)^2+\left(\dfrac{dy}{dt}\right)^2}dt=\int_1^e\left(2t^3+\dfrac{1}{8t}\right)dt$

$=\left[\dfrac{1}{2}t^4+\dfrac{1}{8}\ln|t|\,\right]_1^e$

$=\left(\dfrac{e^4}{2}+\dfrac{1}{8}\right)-\dfrac{1}{2}=\dfrac{e^4}{2}-\dfrac{3}{8}$ 　답 ①

226

시각 t에서 점 P의 위치 (x, y)를

$x=f(t)$, $y=g(t)$

라 하면 점 Q의 속도는 $f'(t)$, 점 R의 속도는 $g'(t)$이다.

이때 $f'(t)$, $g'(t)$가 방정식 $t^3x^2-(t^3+2t^2-t)x+2(t^2-1)=0$의 두 실근이므로

$f'(t)+g'(t)=1+\dfrac{2}{t}-\dfrac{1}{t^2}$, $f'(t)g'(t)=\dfrac{2}{t}-\dfrac{2}{t^3}$

$\therefore \{f'(t)\}^2+\{g'(t)\}^2=\{f'(t)+g'(t)\}^2-2f'(t)g'(t)$

$=\left(1+\dfrac{2}{t}-\dfrac{1}{t^2}\right)^2-4\left(\dfrac{1}{t}-\dfrac{1}{t^3}\right)$

$=\left(1+\dfrac{4}{t^2}+\dfrac{1}{t^4}+\dfrac{4}{t}-\dfrac{4}{t^3}-\dfrac{2}{t^2}\right)-\left(\dfrac{4}{t}-\dfrac{4}{t^3}\right)$

$=1+\dfrac{2}{t^2}+\dfrac{1}{t^4}=\left(1+\dfrac{1}{t^2}\right)^2$

따라서 시각 $t=1$에서 $t=3$까지 점 P가 움직인 거리는

$\displaystyle\int_1^3 \sqrt{\{f'(t)\}^2+\{g'(t)\}^2}dt=\int_1^3\left(1+\dfrac{1}{t^2}\right)dt$

$=\left[t-\dfrac{1}{t}\right]_1^3$

$=3-\dfrac{1}{3}=\dfrac{8}{3}$

즉, $s=\dfrac{8}{3}$이므로 $60s=60\times\dfrac{8}{3}=160$ 　답 160

227

$x=0$에서 $x=2$까지의 곡선 $y=g(x)$의 길이는

$l=\displaystyle\int_0^2 \sqrt{1+\{g'(x)\}^2}\,dx$

$g(x)=\displaystyle\int_0^x\left\{\dfrac{1}{f(t)}-\dfrac{f(t)}{4}\right\}dt$에서

$g'(x)=\dfrac{1}{f(x)}-\dfrac{f(x)}{4}$

$1+\{g'(x)\}^2=1+\left\{\dfrac{1}{f(x)}-\dfrac{f(x)}{4}\right\}^2$

$=1+\left\{\dfrac{1}{f(x)}\right\}^2-\dfrac{1}{2}+\dfrac{\{f(x)\}^2}{16}$

$=\left\{\dfrac{1}{f(x)}\right\}^2+\dfrac{1}{2}+\dfrac{\{f(x)\}^2}{16}$

$=\left\{\dfrac{1}{f(x)}+\dfrac{f(x)}{4}\right\}^2$

이때 $f(x)\ge0$에서 $\dfrac{1}{f(x)}+\dfrac{f(x)}{4}\ge0$이므로

$l=\displaystyle\int_0^2\left\{\dfrac{1}{f(x)}+\dfrac{f(x)}{4}\right\}dx$

한편, $g(2)=\displaystyle\int_0^2\left\{\dfrac{1}{f(x)}-\dfrac{f(x)}{4}\right\}dx$이므로

$l-g(2)=\dfrac{1}{2}\displaystyle\int_0^2 f(x)dx$

$=\dfrac{1}{2}\displaystyle\int_0^2(e^x+x)dx$

$=\dfrac{1}{2}\left[e^x+\dfrac{1}{2}x^2\right]_0^2$

$=\dfrac{1}{2}(e^2+2)-\dfrac{1}{2}$

$=\dfrac{1}{2}(e^2+1)$ 　답 ④

참고 **곡선의 길이**

곡선 $y=f(x)$ $(a\le x\le b)$의 길이를 l이라 하면

$l=\displaystyle\int_a^b \sqrt{1+\{f'(x)\}^2}\,dx$

step2 **등급을 가르는 핵심 특강** 본문 81, 83쪽

228

$f(x)=\displaystyle\int_0^x \sqrt{k-f(t)}\,dt$ ······ ㉠

$f'(x)=\sqrt{k-f(x)}$이고 $f(x)<k$이므로 $f'(x)>0$

또, 함수 $f(x)$는 역함수 $g(x)$가 존재하므로 $f(g(x))=x$에서

$\displaystyle\int_0^{g(x)} \sqrt{k-f(t)}\,dt=x$

위의 식의 양변을 x에 대하여 미분하면

$\sqrt{k-f(g(x))}\times g'(x)=1$

$\sqrt{k-x}\times g'(x)=1$

이때 함수 $g(x)$의 정의역은 $\{x \mid x < k\}$이므로

$$g'(x) = \frac{1}{\sqrt{k-x}}$$

$$\therefore g(x) = \int \frac{1}{\sqrt{k-x}}\,dx = -2\sqrt{k-x} + C \ (\text{단, } C\text{는 적분상수})$$

$x=0$을 ㉠에 대입하면 $f(0)=0$이므로 $g(0)=0$

$g(0) = -2\sqrt{k} + C = 0$이므로

$C = 2\sqrt{k}$

$$\therefore g(x) = -2\sqrt{k-x} + 2\sqrt{k}$$

$$\int_0^{\frac{3k}{4}} g(x)\,dx = \int_0^{\frac{3k}{4}} (-2\sqrt{k-x} + 2\sqrt{k})\,dx$$

$$= \left[\frac{4}{3}(k-x)^{\frac{3}{2}} + 2\sqrt{k}\,x \right]_0^{\frac{3k}{4}}$$

$$= \left\{ \frac{4}{3}\left(\frac{k}{4}\right)^{\frac{3}{2}} + \frac{3}{2}k\sqrt{k} \right\} - \frac{4}{3}k^{\frac{3}{2}}$$

$$= \frac{1}{6}k\sqrt{k} + \frac{3}{2}k\sqrt{k} - \frac{4}{3}k\sqrt{k} = \frac{1}{3}k\sqrt{k}$$

따라서 $\frac{1}{3}k\sqrt{k} = \frac{8}{3}$이므로

$k\sqrt{k} = 8$ $\therefore k = 4$

$$\therefore g(x) = -2\sqrt{4-x} + 4$$

$f(2) = a$라 하면 $g(a) = -2\sqrt{4-a} + 4 = 2$이므로

$a = 3$

$$\therefore f(2) = 3$$

$x=2$를 $f'(x) = \sqrt{k-f(x)}$에 대입하면

$f'(2) = \sqrt{4-f(2)} = \sqrt{4-3} = 1$

$\therefore k + f'(2) = 4 + 1 = 5$

답 ①

229

$g(x) = \int_0^x \frac{1}{t} f\left(\frac{t}{\sqrt{x}}\right) dt$에서 $\frac{t}{\sqrt{x}} = u$로 놓으면

$$\frac{du}{dt} = \frac{1}{\sqrt{x}} = \frac{u}{t}$$

$t=0$일 때 $u=0$, $t=x$일 때 $u=\sqrt{x}$이므로

$$g(x) = \int_0^{\sqrt{x}} \frac{f(u)}{u}\,du$$

양변을 x에 대하여 미분하면

$$g'(x) = \frac{f(\sqrt{x})}{\sqrt{x}} \times \frac{1}{2\sqrt{x}} = \frac{f(\sqrt{x})}{2x}$$

한편, $g(4) = \int_0^2 \frac{f(x)}{x}\,dx = 4$이므로

$$\int_0^4 g(x)\,dx = \left[xg(x) \right]_0^4 - \int_0^4 xg'(x)\,dx$$

$$= 4g(4) - \int_0^4 \frac{f(\sqrt{x})}{2}\,dx$$

$$= 16 - \frac{1}{2}\int_0^4 f(\sqrt{x})\,dx$$

이때 $\int_0^4 f(\sqrt{x})\,dx = 4$이므로

$$\int_0^4 g(x)\,dx = 16 - \frac{1}{2} \times 4 = 14$$

답 ③

230

$$f(x) = \int_0^x \frac{4t^2}{\{f(t)\}^2 + 1}\,dt$$

위의 식의 양변을 x에 대하여 미분하면

$$f'(x) = \frac{4x^2}{\{f(x)\}^2 + 1}$$

위의 식의 양변에 $\{f(x)\}^2 + 1$을 곱하면

$$f'(x)\{f(x)\}^2 + f'(x) = 4x^2 \quad \cdots\cdots ㉠$$

ㄱ. ㉠의 양변을 $x=0$에서 $x=1$까지 정적분을 하면

$$\int_0^1 \{f(x)\}^2 f'(x)\,dx + \int_0^1 f'(x)\,dx = \int_0^1 4x^2\,dx$$

$$\left[\frac{1}{3}\{f(x)\}^3 \right]_0^1 + \left[f(x) \right]_0^1 = \left[\frac{4}{3}x^3 \right]_0^1$$

이때 $f(0) = 0$이므로

$$\frac{1}{3}\{f(1)\}^3 + f(1) = \frac{4}{3}, \ \{f(1)\}^3 + 3f(1) - 4 = 0$$

$$\{f(1) - 1\}[\{f(1)\}^2 + f(1) + 4] = 0$$

$$\therefore f(1) = 1 \ (\because \{f(1)\}^2 + f(1) + 4 > 0) \ (참)$$

ㄴ. $f(g(x)) = x$이므로

$$f(g(x)) = \int_0^{g(x)} \frac{4t^2}{\{f(t)\}^2 + 1}\,dt = x$$

위의 식의 양변을 x에 대하여 미분하면

$$\frac{4\{g(x)\}^2}{\{f(g(x))\}^2 + 1} \times g'(x) = 1$$

$$\frac{4\{g(x)\}^2}{x^2 + 1} \times g'(x) = 1$$

$x=1$을 위의 식에 대입하면 $2\{g(1)\}^2 g'(1) = 1$

ㄱ에 의하여 $g(1) = 1$이므로 $g'(1) = \frac{1}{2}$ (거짓)

ㄷ. ㉠의 양변을 $x=-1$에서 $x=0$까지 정적분을 하면

$$\int_{-1}^0 f'(x)\{f(x)\}^2\,dx + \int_{-1}^0 f'(x)\,dx = \int_{-1}^0 4x^2\,dx$$

$$\left[\frac{1}{3}\{f(x)\}^3 \right]_{-1}^0 + \left[f(x) \right]_{-1}^0 = \left[\frac{4}{3}x^3 \right]_{-1}^0$$

이때 $f(0) = 0$이므로

$$\frac{1}{3}\{f(-1)\}^3 + f(-1) = -\frac{4}{3}, \ \{f(-1)\}^3 + 3f(-1) + 4 = 0$$

$$\{f(-1) + 1\}[\{f(-1)\}^2 - f(-1) + 4] = 0$$

$$\therefore f(-1) = -1 \ (\because \{f(-1)\}^2 - f(-1) + 4 > 0)$$

$f'(x) = \frac{4x^2}{\{f(x)\}^2 + 1}$이므로

$$\int_{-1}^1 \frac{4x^2\{f(x) + 1\}}{\{f(x)\}^2 + 1}\,dx = \int_{-1}^1 \{f(x) + 1\} f'(x)\,dx$$

$$\therefore \int_{-1}^1 \{f(x) + 1\} f'(x)\,dx$$

$$= \int_{-1}^1 \{f(x)f'(x) + f'(x)\}\,dx = \left[\frac{1}{2}\{f(x)\}^2 + f(x) \right]_{-1}^1$$

$$= \frac{1}{2}\{f(1)\}^2 - \frac{1}{2}\{f(-1)\}^2 + f(1) - f(-1)$$

$$= \frac{1}{2} \times 1^2 - \frac{1}{2} \times (-1)^2 + 1 - (-1) = 2 \ (참)$$

따라서 옳은 것은 ㄱ, ㄷ이다.

답 ③

ㄴ. ㄱ에서 $f(1)=1$이므로

$$g(1)=1$$

$$g'(1)=\frac{1}{f'(g(1))}=\frac{1}{f'(1)}$$

$$f'(x)=\frac{4x^2}{\{f(x)\}^2+1}$$이므로

$$f'(1)=\frac{4}{1^2+1}=2$$

$$\therefore g'(1)=\frac{1}{2}$$

231

ㄱ. 조건 ㈏에서

$$f(x)+\frac{1}{x}\int_1^x f(t)\,dt-\int_1^x \frac{f(t)}{t}\,dt=0$$

위의 식의 양변을 x에 대하여 미분하면

$$f'(x)-\frac{1}{x^2}\int_1^x f(t)\,dt+\frac{f(x)}{x}-\frac{f(x)}{x}=0$$

$$\therefore f'(x)=\frac{1}{x^2}\int_1^x f(t)\,dt \qquad \cdots\cdots \text{㉠}$$

$$\therefore f'(1)=0 \ (\text{참})$$

ㄴ. 조건 ㈎에 의하여

$x>1$일 때, $f'(x)=\frac{1}{x^2}\int_1^x f(t)\,dt>0$

$0<x<1$일 때, $f'(x)=\frac{1}{x^2}\int_1^x f(t)\,dt<0$

이므로 함수 $f(x)$는 $x=1$에서 극소이다. (참)

ㄷ. ㉠의 양변에 x^2을 곱하면

$$x^2 f'(x)=\int_1^x f(t)\,dt=F(x) \qquad \cdots\cdots \text{㉡}$$

$$\therefore F(1)=f'(1)=0$$

조건 ㈏에 $x=1$을 대입하면 $f(1)=0$

㉡에서

$$\int_1^2 F(x)\,dx=\int_1^2 x^2 f'(x)\,dx$$

$$=\left[x^2 f(x)\right]_1^2-\int_1^2 2x f(x)\,dx$$

$$=4f(2)-f(1)-\left[2xF(x)\right]_1^2+\int_1^2 2F(x)\,dx$$

$$=4f(2)-4F(2)+2F(1)+2\int_1^2 F(x)\,dx$$

$$=4f(2)-4F(2)+2\int_1^2 F(x)\,dx$$

따라서 $\int_1^2 F(x)\,dx=4\{F(2)-f(2)\}=4$이므로

$$F(2)-f(2)=1 \ (\text{참})$$

따라서 ㄱ, ㄴ, ㄷ 모두 옳다. 답 ⑤

232

입체도형을 x축에 수직인 평면으로 자른 단면은 한 변의 길이가 $f(x)$인 정사각형이므로 단면의 넓이는

$$\{f(x)\}^2$$

따라서 구하는 입체도형의 부피 V는

$$V=\int_1^3 \{f(x)\}^2\,dx$$

이때 $\frac{d}{dx}\{f(2x+1)\}^2=4f(2x+1)f'(2x+1)$이므로

$$\int_0^1 xf'(2x+1)f(2x+1)\,dx$$

$$=\left[\frac{1}{4}x\{f(2x+1)\}^2\right]_0^1-\frac{1}{4}\int_0^1 \{f(2x+1)\}^2\,dx$$

$$=\frac{1}{4}\{f(3)\}^2-\frac{1}{4}\int_0^1 \{f(2x+1)\}^2\,dx$$

$2x+1=t$로 놓으면 $\frac{dt}{dx}=2$이고

$x=0$일 때 $t=1$, $x=1$일 때 $t=3$이므로

$$\frac{1}{4}\{f(3)\}^2-\frac{1}{4}\int_1^3 \frac{1}{2}\{f(t)\}^2\,dt=1$$

따라서 $\int_1^3 \{f(x)\}^2\,dx=2\{f(3)\}^2-8=2\times 3^2-8=10$이므로

$$V=\int_1^3 \{f(x)\}^2\,dx=10$$ 답 ①

233

조건 ㈎에 의하여

$$h(x)=f(x) \ \text{또는} \ h(x)=g(x)$$

조건 ㈏에서 $h(1)=1$, $h(2)=2$, $h(5)=5$이고 함수 $h(x)$가 실수 전체의 집합에서 연속이므로 함수 $h(x)$는 닫힌구간 $[1,\ 2]$, $[2,\ 5]$에서 $f(x)$이거나 $g(x)$이다.

또, 각 구간에서 $f(x)$는 $f(x)\geq x$ 또는 $f(x)\leq x$이고 등호는 구간의 양 끝 점에서만 성립한다. 함수 $g(x)$도 마찬가지이다.

즉, $f(1)=g(1)=1$, $f(2)=g(2)=2$, $f(5)=g(5)=5$이므로

$$\int_1^5 |f(x)-g(x)|\,dx$$

$$=\int_1^2 |f(x)-g(x)|\,dx+\int_2^5 |f(x)-g(x)|\,dx$$

$$=2\int_1^2 |f(x)-x|\,dx+2\int_2^5 |f(x)-x|\,dx$$

이때 $\int_1^2 h(x)\,dx$의 최댓값이 $\frac{7}{4}$이므로

$$\int_1^2 |f(x)-x|\,dx=\int_1^2 |g(x)-x|\,dx$$

$$=\int_1^2 h(x)\,dx-\frac{1}{2}\times(1+2)\times 1$$

$$=\frac{7}{4}-\frac{3}{2}=\frac{1}{4}$$

또, $\int_2^5 h(x)\,dx$의 최솟값이 $\frac{55}{6}$이므로

$$\int_2^5 |f(x)-x|\,dx=\int_2^5 |g(x)-x|\,dx$$

$$=\frac{1}{2}\times(2+5)\times 3-\int_2^5 h(x)\,dx$$

$$=\frac{21}{2}-\frac{55}{6}=\frac{4}{3}$$

$$\therefore \int_1^5 |f(x)-g(x)|\,dx=2\times\frac{1}{4}+2\times\frac{4}{3}=\frac{19}{6}$$ 답 ⑤

234

$f(x) \geq 0$일 때,

$f(x) + |f(x)| = 2f(x) \geq 0$

$f(x) \leq 0$일 때,

$f(x) + |f(x)| = 0$

조건 (나)에서

$\displaystyle\int_{-x}^{0} \{f(t) + |f(t)|\} \, dt = 0$이므로 $t < 0$일 때 $f(t) \leq 0$

$\displaystyle\int_{0}^{x} \{f(t) + |f(t)|\} \, dt \neq 0$이고 함수 $f(t)$는 $t = 0$에서 연속이므로

$f(0) = 0$

조건 (가)의 $f(1+x) = f(1-x)$에 $x = 1$을 대입하면

$f(2) = f(0) = 0$

방정식 $f(x) = 0$의 서로 다른 실근의 개수는 2이므로

$0 < x < 2$일 때 $f(x) > 0$이고,

$x < 0$ 또는 $x > 2$일 때 $f(x) < 0$이다.

$\therefore \displaystyle\int_{-1}^{0} |f(x)| \, dx = -\int_{-1}^{0} f(x) \, dx$,

$\displaystyle\int_{0}^{2} |f(x)| \, dx = \int_{0}^{2} f(x) \, dx$

조건 (가)에 의하여 곡선 $y = f(x)$는 직선 $x = 1$에 대하여 대칭이므로

$\displaystyle\int_{0}^{1} f(x) \, dx = \int_{1}^{2} f(x) \, dx$

$\therefore \displaystyle\int_{0}^{2} f(x) \, dx = 2\int_{0}^{1} f(x) \, dx$

조건 (다)의 $2\displaystyle\int_{-1}^{0} |f(x)| \, dx = \int_{0}^{2} |f(x)| \, dx$에서

$-2\displaystyle\int_{-1}^{0} f(x) \, dx = 2\int_{0}^{1} f(x) \, dx$이므로

$\displaystyle\int_{-1}^{1} f(x) \, dx = 0$

$\therefore \displaystyle\int_{-1}^{1} (x-1) f'(x) \, dx = \Big[(x-1) f(x) \Big]_{-1}^{1} - \int_{-1}^{1} f(x) \, dx$

$\qquad\qquad\qquad\qquad\quad = 2f(-1)$

$\qquad\qquad\qquad\qquad\quad = 2 \times (-2) \ (\because \text{조건 (다)})$

$\qquad\qquad\qquad\qquad\quad = -4$ 　　　　답 ②

참고 연속함수 $f(x)$에 대하여 $x < 0$일 때 $f(x) \leq 0$이므로 $f(0) \neq 0$이면

$f(0) < 0$

방정식 $f(x) = 0$의 서로 다른 실근의 개수가 2이고 함수 $f(x)$가 직선 $x = 1$에 대하여 대칭이므로 방정식 $f(x) = 0$은 양의 실근이 적어도 한 개 존재한다.

방정식 $f(x) = 0$의 양의 실근 중 최솟값을 α라 하면 $0 < x < \alpha$인 x에 대하여 $\displaystyle\int_{0}^{x} \{f(t) + |f(t)|\} \, dt = 0$이므로 조건 (나)를 만족시키지 않는다.

$\therefore f(0) = 0$

235

조건 (나)에서 $f(1+x) + f(1-x) = 2$의 양변을 x에 대하여 미분하면

$f'(1+x) - f'(1-x) = 0$

$\therefore f'(1-x) = f'(1+x)$

따라서 곡선 $y = f'(x)$는 직선 $x = 1$에 대하여 대칭이고, 조건 (가)에서

$x \geq 1$일 때 $f'(x) < 0$이므로 $x < 1$일 때 $f'(x) < 0$이다.

즉, 함수 $f(x)$는 실수 전체의 집합에서 감소한다.

ㄱ. 양수 k에 대하여 $x - k < x$이므로

$f(x-k) > f(x)$

$\therefore g(x) = f(x-k) - f(x) > 0$ (참)

ㄴ. ㄱ에 의하여

$\displaystyle\int_{1}^{1+k} |g(x)| \, dx = \int_{1}^{1+k} \{f(x-k) - f(x)\} \, dx$

$\qquad\qquad\qquad = \displaystyle\int_{1-k}^{1} f(x) \, dx - \int_{1}^{1+k} f(x) \, dx$ 　　…… ㉠

조건 (나)에서

$\displaystyle\int_{0}^{k} \{f(1+x) + f(1-x)\} \, dx = \int_{0}^{k} 2 \, dx$

$\qquad\qquad\qquad\qquad\qquad = 2k$

이때 $\displaystyle\int_{0}^{k} f(1+x) \, dx = \int_{1}^{1+k} f(x) \, dx$이고

$\displaystyle\int_{0}^{k} f(1-x) \, dx = -\int_{1}^{1-k} f(x) \, dx$이므로

$2k = \displaystyle\int_{1}^{1+k} f(x) \, dx - \int_{1}^{1-k} f(x) \, dx$

$\quad = \displaystyle\int_{1}^{1+k} f(x) \, dx + \int_{1-k}^{1} f(x) \, dx$

$\therefore \displaystyle\int_{1-k}^{1} f(x) \, dx = 2k - \int_{1}^{1+k} f(x) \, dx$

위의 식을 ㉠에 대입하면

$\displaystyle\int_{1}^{1+k} |g(x)| \, dx = 2k - 2\int_{1}^{1+k} f(x) \, dx$ (참)

ㄷ. $\displaystyle\int_{1}^{1+\frac{k}{2}} |g(x)| \, dx = \int_{1}^{1+\frac{k}{2}} \{f(x-k) - f(x)\} \, dx$

$\qquad\qquad\qquad = \displaystyle\int_{1-k}^{1-\frac{k}{2}} f(x) \, dx - \int_{1}^{1+\frac{k}{2}} f(x) \, dx$ 　　…… ㉡

조건 (나)에서

$\displaystyle\int_{-k}^{-\frac{k}{2}} \{f(1+x) + f(1-x)\} \, dx = \int_{-k}^{-\frac{k}{2}} 2 \, dx$

$\qquad\qquad\qquad\qquad\qquad = k$

이때 $\displaystyle\int_{-k}^{-\frac{k}{2}} f(1+x) \, dx = \int_{1-k}^{1-\frac{k}{2}} f(x) \, dx$이고

$\displaystyle\int_{-k}^{-\frac{k}{2}} f(1-x) \, dx = -\int_{1+\frac{k}{2}}^{1+k} f(x) \, dx$이므로

$k = \displaystyle\int_{1-k}^{1-\frac{k}{2}} f(x) \, dx - \int_{1+\frac{k}{2}}^{1+k} f(x) \, dx$

$\quad = \displaystyle\int_{1-k}^{1-\frac{k}{2}} f(x) \, dx + \int_{1+\frac{k}{2}}^{1+k} f(x) \, dx$

$\therefore \displaystyle\int_{1-k}^{1-\frac{k}{2}} f(x) \, dx = k - \int_{1+\frac{k}{2}}^{1+k} f(x) \, dx$

위의 식을 ㉡에 대입하면

$\displaystyle\int_{1}^{1+\frac{k}{2}} |g(x)| \, dx = k - \int_{1+\frac{k}{2}}^{1+k} f(x) \, dx - \int_{1}^{1+\frac{k}{2}} f(x) \, dx$

$\qquad\qquad\qquad = k - \displaystyle\int_{1}^{1+k} f(x) \, dx$ (참)

따라서 ㄱ, ㄴ, ㄷ 모두 옳다. 　　답 ⑤

236

전략 구하는 정적분의 값을 얻기 위하여 적절한 구간을 선택하고, 치환적분법을 이용하여 정적분을 계산한다.

$$f(x)+xf(x^2-1)=x^4+x-2 \quad\quad \cdots\cdots \text{㉠}$$

㉠에서

$$\int_0^1 f(x)dx+\int_0^1 xf(x^2-1)dx=\int_0^1 (x^4+x-2)dx$$

$x^2-1=t$로 놓으면 $\dfrac{dt}{dx}=2x$이고

$x=0$일 때 $t=-1$, $x=1$일 때 $t=0$이므로

$$\int_0^1 f(x)dx+\int_{-1}^0 \frac{1}{2}f(t)dt=\left[\frac{1}{5}x^5+\frac{1}{2}x^2-2x\right]_0^1$$

$$\therefore \int_0^1 f(x)dx+\frac{1}{2}\int_{-1}^0 f(x)dx=-\frac{13}{10} \quad\quad \cdots\cdots \text{㉡}$$

또, ㉠에서

$$\int_{-1}^0 f(x)dx+\int_{-1}^0 xf(x^2-1)dx=\int_{-1}^0 (x^4+x-2)dx$$

$x^2-1=t$로 놓으면 $\dfrac{dt}{dx}=2x$이고

$x=-1$일 때 $t=0$, $x=0$일 때 $t=-1$이므로

$$\int_{-1}^0 f(x)dx+\int_0^{-1} \frac{1}{2}f(t)dt=\left[\frac{1}{5}x^5+\frac{1}{2}x^2-2x\right]_{-1}^0$$

$$\int_{-1}^0 f(x)dx-\frac{1}{2}\int_{-1}^0 f(x)dx=-\frac{23}{10}$$

$$\therefore \frac{1}{2}\int_{-1}^0 f(x)dx=-\frac{23}{10}$$

이를 ㉡에 대입하면

$$\int_0^1 f(x)dx=-\frac{13}{10}-\left(-\frac{23}{10}\right)=1$$

답 ⑤

237

전략 방정식 $f'(x)=0$의 서로 다른 실근의 개수가 2임을 이용하여 k의 값의 범위를 구한다.

$f(x)=\displaystyle\int_1^x (e^t-k\cos t)dt$의 양변을 x에 대하여 미분하면

$f'(x)=e^x-k\cos x$

함수 $f(x)$의 극값의 개수가 2가 되기 위해서는 방정식 $f'(x)=0$의 서로 다른 실근이 2개이거나 중근을 포함한 3개이어야 한다.

이때 $e^x-k\cos x=0$에서 $e^x\neq 0$이므로

$$\frac{\cos x}{e^x}=\frac{1}{k}$$

함수 $g(x)=\dfrac{\cos x}{e^x}$라 하면

$$g'(x)=-\frac{e^x\sin x+e^x\cos x}{e^{2x}}=-\frac{\sin x+\cos x}{e^x}$$

$g'(x)=0$에서 $\tan x=-1$

$$\therefore x=\frac{3}{4}\pi, \frac{7}{4}\pi, \frac{11}{4}\pi, \cdots (\because x>0)$$

$x>0$에서 함수 $g(x)$의 증가와 감소를 표로 나타내면 다음과 같다.

x	(0)	$\cdots$	$\dfrac{3}{4}\pi$	$\cdots$	$\dfrac{7}{4}\pi$	$\cdots$	$\dfrac{11}{4}\pi$	$\cdots$
$g'(x)$		$-$	0	$+$	0	$-$	0	$+$
$g(x)$		↘	극소	↗	극대	↘	극소	↗

$\displaystyle\lim_{x\to\infty}g(x)=0$이므로 함수 $y=g(x)$의 그래프는 다음 그림과 같다.

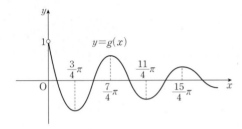

이때 곡선 $y=g(x)$와 직선 $y=\dfrac{1}{k}$의 교점이 2개이거나 접점을 포함하여 3개이어야 하므로

$$g\left(\frac{3}{4}\pi\right)<\frac{1}{k}\leq g\left(\frac{11}{4}\pi\right)$$

$g\left(\dfrac{3}{4}\pi\right)=-\dfrac{1}{\sqrt{2}}e^{-\frac{3}{4}\pi}$, $g\left(\dfrac{11}{4}\pi\right)=-\dfrac{1}{\sqrt{2}}e^{-\frac{11}{4}\pi}$이므로

$$-\frac{1}{\sqrt{2}}e^{-\frac{3}{4}\pi}<\frac{1}{k}\leq -\frac{1}{\sqrt{2}}e^{-\frac{11}{4}\pi}$$

$$\therefore -\sqrt{2}e^{\frac{11}{4}\pi}\leq k<-\sqrt{2}e^{\frac{3}{4}\pi}$$

따라서 $\alpha=-\sqrt{2}e^{\frac{11}{4}\pi}$이므로

$$\alpha^2=2e^{\frac{11}{2}\pi}$$

$$\therefore \ln\frac{\alpha^2}{2}=\ln e^{\frac{11}{2}\pi}=\frac{11}{2}\pi$$

답 ②

238

전략 단면이 이등변삼각형이므로 이등변삼각형의 성질을 이용하여 단면의 넓이를 계산한 후, 치환적분법을 사용하여 입체도형의 부피를 계산한다.

입체도형을 x축에 수직인 평면으로 자른 단면의 넓이를 $S(x)$라 하면 입체도형의 부피 V는

$$V=\int_0^{\ln 4} S(x)dx$$

$f(x)=e^{-x}$이라 하고, x축에 수직인 평면으로 자른 단면이 x축과 만나는 점의 x좌표를 t, 단면의 세 꼭짓점 중 두 점 P, Q가 아닌 점을 R라 하자.

삼각형 PQR는 이등변삼각형이고 둘레의 길이가 2이므로

$$\overline{PQ}+\overline{QR}+\overline{RP}=2$$

이때 $\overline{PQ}=f(t)$, $\overline{RP}=\overline{QR}$이므로

$$f(t)+2\overline{RP}=2$$

$$\therefore \overline{RP}=1-\frac{f(t)}{2}$$

점 R에서 선분 PQ에 내린 수선의 발을 H라 하면

$$\overline{RH}=\sqrt{\overline{RP}^2-\overline{PH}^2}$$

$$=\sqrt{\left\{1-\frac{f(t)}{2}\right\}^2-\left\{\frac{f(t)}{2}\right\}^2}=\sqrt{1-f(t)}$$

즉, 단면의 넓이 $S(t)$는

$$S(t)=\frac{1}{2}\times\overline{PQ}\times\overline{RH}=\frac{1}{2}f(t)\sqrt{1-f(t)}=\frac{1}{2}e^{-t}\sqrt{1-e^{-t}}$$

이므로

$$V=\frac{1}{2}\int_0^{\ln 4}e^{-x}\sqrt{1-e^{-x}}\,dx$$

$1-e^{-x}=s$로 놓으면 $\dfrac{ds}{dx}=e^{-x}$이고

$x=0$일 때 $s=0$, $x=\ln 4$일 때 $s=\dfrac{3}{4}$이므로

$$\int_0^{\ln 4}e^{-x}\sqrt{1-e^{-x}}\,dx=\int_0^{\frac{3}{4}}\sqrt{s}\,ds$$
$$=\left[\frac{2}{3}s^{\frac{3}{2}}\right]_0^{\frac{3}{4}}$$
$$=\frac{2}{3}\times\left(\frac{3}{4}\right)^{\frac{3}{2}}=\frac{\sqrt{3}}{4}$$

따라서 $V=\dfrac{1}{2}\times\dfrac{\sqrt{3}}{4}=\dfrac{\sqrt{3}}{8}$이므로

$$80V=80\times\frac{\sqrt{3}}{8}=10\sqrt{3}$$

답 ⑤

239

전략 역함수의 성질과 조건을 이용하여 정적분을 계산한다.

조건 (나)에서

$$g(x+1)=2f(x)\qquad\cdots\cdots\ \text{㉠}$$

$x=1$을 ㉠에 대입하면

$$g(2)=2f(1)=2\times 1=2$$
$$\therefore f(2)=2$$

$x=2$를 ㉠에 대입하면

$$g(3)=2f(2)=2\times 2=4$$
$$\therefore f(4)=3$$

$1\le x\le 2$일 때 $f(x)\ge x$이므로

$$g(x)\le x$$

또, $1\le x\le 2$일 때 $g(x+1)=2f(x)\ge 2x$이므로 $2\le x\le 3$일 때

$$g(x)\ge 2x\ge x$$

$$\therefore \int_1^3|g(x)-x|\,dx=\int_1^2\{x-g(x)\}\,dx+\int_2^3\{g(x)-x\}\,dx$$
$$=\frac{1}{2}\times(1+2)\times 1-\int_1^2 g(x)\,dx$$
$$+\int_2^3 g(x)\,dx-\frac{1}{2}\times(2+3)\times 1$$
$$=-1+\int_2^3 g(x)\,dx-\int_1^2 g(x)\,dx$$

이때 $g(x)=t$로 놓으면 $f(t)=f(g(x))=x$이므로 $\dfrac{dx}{dt}=f'(t)$

또, $x=1$일 때 $t=g(1)=1$, $x=2$일 때 $t=g(2)=2$, $x=3$일 때

$t=g(3)=4$이므로

$$\int_1^2 g(x)\,dx=\int_1^2 tf'(t)\,dt=\left[tf(t)\right]_1^2-\int_1^2 f(t)\,dt$$
$$=2f(2)-f(1)-\frac{7}{4}=4-1-\frac{7}{4}=\frac{5}{4}$$

$$\int_2^3 g(x)\,dx=\int_2^4 tf'(t)\,dt$$
$$=\left[tf(t)\right]_2^4-\int_2^4 f(t)\,dt$$
$$=4f(4)-2f(2)-\frac{9}{2}=12-4-\frac{9}{2}=\frac{7}{2}$$

$$\therefore \int_1^3|g(x)-x|\,dx=-1+\frac{7}{2}-\frac{5}{4}=\frac{5}{4}$$

답 ①

240

전략 조건을 이용하여 $f(x)$를 구하고, 정적분의 값을 구한다.

$g(x)=\displaystyle\int_0^x \frac{f(t)}{t^2+1}\,dt$의 양변을 x에 대하여 미분하면

$$g'(x)=\frac{f(x)}{x^2+1}$$

이고 조건 (가)에 의하여 $\dfrac{f(-x)}{(-x)^2+1}=-\dfrac{f(x)}{x^2+1}$이므로

$$f(-x)=-f(x)$$

따라서 $f(x)=x^3+ax$ (a는 상수)라 하면 조건 (나)에서 함수 $g(x)$가

$x=k$에서 극소가 되도록 하는 실수 k의 개수가 2이므로

$$a<0$$

$a=-b\ (b>0)$라 하면 $f(x)=x(x^2-b)$이고 $x^2+1>0$이므로 함수

$g(x)$는 $x=-\sqrt{b}$ 또는 $x=\sqrt{b}$에서 극소이다.

$$\therefore g(\sqrt{b})=\frac{1}{2}-\ln 2$$

$$g(\sqrt{b})=\int_0^{\sqrt{b}}\frac{x^3-bx}{x^2+1}\,dx$$
$$=\int_0^{\sqrt{b}}\frac{x(x^2+1)-(b+1)x}{x^2+1}\,dx$$
$$=\int_0^{\sqrt{b}}\left\{x-(b+1)\frac{x}{x^2+1}\right\}dx$$
$$=\left[\frac{1}{2}x^2-\frac{b+1}{2}\ln(x^2+1)\right]_0^{\sqrt{b}}$$
$$=\frac{b}{2}-\frac{b+1}{2}\ln(b+1)$$

즉, $\dfrac{b}{2}-\dfrac{b+1}{2}\ln(b+1)=\dfrac{1}{2}-\ln 2$이므로

$$b=1$$

즉, $f(x)=x^3-x$이므로

$$g(x)=\int_0^x \frac{t^3-t}{t^2+1}\,dt=\int_0^x\left(t-\frac{2t}{t^2+1}\right)dt$$
$$=\frac{1}{2}x^2-\ln(x^2+1)+C\ (\text{단, }C\text{는 적분상수})$$

이때 $g(0)=0$이므로 $C=0$

따라서 $g(x)=\dfrac{1}{2}x^2-\ln(x^2+1)$이므로

$$\int_0^1 xg(x)\,dx=\int_0^1\left\{\frac{1}{2}x^3-x\ln(x^2+1)\right\}dx$$
$$=\left[\frac{1}{8}x^4\right]_0^1-\int_0^1 x\ln(x^2+1)\,dx$$

$x^2+1=t$로 놓으면 $\dfrac{dt}{dx}=2x$이고

$x=0$일 때 $t=1$, $x=1$일 때 $t=2$이므로

$$\int_0^1 xg(x)\,dx = \frac{1}{8} - \int_1^2 \frac{1}{2}\ln t\,dt$$
$$= \frac{1}{8} - \frac{1}{2}\Big[t\ln t - t\Big]_1^2$$
$$= \frac{1}{8} - \frac{1}{2}(2\ln 2 - 1)$$
$$= \frac{5}{8} - \ln 2 \qquad\qquad \boxed{\text{답}}\ ④$$

참고 $h(x) = \frac{1}{2}x - \frac{x+1}{2}\ln(x+1)$이라 하면

$$h'(x) = \frac{1}{2} - \frac{\ln(x+1)}{2} - \frac{1}{2} = -\frac{\ln(x+1)}{2}$$

$x>0$일 때 $h'(x)<0$이므로 함수 $h(x)$는 일대일대응이다.

따라서 $h(x) = \frac{1}{2} - \ln 2$를 만족시키는 x의 값은 $x=1$뿐이다.

241

전략 치환적분법과 부분적분법을 이용하여 정적분을 계산하고 주어진 조건을 대입한다.

$g(x) = \int_1^{x^2} \frac{f(t)}{t}\,dt$를 x에 대하여 미분하면

$$g'(x) = \frac{f(x^2)}{x^2} \times 2x = \frac{2f(x^2)}{x} \qquad \cdots\cdots ㉠$$

$\int_1^2 g(x)\,dx = 8$에서

$$\Big[xg(x)\Big]_1^2 - \int_1^2 xg'(x)\,dx = 8$$

$$2g(2) - g(1) - \int_1^2 2f(x^2)\,dx = 8$$

이때 $g(1) = 0$이므로

$$2g(2) = 2\int_1^2 f(x^2)\,dx + 8$$

$$\therefore g(2) = \int_1^2 f(x^2)\,dx + 4 \qquad \cdots\cdots ㉡$$

또, 주어진 조건에서

$$\int_1^x f(t^2)\,dt = xf(x) + x^3 \qquad \cdots\cdots ㉢$$

㉢의 양변을 x에 대하여 미분하면

$$f(x^2) = f(x) + xf'(x) + 3x^2 \qquad \cdots\cdots ㉣$$

$x=2$를 ㉢에 대입하면

$$\int_1^2 f(t^2)\,dt = 2f(2) + 8$$

$$\therefore \int_1^2 f(x^2)\,dx = 2f(2) + 8$$

위의 식을 ㉡에 대입하면

$$g(2) = 2f(2) + 12 \qquad \cdots\cdots ㉤$$

$x>0$일 때,

$\int_1^{x^2} \frac{f(t)}{t}\,dt$에서 $u=\sqrt{t}$로 놓으면 $\frac{du}{dt} = \frac{1}{2\sqrt{t}} = \frac{1}{2u}$이고

$t=1$일 때 $u=1$, $t=x^2$일 때 $u=x$이므로

$$\int_1^{x^2} \frac{f(t)}{t}\,dt = 2\int_1^x \frac{f(u^2)}{u}\,du$$

$$\therefore g(2) = \int_1^4 \frac{f(x)}{x}\,dx = 2\int_1^2 \frac{f(x^2)}{x}\,dx$$

㉣을 위의 식에 대입하면

$$g(2) = 2\int_1^2 \Big\{\frac{f(x)}{x} + f'(x) + 3x\Big\}dx$$

$$= 2\int_1^2 \frac{f(x)}{x}\,dx + 2\Big[f(x)\Big]_1^2 + 2\Big[\frac{3}{2}x^2\Big]_1^2$$

$$= 2\int_1^2 \frac{f(x)}{x}\,dx + 2f(2) - 2f(1) + 9$$

$x=1$을 ㉢에 대입하면 $f(1) = -1$이므로

$$g(2) = 2\int_1^2 \frac{f(x)}{x}\,dx + 2f(2) + 11$$

$$2\int_1^2 \frac{f(x)}{x}\,dx + 2f(2) + 11 = 2f(2) + 12\ (\because ㉤)$$

따라서 $\int_1^2 \frac{f(x)}{x}\,dx = \frac{1}{2}$이므로

$$k = \frac{1}{2}$$

$$\therefore 50k = 50 \times \frac{1}{2} = 25 \qquad\qquad \boxed{\text{답}}\ 25$$

242

전략 조건 (나)를 미분하고 식을 변형한 후, 치환적분법을 통해 두 함수 $F(x)$와 $f(x)$의 식을 구한다.

조건 (나)에서

$$\int_0^x \Big(x - t - \frac{1}{2}\Big)f(t)\,dt = x\int_0^x f(t)\,dt - \int_0^x \Big(t + \frac{1}{2}\Big)f(t)\,dt$$

이므로 조건 (나)의 양변을 x에 대하여 미분하면

$$\int_0^x f(t)\,dt + xf(x) - \Big(x + \frac{1}{2}\Big)f(x) = -\frac{1}{2}e^x$$

$$\therefore \int_0^x f(t)\,dt - \frac{1}{2}f(x) = -\frac{1}{2}e^x$$

이때 $F(x) = \int_0^x f(t)\,dt$이므로

$$F(x) - \frac{1}{2}f(x) = -\frac{1}{2}e^x$$

$$F(x) + e^x = \frac{1}{2}e^x + \frac{1}{2}f(x)$$

이때 조건 (가)에 의하여 $F(x)>0$이므로

$$\frac{f(x) + e^x}{F(x) + e^x} = 2$$

이때 $\{F(x)+e^x\}' = f(x) + e^x$이므로 치환적분법에 의하여

$\ln\{F(x)+e^x\} = 2x + C$ (단, C는 적분상수)

$$\therefore F(x) + e^x = e^{2x+C}$$

$F(x) = \int_0^x f(t)\,dt$에 $x=0$을 대입하면 $F(0)=0$이므로

$$1 = e^C \quad \therefore C = 0$$

따라서 $F(x) = e^{2x} - e^x$이고 $f(x) = F'(x) = 2e^{2x} - e^x$이다.

ㄱ. $f(0) = 2 - 1 = 1$ (참)

ㄴ. $f(1) = 2e^2 - e$, $F(1) = e^2 - e$이므로

$\quad f(1) - F(1) = e^2$ (참)

ㄷ. $\int_0^1 F(x)dx = \int_0^1 (e^{2x} - e^x)dx = \left[\frac{1}{2}e^{2x} - e^x \right]_0^1$

$\qquad\qquad\qquad\qquad = \frac{1}{2}e^2 - e + \frac{1}{2}$ (거짓)

따라서 옳은 것은 ㄱ, ㄴ이다.　　　　　　　　　답 ②

243

전략 구하는 정적분을 여러 적분 구간으로 나누어 주어진 조건을 반복적으로
활용하여 계산한다.

$\int_{-2}^2 xf(x)dx = \int_{-2}^{-1} xf(x)dx + \int_{-1}^0 xf(x)dx$

$\qquad\qquad\qquad\qquad + \int_0^1 xf(x)dx + \int_1^2 xf(x)dx$

$\qquad = \int_{-2}^{-1} xf(x)dx + \int_{-2}^{-1} (x+1)f(x+1)dx$

$\qquad\qquad\qquad + \int_0^1 xf(x)dx + \int_0^1 (x+1)f(x+1)dx$

$\qquad = \int_{-2}^{-1} \{(x+1)f(x+1) + xf(x)\}dx$

$\qquad\qquad\qquad + \int_0^1 \{(x+1)f(x+1) + xf(x)\}dx$

$\int_0^1 f(x+t)dt = \int_x^{x+1} f(t)dt$ 이므로 조건 ㈎에서

$2\int_0^x f(t)dt = e^x - \int_x^{x+1} f(t)dt$

위의 식의 양변을 x에 대하여 미분하면

$2f(x) = e^x - f(x+1) + f(x)$

$\therefore f(x+1) + f(x) = e^x$ 　　　 ……㉠

㉠의 양변에 $x+1$을 곱하면

$(x+1)f(x+1) + (x+1)f(x) = (x+1)e^x$

$(x+1)f(x+1) + xf(x) = (x+1)e^x - f(x)$ 이므로

$\int_{-2}^{-1} \{(x+1)f(x+1) + xf(x)\}dx$

$= \int_{-2}^{-1} \{(x+1)e^x - f(x)\}dx$

$= \left[(x+1)e^x \right]_{-2}^{-1} - \int_{-2}^{-1} e^x dx - \int_{-2}^{-1} f(x)dx$

$= \frac{1}{e^2} - \left[e^x \right]_{-2}^{-1} - \int_{-2}^{-1} f(x)dx$

$= -\frac{1}{e} + \frac{2}{e^2} - \int_{-2}^{-1} f(x)dx$ 　　　 ……㉡

또,

$\int_0^1 \{(x+1)f(x+1) + xf(x)\}dx$

$= \int_0^1 \{(x+1)e^x - f(x)\}dx$

$= \left[(x+1)e^x \right]_0^1 - \int_0^1 e^x dx - \int_0^1 f(x)dx$

$= 2e - 1 - \left[e^x \right]_0^1 - \int_0^1 f(x)dx$

$= e - \int_0^1 f(x)dx$ 　　　 ……㉢

한편, ㉠에서

$\int_0^1 \{f(x+1) + f(x)\}dx = \int_0^1 e^x dx$

$\int_1^2 f(x)dx + \int_0^1 f(x)dx = e - 1$

$\therefore \int_0^1 f(x)dx = e - 1 - (e-2) = 1$ (∵ 조건 ㈏)

$\int_{-1}^0 \{f(x+1) + f(x)\}dx = \int_{-1}^0 e^x dx$ 이므로

$\int_0^1 f(x)dx + \int_{-1}^0 f(x)dx = 1 - \frac{1}{e}$

이때 $\int_0^1 f(x)dx = 1$ 이므로

$\int_{-1}^0 f(x)dx = -\frac{1}{e}$ 　　　 ……㉣

또, $\int_{-2}^{-1} \{f(x+1) + f(x)\}dx = \int_{-2}^{-1} e^x dx$ 이므로

$\int_{-1}^0 f(x)dx + \int_{-2}^{-1} f(x)dx = \frac{1}{e} - \frac{1}{e^2}$

$\therefore \int_{-2}^{-1} f(x)dx = \frac{2}{e} - \frac{1}{e^2}$ (∵ ㉣)

위의 값을 ㉡에 대입하면

$\int_{-2}^{-1} \{(x+1)f(x+1) + xf(x)\}dx = \frac{3}{e^2} - \frac{3}{e}$

또, $\int_0^1 f(x)dx = 1$ 을 ㉢에 대입하면

$\int_0^1 \{(x+1)f(x+1) + xf(x)\}dx = e - 1$

$\therefore \int_{-2}^2 xf(x)dx = \int_{-2}^{-1} \{(x+1)f(x+1) + xf(x)\}dx$

$\qquad\qquad\qquad\qquad + \int_0^1 \{(x+1)f(x+1) + xf(x)\}dx$

$\qquad\qquad = -1 + e - \frac{3}{e} + \frac{3}{e^2}$

따라서 $k_1 = -1$, $k_2 = 1$, $k_3 = -3$, $k_4 = 3$이므로

$(k_1)^2 + (k_2)^2 + (k_3)^2 + (k_4)^2 = (-1)^2 + 1^2 + (-3)^2 + 3^2$

$\qquad\qquad\qquad\qquad\qquad = 20$ 　　　　　　답 20

244

전략 함수 $f(x)$에 따른 함수 $g(x)$를 경우로 나누어 조건을 만족시키는
$g(x)$를 구하여 정적분을 계산한다.

$g(x) = \begin{cases} \int_0^x f(e^t)dt & (x \geq 0) \\ \int_0^{-x} f(e^t)dt & (x < 0) \end{cases}$ 이므로

$g'(x) = \begin{cases} f(e^x) & (x > 0) \\ -f(e^{-x}) & (x < 0) \end{cases}$

함수 $g(x)$가 $x=0$에서 미분가능하므로

$g'(0) = \lim_{x \to 0+} f(e^x) = \lim_{x \to 0-} \{-f(e^{-x})\}$

즉, $g'(0) = f(1) = -f(1)$ 이므로

$g'(0) = f(1) = 0$

$f(1)=0$이므로

$f(x)=(x-1)(x-a)$ (a는 상수)

라 하자.

(ⅰ) $a=1$인 경우

모든 실수 x에 대하여 $f(x)\geq 0$이고 $f(1)=0$이므로

함수 $g(x)$의 증가와 감소를 표로 나타내면 다음과 같다.

x	$\cdots$	0	$\cdots$
$g'(x)$	$-$	0	$+$
$g(x)$	$\searrow$	극소	$\nearrow$

따라서 함수 $g(x)$는 극댓값을 갖지 않는다.

(ⅱ) $a<1$인 경우

$g'(x)=0$인 x의 값이 0뿐이므로

$g(x)$의 증가와 감소를 표로 나타내면 다음과 같다.

x	$\cdots$	0	$\cdots$
$g'(x)$	$+$	0	$+$
$g(x)$	$\nearrow$		$\nearrow$

따라서 함수 $g(x)$는 극값을 갖지 않는다.

(ⅲ) $a>1$인 경우

$g'(x)=0$에서 $x=-\ln a$ 또는 $x=0$ 또는 $x=\ln a$

함수 $g(x)$의 증가와 감소를 표로 나타내면 다음과 같다.

x	$\cdots$	$-\ln a$	$\cdots$	0	$\cdots$	$\ln a$	$\cdots$
$g'(x)$	$-$	0	$+$	0	$-$	0	$+$
$g(x)$	$\searrow$	극소	$\nearrow$	극대	$\searrow$	극소	$\nearrow$

따라서 함수 $g(x)$는 극댓값을 갖는다.

(ⅰ), (ⅱ), (ⅲ)에서 함수 $g(x)$는 $x=\ln a$에서 최소이므로 최솟값은

$$g(\ln a)=\int_0^{\ln a}(e^x-1)(e^x-a)\,dx$$

$$=\int_0^{\ln a}\{e^{2x}-(1+a)e^x+a\}\,dx$$

$$=\left[\frac{1}{2}e^{2x}-(1+a)e^x+ax\right]_0^{\ln a}$$

$$=\frac{1}{2}e^{2\ln a}-(1+a)e^{\ln a}+a\ln a-\frac{1}{2}+(1+a)$$

$$=\frac{a^2}{2}-a-a^2+a\ln a+\frac{1}{2}+a$$

$$=a\ln a-\frac{a^2}{2}+\frac{1}{2}$$

따라서 $a\ln a-\dfrac{a^2}{2}+\dfrac{1}{2}=2\ln 2-\dfrac{3}{2}$이므로 $a=2$

$\therefore g(x)=\displaystyle\int_0^{|x|}(e^{2t}-3e^t+2)\,dt$

$x\geq 0$일 때,

$$g(x)=\int_0^x(e^{2t}-3e^t+2)\,dt$$

$$=\left[\frac{1}{2}e^{2t}-3e^t+2t\right]_0^x$$

$$=\frac{1}{2}e^{2x}-3e^x+2x+\frac{5}{2}$$

이때 $g(x)=g(-x)$이므로

$$\int_{-1}^1 g(x)\,dx=2\int_0^1 g(x)\,dx$$

$$=2\int_0^1\left(\frac{e^{2x}}{2}-3e^x+2x+\frac{5}{2}\right)dx$$

$$=2\left[\frac{1}{4}e^{2x}-3e^x+x^2+\frac{5}{2}x\right]_0^1$$

$$=2\left(\frac{1}{4}e^2-3e+1+\frac{5}{2}\right)-2\left(\frac{1}{4}-3\right)$$

$$=\frac{1}{2}e^2-6e+\frac{25}{2}$$

답 ③

참고 $h(x)=x\ln x-\dfrac{x^2}{2}+\dfrac{1}{2}$이라 하면

$h'(x)=\ln x+1-x$, $h''(x)=\dfrac{1}{x}-1$

$x>1$일 때, $h''(x)<0$이므로 $h'(x)$는 감소하고

$h'(x)<h'(1)=0$

즉, $h'(x)<0$이므로 함수 $h(x)$는 일대일대응이다.

따라서 $a\ln a-\dfrac{a^2}{2}+\dfrac{1}{2}=2\ln 2-\dfrac{3}{2}$을 만족시키는 a의 값은 2뿐이다.

245

[전략] 함수 $g(x)$가 $x=k$에서 극값을 갖는 실수 k가 4개 존재하면 $g'(k)=0$이고 방정식 $g'(x)=0$의 서로 다른 실근의 개수는 4 이상이다.

함수 $h(x)=x^2+ax+b$라 하면

$$g(x)=\int_0^{f(x)}h(t)\,dt$$

양변을 x에 대하여 미분하면

$$g'(x)=h(f(x))f'(x)$$

$$=\left(\frac{x}{2}e^{2-x}-\frac{x^2}{4}e^{2-x}\right)h(f(x))$$

$$=-\frac{1}{4}e^{2-x}(x^2-2x)h(f(x))$$

$g'(x)=0$에서 $x=0$ 또는 $x=2$ 또는 $h(f(x))=0$

조건 (개)에서 함수 $g(x)$의 극값의 개수가 4이므로 $h(f(x))=0$인 x의 값이 존재해야 한다.

이때 모든 실수 x에 대하여 $f(x)\geq 0$이므로 이차방정식 $x^2+ax+b=0$은 양의 실근이 적어도 한 개 존재해야 한다.

$f'(x)=-\dfrac{1}{4}e^{2-x}(x^2-2x)$이므로 함수 $f(x)$의 증가와 감소를 표로 나타내면 다음과 같다.

x	$\cdots$	0	$\cdots$	2	$\cdots$
$f'(x)$	$-$	0	$+$	0	$-$
$f(x)$	$\searrow$	0	$\nearrow$	1	$\searrow$

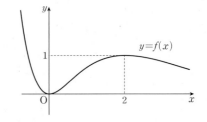

$k \geq 0$인 실수 k에 대하여

$k=0$일 때, $f(x)=k$의 서로 다른 실근의 개수는 1

$0<k<1$일 때, $f(x)=k$의 서로 다른 실근의 개수는 3

$k=1$일 때, $f(x)=k$의 서로 다른 실근의 개수는 2

$k>1$일 때, $f(x)=k$의 서로 다른 실근의 개수는 1

(i) 방정식 $h(k)=0$의 음이 아닌 실근의 개수가 1인 경우

극값이 4개이므로 $g'(x)=0$인 x가 적어도 4개 이상이어야 한다.

따라서 $0<k<1$일 때 $f(x)=k$의 서로 다른 실근을 α, β, γ $(\alpha<\beta<\gamma)$라 하면

$\alpha<0$, $0<\beta<2$, $\gamma<2$

함수 $g(x)$의 증가와 감소를 표로 나타내면 다음과 같다.

x	$\cdots$	α	$\cdots$	0	$\cdots$	β	$\cdots$	2	$\cdots$	γ	$\cdots$
$g'(x)$	$-$	0	$+$	0	$-$	0	$+$	0	$-$	0	$+$
$g(x)$	↘	극소	↗	극대	↘	극소	↗	극대	↘	극소	↗

따라서 극값이 5개이므로 조건 ㈎를 만족시키지 않는다.

(ii) 방정식 $h(k)=0$의 음이 아닌 서로 다른 실근의 개수가 2인 경우

방정식 $h(k)=0$의 한 실근이 $0<k<1$을 만족시키면 조건 ㈎를 만족시키지 않는다.

① $h(k)=0$의 두 근이 0, k_0 $(k_0>1)$인 경우

$f(x)=0$의 실근은 $x=0$,

$f(x)=k_0$의 실근은 $x=\alpha_0$

$g'(x)=0$인 x의 값은 α_0, 0, 2이므로 극값이 4개가 될 수 없다.

② $h(k)=0$의 두 근이 0, 1인 경우

$f(x)=0$의 실근은 $x=0$,

$f(x)=1$의 실근은 $x=\alpha_1$ 또는 $x=2$

$g'(x)=0$인 x의 값은 α_1, 0, 2이므로 극값이 4개가 될 수 없다.

③ $h(k)=0$의 두 근이 1, k_1 $(k_1>1)$인 경우

$f(x)=1$의 실근은 $x=\alpha_2$ 또는 $x=2$,

$f(x)=k_1$의 실근은 $x=\alpha_3$

함수 $g(x)$의 증가와 감소를 표로 나타내면 다음과 같다.

x	$\cdots$	α_3	$\cdots$	α_2	$\cdots$	0	$\cdots$	2	$\cdots$
$g'(x)$	$-$	0	$+$	0	$-$	0	$+$	0	$-$
$g(x)$	↘	극소	↗	극대	↘	극소	↗	극대	↘

이때 극값은 4개이고 극댓값은 $g(\alpha_2)$, $g(2)$이다.

$f(\alpha_2)=1$, $f(2)=1$이므로

$g(\alpha_2)=g(2)$

따라서 조건 ㈎를 만족시킨다.

④ $h(k)=0$의 두 근이 k_2, k_3 $(1<k_2<k_3)$인 경우

$f(x)=k_2$의 실근은 $x=\alpha_4$,

$f(x)=k_3$의 실근은 $x=\alpha_5$

함수 $g(x)$의 증가와 감소를 표로 나타내면 다음과 같다.

x	$\cdots$	α_5	$\cdots$	α_4	$\cdots$	0	$\cdots$	2	$\cdots$
$g'(x)$	$-$	0	$+$	0	$-$	0	$+$	0	$-$
$g(x)$	↘	극소	↗	극대	↘	극소	↗	극대	↘

이때 극값은 4개이고 극댓값은 $g(\alpha_4)$, $g(2)$이다.

$h(x)=(x-k_2)(x-k_3)$이고 $f(2)=1$, $f(\alpha_4)=k_2$ $(k_2>1)$이므로

$$g(\alpha_4)=\int_0^{k_2}(x-k_2)(x-k_3)\,dx$$

$$g(2)=\int_0^{1}(x-k_2)(x-k_3)\,dx$$

$$\therefore g(\alpha_4)>g(2)$$

따라서 조건 ㈎를 만족시키지 않는다.

(i), (ii)에 의하여

$h(x)=(x-1)(x-k_1)$ (단, $k_1>1$)

이때 함수 $g(x)$의 극솟값은 $g(0)$, $g(\alpha_3)$이고 $g(0)=0$이므로

$$g(\alpha_3)=-\frac{8}{3}$$

$$g(\alpha_3)=\int_0^{f(\alpha_3)}(x-1)(x-k_1)\,dx$$

$$=\int_0^{k_1}(x-1)(x-k_1)\,dx$$

$$=\int_0^{k_1}\{x^2-(1+k_1)x+k_1\}\,dx$$

$$=\left[\frac{x^3}{3}-\frac{(1+k_1)}{2}x^2+k_1 x\right]_0^{k_1}$$

$$=-\frac{k_1{}^3}{6}+\frac{k_1{}^2}{2}=-\frac{8}{3}$$

$k_1{}^3-3k_1{}^2-16=0$

$(k_1-4)(k_1{}^2+k_1+4)=0$

$\therefore k_1=4$

따라서 $h(x)=(x-1)(x-4)=x^2-5x+4$이므로

$a=-5$, $b=4$

$$\therefore \int_{a+7}^{b}f(x)\,dx=\int_2^4 \frac{x^2}{4}e^{2-x}\,dx$$

$$=\frac{e^2}{4}\int_2^4 x^2 e^{-x}\,dx$$

$$=\frac{e^2}{4}\left[-x^2 e^{-x}\right]_2^4+\frac{e^2}{4}\int_2^4 2x e^{-x}\,dx$$

$$=\frac{e^2}{4}\left[-x^2 e^{-x}\right]_2^4-\frac{e^2}{4}\left[2x e^{-x}\right]_2^4+\frac{e^2}{4}\int_2^4 2e^{-x}\,dx$$

$$=\frac{e^2}{4}\left[-x^2 e^{-x}\right]_2^4-\frac{e^2}{4}\left[2x e^{-x}\right]_2^4-\frac{e^2}{4}\left[2e^{-x}\right]_2^4$$

$$=\frac{e^2}{4}\left[(-x^2-2x-2)e^{-x}\right]_2^4$$

$$=\frac{e^2}{4}\times(-26)e^{-4}-\frac{e^2}{4}\times(-10)e^{-2}$$

$$=\frac{5}{2}-\frac{13}{2e^2}$$

따라서 $p=\frac{5}{2}$, $q=-\frac{13}{2}$이므로

$$p-q=\frac{5}{2}-\left(-\frac{13}{2}\right)=9 \qquad \text{답 } 9$$

미니 모의고사

1 ①	**2** ④	**3** ②	**4** ④	**5** ②
6 ③	**7** ④	**8** ⑤	**9** 137	**10** 143

1

[전략] 주어진 식을 변형하고 $a_n+1 \neq 0$임을 이용하여 일반항 a_n을 구한 후, 등비급수의 합을 구한다.

$a_n a_{n+1}+a_{n+1}=ka_n^2+ka_n$에서

$(a_n+1)a_{n+1}=ka_n(a_n+1)$

$a_n+1 \neq 0$이므로 양변을 a_n+1로 나누면

$a_{n+1}=ka_n$

즉, 수열 $\{a_n\}$은 첫째항이 k, 공비가 k인 등비수열이므로

$\sum_{n=1}^{\infty} a_n = \dfrac{k}{1-k}=5$

$k=5-5k$

$\therefore k=\dfrac{5}{6}$ 답 ①

2

[전략] 원과 직선의 교점의 좌표를 구하여 두 점 A_n, B_n의 좌표를 구한 후, 점 P_n의 좌표를 구한다.

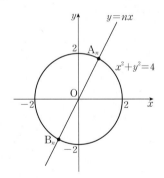

$y=nx$를 $x^2+y^2=4$에 대입하면

$x^2+n^2x^2=4$

$(n^2+1)x^2=4$

$\therefore x=\pm \dfrac{2}{\sqrt{n^2+1}}$

점 A는 제1사분면, 점 B는 제3사분면의 점이므로

$A_n \left(\dfrac{2}{\sqrt{n^2+1}}, \dfrac{2n}{\sqrt{n^2+1}} \right)$, $B_n \left(-\dfrac{2}{\sqrt{n^2+1}}, -\dfrac{2n}{\sqrt{n^2+1}} \right)$

점 P_n은 선분 A_nB_n을 $1:5$로 내분하므로

$P_n \left(\dfrac{4}{3\sqrt{n^2+1}}, \dfrac{4n}{3\sqrt{n^2+1}} \right)$

따라서 $a_n = \dfrac{4}{3\sqrt{n^2+1}}$, $b_n = \dfrac{4n}{3\sqrt{n^2+1}}$이므로

$\lim_{n \to \infty} (na_n+b_n) = \lim_{n \to \infty} \left(\dfrac{4n}{3\sqrt{n^2+1}} + \dfrac{4n}{3\sqrt{n^2+1}} \right)$

$= \lim_{n \to \infty} \dfrac{8n}{3\sqrt{n^2+1}}$

$= \lim_{n \to \infty} \dfrac{8}{3\sqrt{1+\dfrac{1}{n^2}}} = \dfrac{8}{3}$ 답 ④

3

[전략] 두 함수 $f(x)$와 $g(x)$가 역함수 관계이므로 역함수의 미분법을 이용한다.

함수 $g(x)$가 함수 $f(x)$의 역함수이므로

$f(g(x))=x$

양변을 x에 대하여 미분하면

$f'(g(x))g'(x)=1$

$\therefore g'(x)=\dfrac{1}{f'(g(x))}$ ······ ㉠

$x=3$을 ㉠에 대입하면

$g'(3)=\dfrac{1}{f'(g(3))}$ ······ ㉡

한편, $g(3)=k$ (k는 실수)라 하면 $f(k)=3$이므로

$k^3+2k+3=3$, $k^3+2k=0$

$k(k^2+2)=0$ $\therefore k=0$ ($\because k^2+2 \neq 0$)

$\therefore g(3)=0$

이때 $f'(x)=3x^2+2$이므로

$f'(0)=2$

㉡에서

$g'(3)=\dfrac{1}{f'(g(3))}=\dfrac{1}{f'(0)}$

$=\dfrac{1}{2}$ 답 ②

4

[전략] 합성함수의 미분법을 이용하여 곡선 위의 점에서의 접선의 방정식을 구하고, 이 직선이 원점을 지남을 이용한다.

$h'(x)=g'(f(x))f'(x)$이므로 곡선 $y=h(x)$ 위의 점 $(1, h(1))$에서의 접선의 방정식은

$y-g(f(1))=g'(f(1))f'(1)(x-1)$

이 직선이 원점을 지나므로

$-g(f(1))=-g'(f(1))f'(1)$

$\therefore g(f(1))=g'(f(1))f'(1)$ ······ ㉠

한편, $\lim_{x \to 1} \dfrac{f(x)-e^2}{x^2-1}=k$에서 $x \to 1$일 때 (분모)$\to 0$이고 극한값이 존재하므로 (분자)$\to 0$이어야 한다.

즉, $\lim_{x \to 1} \{f(x)-e^2\}=0$에서

$\lim_{x \to 1} f(x)=f(1)=e^2$

$g(x)=\ln x$에서 $g'(x)=\dfrac{1}{x}$이므로 ㉠에서

$2=\dfrac{1}{e^2}f'(1)$

$\therefore f'(1)=2e^2$

$\therefore k=\lim\limits_{x\to 1}\dfrac{f(x)-e^2}{x^2-1}$

$\qquad =\lim\limits_{x\to 1}\left\{\dfrac{f(x)-f(1)}{x-1}\times\dfrac{1}{x+1}\right\}$

$\qquad =\dfrac{1}{2}f'(1)=\dfrac{1}{2}\times 2e^2=e^2$ 답 ④

5

전략 적분을 이용하여 점 P의 위치를 구하여 두 점의 위치가 같을 때, 즉 두 곡선이 만나는 점의 개수를 구한다.

점 P의 시각 t에서의 위치를 $(x,\ y)$라 하면

$x=\displaystyle\int 2t\,dt=t^2+C_1,\ y=\displaystyle\int 2\pi\sin 2\pi t\,dt=-\cos 2\pi t+C_2$

         (단, C_1, C_2는 적분상수)

이때 점 P의 시각 $t=0$에서의 위치가 $(0,\ -1)$이므로

$C_1=C_2=0$

즉, 점 P의 시각 t에서의 위치는

$(t^2,\ -\cos 2\pi t)$

따라서 두 점 P, Q가 만나는 횟수는

연립방정식 $\begin{cases} t^2=4\sin 2\pi t \\ -\cos 2\pi t=|\cos 2\pi t| \end{cases}$ 의 근의 개수와 같다.

방정식 $-\cos 2\pi t=|\cos 2\pi t|$에서

$\cos 2\pi t\le 0$

$\therefore m+\dfrac{1}{4}\le t\le m+\dfrac{3}{4}$ (단, m은 음이 아닌 정수)   …… ㉠

한편, 방정식 $t^2=4\sin 2\pi t$의 서로 다른 실근의 개수는 두 곡선 $y=t^2,\ y=4\sin 2\pi t$의 교점의 개수와 같다.

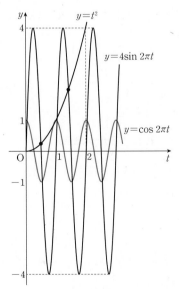

위의 그림에서 두 곡선이 ㉠의 범위에서 만나는 점의 개수는 2이다.

따라서 출발한 후 두 점 P, Q가 만나는 횟수는 2이다.   답 ②

6

전략 부분적분법을 이용하여 주어진 식을 $g(1)$에 대한 식으로 변형하고, 치환적분법을 이용한다.

$\displaystyle\int_0^1 f'(x)g(x)\,dx=\Big[f(x)g(x)\Big]_0^1-\int_0^1 f(x)g'(x)\,dx$에서

$\dfrac{e}{4}=g(1)-\displaystyle\int_0^1 x^3 e^{x^4+1}\,dx\ (\because f(0)=0)$

$t=x^4+1$로 놓으면 $\dfrac{dt}{dx}=4x^3$이고

$x=0$일 때 $t=1$, $x=1$일 때 $t=2$이므로

$g(1)=\dfrac{e}{4}+\displaystyle\int_0^1 x^3 e^{x^4+1}\,dx=\dfrac{e}{4}+\int_1^2 \dfrac{1}{4}e^t\,dt$

$\qquad =\dfrac{e}{4}+\left[\dfrac{1}{4}e^t\right]_1^2=\dfrac{e}{4}+\left(\dfrac{e^2}{4}-\dfrac{e}{4}\right)=\dfrac{e^2}{4}$ 답 ③

7

전략 삼각형의 넓이를 θ에 대한 식으로 나타내고 삼각함수의 극한을 이용한다.

직각삼각형 QOR에서 $\overline{OQ}=1$, $\angle QOR=2\theta$이므로

$\overline{QR}=\sin 2\theta$, $\overline{OR}=\cos 2\theta$

$\therefore f(\theta)=\dfrac{1}{2}\sin 2\theta\cos 2\theta$

또, $\overline{OP}=1$이므로

$\overline{PR}=1-\overline{OR}=1-\cos 2\theta$

직각삼각형 OSR에서 $\overline{OR}=\cos 2\theta$, $\angle ROS=\theta$이므로

$\overline{RS}=\overline{OR}\tan\theta=\cos 2\theta\tan\theta$

$\therefore g(\theta)=\dfrac{1}{2}(1-\cos 2\theta)\cos 2\theta\tan\theta$

$\therefore \lim\limits_{\theta\to 0+}\dfrac{g(\theta)}{\theta^2\times f(\theta)}=\lim\limits_{\theta\to 0+}\dfrac{\dfrac{1}{2}(1-\cos 2\theta)\cos 2\theta\tan\theta}{\theta^2\times\dfrac{1}{2}\sin 2\theta\cos 2\theta}$

$\qquad =\lim\limits_{\theta\to 0+}\dfrac{(1-\cos 2\theta)\tan\theta}{\theta^2\sin 2\theta}$

$\qquad =\lim\limits_{\theta\to 0+}\dfrac{\sin^2 2\theta\tan\theta}{\theta^2\sin 2\theta(1+\cos 2\theta)}$

$\qquad =\lim\limits_{\theta\to 0+}\dfrac{\sin 2\theta\tan\theta}{\theta^2(1+\cos 2\theta)}$

$\qquad =\lim\limits_{\theta\to 0+}\left(2\times\dfrac{\sin 2\theta}{2\theta}\times\dfrac{\tan\theta}{\theta}\times\dfrac{1}{1+\cos 2\theta}\right)$

$\qquad =2\times 1\times 1\times\dfrac{1}{2}=1$ 답 ④

8

전략 주어진 조건을 이용하여 함수 $f(x)$를 구하여 함수 $g(x)$의 극솟값을 구한다.

함수 $f(x)$는 삼차함수이므로 함수 $y=f(x)$의 그래프와 x축은 적어도 한 점에서 만난다.

조건 ㈎에서 함수 $g(x)$가 $x \neq 1$인 모든 실수 x에서 연속이므로

$$\begin{cases} x=1일 \ 때, \ f(1)=0 & \cdots\cdots \ \bigcirc \\ x \neq 1일 \ 때, \ f(x) \neq 0 \end{cases}$$

한편, $g(x) = \begin{cases} \ln|f(x)| & (f(x) \neq 0) \\ 1 & (f(x)=0) \end{cases}$ 에서

$g'(x) = \dfrac{f'(x)}{f(x)}$ (단, $f(x) \neq 0$)

이때 조건 ㈏에서

$g'(2)=0, \ g(2) \leq 0$

$f'(2)=0, \ -1 \leq f(2) \leq 1 \quad \cdots\cdots \ \bigcirc\!\!\!\!\!\bigcirc$

한편, 방정식 $g(x)=0$에서

$\ln|f(x)|=0, \ |f(x)|=1$

$\therefore f(x)=-1 \ 또는 \ f(x)=1$

조건 ㈐에서 위의 방정식이 서로 다른 세 실근을 가져야 하므로 함수 $f(x)$는 -1 또는 1을 극값으로 가져야 한다.

즉, $\bigcirc$에서 곡선 $y=f(x)$는 x축과 $x=1$인 점에서만 만나고 $\bigcirc\!\!\!\!\!\bigcirc$에서 함수 $f(x)$는 $x=2$에서 극값을 가지므로 함수 $y=f(x)$의 그래프는 다음 그림과 같다.

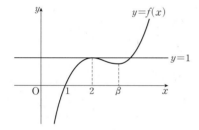

이때 함수 $f(x)$의 최고차항의 계수가 $\dfrac{1}{2}$이므로

$f(x)-1=\dfrac{1}{2}(x-2)^2(x-k)$ (k는 상수)

라 하면

$f(x)=\dfrac{1}{2}(x-2)^2(x-k)+1$

$\bigcirc$에서 $f(1)=0$이므로

$f(1)=\dfrac{1}{2}(1-k)+1=0$

$1-k=-2 \quad \therefore k=3$

따라서 $f(x)=\dfrac{1}{2}(x-2)^2(x-3)+1$이므로

$f'(x)=(x-2)(x-3)+\dfrac{1}{2}(x-2)^2$

$\qquad = \dfrac{1}{2}(x-2)(3x-8)$

$f'(x)=0$에서 $x=2$ 또는 $x=\dfrac{8}{3}$

함수 $g(x)$의 증가와 감소를 표로 나타내면 다음과 같다.

x	$\cdots$	(1)	$\cdots$	2	$\cdots$	$\dfrac{8}{3}$	$\cdots$
$f'(x)$	$+$		$+$	0	$-$	0	$+$
$g'(x)$	$-$		$+$	0	$-$	0	$+$
$g(x)$	$\searrow$		$\nearrow$	극대	$\searrow$	극소	$\nearrow$

따라서 함수 $g(x)$는 $x=\dfrac{8}{3}$에서 극소이므로 구하는 극솟값은

$g\left(\dfrac{8}{3}\right)=\ln\left|f\left(\dfrac{8}{3}\right)\right|$

$\qquad =\ln\left|\dfrac{1}{2}\times\left(\dfrac{2}{3}\right)^2\times\left(-\dfrac{1}{3}\right)+1\right|$

$\qquad =\ln\dfrac{25}{27}$ ⑤

참고 함수 $y=g(x)$의 그래프는 다음 그림과 같다.

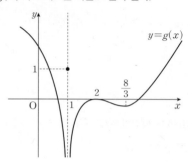

9

전략 S_1의 값을 직접 구하고, 닮음인 도형을 찾아 닮음비를 구하여 넓이의 비를 구한다.

$\overline{\mathrm{P_1B_1}}=\overline{\mathrm{Q_1C_1}}=3$이므로

$S_1=2\times\dfrac{1}{2}\times3\times2=6$

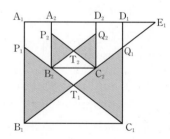

위의 그림과 같이 두 직선 $\mathrm{A_1D_1}$, $\mathrm{B_1Q_1}$의 교점을 $\mathrm{E_1}$이라 하면

$\overline{\mathrm{D_1E_1}}:\overline{\mathrm{A_1E_1}}=\overline{\mathrm{D_1Q_1}}:\overline{\mathrm{A_1B_1}}=1:4$

$\overline{\mathrm{A_1E_1}}=\overline{\mathrm{D_1E_1}}+4$이므로

$\overline{\mathrm{D_1E_1}}:(\overline{\mathrm{D_1E_1}}+4)=1:4$

$\therefore \overline{\mathrm{D_1E_1}}=\dfrac{4}{3}$

$\overline{\mathrm{C_2D_2}}=4x$라 하면

$\overline{\mathrm{D_1D_2}}=\dfrac{1}{2}(4-4x)=2-2x$

이때 $\overline{\mathrm{C_2D_2}}:\overline{\mathrm{A_1B_1}}=\overline{\mathrm{E_1D_2}}:\overline{\mathrm{E_1A_1}}$이므로

$4x:4=\left(2-2x+\dfrac{4}{3}\right):\left(4+\dfrac{4}{3}\right)$

$x:1=(5-3x):8$

$\therefore x=\dfrac{5}{11}$

따라서 정사각형 $\mathrm{A_2B_2C_2D_2}$의 한 변의 길이는 $\dfrac{20}{11}$이므로 그림 R_1과 R_2에서 그린 정사각형의 닮음비는

$4:\dfrac{20}{11}=11:5$

즉, 넓이의 비는 $11^2 : 5^2$이므로 S_n은 첫째항이 6이고, 공비가 $\dfrac{25}{121}$인

등비수열의 합이다.

$$\therefore \lim_{n \to \infty} S_n = \dfrac{6}{1-\dfrac{25}{121}} = \dfrac{121}{16}$$

즉, $p=16$, $q=121$이므로

$p+q = 16+121 = 137$　　　　　　　　　　　　　　　　답 137

10

전략 조건 ㈎, ㈏를 이용하여 두 함수 $y=f(x)$, $y=g(x)$의 함숫값을 구하고, 치환적분법과 부분적분법을 활용하여 정적분의 값을 구한다.

조건 ㈎에서 $f(1)=1$이므로 조건 ㈏에 의하여

$g(2)=2f(1)=2$

즉, $f(2)=2$이므로

$g(4)=2f(2)=4$

즉, $f(4)=4$이므로

$g(8)=2f(4)=8$

$\therefore f(8)=8$

따라서 함수 $f(x)$의 그래프의 개형은 다음과 같다.

한편, 부분적분법에 의하여

$$\int_1^8 xf'(x)\,dx = \Big[xf(x)\Big]_1^8 - \int_1^8 f(x)\,dx$$

$$= 8f(8)-f(1)-\int_1^8 f(x)\,dx$$

$$= 8\times 8 - 1 - \int_1^8 f(x)\,dx$$

$$= 63 - \int_1^8 f(x)\,dx \qquad\qquad \cdots\cdots ㉠$$

이때

$$\int_1^8 f(x)\,dx$$

$$= \int_1^2 f(x)\,dx + \int_2^4 f(x)\,dx + \int_4^8 f(x)\,dx \quad \cdots\cdots ㉡$$

두 함수 $y=f(x)$, $y=g(x)$의 그래프는 직선 $y=x$에 대하여 대칭이므로

$$\int_2^4 f(x)\,dx = 4\times 4 - 2\times 2 - \int_2^4 g(y)\,dy$$

$$= 12 - \int_2^4 g(y)\,dy$$

$y=2t$로 놓으면 $\dfrac{dy}{dt}=2$이고

$y=2$일 때 $t=1$, $y=4$일 때 $t=2$이므로

$$\int_2^4 g(y)\,dy = 2\int_1^2 g(2t)\,dt$$

$$= 2\int_1^2 2f(t)\,dt \quad (\because \text{조건 ㈏})$$

$$= 4\int_1^2 f(x)\,dx$$

$$= 4\times \dfrac{5}{4} = 5$$

$$\therefore \int_2^4 f(x)\,dx = 12 - \int_2^4 g(y)\,dy$$

$$= 12 - 5 = 7$$

마찬가지 방법으로 하면

$$\int_4^8 f(x)\,dx = 8\times 8 - 4\times 4 - \int_4^8 g(y)\,dy$$

$$= 48 - \int_4^8 g(y)\,dy$$

$$= 48 - 2\int_2^4 g(2t)\,dt$$

$$= 48 - 4\int_2^4 f(t)\,dt$$

$$= 48 - 4\times 7 = 20$$

따라서 ㉡에서

$$\int_1^8 f(x)\,dx = \int_1^2 f(x)\,dx + \int_2^4 f(x)\,dx + \int_4^8 f(x)\,dx$$

$$= \dfrac{5}{4} + 7 + 20 = \dfrac{113}{4}$$

이므로 ㉠에서

$$\int_1^8 xf'(x)\,dx = 63 - \int_1^8 f(x)\,dx$$

$$= 63 - \dfrac{113}{4} = \dfrac{139}{4}$$

즉, $p=4$, $q=139$이므로

$p+q = 4+139 = 143$　　　　　　　　　　　　　　答 143

2회 미니 모의고사

1 4	2 ①	3 163	4 ①	5 9
6 ③	7 ③	8 561	9 50	10 ③

1

전략 구하는 거리의 최댓값은 원의 중심에서 점 사이의 거리에 반지름의 길이를 더한 값이고, 최솟값은 원의 중심에서 점 사이의 거리에서 반지름의 길이를 뺀 값임을 이용한다.

자연수 n에 대하여 점 $(3n, 4n)$을 중심으로 하고 y축에 접하는 원 O_n의 방정식은

$$(x-3n)^2 + (y-4n)^2 = (3n)^2$$

원 위를 움직이는 점과 원 밖의 점 $(0, -1)$ 사이의 거리의 최댓값은 원의 중심과 점 $(0, -1)$ 사이의 거리에 반지름의 길이를 더한 값과 같으므로

$$a_n = \sqrt{(3n)^2 + (4n+1)^2} + 3n$$

$$= \sqrt{25n^2 + 8n + 1} + 3n$$

또, 원 위를 움직이는 점과 원 밖의 점 $(0, -1)$ 사이의 거리의 최솟값은 원의 중심과 점 $(0, -1)$ 사이의 거리에서 반지름의 길이를 뺀 값과 같으므로

$$b_n = \sqrt{25n^2 + 8n + 1} - 3n$$

$$\therefore \lim_{n \to \infty} \frac{a_n}{b_n} = \lim_{n \to \infty} \frac{\sqrt{25n^2+8n+1}+3n}{\sqrt{25n^2+8n+1}-3n}$$

$$= \lim_{n \to \infty} \frac{\sqrt{25+\dfrac{8}{n}+\dfrac{1}{n^2}}+3}{\sqrt{25+\dfrac{8}{n}+\dfrac{1}{n^2}}-3}$$

$$= \frac{5+3}{5-3} = 4 \qquad \text{답 } 4$$

2

[전략] 음함수의 미분법을 이용하여 접선의 기울기를 구한다.

$x^2 - y \ln x + x = e$의 양변을 x에 대하여 미분하면

$$2x - \frac{dy}{dx} \ln x - y \times \frac{1}{x} + 1 = 0$$

$$\therefore \frac{dy}{dx} = \frac{2x - \dfrac{y}{x} + 1}{\ln x}$$

따라서 점 $(e,\ e^2)$에서의 접선의 기울기는

$$\frac{2e - \dfrac{e^2}{e} + 1}{\ln e} = e + 1 \qquad \text{답 } ①$$

3

[전략] $\angle \text{PQB} = \alpha$, $\angle \text{RQC} = \beta$라 하면 $\theta = \pi - (\alpha + \beta)$임을 이용한다.

다음 그림과 같이 정사각형 ABCD의 한 변의 길이를 a라 하고, $\angle \text{PQB} = \alpha$, $\angle \text{RQC} = \beta$라 하자.

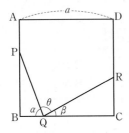

점 P는 선분 AB를 $1:2$로 내분하므로

$$\overline{\text{PB}} = \frac{2}{3}a$$

점 Q는 선분 BC를 $1:3$으로 내분하므로

$$\overline{\text{QB}} = \frac{1}{4}a, \quad \overline{\text{QC}} = \frac{3}{4}a$$

또, 점 R는 선분 CD를 $2:3$으로 내분하므로

$$\overline{\text{RC}} = \frac{2}{5}a$$

$$\therefore \tan \alpha = \frac{\overline{\text{PB}}}{\overline{\text{QB}}} = \frac{\dfrac{2}{3}a}{\dfrac{1}{4}a} = \frac{8}{3},$$

$$\tan \beta = \frac{\overline{\text{RC}}}{\overline{\text{QC}}} = \frac{\dfrac{2}{5}a}{\dfrac{3}{4}a} = \frac{8}{15}$$

$\alpha + \beta + \theta = \pi$이므로

$$\tan \theta = \tan(\pi - \alpha - \beta) = -\tan(\alpha + \beta) \quad \cdots\cdots ㉠$$

이때

$$\tan(\alpha + \beta) = \frac{\tan \alpha + \tan \beta}{1 - \tan \alpha \tan \beta}$$

$$= \frac{\dfrac{8}{3} + \dfrac{8}{15}}{1 - \dfrac{8}{3} \times \dfrac{8}{15}}$$

$$= \frac{120+24}{45-64} = -\frac{144}{19}$$

따라서 ㉠에서

$$\tan \theta = -\tan(\alpha + \beta) = \frac{144}{19}$$

즉, $p = 19$, $q = 144$이므로

$$p + q = 19 + 144 = 163 \qquad \text{답 } 163$$

4

[전략] 넓이를 정적분으로 나타내고 치환적분법을 이용한다.

주어진 곡선은 원점을 지나므로 곡선 $y = x \ln(x^2+1)$과 x축 및 직선 $x = 1$로 둘러싸인 부분의 넓이는

$$\int_0^1 x \ln(x^2+1)\,dx$$

이때 $x^2 + 1 = t$로 놓으면 $\dfrac{dt}{dx} = 2x$이고

$x = 0$일 때 $t = 1$, $x = 1$일 때 $t = 2$이므로

$$\int_0^1 x \ln(x^2+1)\,dx = \int_1^2 \frac{1}{2} \ln t\,dt$$

$$= \frac{1}{2}\Big[t \ln t - t \Big]_1^2$$

$$= \frac{1}{2}(2\ln 2 - 2 + 1) = \ln 2 - \frac{1}{2} \qquad \text{답 } ①$$

5

[전략] 치환적분법을 이용하여 $F(x)$를 구한 다음 미분하여 $F'(x)$를 구한다.

$$F(x) = \int_0^x t f(x-t)\,dt$$

에서 $x - t = s$로 놓으면 $\dfrac{ds}{dt} = -1$이고

$t = 0$일 때 $s = x$, $t = x$일 때 $s = 0$이므로

$$F(x) = \int_x^0 (x-s)f(s)(-ds)$$

$$= \int_0^x (x-s)f(s)\,ds$$

$$= x \int_0^x f(s)\,ds - \int_0^x s f(s)\,ds$$

$$\therefore F'(x) = \int_0^x f(s)\,ds + x f(x) - x f(x)$$

$$= \int_0^x f(s)\,ds = \int_0^x \frac{1}{1+s}\,ds$$

$$= \Big[\ln|1+s| \Big]_0^x = \ln(1+x) \ (\because x \geq 0)$$

따라서 $F'(a)=\ln(1+a)=\ln 10$에서

$1+a=10$

$\therefore a=9$ 　　　　　답 9

즉, 넓이의 비는 $1:\left(\dfrac{3}{13}\right)^2$이므로 S_n은 첫째항이 $\dfrac{75}{16}$, 공비가

$\left(\dfrac{3}{13}\right)^2=\dfrac{9}{169}$인 등비수열의 합이다.

$\therefore \displaystyle\lim_{n\to\infty}S_n=\dfrac{\dfrac{75}{16}}{1-\dfrac{9}{169}}=\dfrac{2535}{512}$ 　　　답 ③

6

전략 S_1의 값을 직접 구하고 두 직사각형의 닮음비를 이용하여 넓이의 비를 구한다.

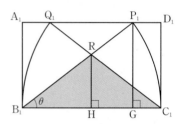

위의 그림과 같이 두 선분 B_1P_1, C_1Q_1의 교점을 R라 하고 두 점 P_1, R에서 선분 B_1C_1에 내린 수선의 발을 각각 G, H라 하자.

직각삼각형 P_1B_1G에서 $\overline{B_1P_1}=5$, $\overline{P_1G}=3$이므로

$\overline{B_1G}=4$

$\angle P_1B_1G=\theta$라 하면

$\sin\theta=\dfrac{3}{5}$, $\tan\theta=\dfrac{3}{4}$

즉, 직각삼각형 RB_1H에서

$\overline{RH}=\overline{B_1H}\tan\theta$

$\qquad=\dfrac{5}{2}\times\dfrac{3}{4}=\dfrac{15}{8}$

$\therefore S_1=\dfrac{1}{2}\times 5\times\dfrac{15}{8}=\dfrac{75}{16}$

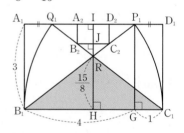

한편, 위의 그림과 같이 점 R에서 선분 A_1D_1에 내린 수선의 발을 I, 선분 B_2C_2에 내린 수선의 발을 J라 하고 $\overline{A_2B_2}=3k$, $\overline{B_2C_2}=5k\ (k>0)$라 하자.

$\overline{RJ}:\overline{RI}=\overline{B_2C_2}:\overline{Q_1P_1}$에서

$\left(3-\dfrac{15}{8}-3k\right):\left(3-\dfrac{15}{8}\right)=5k:3$

$(3-8k):3=5k:3$

$3-8k=5k$

$\therefore k=\dfrac{3}{13}$

따라서 $\overline{B_2C_2}=\dfrac{15}{13}$이므로 직사각형 $A_1B_1C_1D_1$과 $A_2B_2C_2D_2$의 닮음비는

$5:\dfrac{15}{13}=1:\dfrac{3}{13}$

7

전략 주어진 식을 직접 나열하여 간단히 한 후, 두 함수 $f(x)$와 $g(x)$가 역함수 관계임을 이용한다.

$\displaystyle\sum_{k=1}^{n}\left\{g\left(\dfrac{k}{n}\right)-g\left(\dfrac{k-1}{n}\right)\right\}\dfrac{k}{n}$

$=\left\{g\left(\dfrac{1}{n}\right)-g(0)\right\}\dfrac{1}{n}+\left\{g\left(\dfrac{2}{n}\right)-g\left(\dfrac{1}{n}\right)\right\}\dfrac{2}{n}+\left\{g\left(\dfrac{3}{n}\right)-g\left(\dfrac{2}{n}\right)\right\}\dfrac{3}{n}$

$\qquad+\cdots+\left\{g\left(\dfrac{n}{n}\right)-g\left(\dfrac{n-1}{n}\right)\right\}\dfrac{n}{n}$

$=g(1)-\left\{g(0)+g\left(\dfrac{1}{n}\right)+g\left(\dfrac{2}{n}\right)+\cdots+g\left(\dfrac{n-1}{n}\right)\right\}\dfrac{1}{n}$

$=g(1)-\left\{g\left(\dfrac{1}{n}\right)+g\left(\dfrac{2}{n}\right)+g\left(\dfrac{3}{n}\right)+\cdots+g\left(\dfrac{n-1}{n}\right)\right\}\dfrac{1}{n}$

$\qquad\qquad\qquad\qquad\qquad (\because g(0)=0)$

$=g(1)-\dfrac{1}{n}\displaystyle\sum_{k=1}^{n-1}g\left(\dfrac{k}{n}\right)$

이때 함수 $f(x)$의 역함수가 $g(x)$이므로

$\displaystyle\lim_{n\to\infty}\sum_{k=1}^{n}\left\{g\left(\dfrac{k}{n}\right)-g\left(\dfrac{k-1}{n}\right)\right\}\dfrac{k}{n}=\lim_{n\to\infty}\left\{g(1)-\dfrac{1}{n}\sum_{k=1}^{n-1}g\left(\dfrac{k}{n}\right)\right\}$

$\qquad\qquad\qquad=g(1)-\displaystyle\int_0^1 g(x)\,dx$

$\qquad\qquad\qquad=1-\displaystyle\int_0^1 g(x)\,dx$

$\qquad\qquad\qquad=\displaystyle\int_0^1 f(x)\,dx=\dfrac{3}{4}$

$\dfrac{x}{8}=t$로 놓으면 $\dfrac{dt}{dx}=\dfrac{1}{8}$이고

$x=0$일 때 $t=0$, $x=8$일 때 $t=1$이므로

$\displaystyle\int_0^8 f\left(\dfrac{x}{8}\right)dx=\int_0^1 8f(t)\,dt$

$\qquad\qquad=8\times\dfrac{3}{4}=6$ 　　　답 ③

8

전략 a와 b^2의 대소 관계를 나누어 극한값을 구한다.

a와 b^2의 대소 관계에 따라 극한값을 구하면 다음과 같다.

(i) $a>b^2$일 때

$\displaystyle\lim_{n\to\infty}\left(\dfrac{b^2}{a}\right)^n=\lim_{n\to\infty}\left(\dfrac{b}{a}\right)^n=0$이므로

$\displaystyle\lim_{n\to\infty}\dfrac{b^n+c^{2n}}{a^n+b^{2n}}=\lim_{n\to\infty}\dfrac{\left(\dfrac{b}{a}\right)^n+\left(\dfrac{c^2}{a}\right)^n}{1+\left(\dfrac{b^2}{a}\right)^n}=\lim_{n\to\infty}\left(\dfrac{c^2}{a}\right)^n=1$

$\therefore a=c^2$

$b=1$일 때, $a=c^2>1$이어야 하므로

$2 \leq c \leq 5$

이를 만족시키는 세 자연수 a, b, c의 순서쌍 (a, b, c)는

$(4, 1, 2)$, $(9, 1, 3)$, $(16, 1, 4)$, $(25, 1, 5)$

$b=2$일 때, $a=c^2>4$이어야 하므로

$3 \leq c \leq 5$

이를 만족시키는 세 자연수 a, b, c의 순서쌍 (a, b, c)는

$(9, 2, 3)$, $(16, 2, 4)$, $(25, 2, 5)$

$b=3$일 때, $a=c^2>9$이어야 하므로

$4 \leq c \leq 5$

이를 만족시키는 세 자연수 a, b, c의 순서쌍 (a, b, c)는

$(16, 3, 4)$, $(25, 3, 5)$

$b=4$일 때, $a=c^2>16$이어야 하므로

$c=5$

이를 만족시키는 세 자연수 a, b, c의 순서쌍 (a, b, c)는

$(25, 4, 5)$

따라서 $a=c^2>b^2$을 만족시키는 세 자연수 a, b, c의 순서쌍

(a, b, c)의 개수는

$4+3+2+1=10$

(ii) $a=b^2$일 때

$\lim\limits_{n \to \infty} \left(\dfrac{b^2}{a} \right)^n = 1$이므로

$\lim\limits_{n \to \infty} \dfrac{b^n+c^{2n}}{a^n+b^{2n}} = \lim\limits_{n \to \infty} \dfrac{\left(\dfrac{b}{a} \right)^n + \left(\dfrac{c^2}{a} \right)^n}{1 + \left(\dfrac{b^2}{a} \right)^n} = \lim\limits_{n \to \infty} \dfrac{\left(\dfrac{b}{a} \right)^n + \left(\dfrac{c^2}{a} \right)^n}{1+1} = 1$

$\therefore a=b^2=b=c^2$

이를 만족시키는 세 자연수 a, b, c의 순서쌍 (a, b, c)는 $(1, 1, 1)$

뿐이다.

(iii) $a<b^2$일 때

$\lim\limits_{n \to \infty} \left(\dfrac{a}{b^2} \right)^n = \lim\limits_{n \to \infty} \left(\dfrac{1}{b} \right)^n = 0$이므로

$\lim\limits_{n \to \infty} \dfrac{b^n+c^{2n}}{a^n+b^{2n}} = \lim\limits_{n \to \infty} \dfrac{\left(\dfrac{1}{b} \right)^n + \left(\dfrac{c}{b} \right)^{2n}}{\left(\dfrac{a}{b^2} \right)^n + 1} = \lim\limits_{n \to \infty} \left(\dfrac{c}{b} \right)^{2n} = 1$

$\therefore b=c$

이를 만족시키는 세 자연수 a, b, c의 순서쌍 (a, b, c)의 개수는

다음과 같다.

$1 \leq a \leq 3$일 때, $2 \leq b \leq 25$이므로

$3 \times 24 = 72$

$4 \leq a \leq 8$일 때, $3 \leq b \leq 25$이므로

$5 \times 23 = 115$

$9 \leq a \leq 15$일 때, $4 \leq b \leq 25$이므로

$7 \times 22 = 154$

$16 \leq a \leq 24$일 때, $5 \leq b \leq 25$이므로

$9 \times 21 = 189$

$a=25$일 때, $6 \leq b \leq 25$이므로

$1 \times 20 = 20$

따라서 $a<b^2=c^2$을 만족시키는 세 자연수 a, b, c의 순서쌍

(a, b, c)의 개수는

$72+115+154+189+20=550$

(i), (ii), (iii)에서 조건을 만족시키는 모든 순서쌍 (a, b, c)의 개수는

$10+1+550=561$　　　　　　　　답 561

9

전략 $f(\theta)$, $g(\theta)$를 구하기 위해 필요한 선분의 길이를 θ에 대한 식으로 나타내어 극한값을 구한다.

직각삼각형 AHP에서 $\angle APH = \theta$이므로

$\angle HAP = \dfrac{\pi}{2} - \theta$

한편, 삼각형 OPA는 $\overline{OP} = \overline{OA} = 1$인 이등변삼각형이므로

$\angle AOP = \pi - 2 \times \angle HAP$

$\qquad = \pi - 2 \left(\dfrac{\pi}{2} - \theta \right)$

$\qquad = 2\theta$

$\therefore \overline{AH} = 1 - \overline{OH}$

$\qquad = 1 - \overline{OP} \cos 2\theta$

$\qquad = 1 - \cos 2\theta$　　　　　　…… ㉠

또,

$\angle HAQ = \dfrac{1}{2} \times \angle HAP$

$\qquad = \dfrac{1}{2} \left(\dfrac{\pi}{2} - \theta \right)$

$\qquad = \dfrac{\pi}{4} - \dfrac{\theta}{2}$

이므로

$\overline{HQ} = \overline{AH} \tan \left(\dfrac{\pi}{4} - \dfrac{\theta}{2} \right)$

$\qquad = (1 - \cos 2\theta) \tan \left(\dfrac{\pi}{4} - \dfrac{\theta}{2} \right)$　　…… ㉡

㉠, ㉡에서

$f(\theta) = \dfrac{1}{2} \times \overline{AH} \times \overline{HQ}$

$\qquad = \dfrac{1}{2} \times (1 - \cos 2\theta)^2 \times \tan \left(\dfrac{\pi}{4} - \dfrac{\theta}{2} \right)$

$\qquad = \dfrac{1}{2} \times \dfrac{\sin^4 2\theta}{(1 + \cos 2\theta)^2} \times \tan \left(\dfrac{\pi}{4} - \dfrac{\theta}{2} \right)$

$\therefore \lim\limits_{\theta \to 0+} \dfrac{f(\theta)}{\theta^4}$

$= \lim\limits_{\theta \to 0+} \dfrac{\sin^4 2\theta \tan \left(\dfrac{\pi}{4} - \dfrac{\theta}{2} \right)}{2\theta^4 (1 + \cos 2\theta)^2}$

$= \lim\limits_{\theta \to 0+} \left\{ \dfrac{1}{2} \times \left(\dfrac{\sin 2\theta}{2\theta} \right)^4 \times \dfrac{16}{(1 + \cos 2\theta)^2} \times \tan \left(\dfrac{\pi}{4} - \dfrac{\theta}{2} \right) \right\}$

$= \dfrac{1}{2} \times 1^4 \times \dfrac{16}{2^2} \times 1 = 2$　　　　…… ㉢

한편, 다음 그림과 같이 이등변삼각형 OPA의 점 O에서 선분 PA에 내린 수선의 발을 H'이라 하면 $\angle H'OP = \theta$

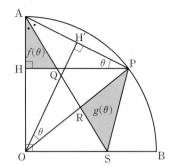

$$\therefore \overline{AP}=2\overline{PH'}$$
$$=2\times\overline{OP}\sin\theta=2\sin\theta$$

삼각형 AOP에서 각 A의 이등분선이 선분 OP와 만나는 점이 R이

므로

$$\overline{AO}:\overline{AP}=\overline{OR}:\overline{RP}$$
$$1:2\sin\theta=\overline{OR}:(1-\overline{OR})$$
$$2\sin\theta\times\overline{OR}=1-\overline{OR}$$
$$\therefore \overline{OR}=\frac{1}{1+2\sin\theta} \qquad\cdots\cdots ㉣$$

$$\overline{OS}=\overline{OA}\tan(\angle SAO)$$
$$=1\times\tan\left(\frac{\pi}{4}-\frac{\theta}{2}\right)$$
$$=\tan\left(\frac{\pi}{4}-\frac{\theta}{2}\right) \qquad\cdots\cdots ㉤$$

㉣, ㉤에서

$$g(\theta)=\triangle OSP-\triangle OSR$$
$$=\frac{1}{2}\times\overline{OS}\times\overline{OP}\times\sin(\angle POS)$$
$$\qquad\qquad -\frac{1}{2}\times\overline{OS}\times\overline{OR}\times\sin(\angle POS)$$
$$=\frac{1}{2}\times\overline{OS}\times\sin(\angle POS)\times(\overline{OP}-\overline{OR})$$
$$=\frac{1}{2}\times\tan\left(\frac{\pi}{4}-\frac{\theta}{2}\right)\times\sin\left(\frac{\pi}{2}-2\theta\right)\times\left(1-\frac{1}{2\sin\theta+1}\right)$$
$$=\tan\left(\frac{\pi}{4}-\frac{\theta}{2}\right)\times\cos 2\theta\times\frac{\sin\theta}{2\sin\theta+1}$$

$$\therefore \lim_{\theta\to 0+}\frac{g(\theta)}{\theta}$$
$$=\lim_{\theta\to 0+}\left\{\frac{\sin\theta}{\theta}\times\tan\left(\frac{\pi}{4}-\frac{\theta}{2}\right)\cos 2\theta\times\frac{1}{2\sin\theta+1}\right\}$$
$$=1\times 1\times 1\times 1=1 \qquad\cdots\cdots ㉥$$

따라서 ㉢, ㉥에 의하여

$$k=\lim_{\theta\to 0+}\frac{\theta^3\times g(\theta)}{f(\theta)}=\lim_{\theta\to 0+}\frac{\dfrac{g(\theta)}{\theta}}{\dfrac{f(\theta)}{\theta^4}}=\frac{1}{2}$$

$$\therefore 100k=100\times\frac{1}{2}=50 \qquad\qquad \boxed{답}\ 50$$

10

[전략] 기울기가 a인 접선의 접점의 좌표를 $(g(a),\ f(g(a)))$로 놓고 접선이 원점을 지남을 이용하여 a의 값을 구한다.

함수 $f(x)=x(x-1)e^{1-x}=(x^2-x)e^{1-x}$에서
$$f'(x)=(2x-1)e^{1-x}-(x^2-x)e^{1-x}=-e^{1-x}(x^2-3x+1)$$

기울기가 a인 접선의 접점의 좌표는 $(g(a),\ f(g(a)))$이므로 접선의

방정식은

$$y-f(g(a))=a\{x-g(a)\}$$

이 직선이 원점을 지나므로

$$-f(g(a))=-ag(a)$$
$$f(g(a))=ag(a)$$
$$g(a)\{g(a)-1\}e^{1-g(a)}=ag(a)$$

$g(a)>0$이므로

$$\{g(a)-1\}e^{1-g(a)}=a \qquad\cdots\cdots ㉠$$

한편, $f'(g(a))=a$이므로

$$-e^{1-g(a)}[\{g(a)\}^2-3g(a)+1]=a \qquad\cdots\cdots ㉡$$

㉠, ㉡에서

$$-\{g(a)\}^2+3g(a)-1=g(a)-1$$
$$\{g(a)\}^2-2g(a)=0$$
$$\therefore g(a)=2\ (\because g(a)>0)$$

이것을 ㉠에 대입하면

$$a=\frac{1}{e}$$

또, 기울기가 t인 직선이 곡선 $y=f(x)$에 접할 때 접점의 x좌표가

$g(t)$이므로

$$f'(g(t))=t$$
$$-e^{1-g(t)}[\{g(t)\}^2-3g(t)+1]=t$$

양변에 $e^{g(t)-1}$을 곱하면

$$-\{g(t)\}^2+3g(t)-1=te^{g(t)-1}$$

위 식의 양변을 t에 대하여 미분하면

$$-2g(t)g'(t)+3g'(t)=e^{g(t)-1}+tg'(t)e^{g(t)-1} \qquad\cdots\cdots ㉢$$

$t=a$를 ㉢에 대입하면

$$-2g(a)g'(a)+3g'(a)=e^{g(a)-1}+ag'(a)e^{g(a)-1}$$

이때 $a=\frac{1}{e}$, $g(a)=2$이므로

$$-4g'(a)+3g'(a)=e+g'(a)$$
$$\therefore g'(a)=-\frac{e}{2}$$

$$\therefore \frac{1}{a}+g'(a)=e+\left(-\frac{e}{2}\right)=\frac{e}{2} \qquad\qquad \boxed{답}\ ③$$

3회 미니 모의고사
본문 98~101쪽

| 1 ④ | 2 10 | 3 ③ | 4 ③ | 5 ⑤ |
| 6 ⑤ | 7 ⑤ | 8 8 | 9 ④ | 10 ③ |

1

전략 수열의 극한의 대소 관계를 이용하여 극한값을 구한다.

$\sqrt{9n^2+4}<\sqrt{na_n}<3n+2$에서

$9n^2+4<na_n<9n^2+12n+4$

각 변을 n^2으로 나누면

$\dfrac{9n^2+4}{n^2}<\dfrac{a_n}{n}<\dfrac{9n^2+12n+4}{n^2}$

이때

$\displaystyle\lim_{n\to\infty}\dfrac{9n^2+4}{n^2}=\lim_{n\to\infty}\dfrac{9n^2+12n+4}{n^2}=9$

이므로 수열의 극한의 대소 관계에 의하여

$\displaystyle\lim_{n\to\infty}\dfrac{a_n}{n}=9$ 　　　　　　　　　　　　답 ④

2

전략 주어진 식을 x에 대하여 미분하여 극값을 가질 때의 x의 값을 구하고, α의 값의 범위를 나누어 극댓값과 극솟값을 각각 구한다.

$f(x)=\displaystyle\int_0^x(3\cos t-4\sin t)dt$의 양변을 x에 대하여 미분하면

$f'(x)=3\cos x-4\sin x$

$f'(\alpha)=0$에서 $3\cos\alpha-4\sin\alpha=0$

$\therefore \tan\alpha=\dfrac{3}{4}$

(i) $0<\alpha<\dfrac{\pi}{2}$일 때

　$x=\alpha$의 좌우에서 $f'(x)$의 부호가 양($+$)에서 음($-$)으로 바뀌므로 극댓값을 갖는다.

　$\sin\alpha=\dfrac{3}{5}$, $\cos\alpha=\dfrac{4}{5}$이므로

　$f(\alpha)=\displaystyle\int_0^\alpha(3\cos t-4\sin t)dt$

　　　$=\Big[3\sin t+4\cos t\Big]_0^\alpha$

　　　$=3\sin\alpha+4\cos\alpha-(0+4)$

　　　$=3\times\dfrac{3}{5}+4\times\dfrac{4}{5}-4=1$

　$\therefore M=1$

(ii) $\pi<\alpha<\dfrac{3}{2}\pi$일 때

　$x=\alpha$의 좌우에서 $f'(x)$의 부호가 음($-$)에서 양($+$)으로 바뀌므로 극솟값을 갖는다.

　$\sin\alpha=-\dfrac{3}{5}$, $\cos\alpha=-\dfrac{4}{5}$이므로

　$f(\alpha)=\displaystyle\int_0^\alpha(3\cos t-4\sin t)dt$

　　　$=\Big[3\sin t+4\cos t\Big]_0^\alpha$

　　　$=3\sin\alpha+4\cos\alpha-(0+4)$

　　　$=3\times\left(-\dfrac{3}{5}\right)+4\times\left(-\dfrac{4}{5}\right)-4=-9$

　$\therefore m=-9$

(i), (ii)에서

$M-m=1-(-9)=10$ 　　　　　　　　　　　　답 10

3

전략 수렴하는 급수의 수열의 극한값은 0임을 이용하여 수열의 일반항 a_n을 구한다.

$\displaystyle\sum_{n=1}^{\infty}\left(\dfrac{a_n}{n}-\dfrac{3n+7}{n+2}\right)=S$이므로

$\displaystyle\lim_{n\to\infty}\left(\dfrac{a_n}{n}-\dfrac{3n+7}{n+2}\right)=0$

$\therefore \displaystyle\lim_{n\to\infty}\dfrac{a_n}{n}=3$

이때 $a_n=3n+k$라 하면

$a_1=3+k=4$　　$\therefore k=1$

따라서 $a_n=3n+1$이므로

$S=\displaystyle\sum_{n=1}^{\infty}\left(\dfrac{3n+1}{n}-\dfrac{3n+7}{n+2}\right)$

　$=\displaystyle\sum_{n=1}^{\infty}\left(3+\dfrac{1}{n}-3-\dfrac{1}{n+2}\right)$

　$=\displaystyle\sum_{n=1}^{\infty}\left(\dfrac{1}{n}-\dfrac{1}{n+2}\right)$

　$=\displaystyle\lim_{n\to\infty}\sum_{k=1}^{n}\left(\dfrac{1}{k}-\dfrac{1}{k+2}\right)$

　$=\displaystyle\lim_{n\to\infty}\left\{\left(\dfrac{1}{1}-\dfrac{1}{3}\right)+\left(\dfrac{1}{2}-\dfrac{1}{4}\right)+\left(\dfrac{1}{3}-\dfrac{1}{5}\right)\right.$

　　　　　$\left.+\cdots+\left(\dfrac{1}{n-1}-\dfrac{1}{n+1}\right)+\left(\dfrac{1}{n}-\dfrac{1}{n+2}\right)\right\}$

　$=\displaystyle\lim_{n\to\infty}\left(1+\dfrac{1}{2}-\dfrac{1}{n+1}-\dfrac{1}{n+2}\right)$

　$=\dfrac{3}{2}$ 　　　　　　　　　　　　답 ③

4

전략 $f'(x)$를 직접 구하여 곡선의 길이를 구한다.

$f(x)=\ln(1+x)+\ln(1-x)$에서

$f'(x)=\dfrac{1}{1+x}-\dfrac{1}{1-x}=\dfrac{-2x}{1-x^2}$

$\therefore \sqrt{1+\{f'(x)\}^2}=\sqrt{1+\left(\dfrac{-2x}{1-x^2}\right)^2}=\dfrac{1+x^2}{1-x^2}$

　　　　　　　　$=-1+\dfrac{2}{1-x^2}$

　　　　　　　　$=-1+\dfrac{1}{1+x}+\dfrac{1}{1-x}$

따라서 구하는 곡선의 길이는

$\displaystyle\int_{-\frac{1}{2}}^{\frac{1}{2}}\sqrt{1+\{f'(x)\}^2}\,dx=\int_{-\frac{1}{2}}^{\frac{1}{2}}\left(-1+\dfrac{1}{1+x}-\dfrac{1}{1-x}\right)dx$

　　　　　　　　$=2\displaystyle\int_0^{\frac{1}{2}}\left(-1+\dfrac{1}{1+x}+\dfrac{1}{1-x}\right)dx$

　　　　　　　　$=2\Big[-x+\ln(1+x)-\ln(1-x)\Big]_0^{\frac{1}{2}}$

　　　　　　　　$=2\left(-\dfrac{1}{2}+\ln\dfrac{3}{2}-\ln\dfrac{1}{2}\right)=2\ln3-1$ 　답 ③

5

전략 x, y를 매개변수 t에 대하여 각각 미분하여 $\dfrac{dy}{dx}$의 값을 t에 대한 식으로 나타낸다.

$x=\ln t+t$, $y=-t^3+3t$에서

$$\frac{dy}{dx}=\frac{\dfrac{dy}{dt}}{\dfrac{dx}{dt}}=\frac{-3t^2+3}{\dfrac{1}{t}+1}$$

$$=\frac{-3t(t+1)(t-1)}{t+1}=-3t(t-1)$$

$$=-3\left(t-\frac{1}{2}\right)^2+\frac{3}{4}$$

따라서 $\dfrac{dy}{dx}$는 $t=\dfrac{1}{2}$에서 최댓값을 가지므로

$$a=\frac{1}{2}$$

답 ⑤

6

전략 함수 $y=f(x)$의 그래프와 직선 $y=t$의 교점의 x좌표가 $g(t)$이므로 함수 $g(x)$는 $f(x)$의 역함수임을 이용한다.

함수 $y=f(x)$의 그래프와 직선 $y=t$의 교점의 x좌표가 $g(t)$이므로

$f(g(t))=t$

따라서 함수 $g(x)$는 함수 $f(x)$의 역함수이므로

$f'(g(x))g'(x)=1$ ······ ㉠

이때 $g(2\pi)=\pi$에서

$f(\pi)=a\pi=2\pi$ $\therefore a=2$

$x=2t$를 ㉠에 대입하면

$f'(g(2t))g'(2t)=1$

$\therefore \displaystyle\int_0^\pi \frac{t}{f'(g(2t))}dt=\int_0^\pi tg'(2t)\,dt$

이때 $2t=x$로 놓으면 $2=\dfrac{dx}{dt}$이고

$t=0$일 때 $x=0$, $t=\pi$일 때 $x=2\pi$이므로

$$\int_0^\pi tg'(2t)\,dt=\int_0^{2\pi}\frac{x}{4}g'(x)\,dx$$

$$=\frac{1}{4}\int_0^{2\pi}xg'(x)\,dx$$

$$=\frac{1}{4}\left\{\Big[xg(x)\Big]_0^{2\pi}-\int_0^{2\pi}g(x)\,dx\right\}$$

$$=\frac{1}{4}\left[2\pi\times g(2\pi)-\left\{\pi\times 2\pi-\int_0^\pi f(x)\,dx\right\}\right]$$

$$=\frac{1}{4}\int_0^\pi f(x)\,dx\ (\because g(2\pi)=\pi)$$

$$=\frac{1}{4}\int_0^\pi (2x+\sin x)\,dx$$

$$=\frac{1}{4}\Big[x^2-\cos x\Big]_0^\pi$$

$$=\frac{1}{4}\{\pi^2+1-(-1)\}$$

$$=\frac{\pi^2+2}{4}$$

답 ⑤

7

전략 직각삼각형에서 사인값과 코사인값을 구하고, 코사인함수의 덧셈정리를 이용한다.

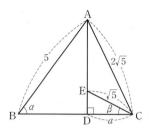

$\overline{CD}=a\ (a>0)$라 하면 직각삼각형 CED에서

$\overline{DE}=\sqrt{(\sqrt{5})^2-a^2}=\sqrt{5-a^2}$

이때 $\overline{AD}=4\overline{DE}$이므로

$\overline{AD}=4\sqrt{5-a^2}$

직각삼각형 CAD에서

$(2\sqrt{5})^2=a^2+(4\sqrt{5-a^2})^2$

$20=a^2+80-16a^2$

$15a^2=60$, $a^2=4$

$\therefore a=2\ (\because a>0)$

$\therefore \overline{DE}=1$, $\overline{AD}=4$

직각삼각형 ABD에서

$\overline{BD}=\sqrt{5^2-4^2}=3$

이므로

$\sin\alpha=\dfrac{4}{5}$, $\cos\alpha=\dfrac{3}{5}$

직각삼각형 CED에서

$\sin\beta=\dfrac{1}{\sqrt{5}}$, $\cos\beta=\dfrac{2}{\sqrt{5}}$

$\therefore \cos(\alpha-\beta)=\cos\alpha\cos\beta+\sin\alpha\sin\beta$

$$=\frac{3}{5}\times\frac{2}{\sqrt{5}}+\frac{4}{5}\times\frac{1}{\sqrt{5}}$$

$$=\frac{10}{5\sqrt{5}}=\frac{2\sqrt{5}}{5}$$

답 ⑤

8

전략 삼각형의 넓이를 θ에 대한 식으로 나타내고, 극한값을 구한다.

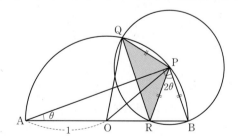

$\overline{PB}=\overline{PR}=\overline{PQ}=2\sin\theta$

$\angle APB=\dfrac{\pi}{2}$이므로 $\angle ABP=\dfrac{\pi}{2}-\theta$

또, 삼각형 BPR는 이등변삼각형이므로

$\angle BPR=\pi-2\times\left(\dfrac{\pi}{2}-\theta\right)=2\theta$

반원의 중심을 O라 하면 삼각형 OBP는 이등변삼각형이므로

$\angle OPB = \angle OBP = \dfrac{\pi}{2} - \theta$

이때 $\triangle POB \equiv \triangle POQ$ (SSS 합동)이므로

$\angle OPQ = \angle OPB = \dfrac{\pi}{2} - \theta$

$\therefore \angle QPR = \angle OPQ + \angle OPB - \angle BPR$

$\qquad = \left(\dfrac{\pi}{2} - \theta \right) + \left(\dfrac{\pi}{2} - \theta \right) - 2\theta$

$\qquad = \pi - 4\theta$

$S(\theta) = \dfrac{1}{2} \times \overline{PQ} \times \overline{PR} \times \sin(\angle QPR)$

$\qquad = \dfrac{1}{2} \times 2 \sin\theta \times 2 \sin\theta \times \sin(\pi - 4\theta)$

$\qquad = 2 \sin^2\theta \sin 4\theta$

이므로

$\displaystyle \lim_{\theta \to 0+} \dfrac{S(\theta)}{\theta^3} = \lim_{\theta \to 0+} \dfrac{2 \sin^2\theta \sin 4\theta}{\theta^3}$

$\qquad = 2 \lim_{\theta \to 0+} \dfrac{\sin^2\theta}{\theta^2} \times \lim_{\theta \to 0+} \dfrac{\sin 4\theta}{4\theta} \times 4$

$\qquad = 2 \times 1^2 \times 1 \times 4$

$\qquad = 8$

답 8

9

전략 두 삼각형 OC_1E_1, $A_1E_1D_1$의 닮음비를 이용하여 R_1의 값을 구한다.

$\overline{C_1E_1} = \overline{B_1C_1} = 5$이므로

직각삼각형 OC_1E_1에서

$\overline{OE_1} = \sqrt{5^2 - 3^2} = 4$

$\therefore \overline{A_1E_1} = 1$

또, $\triangle OC_1E \backsim \triangle A_1E_1D_1$이고 닮음비는 $\overline{OC_1} : \overline{A_1E_1} = 3 : 1$이므로

$\overline{C_1E_1} : \overline{E_1D_1} = 3 : 1$

$\therefore \overline{E_1D_1} = 5 \times \dfrac{1}{3} = \dfrac{5}{3}$

$\therefore R_1 = 2 \times \left(\dfrac{1}{2} \times 5 \times \dfrac{5}{3} \right) = \dfrac{25}{3}$

$\overline{OC_2} = \overline{A_2B_2} = 3t \ (t > 0)$라 하면

$\overline{OA_2} = 5t$, $\overline{A_2E_1} = 4 - 5t$

이때 $\overline{A_2E_1} : \overline{A_2B_2} = \overline{OE_1} : \overline{OC_1} = 4 : 3$이므로

$(4 - 5t) : 3t = 4 : 3$

$12 - 15t = 12t$

$\therefore t = \dfrac{4}{9}$

즉, 사각형 $B_1C_1E_1D_1$과 사각형 $B_2C_2E_2D_2$의 넓이의 비는 $1 : \left(\dfrac{4}{9} \right)^2$이므로

$\displaystyle \sum_{n=1}^{\infty} R_n = \dfrac{\dfrac{25}{3}}{1 - \left(\dfrac{4}{9} \right)^2} = \dfrac{\dfrac{25}{3}}{\dfrac{65}{81}} = \dfrac{135}{13}$

따라서 $p = 13$, $q = 135$이므로

$p + q = 13 + 135 = 148$

답 ④

10

전략 합성함수의 미분법을 이용하여 ㄱ, ㄴ, ㄷ의 참, 거짓을 판별한다.

ㄱ. $g'(x) = \dfrac{1}{\ln 3} \times \dfrac{4x^3}{x^4 + 2n}$이므로

$g'(f(1)) = g'(0) = 0$

$\therefore h'(1) = g'(f(1))f'(1) = 0$ (참)

ㄴ. $h(x) = g(f(x)) = \log_3 [\{f(x)\}^4 + 2n]$이므로

$h'(x) = \dfrac{1}{\ln 3} \times \dfrac{4\{f(x)\}^3 f'(x)}{\{f(x)\}^4 + 2n}$

$\qquad = \dfrac{1}{\ln 3} \times \dfrac{4nx^{n-1}(x^n-1)^3}{(x^n-1)^4 + 2n}$

열린구간 $(0, 1)$에서 $-1 < x^n - 1 < 0$이므로

$h'(x) < 0$

따라서 열린구간 $(0, 1)$에서 함수 $h(x)$는 감소한다. (거짓)

ㄷ. $h'(x) = 0$에서 $x = 1$

$x = 1$의 좌우에서 $h'(x)$의 부호가 음($-$)에서 양($+$)으로 바뀌므로 함수 $h(x)$는 $x = 1$에서 극솟값을 갖는다.

이때 $h(1) = \log_3 2n$이므로 함수 $y = h(x)$의 그래프의 개형은 다음 그림과 같다.

(i) $n = 1$일 때

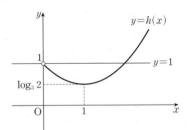

(ii) $n \geq 2$일 때

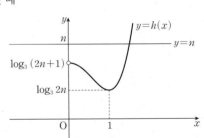

(i), (ii)에 의하여 방정식 $h(x) = n$의 서로 다른 실근의 개수는 1이다. (참)

따라서 옳은 것은 ㄱ, ㄷ이다.

답 ③

1

전략 $f(x)=x^2+ax+b$로 놓고 주어진 식을 이용하여 a, b의 값을 구한다.

$f(x)=x^2+ax+b$라 하자.

$\displaystyle\lim_{x\to 0}\frac{\ln f(x)}{x}=4$에서 $x\to 0$일 때 (분모)$\to 0$이고 극한값이 존재하므로 (분자)$\to 0$이어야 한다.

즉, $\displaystyle\lim_{x\to 0}\{\ln f(x)\}=\ln f(0)=0$에서

$f(0)=1$

$\therefore b=1$

또,

$$\lim_{x\to 0}\frac{\ln f(x)}{x}=\lim_{x\to 0}\frac{\ln(1+x^2+ax)}{x}$$
$$=\lim_{x\to 0}\left\{\frac{\ln(1+x^2+ax)}{x^2+ax}\times\frac{x^2+ax}{x}\right\}$$
$$=\lim_{x\to 0}\left\{\frac{\ln(1+x^2+ax)}{x^2+ax}\times(x+a)\right\}$$
$$=1\times a=a$$

$\therefore a=4$

따라서 $f(x)=x^2+4x+1$이므로

$f(4)=16+16+1=33$ 〔답〕②

2

전략 수렴하는 급수의 수열의 극한값은 0임을 이용하여 r의 값을 구한다.

급수 $\displaystyle\sum_{n=1}^{\infty}(2a_n-3)$이 수렴하므로

$\displaystyle\lim_{n\to\infty}(2a_n-3)=0$

$2a_n-3=b_n$이라 하면 $\displaystyle\lim_{n\to\infty}b_n=0$이고, $a_n=\frac{1}{2}(b_n+3)$이므로

$\displaystyle\lim_{n\to\infty}a_n=\lim_{n\to\infty}\frac{1}{2}(b_n+3)=\frac{1}{2}\times(0+3)=\frac{3}{2}$

즉, $r=\frac{3}{2}$이므로

$$\lim_{n\to\infty}\frac{r^{n+2}-1}{r^n+1}=\lim_{n\to\infty}\frac{\left(\frac{3}{2}\right)^{n+2}-1}{\left(\frac{3}{2}\right)^n+1}$$
$$=\lim_{n\to\infty}\frac{\frac{9}{4}-\left(\frac{2}{3}\right)^n}{1+\left(\frac{2}{3}\right)^n}=\frac{9}{4}$$ 〔답〕③

3

전략 주어진 식에 $x=0$을 대입한 식과 주어진 식을 x에 대하여 미분한 식을 연립하여 a의 값을 구한다.

$\displaystyle\int_0^x f(t)\,dt+a\int_0^{\frac{\pi}{2}}f(t)\,dt=x\sin x+\cos x$ ······ ㉠

$x=0$을 ㉠에 대입하면

$\displaystyle a\int_0^{\frac{\pi}{2}}f(t)\,dt=1$ ······ ㉡

㉠의 양변을 x에 대하여 미분하면

$f(x)=\sin x+x\cos x-\sin x=x\cos x$

$\therefore f(x)=x\cos x$ ······ ㉢

㉢을 ㉡의 좌변에 대입하면

$$a\int_0^{\frac{\pi}{2}}t\cos t\,dt=a\left(\Big[t\sin t\Big]_0^{\frac{\pi}{2}}-\int_0^{\frac{\pi}{2}}\sin t\,dt\right)$$
$$=a\left(\frac{\pi}{2}+\Big[\cos t\Big]_0^{\frac{\pi}{2}}\right)$$
$$=a\left(\frac{\pi}{2}-1\right)$$

즉, $a\left(\frac{\pi}{2}-1\right)=1$이므로

$a=\dfrac{2}{\pi-2}$ 〔답〕⑤

4

전략 두 함수 $f(x)$와 $g(x)$가 역함수 관계이므로 역함수의 미분법을 이용한다.

함수 $f(x)$의 역함수가 $g(x)$이므로 $g(1)=a$라 하면

$f(a)=1$

즉, $\tan 2a=1$에서

$a=\dfrac{\pi}{8}$

이때 $f'(x)=2\sec^2 2x$이므로

$f'\left(\dfrac{\pi}{8}\right)=2\sec^2\dfrac{\pi}{4}=4$

따라서 $f(g(x))=x$의 양변을 x에 대하여 미분하면

$f'(g(x))g'(x)=1$이므로

$g'(1)=\dfrac{1}{f'(g(1))}=\dfrac{1}{f'\left(\frac{\pi}{8}\right)}=\dfrac{1}{4}$

$\therefore 100\times g'(1)=100\times\dfrac{1}{4}=25$ 〔답〕25

5

전략 $\dfrac{dx}{dt}$, $\dfrac{dy}{dt}$를 구하여 점 P가 움직인 거리를 구한다.

$x=4\sqrt{t}$, $y=t-\ln t$에서

$\dfrac{dx}{dt}=4\times\dfrac{2}{2\sqrt{t}}=\dfrac{2}{\sqrt{t}}$, $\dfrac{dy}{dt}=1-\dfrac{1}{t}$

이때

$$\sqrt{\left(\frac{dx}{dt}\right)^2+\left(\frac{dy}{dt}\right)^2}=\sqrt{\left(\frac{2}{\sqrt{t}}\right)^2+\left(1-\frac{1}{t}\right)^2}$$
$$=\sqrt{\frac{4}{t}+\left(1-\frac{2}{t}-\frac{1}{t^2}\right)}$$
$$=\sqrt{1+\frac{2}{t}+\frac{1}{t^2}}$$
$$=\sqrt{\left(1+\frac{1}{t}\right)^2}$$
$$=1+\frac{1}{t}$$

따라서 시각 $t=1$에서 $t=e^2$까지 점 P가 움직인 거리는

$$\int_1^{e^2} \sqrt{\left(\frac{dx}{dt}\right)^2+\left(\frac{dy}{dt}\right)^2}\,dt=\int_1^{e^2}\left(1+\frac{1}{t}\right)dt$$
$$=\Big[\,t+\ln t\,\Big]_1^{e^2}$$
$$=(e^2+2)-1=e^2+1 \qquad \text{답 ①}$$

6

[전략] 삼각형 $A_1C_1B_1$이 정삼각형임을 이용하여 S_1의 값을 구한다.

원 O_1의 중심을 O라 하고 점 O에서 두 선분 A_1B_1, A_2B_2에 내린 수선의 발을 각각 H_1, H_2라 하면 점 H_1은 선분 A_1B_1의 중점이고, 점 H_2는 선분 A_2B_2의 중점이다.
또, $\overline{A_1B_1}\parallel\overline{A_2B_2}$이므로 세 점 H_1, O, H_2는 한 직선 위에 있다.

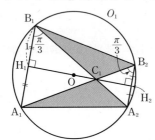

이때 $\angle A_1B_1A_2=\dfrac{\pi}{3}$이므로

$$\overline{B_1C_1}=\overline{B_1H_1}\times\frac{1}{\cos\frac{\pi}{3}}=1\times\frac{1}{\frac{1}{2}}=2$$

따라서 삼각형 $A_1C_1B_1$은 한 변의 길이가 2인 정삼각형이므로

$$\triangle A_1A_2C_1=\triangle A_1A_2B_1-\triangle A_1C_1B_1$$
$$=\frac{1}{2}\times2\times3\times\sin\frac{\pi}{3}-\frac{\sqrt3}{4}\times2^2=\frac{\sqrt3}{2}$$

$$\therefore S_1=2\times\triangle A_1A_2C_1=\sqrt3$$

한편, $\triangle A_1A_2B_1\varpropto\triangle A_2A_3B_2$이고

$$\overline{A_1B_1}=2,\quad \overline{A_2B_2}=1$$

이므로 닮음비는 2 : 1이다.
따라서 넓이의 비는 4 : 1이므로

$$\lim_{n\to\infty}S_n=\frac{\sqrt3}{1-\frac{1}{4}}=\frac{\sqrt3}{\frac{3}{4}}=\frac{4\sqrt3}{3} \qquad \text{답 ②}$$

7

[전략] 밑변 CD의 길이와 높이를 θ에 대한 식으로 나타내어 $S(\theta)$를 구한다.

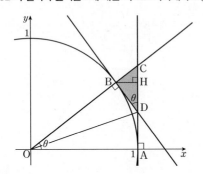

점 B에서 선분 CD에 내린 수선의 발을 H라 하면

$$\angle BDC=\angle CBH=\angle AOB=\theta$$

또, $\overline{AC}=\tan\theta$이고 $\triangle OAD\equiv\triangle OBD$ (RHS 합동)이므로

$$\angle AOD=\frac{\theta}{2}$$

$$\therefore \overline{AD}=\overline{BD}=\tan\frac{\theta}{2}$$

삼각형 BDC에서

$$\overline{BH}=\overline{BD}\sin\theta=\tan\frac{\theta}{2}\sin\theta$$

$$\therefore S(\theta)=\frac{1}{2}\times\overline{CD}\times\overline{BH}$$
$$=\frac{1}{2}\left(\tan\theta-\tan\frac{\theta}{2}\right)\tan\frac{\theta}{2}\sin\theta\ (\because\ \overline{AD}=\overline{BD})$$

$$\therefore \lim_{\theta\to0+}\frac{S(\theta)}{\theta^3}=\lim_{\theta\to0+}\frac{\left(\tan\theta-\tan\frac{\theta}{2}\right)\tan\frac{\theta}{2}\sin\theta}{2\theta^3}$$
$$=\lim_{\theta\to0+}\left\{\frac{1}{2}\left(\frac{\tan\theta}{\theta}-\frac{\tan\frac{\theta}{2}}{\theta}\right)\times\frac{\tan\frac{\theta}{2}}{\theta}\times\frac{\sin\theta}{\theta}\right\}$$
$$=\frac{1}{2}\times\left(1-\frac{1}{2}\right)\times\frac{1}{2}\times1=\frac{1}{8} \qquad \text{답 ①}$$

8

[전략] $\tan\theta_1$의 값을 이용하여 점 P의 좌표를 구한다.

점 P의 좌표를 $(t,\ 1-t^2)$이라 하자.
직각삼각형 AHP에서

$$\tan\theta_1=\frac{\overline{AH}}{\overline{HP}}=\frac{\overline{AO}-\overline{HO}}{\overline{HP}}$$
$$=\frac{1-(1-t^2)}{t}=t=\frac{1}{2}$$

따라서 $P\left(\dfrac{1}{2},\ \dfrac{3}{4}\right)$이므로 직각삼각형 PHO에서

$$\tan\theta_2=\frac{\overline{HO}}{\overline{PH}}=\frac{\frac{3}{4}}{\frac{1}{2}}=\frac{3}{2}$$

$$\therefore \tan(\theta_1+\theta_2)=\frac{\tan\theta_1+\tan\theta_2}{1-\tan\theta_1\tan\theta_2}$$
$$=\frac{\frac{1}{2}+\frac{3}{2}}{1-\frac{1}{2}\times\frac{3}{2}}$$
$$=\frac{2}{\frac{1}{4}}=8 \qquad \text{답 ④}$$

9

[전략] n이 홀수인 경우와 짝수인 경우로 나누어 a_n, b_n을 구한다.

$$f'(x)=n(x-1)^{n-1}e^{-2x}+(x-1)^n(-2e^{-2x})$$
$$=(x-1)^{n-1}e^{-2x}\{n-2(x-1)\}$$
$$=-2(x-1)^{n-1}e^{-2x}\left(x-\frac{n+2}{2}\right)$$

(ⅰ) $n=1$일 때

$f'(x)=-2e^{-2x}\left(x-\dfrac{3}{2}\right)=0$에서 $x=\dfrac{3}{2}$

$x=\dfrac{3}{2}$의 좌우에서 $f'(x)$의 부호가 양($+$)에서 음($-$)으로 바뀌

므로 $f(x)$는 $x=\dfrac{3}{2}$에서 극대이고, 극솟값은 없다.

$\therefore a_1=0,\ b_1=\dfrac{3}{2}$

(ⅱ) n이 1이 아닌 홀수일 때

$f'(x)=0$에서 $x=1$ 또는 $x=\dfrac{n+2}{2}$

$(x-1)^{n-1}\geq0$이므로 $x=1$의 좌우에서 $f'(x)$의 부호가 바뀌지

않는다.

또, $x=\dfrac{n+2}{2}$의 좌우에서 $f'(x)$의 부호는 양($+$)에서 음($-$)으

로 바뀌므로 $f(x)$는 $x=\dfrac{n+2}{2}$에서 극대이고, 극솟값은 없다.

$\therefore a_n=0,\ b_n=\dfrac{n+2}{2}$

(ⅲ) n이 짝수일 때

$x=1$의 좌우에서 $(x-1)^{n-1}$의 부호는 음($-$)에서 양($+$)으로

바뀌고, $x-\dfrac{n+2}{2}<0$이므로 $f'(x)$의 부호가 음($-$)에서

양($+$)으로 바뀐다.

또, $x=\dfrac{n+2}{2}$의 좌우에서 $(x-1)^{n-1}>0$이고 $x-\dfrac{n+2}{2}$의 부호

는 음($-$)에서 양($+$)으로 바뀌므로 $f'(x)$의 부호는 양($+$)에

서 음($-$)으로 바뀐다.

따라서 $f(x)$는 $x=1$에서 극소이고, $x=\dfrac{n+2}{2}$에서 극대이므로

$a_n=1,\ b_n=\dfrac{n+2}{2}$

(ⅰ), (ⅱ), (ⅲ)에서

수열 $\{a_n\}$은 0, 1, 0, 1, $\cdots$이고, 수열 $\{b_n\}$은 $b_n=\dfrac{n+2}{2}$이므로

$$\sum_{k=1}^{10}(a_k+b_k)=\sum_{k=1}^{10}a_k+\sum_{k=1}^{10}b_k$$

$$=5+\sum_{k=1}^{10}\dfrac{k+2}{2}$$

$$=5+\dfrac{1}{2}(55+20)=\dfrac{85}{2}$$

따라서 $p=2$, $q=85$이므로

$p+q=2+85=87$ 답 87

10

전략 함수 $y=f(x)$의 그래프가 x축과 만나는 점의 x좌표를 k로 놓고 구간
을 나누어 적분한다.

$\displaystyle\int_0^1 f(x)dx<\int_0^1|f(x)|dx$이므로 함수 $y=f(x)$의 그래프는 닫힌

구간 $[0,\ 1]$에서 x축과 만난다.

곡선 $y=f(x)$와 x축, y축으로 둘러싸인 부분의 넓이를 S_1, 곡선
$y-f(x)$와 x축, 직선 $x=1$로 둘러싸인 부분의 넓이를 S_2라 하면

$\displaystyle\int_0^1 f(x)dx=2$에서

$-S_1+S_2=2$ …… ㉠

$\displaystyle\int_0^1|f(x)|dx=2\sqrt2$에서

$S_1+S_2=2\sqrt2$ …… ㉡

㉠, ㉡에서

$S_1=\sqrt2-1$, $S_2=\sqrt2+1$

함수 $y=f(x)$의 그래프가 닫힌구간 $[0,\ 1]$에서 x축과 만나는 점의

x좌표를 k라 하고,

$\displaystyle\int_0^1 f(x)F(x)dx$ 에서 $F(x)=t$로 놓으면

$$F'(x)=\dfrac{dt}{dx}=\begin{cases}-f(x) & (0\leq x\leq k)\\ f(x) & (k\leq x\leq1)\end{cases}$$

$$\therefore \int_0^1 f(x)F(x)dx=\int_0^k f(x)F(x)dx+\int_k^1 f(x)F(x)dx$$

$$=\int_{F(0)}^{F(k)}t(-dt)+\int_{F(k)}^{F(1)}t\,dt$$

$$=-\int_0^{\sqrt2-1}t\,dt+\int_{\sqrt2-1}^{2\sqrt2}t\,dt$$

$$=-\left[\dfrac{t^2}{2}\right]_0^{\sqrt2-1}+\left[\dfrac{t^2}{2}\right]_{\sqrt2-1}^{2\sqrt2}$$

$$=-\dfrac{3-2\sqrt2}{2}+\left(4-\dfrac{3-2\sqrt2}{2}\right)$$

$$=1+2\sqrt2$$ 답 ④

1 ②	2 ⑤	3 ⑤	4 ②	5 ①
6 ①	7 ②	8 ②	9 56	10 15

1

전략 부분적분법을 이용하여 정적분의 값을 구한다.

$$\int_1^e x^3\ln x\,dx=\left[\dfrac{x^4}{4}\ln x\right]_1^e-\int_1^e\left(\dfrac{x^4}{4}\times\dfrac{1}{x}\right)dx$$

$$=\dfrac{e^4}{4}-\left[\dfrac{x^4}{16}\right]_1^e$$

$$=\dfrac{e^4}{4}-\left(\dfrac{e^4}{16}-\dfrac{1}{16}\right)=\dfrac{3e^4+1}{16}$$ 답 ②

2

전략 $0<p<1$, $p=1$, $p>1$인 경우로 나누어 극한값을 구한다.

(ⅰ) $0<p<1$일 때

$\displaystyle\lim_{n\to\infty}p^n=0$이므로

$$\lim_{n \to \infty} \frac{p^n + p^{-n+1} - 1}{2 \times p^{n+1} + p^{-n}} = \lim_{n \to \infty} \frac{p^{2n} + p - p^n}{2 \times p^{2n+1} + 1} = p$$

$$\therefore p = \frac{1}{3}$$

(ii) $p = 1$일 때

$$\lim_{n \to \infty} \frac{p^n + p^{-n+1} - 1}{2 \times p^{n+1} + p^{-n}} = \frac{1 + 1 - 1}{2 \times 1 + 1} = \frac{1}{3}$$

(iii) $p > 1$일 때

$\lim\limits_{n \to \infty} p^{-n} = 0$이므로

$$\lim_{n \to \infty} \frac{p^n + p^{-n+1} - 1}{2 \times p^{n+1} + p^{-n}} = \lim_{n \to \infty} \frac{1 + p^{-2n+1} - p^{-n}}{2p + p^{-2n}} = \frac{1}{2p}$$

$$\therefore p = \frac{3}{2}$$

(i), (ii), (iii)에서 모든 p의 값의 합은

$$\frac{1}{3} + 1 + \frac{3}{2} = \frac{17}{6}$$

답 ⑤

3

[전략] 주어진 극한값이 존재하도록 하는 등비수열 $\{a_n\}$의 일반항을 구한다.

등비수열 $\{a_n\}$의 첫째항을 a_1, 공비를 r라 하면 $a_n = a_1 r^{n-1}$

즉, $\lim\limits_{n \to \infty} \dfrac{a_n + 1}{3^n + 2^{2n-1}} = \lim\limits_{n \to \infty} \dfrac{a_1 r^{n-1} + 1}{3^n + \frac{1}{2} \times 4^n} = 3$이므로 이 극한값이 존재

하려면 $r = 4$

$$\therefore \lim_{n \to \infty} \frac{a_1 r^{n-1} + 1}{3^n + \frac{1}{2} \times 4^n} = \lim_{n \to \infty} \frac{\frac{a_1}{4} \times 4^n + 1}{3^n + \frac{1}{2} \times 4^n}$$

$$= \lim_{n \to \infty} \frac{\frac{a_1}{4} + \frac{1}{4^n}}{\left(\frac{3}{4}\right)^n + \frac{1}{2}} = \frac{\frac{a_1}{4}}{\frac{1}{2}} = 3$$

$\dfrac{a_1}{2} = 3$ $\therefore a_1 = 6$

따라서 $a_n = 6 \times 4^{n-1}$이므로

$a_2 = 6 \times 4 = 24$

답 ⑤

4

[전략] 넓이가 같은 두 부분은 전체 구간에서의 두 함수의 차의 정적분이 0임을 이용한다.

두 영역 A, B의 넓이가 같으므로

$$\int_0^{\frac{\pi}{2}} (x \sin x - k) \, dx = 0$$

$$\therefore \int_0^{\frac{\pi}{2}} (x \sin x - k) \, dx$$

$$= \left[x \times (-\cos x) \right]_0^{\frac{\pi}{2}} - \int_0^{\frac{\pi}{2}} (-\cos x) \, dx - \left[kx \right]_0^{\frac{\pi}{2}}$$

$$= \int_0^{\frac{\pi}{2}} \cos x \, dx - k \times \frac{\pi}{2}$$

$$= \left[\sin x \right]_0^{\frac{\pi}{2}} - \frac{k\pi}{2} = 1 - \frac{k\pi}{2} = 0$$

$$\therefore k = \frac{2}{\pi}$$

답 ②

5

[전략] 곡선 위의 점에서의 접선의 기울기를 각각 구하여 그 곱이 -1임을 이용한다.

두 곡선 $y = ke^x + 1$, $y = x^2 - 3x + 4$의 교점 P의 x좌표를 a라 하면

$ke^a + 1 = a^2 - 3a + 4$ ⋯⋯ ㉠

또, 곡선 $y = ke^x + 1$에서 $y' = ke^x$이므로 점 P에서의 접선의 기울기는 ke^a이다.

곡선 $y = x^2 - 3x + 4$에서 $y' = 2x - 3$이므로 점 P에서 접선의 기울기는 $2a - 3$이다.

이 두 접선이 서로 수직이므로 기울기의 곱은 -1이다. 즉,

$ke^a \times (2a - 3) = -1$ ⋯⋯ ㉡

㉠에서

$ke^a = a^2 - 3a + 3$

위의 식을 ㉡에 대입하면

$(a^2 - 3a + 3)(2a - 3) = -1$, $2a^3 - 9a^2 + 15a - 8 = 0$

$(a - 1)(2a^2 - 7a + 8) = 0$

$\therefore a = 1$ ($\because 2a^2 - 7a + 8 > 0$)

따라서 $a = 1$을 ㉠에 대입하면

$ke + 1 = 2$ $\therefore k = \dfrac{1}{e}$

답 ①

6

[전략] 두 삼각형 OPQ, ROQ는 닮음임을 이용한다.

$\overline{\text{OP}} = 3n$, $\overline{\text{OQ}} = n$이므로 직각삼각형 OPQ에서

$\overline{\text{PQ}} = \sqrt{(3n)^2 - n^2} = 2\sqrt{2}\,n$

두 직각삼각형 OPQ, ROQ는 닮음이고 $\overline{\text{OQ}} : \overline{\text{PQ}} = 1 : 2\sqrt{2}$이므로

$\overline{\text{RQ}} : \overline{\text{OQ}} = 1 : 2\sqrt{2}$

$\overline{\text{RQ}} : n = 1 : 2\sqrt{2}$

$\therefore \overline{\text{RQ}} = \dfrac{1}{2\sqrt{2}} \times n = \dfrac{\sqrt{2}}{4} n$

$T_n = \dfrac{1}{2} \times \overline{\text{OQ}} \times \overline{\text{RQ}} = \dfrac{1}{2} \times n \times \dfrac{\sqrt{2}}{4} n = \dfrac{\sqrt{2}}{8} n^2$이므로

$$\lim_{n \to \infty} \frac{T_n}{n^2 + n} = \lim_{n \to \infty} \frac{\frac{\sqrt{2}}{8} n^2}{n^2 + n} = \frac{\sqrt{2}}{8}$$

답 ①

7

[전략] 조건 (나)에서 함수 $y = f(x)$ 위의 점 $(1, 3)$에서의 접선의 기울기가 0임을 이용한다.

함수 $f(x)$가 실수 전체의 집합에서 증가하므로

$f'(x) \geq 0$

$f'(x) = 3x^2 - 6x + a$에서 $f'(x) = 0$의 판별식을 D라 하면

$\dfrac{D}{4} = 9 - 3a \leq 0$ $\therefore a \geq 3$ ⋯⋯ ㉠

또, 함수 $f(x)$의 역함수가 $g(x)$이므로 조건 (가)에서

$f(1) = 3$

$1-3+a+b=3$ ∴ $a+b=5$

조건 (내)에서 함수 $g(x)$는 $y=g(x)$의 그래프 위의 점 $(3, 1)$에서 미분가능하지 않으므로 함수 $y=f(x)$의 그래프 위의 점 $(1, 3)$에서의 접선의 기울기는 0이다.

∴ $f'(1)=0$

따라서 $f'(1)=a-3=0$이므로 $a=3$

이것은 ㉠을 만족시키므로

$a=3$, $b=2$

따라서 $f(x)=x^3-3x^2+3x+2$이므로

$f(2)=8-12+6+2=4$ 답 ②

8

전략 선분 AD가 원의 지름임을 이용하여 세 선분 AB, CD, CE의 길이를 θ를 사용하여 나타낸다.

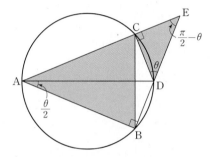

$\angle ABD=\dfrac{\pi}{2}$이므로 선분 AD는 원의 지름이다.

이때 이등변삼각형 ABC에서 $\angle DAB=\angle DAC=\dfrac{\theta}{2}$이므로

$\overline{AB}=10\cos\dfrac{\theta}{2}$, $\overline{CD}=\overline{BD}=10\sin\dfrac{\theta}{2}$

$\angle AEB=\dfrac{\pi}{2}-\theta$이므로

$\angle CDE=\theta$

직각삼각형 CDE에서 $\overline{CE}=\overline{CD}\tan\theta=10\sin\dfrac{\theta}{2}\tan\theta$이므로

$f(\theta)=\dfrac{1}{2}\times\left(10\cos\dfrac{\theta}{2}\right)^2\times\sin\theta=50\cos^2\dfrac{\theta}{2}\sin\theta$

$g(\theta)=\dfrac{1}{2}\times10\sin\dfrac{\theta}{2}\times10\sin\dfrac{\theta}{2}\tan\theta$

$\qquad=50\sin^2\dfrac{\theta}{2}\tan\theta$

∴ $\displaystyle\lim_{\theta\to0+}\dfrac{g(\theta)}{\theta^2\times f(\theta)}=\lim_{\theta\to0+}\dfrac{50\sin^2\dfrac{\theta}{2}\tan\theta}{\theta^2\times50\cos^2\dfrac{\theta}{2}\sin\theta}$

$\qquad=\displaystyle\lim_{\theta\to0+}\left(\dfrac{1}{\cos^2\dfrac{\theta}{2}}\times\dfrac{\sin^2\dfrac{\theta}{2}\tan\theta}{\theta^2\sin\theta}\right)$

$\qquad=\displaystyle\lim_{\theta\to0+}\left\{1\times\dfrac{1}{4}\times\dfrac{\sin^2\dfrac{\theta}{2}}{\left(\dfrac{\theta}{2}\right)^2}\times\dfrac{\tan\theta}{\theta}\times\dfrac{\theta}{\sin\theta}\right\}$

$\qquad=\dfrac{1}{4}$ 답 ②

9

전략 함수 $f(x)$의 도함수를 이용하여 $y=f(x)$의 그래프를 그려 직선 $y=\dfrac{k}{2}\pi$와의 교점의 개수를 구한다.

$f(x)=x\cos x-\sin x$에서

$f'(x)=\cos x-x\sin x-\cos x=-x\sin x$

이때 $f'(x)=0$에서

$x=0$ 또는 $x=\pm\pi$ 또는 $x=\pm2\pi$ 또는 $x=\pm3\pi$

이때 $f(x)=-f(-x)$이므로 함수 $y=f(x)$의 그래프는 원점에 대하여 대칭이다.

$0\le x<4\pi$에서 함수 $f(x)$의 증가와 감소를 표로 나타내면 다음과 같다.

x	0	$\cdots$	π	$\cdots$	2π	$\cdots$	3π	$\cdots$	(4π)
$f'(x)$	0	$-$	0	$+$	0	$-$	0	$+$	
$f(x)$	0	↘	$-\pi$	↗	2π	↘	-3π	↗	

따라서 $-4\pi<x<4\pi$에서 함수 $y=f(x)$의 그래프의 개형은 다음 그림과 같다.

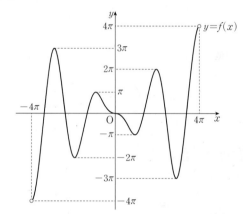

즉, $-4\pi<x<4\pi$에서 함수 $y=|f(x)|$의 그래프의 개형은 다음 그림과 같다.

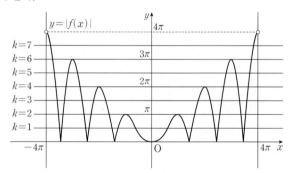

따라서 $a_1=14$, $a_2=12$, $a_3=10$, $a_4=8$, $a_5=6$, $a_6=4$, $a_7=2$이므로

$\displaystyle\sum_{k=1}^{7}a_k=14+12+10+8+6+4+2=56$ 답 56

10

전략 도함수와 이계도함수를 이용하여 속도와 가속도를 구한다.

좌표평면 위를 움직이는 점 P의 시각 t $(t\ge1)$에서의 위치 (x, y)가 $x=2\ln t$, $y=f(t)$이므로 시각 t에서의 속도는

$\vec{v}=\left(\dfrac{2}{t}, f'(t)\right)$

시각 t에서의 가속도는

$$\vec{a}=\left(-\frac{2}{t^2},\ f''(t)\right)$$

$t=2$일 때 점 P의 속도가 $\left(1,\ \frac{3}{4}\right)$이므로

$$f'(2)=\frac{3}{4}$$

$t=2$일 때 점 P의 가속도가 $\left(-\frac{1}{2},\ a\right)$이므로

$$f''(2)=a \qquad \cdots\cdots\ \text{㉠}$$

점 P가 점 $(0,\ f(1))$로부터 움직인 거리가 s가 될 때 시각 t가

$t=\dfrac{s+\sqrt{s^2+4}}{2}$이므로

$$2t=s+\sqrt{s^2+4},\ (2t-s)^2=s^2+4$$

$$4t^2-4ts+s^2=s^2+4,\ ts=t^2-1$$

$$\therefore\ s=t-\frac{1}{t} \qquad \cdots\cdots\ \text{㉡}$$

이때

$$s=\int_1^t |\vec{v}|\,dt=\int_1^t \sqrt{\left(\frac{2}{t}\right)^2+\{f'(t)\}^2}\,dt$$

이므로 위의 식의 양변을 t에 대하여 미분하면

$$\frac{ds}{dt}=\sqrt{\left(\frac{2}{t}\right)^2+\{f'(t)\}^2}$$

한편, ㉡에서 $\dfrac{ds}{dt}=1+\dfrac{1}{t^2}$이므로

$$1+\frac{1}{t^2}=\sqrt{\frac{4}{t^2}+\{f'(t)\}^2}$$

위의 식의 양변을 제곱하면

$$1+\frac{2}{t^2}+\frac{1}{t^4}=\frac{4}{t^2}+\{f'(t)\}^2$$

$$\{f'(t)\}^2=1-\frac{2}{t^2}+\frac{1}{t^4}=\left(1-\frac{1}{t^2}\right)^2$$

$$\therefore\ f'(t)=1-\frac{1}{t^2}\ \left(\because f'(2)=\frac{3}{4}\right)$$

따라서 $f''(t)=\dfrac{2}{t^3}$이므로

$$a=f''(2)=\frac{1}{4}\ (\because\ \text{㉠})$$

$$\therefore\ 60a=60\times\frac{1}{4}=15 \qquad \boxed{\text{답}}\ 15$$

6회 미니 모의고사

본문 110~113쪽

| 1 ⑤ | 2 ① | 3 ④ | 4 ① | 5 ② |
| 6 ③ | 7 83 | 8 ① | 9 ② | 10 ② |

1

[전략] 첫째항이 0이 되는 경우와 $-1<(공비)<1$인 경우로 나누어 생각한다.

급수 $\displaystyle\sum_{n=1}^{\infty}\left(\frac{x}{5}\right)^n$은 첫째항이 $\dfrac{x}{5}$, 공비가 $\dfrac{x}{5}$인 등비급수이다.

(i) 첫째항이 0인 경우

$$\frac{x}{5}=0$$

즉, $x=0$이면 첫째항이 0이므로 주어진 등비급수는 수렴한다.

(ii) $-1<(공비)<1$인 경우

$-1<\dfrac{x}{5}<1$에서

$$-5<x<5$$

따라서 정수 x는

$$-4,\ -3,\ -2,\ -1,\ 0,\ 1,\ 2,\ 3,\ 4$$

의 9개이다.

(i), (ii)에서 $x=0$은 중복되므로 구하는 정수 x의 개수는

$$(1+9)-1=9 \qquad \boxed{\text{답}}\ ⑤$$

2

[전략] 치환적분법을 이용하여 정적분의 값을 구한다.

$\sin x=t$로 놓으면 $\cos x=\dfrac{dt}{dx}$이고

$x=0$일 때 $t=0$, $x=\dfrac{\pi}{6}$일 때 $t=\dfrac{1}{2}$이므로

$$\begin{aligned}
\int_0^{\frac{\pi}{6}}\frac{\cos x}{1-\sin^2 x}\,dx &=\int_0^{\frac{1}{2}}\frac{1}{1-t^2}\,dt\\
&=\frac{1}{2}\int_0^{\frac{1}{2}}\left(\frac{1}{1-t}+\frac{1}{1+t}\right)dt\\
&=\frac{1}{2}\Big[-\ln|1-t|+\ln|1+t|\Big]_0^{\frac{1}{2}}\\
&=\frac{1}{2}\left(-\ln\frac{1}{2}+\ln\frac{3}{2}\right)\\
&=\frac{1}{2}\ln 3 \qquad \boxed{\text{답}}\ ①
\end{aligned}$$

3

[전략] 이계도함수를 구하여 변곡점을 가질 때의 삼각함수의 값의 범위를 생각한다.

$y=ax^2-2\sin 2x$에서

$$y'=2ax-4\cos 2x$$

$$\therefore\ y''=2a+8\sin 2x$$

$y''=0$에서

$$\sin 2x=-\frac{a}{4}$$

이 방정식이 실근을 가져야 하므로

$$-1\le-\frac{a}{4}\le 1$$

$$\therefore\ -4\le a\le 4$$

이때 $a=\pm4$이면 y''의 부호가 바뀌지 않으므로

$$-4<a<4$$

따라서 정수 a는

$$-3,\ -2,\ -1,\ 0,\ 1,\ 2,\ 3$$

의 7개이다. $\qquad \boxed{\text{답}}\ ④$

4

전략 직선의 기울기는 직선과 x축의 양의 방향이 이루는 각의 탄젠트값임을 이용한다.

직선 $y=mx$가 x축의 양의 방향과 이루는 각의 크기를 α, 직선 $y=\left(\dfrac{1}{m}+1\right)x$가 x축의 양의 방향과 이루는 각의 크기를 β라 하면

$\tan\alpha=m$, $\tan\beta=\dfrac{1}{m}+1$

두 직선 $y=mx$, $y=\left(\dfrac{1}{m}+1\right)x$가 이루는 예각의 크기가 $\dfrac{\pi}{4}$이므로

$$|\tan(\alpha-\beta)|=\left|\dfrac{\tan\alpha-\tan\beta}{1+\tan\alpha\tan\beta}\right|$$

$$=\left|\dfrac{m-\left(\dfrac{1}{m}+1\right)}{1+m\left(\dfrac{1}{m}+1\right)}\right|=1$$

$\dfrac{m^2-m-1}{m}=\pm(m+2)$

$\therefore m^2-m-1=\pm m(m+2)$

(i) $m^2-m-1=m(m+2)$인 경우

$m^2-m-1=m^2+2m$에서

$3m=-1$ $\therefore m=-\dfrac{1}{3}$

(ii) $m^2-m-1=-m(m+2)$인 경우

$m^2-m-1=-m^2-2m$에서

$2m^2+m-1=0$, $(m+1)(2m-1)=0$

$\therefore m=-1$ 또는 $m=\dfrac{1}{2}$

(i), (ii)에서 모든 실수 m의 값의 합은

$-\dfrac{1}{3}+(-1)+\dfrac{1}{2}=-\dfrac{5}{6}$ **답** ①

5

전략 각의 이등분선의 성질을 이용하여 선분 AD, CE의 길이를 θ로 나타내고 $S(\theta)$, $T(\theta)$를 구한다.

직각삼각형 ABC에서 $\overline{AB}=1$, $\angle CAB=\theta$이므로

$\overline{AC}=\sec\theta$, $\overline{BC}=\tan\theta$

이때 직선 CD가 $\angle ACB$를 이등분하므로

$\overline{AD}:\overline{BD}=\overline{AC}:\overline{BC}=\sec\theta:\tan\theta$

즉, $\overline{AD}=\dfrac{\sec\theta}{\sec\theta+\tan\theta}\times\overline{AB}=\dfrac{1}{1+\sin\theta}$이므로

$S(\theta)=\dfrac{1}{2}\times\left(\dfrac{1}{1+\sin\theta}\right)^2\times\theta=\dfrac{1}{2}\times\dfrac{\theta}{(1+\sin\theta)^2}$

한편, $\overline{CE}=\overline{AC}-\overline{AE}=\sec\theta-\dfrac{1}{1+\sin\theta}$이므로

$T(\theta)=\dfrac{1}{2}\times\tan\theta\times\left(\sec\theta-\dfrac{1}{1+\sin\theta}\right)\times\sin\left(\dfrac{\pi}{2}-\theta\right)$

$=\dfrac{1}{2}\sin\theta\left(\sec\theta-\dfrac{1}{1+\sin\theta}\right)$

$=\dfrac{1}{2}\sin\theta\times\dfrac{1+\sin\theta-\cos\theta}{\cos\theta(1+\sin\theta)}$

$\therefore \displaystyle\lim_{\theta\to0+}\dfrac{\{S(\theta)\}^2}{T(\theta)}$

$=\displaystyle\lim_{\theta\to0+}\dfrac{\left\{\dfrac{1}{2}\times\dfrac{\theta}{(1+\sin\theta)^2}\right\}^2}{\dfrac{1}{2}\sin\theta\times\dfrac{1+\sin\theta-\cos\theta}{\cos\theta(1+\sin\theta)}}$

$=\displaystyle\lim_{\theta\to0+}\dfrac{\theta^2\cos\theta}{2(1+\sin\theta)^3\sin\theta(1+\sin\theta-\cos\theta)}$

$=\displaystyle\lim_{\theta\to0+}\left\{\dfrac{1}{2}\times\dfrac{\theta}{\sin\theta}\times\dfrac{\cos\theta}{(1+\sin\theta)^3}\times\dfrac{\theta}{\sin\theta+1-\cos\theta}\right\}$

$=\displaystyle\lim_{\theta\to0+}\left\{\dfrac{1}{2}\times\dfrac{\theta}{\sin\theta}\times\dfrac{\cos\theta}{(1+\sin\theta)^3}\times\dfrac{1}{\dfrac{\sin\theta}{\theta}+\dfrac{1-\cos\theta}{\theta}}\right\}$

$=\dfrac{1}{2}\times1\times\dfrac{1}{1^3}\times\dfrac{1}{1+0}$

$=\dfrac{1}{2}$ **답** ②

6

전략 함수 $f(x)=x^2+ax+b$로 놓고 함수 $g(x)$가 $x=2$에서 극댓값을 가질 조건을 이용하여 a, b의 값을 구한다.

함수 $g(x)=f(x)e^{-x}$은 $x=2$에서 극댓값 $4e^{-2}$을 가지므로

$g'(2)=0$, $g(2)=4e^{-2}$

이때 $g(2)=f(2)e^{-2}=4e^{-2}$이므로

$f(2)=4$

또, $g'(x)=f'(x)e^{-x}-f(x)e^{-x}=e^{-x}\{f'(x)-f(x)\}$에서

$g'(2)=e^{-2}\{f'(2)-f(2)\}=0$이므로

$f'(2)=f(2)=4$

함수 $f(x)=x^2+ax+b$ (a, b는 상수)라 하면

$f'(x)=2x+a$

이므로 $f(2)=4+2a+b=4$에서

$2a+b=0$

$f'(2)=4+a=4$에서

$a=0$, $b=0$

$\therefore f(x)=x^2$, $g(x)=x^2e^{-x}$

점 P의 좌표를 (t, t^2e^{-t}) ($t>0$)이라 하면

$Q(t, 0)$, $R(0, t^2e^{-t})$

사각형 OQPR의 넓이를 $S(t)$라 하면

$S(t)=\overline{OQ}\times\overline{OR}$

$=t\times t^2e^{-t}=t^3e^{-t}$

$S'(t)=3t^2e^{-t}-t^3e^{-t}=t^2(3-t)e^{-t}$이므로

$S'(t)=0$에서

$t=3$

$t>0$에서 함수 $S(t)$의 증가와 감소를 표로 나타내면 다음과 같다.

t	(0)	$\cdots$	3	$\cdots$
$S'(t)$		$+$	0	$-$
$S(t)$		$\nearrow$	극대	$\searrow$

함수 $S(t)$는 $t=3$에서 극대이면서 최대이므로 구하는 최댓값은

$S(3)=27e^{-3}$ **답** ③

7

전략 주어진 조건을 이용하여 두 등비수열 a_n, b_n의 공비를 구한다.

두 등비수열 $\{a_n\}$, $\{b_n\}$의 공비를 각각 r, s라 하면

조건 (가)에서

$\sum_{n=1}^{\infty}(a_n+b_n)=\sum_{n=1}^{\infty}a_n+\sum_{n=1}^{\infty}b_n$이므로

$\dfrac{2}{1-r}+\dfrac{3}{1-s}=7$ ...... ㉠

조건 (나)에서 수열 $\left\{\dfrac{b_n}{a_n}\right\}$의 첫째항은 $\dfrac{b_1}{a_1}=\dfrac{3}{2}$, 공비는 $\dfrac{s}{r}$이므로

$\sum_{n=1}^{\infty}\dfrac{b_n}{a_n}=\dfrac{\dfrac{3}{2}}{1-\dfrac{s}{r}}=6$

$1-\dfrac{s}{r}=\dfrac{3}{2}\times\dfrac{1}{6}=\dfrac{1}{4}$

$\dfrac{s}{r}=\dfrac{3}{4}$

$\therefore s=\dfrac{3}{4}r$

$s=\dfrac{3}{4}r$를 ㉠에 대입하면

$\dfrac{2}{1-r}+\dfrac{3}{1-\dfrac{3}{4}r}=7$

$2\left(1-\dfrac{3}{4}r\right)+3(1-r)=7(1-r)\left(1-\dfrac{3}{4}r\right)$

$5-\dfrac{9}{2}r=7\left(1-\dfrac{7}{4}r+\dfrac{3}{4}r^2\right)$

$20-18r=28-49r+21r^2$

$21r^2-31r+8=0$

$(3r-1)(7r-8)=0$

이때 $\sum_{n=1}^{\infty}a_n$이 수렴하므로 $-1<r<1$

$\therefore r=\dfrac{1}{3}$

따라서 $s=\dfrac{3}{4}r=\dfrac{3}{4}\times\dfrac{1}{3}=\dfrac{1}{4}$이므로

$\sum_{n=1}^{\infty}a_nb_n=\dfrac{a_1b_1}{1-rs}=\dfrac{6}{1-\dfrac{1}{12}}=\dfrac{72}{11}$

즉, $p=11$, $q=72$이므로

$p+q=11+72=83$

답 83

8

전략 주어진 식을 x에 대하여 미분하고 부분적분법을 이용한다.

$f(x)=\dfrac{\pi}{2}\displaystyle\int_{1}^{x+1}f(t)\,dt$의 양변을 x에 대하여 미분하면

$f'(x)=\dfrac{\pi}{2}f(x+1)$이므로

$f(x+1)=\dfrac{2}{\pi}f'(x)$

$\therefore \pi^2\displaystyle\int_{0}^{1}xf(x+1)\,dx=\pi^2\displaystyle\int_{0}^{1}x\times\dfrac{2}{\pi}f'(x)\,dx$

$=2\pi\displaystyle\int_{0}^{1}xf'(x)\,dx$

$=2\pi\Big[xf(x)\Big]_{0}^{1}-2\pi\displaystyle\int_{0}^{1}f(x)\,dx$

$=2\pi\left\{f(1)-\displaystyle\int_{0}^{1}f(x)\,dx\right\}$

한편, 함수 $y=f(x)$의 그래프가 원점에 대하여 대칭이므로

$f(1)=1$에서 $f(-1)=-1$

이때 $f(-1)=\dfrac{\pi}{2}\displaystyle\int_{1}^{0}f(t)\,dt=-1$이므로

$\displaystyle\int_{0}^{1}f(t)\,dt=\dfrac{2}{\pi}$

$\therefore \pi^2\displaystyle\int_{0}^{1}xf(x+1)\,dx=2\pi\times\left\{f(1)-\displaystyle\int_{0}^{1}f(x)\,dx\right\}$

$=2\pi\times\left(1-\dfrac{2}{\pi}\right)$

$=2(\pi-2)$

답 ①

9

전략 먼저 주어진 조건 (가)를 이용하여 등차수열의 첫째항을 구한다.

등차수열 $\{a_n\}$의 첫째항을 a, 공차를 d라 하면

조건 (가)에서

$\sum_{n=1}^{\infty}\dfrac{a_{n+1}}{S_nS_{n+1}}=\sum_{n=1}^{\infty}\dfrac{S_{n+1}-S_n}{S_nS_{n+1}}$

$=\sum_{n=1}^{\infty}\left(\dfrac{1}{S_n}-\dfrac{1}{S_{n+1}}\right)$

$=\dfrac{1}{S_1}=\dfrac{1}{a}$

즉, $\dfrac{1}{a}=\dfrac{1}{2}$이므로

$a=2$

조건 (나)에서

$a_n=a+(n-1)d=dn+a-d$

$S_n=\dfrac{n\{2a+(n-1)d\}}{2}=\dfrac{d}{2}n^2+\left(a-\dfrac{d}{2}\right)n$

$\therefore \lim_{n\to\infty}(\sqrt{2S_n}-\sqrt{na_n})=\lim_{n\to\infty}\dfrac{2S_n-na_n}{\sqrt{2S_n}+\sqrt{na_n}}$

$=\lim_{n\to\infty}\dfrac{dn^2+(2a-d)n-n(dn+a-d)}{\sqrt{dn^2+(2a-d)n}+\sqrt{dn^2+(a-d)n}}$

$=\lim_{n\to\infty}\dfrac{an}{\sqrt{dn^2+(2a-d)n}+\sqrt{dn^2+(a-d)n}}$

$=\dfrac{a}{\sqrt{d}+\sqrt{d}}$

$=\dfrac{1}{\sqrt{d}}\ (\because a=2)$

즉, $\sqrt{d}=3$이므로 $d=9$

$\therefore a_n=9n-7$

이때 $a_n>200$에서 $9n-7>200$

$9n>207$ $\therefore n>23$

따라서 자연수 n의 최솟값은 24이다.

답 ②

10

$x \neq -1$일 때, $f'(x)$를 구하여 ㄱ, ㄴ, ㄷ의 참, 거짓을 판별한다.

$x \neq -1$일 때,

$$f'(x) = \frac{n(x^n + 1) - nx \times nx^{n-1}}{(x^n + 1)^2} = \frac{n - (n^2 - n)x^n}{(x^n + 1)^2}$$

ㄱ. $n = 3$이면 $x < -1$일 때

$$f'(x) = \frac{3 - 6x^3}{(x^3 + 1)^2} > 0$$

따라서 함수 $f(x)$는 구간 $(-\infty, -1)$에서 증가한다. (참)

ㄴ. 함수 $f(x)$가 $x = -1$에서 연속이려면

$$\lim_{x \to -1} f(x) = f(-1)$$

n이 홀수일 때, $x \to -1$이면 (분모)$\to 0$이고 (분자)$\to -n$이므로 함수 $f(x)$의 극한값은 존재하지 않는다.

n이 짝수일 때, $\displaystyle\lim_{x \to -1} f(x) = -\frac{n}{2}$이고 $f(-1) = -2$이므로
$n = 4$

따라서 $n = 4$일 때만 함수 $f(x)$가 $x = -1$에서 연속이므로

$$f'(x) = \frac{4 - 12x^4}{(x^4 + 1)^2}$$

$f'(x) = 0$에서 $x^2 = \dfrac{1}{\sqrt{3}}$

$x < 0$일 때 $f(x) < 0$이므로 $x \geq 0$일 때 함수 $f(x)$의 증가와 감소를 표로 나타내면 다음과 같다.

x	0	$\cdots$	$\dfrac{1}{\sqrt[4]{3}}$	$\cdots$
$f'(x)$	$+$	$+$	0	$-$
$f(x)$	0	↗	$\sqrt[4]{27}$	↘

$2 < \sqrt[4]{27}$이므로 방정식 $f(x) = 2$는 서로 다른 두 실근을 갖는다. (참)

ㄷ. $f'(x) = 0$에서 $x^n = \dfrac{1}{n-1}$ $(n \neq 1)$

(i) n이 홀수일 때

함수 $f(x)$는 극솟값을 갖지 않는다.

(ii) n이 짝수일 때

$n = 2$이면 함수 $f(x)$는 극솟값을 갖지 않고,

$n \geq 4$이면 함수 $f(x)$는 $x = -\dfrac{1}{\sqrt[n]{n-1}}$에서 극솟값을 갖는다.

(i), (ii)에서 구간 $(-1, \infty)$에서 함수 $f(x)$가 극솟값을 갖도록 하는 10 이하의 모든 자연수 n은 4, 6, 8, 10이므로 그 합은
$4 + 6 + 8 + 10 = 28$ (거짓)

따라서 옳은 것은 ㄱ, ㄴ이다. 〔답〕②

7회 미니 모의고사

본문 114~117쪽

1 ③	**2** ①	**3** ⑤	**4** ②	**5** ④
6 ③	**7** ③	**8** 24	**9** ①	**10** 115

1

피타고라스 정리와 각의 이등분선의 성질을 이용하여 a_n을 구한다.

직각삼각형 ABC에서 피타고라스 정리에 의하여

$$\overline{BC} = \sqrt{n^2 + 4}$$

선분 AD가 $\angle$A의 이등분선이므로

$$\overline{BD} : \overline{CD} = \overline{AB} : \overline{AC} = 2 : n$$

$$\therefore a_n = \overline{CD} = \frac{n}{n+2}\overline{BC} = \frac{n\sqrt{n^2+4}}{n+2}$$

$$\therefore \lim_{n \to \infty}(n - a_n) = \lim_{n \to \infty}\left(n - \frac{n\sqrt{n^2+4}}{n+2}\right)$$

$$= \lim_{n \to \infty}\frac{n(n + 2 - \sqrt{n^2+4})}{n+2}$$

$$= \lim_{n \to \infty}\frac{n\{(n+2)^2 - (n^2+4)\}}{(n+2)(n+2+\sqrt{n^2+4})}$$

$$= \lim_{n \to \infty}\frac{4n^2}{(n+2)(n+2+\sqrt{n^2+4})}$$

$$= \lim_{n \to \infty}\frac{4}{\left(1 + \dfrac{2}{n}\right)\left(1 + \dfrac{2}{n} + \sqrt{1 + \dfrac{4}{n^2}}\right)}$$

$$= 2$$

〔답〕③

2

점 $(2, 2)$가 곡선 $y = g(x)$의 변곡점임을 이용하여 $g(2)$, $g''(2)$의 값을 구한다.

점 $(2, 2)$가 곡선 $y = g(x)$의 변곡점이므로
$g(2) = 2$, $g''(2) = 0$

한편, $h(x) = f(g(x))$에서

$h'(x) = f'(g(x))g'(x)$

$h''(x) = f''(g(x))\{g'(x)\}^2 + f'(g(x))g''(x)$

$x = 2$를 위의 식에 대입하면

$h''(2) = f''(g(2))\{g'(2)\}^2 + f'(g(2))g''(2)$

$\quad\quad = f''(2)\{g'(2)\}^2$

$\dfrac{h''(2)}{f''(2)} = 4$에서 $h''(2) = 4f''(2)$이므로

$4f''(2) = f''(2)\{g'(2)\}^2$

$\therefore \{g'(2)\}^2 = 4$ $(\because f''(2) \neq 0)$

이때 함수 $g(x)$가 증가함수이므로

$g'(x) \geq 0$, 즉 $g'(2) = 2$

$\therefore h'(2) = f'(g(2))g'(2)$

$\quad\quad = f'(2)g'(2)$

$\quad\quad = 4 \times 2 = 8$

〔답〕①

3

역함수의 미분법을 이용하여 $f'(x)$를 구한 다음 적분하여 $f(x)$를 구한다.

역함수의 미분법에 의하여

$$g'(f(x)) = \frac{1}{f'(x)}$$

즉, $\dfrac{1}{f'(x)}=\dfrac{x}{x^3+2x+2}$이므로

$f'(x)=\dfrac{x^3+2x+2}{x}$

$\qquad\quad=x^2+2+\dfrac{2}{x}$

$\therefore f(x)=\displaystyle\int\left(x^2+2+\dfrac{2}{x}\right)dx$

$\qquad\quad=\dfrac{x^3}{3}+2x+2\ln|x|+C$ (단, C는 적분상수)

이때 $f(1)=\dfrac{1}{3}+2+C=\dfrac{1}{3}$이므로

$C=-2$

함수 $f(x)$는 양의 실수 전체의 집합에서 정의되므로

$f(x)=\dfrac{x^3}{3}+2x+2\ln x-2$

$\therefore f(e)=\dfrac{e^3}{3}+2e=\dfrac{e^3+6e}{3}$ 　　　　답 ⑤

4

전략 주어진 식을 정리한 다음 양변을 x에 대하여 미분하고, 다시 양변을 x에 대하여 미분하여 함수 $f(x)$가 최솟값을 갖는 x의 값을 구한다.

$\displaystyle\int_0^x (x-t)f(t)\,dt=e^x-ax^3-x-b$ 　　……㉠

$x=0$을 ㉠의 양변에 대입하면

$1-b=0$ 　　$\therefore b=1$

㉠에서

$x\displaystyle\int_0^x f(t)\,dt-\int_0^x tf(t)\,dt=e^x-ax^3-x-1$

이므로 위의 식의 양변을 x에 대하여 미분하면

$\displaystyle\int_0^x f(t)\,dt+xf(x)-xf(x)=e^x-3ax^2-1$

$\therefore \displaystyle\int_0^x f(t)\,dt=e^x-3ax^2-1$ 　　……㉡

㉡의 양변을 x에 대하여 미분하면

$f(x)=e^x-6ax$ 　　……㉢

$f'(x)=e^x-6a$

이때 $a\le 0$이면 $f'(x)>0$이므로 함수 $f(x)$는 증가함수이고 최솟값이 존재하지 않는다.

따라서 $a>0$이므로 $f'(\alpha)=0$이라 하고, 함수 $f(x)$의 증가와 감소를 표로 나타내면 다음과 같다.

x	$\cdots$	α	$\cdots$
$f'(x)$	$-$	0	$+$
$f(x)$	$\searrow$	극소	$\nearrow$

따라서 함수 $f(x)$는 $x=\alpha$에서 극소이면서 최소이므로

$\alpha=1$

즉, $f'(1)=0$이므로

$e-6a=0$

$\therefore a=\dfrac{e}{6}$

이때

$\displaystyle\int_0^b xf'(x)\,dx=\int_0^1 xf'(x)\,dx$

$\qquad\qquad\qquad=\Big[xf(x)\Big]_0^1-\int_0^1 f(x)\,dx$

$\qquad\qquad\qquad=f(1)-\int_0^1 f(x)\,dx$

$x=1$을 ㉢에 대입하면

$f(1)=e-6\times\dfrac{e}{6}=0$

$x=1$을 ㉡에 대입하면

$\displaystyle\int_0^1 f(t)\,dt=e-3\times\dfrac{e}{6}-1=\dfrac{e}{2}-1$

$\therefore \displaystyle\int_0^b xf'(x)\,dx=0-\left(\dfrac{e}{2}-1\right)=-\dfrac{e}{2}+1$ 　　답 ②

5

전략 함수 $f(x)$가 $x=0$에서 연속이고 미분가능함을 이용한다.

조건 (나)에서 $x_1<x_2<0$인 임의의 두 실수 x_1, x_2에 대하여

$\dfrac{f(x_2)-f(x_1)}{x_2-x_1}=3$이므로

$f'(x_1)=\displaystyle\lim_{x_2\to x_1}\dfrac{f(x_2)-f(x_1)}{x_2-x_1}=\lim_{x_2\to x_1}3=3$

즉, $x<0$일 때 $f'(x)=3$이므로

$f(x)=\displaystyle\int 3\,dx=3x+C$ (단, C는 적분상수)

$\therefore f(x)=\begin{cases}axe^{2x}+bx^2 & (x>0)\\ 3x+C & (x<0)\end{cases}$

이때 함수 $f(x)$는 $x=0$에서 미분가능하므로 $x=0$에서 연속이다.

즉, $\displaystyle\lim_{x\to 0+}f(x)=\lim_{x\to 0-}f(x)=f(0)$이므로

$\displaystyle\lim_{x\to 0+}(axe^{2x}+bx^2)=\lim_{x\to 0-}(3x+C)=f(0)$

$\therefore C=0$

또, 함수 $f(x)$가 $x=0$에서 미분가능하므로

$\displaystyle\lim_{x\to 0+}\dfrac{f(x)-f(0)}{x-0}=\lim_{x\to 0-}\dfrac{f(x)-f(0)}{x-0}$

이때

$\displaystyle\lim_{x\to 0+}\dfrac{f(x)-f(0)}{x-0}=\lim_{x\to 0+}\dfrac{axe^{2x}+bx^2}{x}=\lim_{x\to 0+}(ae^{2x}+bx)=a$

$\displaystyle\lim_{x\to 0-}\dfrac{f(x)-f(0)}{x-0}=\lim_{x\to 0-}\dfrac{3x}{x}=3$

이므로 $a=3$

즉, $f\left(\dfrac{1}{2}\right)=\dfrac{3e}{2}+\dfrac{b}{4}=2e$에서

$\dfrac{b}{4}=\dfrac{e}{2}$ 　　$\therefore b=2e$

따라서 $x>0$일 때, $f(x)=3xe^{2x}+2ex^2$이므로

$f'(x)=3e^{2x}+6xe^{2x}+4ex$

$\qquad\quad=e^{2x}(3+6x)+4ex$

$\therefore f'\left(\dfrac{1}{2}\right)=6e+2e=8e$ 　　답 ④

다른 풀이 $x>0$일 때, $f(x)=axe^{2x}+bx^2$이므로 양변을 x에 대하여 미분하면

$f'(x)=ae^{2x}+2axe^{2x}+2bx=e^{2x}(a+2ax)+2bx$

$x<0$일 때, $f(x)=3x$이므로 양변을 x에 대하여 미분하면

$f'(x)=3$

함수 $f(x)$가 $x=0$에서 미분가능하므로

$\lim\limits_{x\to 0+}f'(x)=\lim\limits_{x\to 0+}\{e^{2x}(a+2ax)+2bx\}=a$

$\lim\limits_{x\to 0-}f'(x)=\lim\limits_{x\to 0-}3=3$

$\therefore a=3$

6

전략 곡선과 직선이 만나는 서로 다른 두 점의 좌표를 미지수로 놓고, 근과 계수의 관계를 이용하여 점 P의 위치를 구한다.

곡선 $y=\ln(e^{2x+t^2}+t)$와 직선 $y=x+2t^2$이 만나는 서로 다른 두 점을 $Q(\alpha,\ \alpha+2t^2)$, $R(\beta,\ \beta+2t^2)$으로 놓자.

점 $P(x,\ y)$가 선분 QR의 중점이므로

$x=\dfrac{\alpha+\beta}{2},\ y=\dfrac{\alpha+\beta}{2}+2t^2$

두 실수 α, β는 곡선 $y=\ln(e^{2x+t^2}+t)$와 직선 $y=x+2t^2$이 만나는 두 점의 x좌표이므로 방정식 $\ln(e^{2x+t^2}+t)=x+2t^2$의 서로 다른 두 실근이다.

방정식 $e^{2x+t^2}+t=e^{x+2t^2}$에서

$e^{t^2}\times e^{2x}-e^{2t^2}\times e^x+t=0$

이때 $e^x=X(X>0)$로 놓으면 X에 대한 이차방정식

$e^{t^2}X^2-e^{2t^2}X+t=0$의 서로 다른 두 실근은 e^{α}, e^{β}이므로 이차방정식의 근과 계수의 관계에 의하여

$e^{\alpha+\beta}=\dfrac{t}{e^{t^2}}$

$\therefore \alpha+\beta=\ln\left(\dfrac{t}{e^{t^2}}\right)=\ln t-t^2$

즉, $x=\dfrac{\ln t-t^2}{2},\ y=\dfrac{\ln t-t^2}{2}+2t^2=\dfrac{\ln t+3t^2}{2}$이므로

$\dfrac{dx}{dt}=\dfrac{1}{2}\left(\dfrac{1}{t}-2t\right),\ \dfrac{dy}{dt}=\dfrac{1}{2}\left(\dfrac{1}{t}+6t\right)$

따라서 점 P의 속력은

$\sqrt{\left(\dfrac{dx}{dt}\right)^2+\left(\dfrac{dy}{dt}\right)^2}=\dfrac{1}{2}\sqrt{\left(\dfrac{1}{t}-2t\right)^2+\left(\dfrac{1}{t}+6t\right)^2}$

$=\dfrac{1}{2}\sqrt{40t^2+\dfrac{2}{t^2}+8}$

즉, 시각 $t=1$에서의 점 P의 속력은

$\dfrac{1}{2}\sqrt{50}=\dfrac{5}{2}\sqrt{2}$　　　　　**답** ③

참고 두 실근 α, β의 존재

X에 대한 이차방정식 $e^{t^2}X^2-e^{2t^2}X+t=0$의 판별식을 D로 놓으면

$D=e^{4t^2}-4te^{t^2}=e^{t^2}(e^{3t^2}-4t)>0$

이므로 서로 다른 두 실근은 존재한다.

또, $e^{\beta}>0$, $e^{2t^2}>0$, $t>0$에서 두 실근의 합과 곱이 모두 양수이므로 두 실근은 모두 양수이다.

따라서 방정식 $\ln(e^{2x+t^2}+t)=x+2t^2$의 서로 다른 두 실근 α, β가 존재한다.

7

전략 두 등비수열 a_n, b_n의 공비를 미지수로 놓고 공비가 정수임을 이용한다.

두 등비수열 $\{a_n\}$, $\{b_n\}$의 공비를 각각 r_1, r_2로 놓자.

이때 $a_1=2b_1$이므로

$a_n=2b_1\times r_1^{n-1},\ b_n=b_1\times r_2^{n-1}$

$\therefore \dfrac{1}{a_n}=\dfrac{1}{2b_1}\times\left(\dfrac{1}{r_1}\right)^{n-1},\ \dfrac{1}{b_n}=\dfrac{1}{b_1}\times\left(\dfrac{1}{r_2}\right)^{n-1}$

이때 $\sum\limits_{n=1}^{\infty}\dfrac{1}{a_n}$, $\sum\limits_{n=1}^{\infty}\dfrac{1}{b_n}$이 수렴하므로

$r_1\ne\pm1,\ r_2\ne\pm1$

$\therefore \sum\limits_{n=1}^{\infty}\dfrac{1}{a_n}=\dfrac{\dfrac{1}{2b_1}}{1-\dfrac{1}{r_1}}=\dfrac{r_1}{2b_1(r_1-1)}$,

$\sum\limits_{n=1}^{\infty}\dfrac{1}{b_n}=\dfrac{\dfrac{1}{b_1}}{1-\dfrac{1}{r_2}}=\dfrac{r_2}{b_1(r_2-1)}$

이때 $\sum\limits_{n=1}^{\infty}\dfrac{1}{a_n}=\sum\limits_{n=1}^{\infty}\dfrac{1}{b_n}$이므로

$\dfrac{r_1}{2b_1(r_1-1)}=\dfrac{r_2}{b_1(r_2-1)},\ \dfrac{r_1}{2(r_1-1)}=\dfrac{r_2}{r_2-1}$

$r_1r_2-r_1=2r_1r_2-2r_2$

$r_1r_2+r_1-2r_2=0$

$r_1(r_2+1)-2(r_2+1)=-2$

$\therefore (r_1-2)(r_2+1)=-2$

r_1-2, r_2+1은 모두 정수이므로

$r_1-2=2,\ r_2+1=-1$ 또는 $r_1-2=-2,\ r_2+1=1$ 또는

$r_1-2=1,\ r_2+1=-2$ 또는 $r_1-2=-1,\ r_2+1=2$

$\therefore r_1=4,\ r_2=-2$ 또는 $r_1=0,\ r_2=0$ 또는

$r_1=3,\ r_2=-3$ 또는 $r_1=1,\ r_2=1$

이때 $r_1\ne\pm1$, $r_2\ne\pm1$이므로

$r_1=4,\ r_2=-2$ 또는 $r_1=3,\ r_2=-3$

(i) $r_1=4,\ r_2=-2$인 경우

$\sum\limits_{n=1}^{\infty}\dfrac{1}{a_n}=\dfrac{r_1}{2b_1(r_1-1)}=2$이므로

$\dfrac{2}{3b_1}=2$　　$\therefore b_1=\dfrac{1}{3},\ a_1=\dfrac{2}{3}$

$\therefore a_2+b_2=a_1r_1+b_1r_2$

$=\dfrac{8}{3}-\dfrac{2}{3}=2$

(ii) $r_1=3,\ r_2=-3$인 경우

$\sum\limits_{n=1}^{\infty}\dfrac{1}{a_n}=\dfrac{r_1}{2b_1(r_1-1)}=2$이므로

$\dfrac{3}{4b_1}=2$　　$\therefore b_1=\dfrac{3}{8},\ a_1=\dfrac{3}{4}$

$\therefore a_2+b_2=a_1r_1+b_1r_2$

$=\dfrac{9}{4}-\dfrac{9}{8}=\dfrac{9}{8}$

(i), (ii)에서 모든 a_2+b_2의 값의 합은

$2+\dfrac{9}{8}=\dfrac{25}{8}$　　　　　**답** ③

8

전략 함수 $g(x)$를 미분하고 조건 ㈎, ㈏를 이용하여 $f(x)$를 구한다.

$g(x)=\{f(x)+2\}e^{f(x)}$에서

$g'(x)=f'(x)e^{f(x)}+\{f(x)+2\}e^{f(x)}f'(x)$

$\qquad =f'(x)\{f(x)+3\}e^{f(x)}$

$g'(x)=0$에서

$f'(x)=0$ 또는 $f(x)+3=0$

$f'(x)=0$은 일차방정식이므로 $f'(t_0)=0$인 실수 t_0이 존재한다.

조건 ㈎, ㈏에 의하여 함수 $g(x)$는 최솟값과 최댓값을 가지므로 이차
방정식 $f(x)+3=0$이 서로 다른 두 실근을 갖는다.

서로 다른 두 실근을 t_1, t_2 $(t_1<t_2)$로 놓으면 직선 $x=t_0$가 함수
$y=f(x)$의 그래프의 축이므로

$t_1<t_0<t_2$

함수 $g(x)$의 증가와 감소를 표로 나타내면 다음과 같다.

x	$\cdots$	t_1	$\cdots$	t_0	$\cdots$	t_2	$\cdots$
$g'(x)$	$-$	0	$+$	0	$-$	0	$+$
$g(x)$	↘	극소	↗	극대	↘	극소	↗

따라서 함수 $g(x)$는 $x=t_1$, $x=t_2$에서 극소이면서 최소이고, $x=t_0$
에서 극대이면서 최대이므로

$t_0=a$, $t_1=b$, $t_2=b+6$

함수 $f(x)$의 최고차항의 계수를 p로 놓으면

$f(x)+3=p(x-b)(x-b-6)$

$\therefore f'(x)=p(x-b)+p(x-b-6)=2p(x-b-3)$

이때 $f'(a)=0$이므로

$f'(a)=2p(a-b-3)=0$ $\qquad \therefore b=a-3$

즉, $f(x)=p(x-a+3)(x-a-3)-3$이고 $f(a)=6$이므로

$9=-9p$ $\qquad \therefore p=-1$

$\therefore f(x)=-(x-a+3)(x-a-3)-3$

$\qquad\qquad =-(x-a)^2+6$

방정식 $f(x)=0$에서 $(x-a)^2=6$이므로

$x=a+\sqrt{6}$ 또는 $x=a-\sqrt{6}$

$\therefore (\beta-\alpha)^2=\{(a+\sqrt{6})-(a-\sqrt{6})\}^2$

$\qquad\qquad =(2\sqrt{6})^2=24$

답 24

9

전략 삼각형의 닮음과 각의 이등분선의 성질을 이용하여 $f(\theta)$, $g(\theta)$를 구한다.

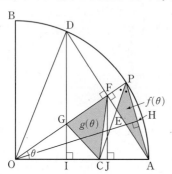

위의 그림과 같이 점 O에서 선분 AP에 내린 수선의 발을 H라 하면

$\angle AOH=\dfrac{\theta}{2}$이므로

$\overline{AH}=\overline{OA}\times\sin\dfrac{\theta}{2}=\sin\dfrac{\theta}{2}$

$\therefore \overline{PA}=2\times\overline{AH}=2\sin\dfrac{\theta}{2}$

$\angle HAO=\dfrac{\pi}{2}-\dfrac{\theta}{2}$, $\angle FAO=\dfrac{\pi}{2}-\theta$이므로

$\angle PAF=\angle HAO-\angle FAO$

$\qquad\quad =\left(\dfrac{\pi}{2}-\dfrac{\theta}{2}\right)-\left(\dfrac{\pi}{2}-\theta\right)=\dfrac{\theta}{2}$

$\therefore \overline{PF}=\overline{PA}\times\sin\dfrac{\theta}{2}=2\sin^2\dfrac{\theta}{2}$

이때 삼각형 PAF에서 선분 PE가 $\angle APF$의 이등분선이므로

$\overline{AE}:\overline{FE}=\overline{PA}:\overline{PF}$

$\qquad\qquad =2\sin\dfrac{\theta}{2}:2\sin^2\dfrac{\theta}{2}$

$\qquad\qquad =1:\sin\dfrac{\theta}{2}$

또, $\overline{AF}=\sin\theta$이므로

$\overline{AE}=\dfrac{1}{1+\sin\dfrac{\theta}{2}}\times\overline{AF}=\dfrac{\sin\theta}{1+\sin\dfrac{\theta}{2}}$

$\therefore f(\theta)=\dfrac{1}{2}\times\overline{AE}\times\overline{PF}=\dfrac{\sin^2\dfrac{\theta}{2}\sin\theta}{1+\sin\dfrac{\theta}{2}}$

한편, $\angle DOP=\theta$이므로 $\angle DOA=2\theta$

두 점 D, F에서 선분 OA에 내린 수선의 발을 각각 I, J라 하면 삼각
형 ODI에서

$\overline{OI}=\overline{OD}\times\cos 2\theta=\cos 2\theta$

삼각형 OFJ에서

$\overline{OJ}=\overline{OF}\times\cos\theta=\cos^2\theta$

$\overline{FJ}=\overline{OF}\times\sin\theta=\sin\theta\cos\theta$

삼각형 GOI와 삼각형 FOJ가 닮음이므로

$\overline{GI}:\overline{FJ}=\overline{OI}:\overline{OJ}=\cos 2\theta:\cos^2\theta$

$\cos^2\theta\times\overline{GI}=\cos 2\theta\times\overline{FJ}$

$\therefore \overline{GI}=\overline{FJ}\times\dfrac{\cos 2\theta}{\cos^2\theta}$

$\qquad\quad =\sin\theta\cos\theta\times\dfrac{\cos 2\theta}{\cos^2\theta}=\dfrac{\sin\theta\cos 2\theta}{\cos\theta}$

삼각형 AOP에서 선분 PC는 $\angle APO$의 이등분선이므로

$\overline{OC}:\overline{AC}=\overline{PO}:\overline{PA}=1:2\sin\dfrac{\theta}{2}$

$\therefore \overline{OC}=\dfrac{1}{1+2\sin\dfrac{\theta}{2}}\times\overline{OA}=\dfrac{1}{1+2\sin\dfrac{\theta}{2}}$

이때 삼각형 CFG의 넓이 $g(\theta)$는 삼각형 OCF의 넓이에서 삼각형
OCG의 넓이를 뺀 값과 같다.

삼각형 OCF의 넓이는

$\dfrac{1}{2}\times\overline{OC}\times\overline{FJ}=\dfrac{\sin\theta\cos\dfrac{\theta}{2}}{2+4\sin\dfrac{\theta}{2}}$

삼각형 OCG의 넓이는

$$\frac{1}{2} \times \overline{OC} \times \overline{GI} = \frac{\sin\theta\cos2\theta}{\left(2+4\sin\dfrac{\theta}{2}\right)\cos\theta}$$

$$\therefore g(\theta) = \frac{\sin\theta\cos\theta}{2+4\sin\dfrac{\theta}{2}} - \frac{\sin\theta\cos2\theta}{\left(2+4\sin\dfrac{\theta}{2}\right)\cos\theta}$$

$$= \frac{\sin\theta\cos^2\theta - \sin\theta\cos2\theta}{\left(2+4\sin\dfrac{\theta}{2}\right)\cos\theta}$$

$$= \frac{\sin\theta(\cos^2\theta - \cos^2\theta + \sin^2\theta)}{\left(2+4\sin\dfrac{\theta}{2}\right)\cos\theta}$$

$$= \frac{\sin^3\theta}{\left(2+4\sin\dfrac{\theta}{2}\right)\cos\theta}$$

$$\therefore \lim_{\theta\to0+}\frac{g(\theta)}{f(\theta)} = \lim_{\theta\to0+}\frac{\dfrac{\sin^3\theta}{\left(2+4\sin\dfrac{\theta}{2}\right)\cos\theta}}{\dfrac{\sin^2\dfrac{\theta}{2}\sin\theta}{1+\sin\dfrac{\theta}{2}}}$$

$$= \lim_{\theta\to0+}\frac{\sin^2\theta}{2\sin^2\dfrac{\theta}{2}}$$

$$= \lim_{\theta\to0+}\left(\frac{1}{2}\times\frac{\sin^2\theta}{\theta^2}\times\frac{\left(\dfrac{\theta}{2}\right)^2}{\sin^2\dfrac{\theta}{2}}\times4\right)$$

$$= \frac{1}{2}\times1^2\times1^2\times4 = 2$$

답 ①

10

[전략] 함수 $g(x)$가 $x=0$에서 연속임과 두 조건을 이용하여 함수 $f(x)$를 구한 다음 구간을 나누어 정적분의 값을 구한다.

조건 ⑺에서 $x\to0$일 때 (분모)$\to0$이고 극한값이 존재하므로 (분자)$\to0$이어야 한다.

즉, $\lim\limits_{x\to0}\sin(\pi\times f(x)) = \sin(\pi\times f(0)) = 0$이므로

$f(0) = n$ (단, n은 정수)

이때 삼차함수 $f(x)$의 최고차항의 계수가 9이므로

$f(x) = 9x^3 + ax^2 + bx + n$ (a, b는 상수)

으로 놓자.

$h(x) = \sin(\pi\times f(x))$라 하면 $h(0)=0$이므로

$$\lim_{x\to0}\frac{\sin(\pi\times f(x))}{x} = \lim_{x\to0}\frac{h(x)-h(0)}{x-0} = h'(0)$$

조건 ⑺에서

$h'(0) = 0$

$h'(x) = \cos(\pi\times f(x))\times\pi f'(x)$이므로

$h'(0) = \pi f'(0)\times\cos(n\pi) = 0$

$\cos(n\pi)\neq0$이므로 $f'(0)=0$

$f'(x) = 27x^2 + 2ax + b$에서 $f'(0)=0$이므로

$b=0$

$\therefore f(x) = 9x^3 + ax^2 + n$

한편, 함수 $g(x)$가 실수 전체의 집합에서 연속이므로 $x=1$에서 연속이다.

$$\therefore \lim_{x\to1-}g(x) = \lim_{x\to1+}g(x)$$

함수 $g(x)$는 $0\le x<1$일 때 $g(x)=f(x)$이므로

$$\lim_{x\to1-}g(x) = \lim_{x\to1-}f(x) = 9+a+n$$

함수 $g(x)$는 모든 실수 x에 대하여 $g(x+1)=g(x)$이므로

$$\lim_{x\to1+}g(x) = \lim_{x\to0+}g(x) = \lim_{x\to0+}f(x) = n$$

따라서 $9+a+n=n$이므로

$a=-9$

$\therefore f(x) = 9x^3 - 9x^2 + n$, $f'(x) = 27x^2 - 18x = 9x(3x-2)$

$f'(x)=0$에서 $x=0$ 또는 $x=\dfrac{2}{3}$

따라서 함수 $f(x)$는 $x=0$에서 극대이고, $x=\dfrac{2}{3}$에서 극소이므로 조건 ⑼에서

$$f(0)\times f\left(\frac{2}{3}\right) = 5$$

$$n\left(n-\frac{4}{3}\right) = 5, \quad \frac{3n^2-4n}{3} = 5$$

$$3n^2 - 4n - 15 = 0$$

$$(3n+5)(n-3) = 0$$

$\therefore n=3$ ($\because n$은 정수)

따라서 $f(x) = 9x^3 - 9x^2 + 3$이므로

$$\int_0^5 xg(x)\,dx = \int_0^1 xg(x)\,dx + \int_1^2 xg(x)\,dx + \int_2^3 xg(x)\,dx$$
$$+ \int_3^4 xg(x)\,dx + \int_4^5 xg(x)\,dx$$

$$= \int_0^1 xf(x)\,dx + \int_0^1 (x+1)g(x+1)\,dx$$
$$+ \int_0^1 (x+2)g(x+2)\,dx + \int_0^1 (x+3)g(x+3)\,dx$$
$$+ \int_0^1 (x+4)g(x+4)\,dx$$

$$= \int_0^1 xf(x)\,dx + \int_0^1 (x+1)f(x)\,dx$$
$$+ \int_0^1 (x+2)f(x)\,dx + \int_0^1 (x+3)f(x)\,dx$$
$$+ \int_0^1 (x+4)f(x)\,dx$$

$$= 5\int_0^1 xf(x)\,dx + 10\int_0^1 f(x)\,dx$$

$$\int_0^1 xf(x)\,dx = \int_0^1 (9x^4 - 9x^3 + 3x)\,dx$$

$$= \left[\frac{9}{5}x^5 - \frac{9}{4}x^4 + \frac{3}{2}x^2\right]_0^1 = \frac{21}{20},$$

$$\int_0^1 f(x)\,dx = \int_0^1 (9x^3 - 9x^2 + 3)\,dx$$

$$= \left[\frac{9}{4}x^4 - 3x^3 + 3x\right]_0^1 = \frac{9}{4}$$

이므로 $\displaystyle\int_0^5 xg(x)\,dx = 5\times\frac{21}{20} + 10\times\frac{9}{4} = \frac{111}{4}$이므로

즉, $p=4$, $q=111$이므로 $p+q = 4+111 = 115$

답 115

1 ②	2 ②	3 ②	4 ③	5 ②
6 ④	7 ④	8 120	9 1	10 29

1

전략 첫째항이 0이 아닌 등비수열이 수렴하려면 $-1<$ (공비) ≤ 1임을 이용한다.

$$\frac{(4x-1)^n}{2^{3n}+3^{2n}}=\frac{(4x-1)^n}{8^n+9^n}=\frac{\left(\dfrac{4x-1}{9}\right)^n}{\left(\dfrac{8}{9}\right)^n+1}$$

이때 $\displaystyle\lim_{n\to\infty}\left(\frac{8}{9}\right)^n=0$이므로 주어진 수열 $\left\{\dfrac{(4x-1)^n}{2^{3n}+3^{2n}}\right\}$이 수렴하려면

$$\lim_{n\to\infty}\left(\frac{4x-1}{9}\right)^n=0$$

즉, $-1<\dfrac{4x-1}{9}\le 1$이므로

$$-8<4x\le 10 \qquad \therefore -2<x\le\frac{5}{2}$$

따라서 정수 x는 -1, 0, 1, 2의 4개이다.   **답** ②

2

전략 두 점 P, Q의 y좌표를 t로 나타내어 $e^{f(t)}$을 t로 나타내어 극한값을 구한다.

$x=t$일 때 두 점 P, Q의 y좌표는 각각 e^{2t+k}, e^{-3t+k}이므로

$$\overline{PQ}=e^{2t+k}-e^{-3t+k}=e^k(e^{2t}-e^{-3t})$$

$\overline{PQ}=t$를 만족시키는 k의 값이 $f(t)$이므로

$$e^{f(t)}(e^{2t}-e^{-3t})=t$$

$$\therefore e^{f(t)}=\frac{t}{e^{2t}-e^{-3t}}$$

$$\therefore \lim_{t\to 0+}e^{f(t)}=\lim_{t\to 0+}\frac{t}{e^{2t}-e^{-3t}}=\lim_{t\to 0+}\frac{1}{\dfrac{e^{2t}-1-(e^{-3t}-1)}{t}}$$

$$=\frac{1}{\displaystyle\lim_{t\to 0+}\frac{e^{2t}-1}{t}-\lim_{t\to 0+}\frac{e^{-3t}-1}{t}}$$

이때

$$\lim_{t\to 0+}\frac{e^{2t}-1}{t}=2\lim_{t\to 0+}\frac{e^{2t}-1}{2t}=2,$$

$$\lim_{t\to 0+}\frac{e^{-3t}-1}{t}=-3\lim_{t\to 0+}\frac{e^{-3t}-1}{-3t}=-3$$

이므로

$$\lim_{t\to 0+}e^{f(t)}=\frac{1}{2-(-3)}=\frac{1}{5}$$ **답** ②

3

전략 주어진 단면인 정사각형의 넓이를 구한 다음 치환적분법과 부분적분법을 이용하여 입체도형의 부피를 구한다.

구하는 입체도형의 부피는

$$\int_1^e\left(x-\frac{\ln x}{x}\right)^2 dx=\int_1^e\left\{x^2-2\ln x+\frac{(\ln x)^2}{x^2}\right\}dx$$

$$=\left[\frac{1}{3}x^3-2x\ln x+2x\right]_1^e+\int_1^e\frac{(\ln x)^2}{x^2}dx$$

$$=\left(\frac{e^3}{3}-2e+2e\right)-\left(\frac{1}{3}+2\right)+\int_1^e\frac{(\ln x)^2}{x^2}dx$$

$$=\frac{e^3}{3}-\frac{7}{3}+\int_1^e\frac{(\ln x)^2}{x^2}dx$$

$\ln x=t$로 놓으면 $x=e^t$, $\dfrac{dt}{dx}=\dfrac{1}{x}$이고

$x=1$일 때 $t=0$, $x=e$일 때 $t=1$이므로

$$\int_1^e\frac{(\ln x)^2}{x^2}dx=\int_0^1 t^2 e^{-t}dt$$

$$=\left[-t^2 e^{-t}\right]_0^1+2\int_0^1 te^{-t}dt$$

$$=-\frac{1}{e}+2\left[-te^{-t}\right]_0^1+2\int_0^1 e^{-t}dt$$

$$=-\frac{3}{e}+2\left[-e^{-t}\right]_0^1$$

$$=2-\frac{5}{e}$$

$$\therefore \int_1^e\left(x-\frac{\ln x}{x}\right)^2 dx=\frac{e^3}{3}-\frac{7}{3}+2-\frac{e}{5}$$

$$=\frac{e^3}{3}-\frac{e}{5}-\frac{1}{3}$$ **답** ②

4

전략 역함수의 미분법을 이용하여 접선의 방정식을 구한다.

원점에서 곡선 $y=g(x)$에 그은 접선의 접점을 $P(a, b)$라 하면 접선의 방정식은

$$y=g'(a)(x-a)+b$$

이 직선이 원점을 지나므로

$$b=ag'(a)$$

역함수의 미분법에 의하여

$$g'(a)=\frac{1}{f'(g(a))}=\frac{1}{f'(b)}$$

$$\therefore b=\frac{a}{f'(b)}=\frac{f(b)}{f'(b)}$$

따라서 $f(b)=bf'(b)$이므로

$$b^3+2b+2=b(3b^2+2)$$

$$2b^3=2$$

$$b^3=1$$

$$\therefore b=1,\ a=f(1)=5$$

따라서 접점 $P(5, 1)$을 지나고 접선에 수직인 직선의 방정식은

$$y=-\frac{1}{g'(5)}(x-5)+1$$

이 직선의 y절편은

$$1+\frac{5}{g'(5)}=1+5f'(1)$$

$$=1+5\times 5=26$$ **답** ③

5

전략 $f'(x)$를 적분하여 $f(x)$를 먼저 구하고 주어진 조건을 이용하여 $g(x)$를 구한다.

$f'(x)=2-\dfrac{3}{x^2}$에서

$f(x)=\displaystyle\int\left(2-\dfrac{3}{x^2}\right)dx=2x+\dfrac{3}{x}+C_1$ (단, C_1은 적분상수)

이때 $f(1)=5$이므로

$2+3+C_1=5$ $\therefore C_1=0$

$\therefore f(x)=2x+\dfrac{3}{x}$

조건 (가)에서

$g'(x)=f'(-x)=2-\dfrac{3}{x^2}$이므로

$g(x)=\displaystyle\int\left(2-\dfrac{3}{x^2}\right)dx=2x+\dfrac{3}{x}+C_2$ (단, C_2는 적분상수)

조건 (나)에서

$f(2)+g(-2)=4+\dfrac{3}{2}-4-\dfrac{3}{2}+C_2=9$

$\therefore C_2=9$

따라서 $g(x)=2x+\dfrac{3}{x}+9$이므로

$g(-3)=-6-1+9=2$ 답 ②

6

전략 조건 (가)에서 주어진 식을 적분하고, 조건 (나)를 이용한다.

조건 (가)에서

$2\{f(x)\}^2 f'(x)=\{f(2x+1)\}^2 f'(2x+1)$

의 양변을 x에 대하여 적분하면

$\dfrac{2}{3}\{f(x)\}^3=\dfrac{1}{6}\{f(2x+1)\}^3+C$ (단, C는 적분상수) ······ ㉠

$x=-1$을 ㉠의 양변에 대입하면

$\dfrac{2}{3}\{f(-1)\}^3=\dfrac{1}{6}\{f(-1)\}^3+C$

$\therefore \{f(-1)\}^3=2C$ ······ ㉡

$x=\dfrac{5}{2}$를 ㉠에 대입하면

$\dfrac{2}{3}\left\{f\left(\dfrac{5}{2}\right)\right\}^3=\dfrac{1}{6}\{f(6)\}^3+C$

이때 조건 (나)에서 $f(6)=2$이므로

$\dfrac{2}{3}\left\{f\left(\dfrac{5}{2}\right)\right\}^3=\dfrac{4}{3}+C$

$\therefore \left\{f\left(\dfrac{5}{2}\right)\right\}^3=2+\dfrac{3}{2}C$

$x=\dfrac{3}{4}$을 ㉠에 대입하면

$\dfrac{2}{3}\left\{f\left(\dfrac{3}{4}\right)\right\}^3=\dfrac{1}{6}\left\{f\left(\dfrac{5}{2}\right)\right\}^3+C=\dfrac{1}{3}+\dfrac{5}{4}C$

$\therefore \left\{f\left(\dfrac{3}{4}\right)\right\}^3=\dfrac{1}{2}+\dfrac{15}{8}C$

$x=-\dfrac{1}{8}$을 ㉠에 대입하면

$\dfrac{2}{3}\left\{f\left(-\dfrac{1}{8}\right)\right\}^3=\dfrac{1}{6}\left\{f\left(\dfrac{3}{4}\right)\right\}^3+C=\dfrac{1}{12}+\dfrac{21}{16}C$

이때 조건 (나)에서 $f\left(-\dfrac{1}{8}\right)=1$이므로

$\dfrac{2}{3}=\dfrac{1}{12}+\dfrac{21}{16}C$, $\dfrac{21}{16}C=\dfrac{7}{12}$

$\therefore C=\dfrac{4}{9}$

따라서 ㉡에서

$\{f(-1)\}^3=2C=\dfrac{8}{9}$

$\therefore f(-1)=\dfrac{2}{\sqrt[3]{3^2}}=\dfrac{2\sqrt[3]{3}}{3}$ 답 ④

7

전략 조건 (가)를 이용하여 두 함수 $f(x)$, $g(x)$ 사이의 관계식을 구하고, 조건 (나)의 양변을 x에 대하여 미분하여 $g(x)$에 대한 식을 세운다.

조건 (가)에서 $\dfrac{f(x)}{g(x)}=2xe^x$이므로

$f(x)=2xe^x g(x)$

$\displaystyle\int_1^e \dfrac{f(\ln x)}{x^2}dx$에서 $\ln x=t$로 놓으면 $\dfrac{dt}{dx}=\dfrac{1}{x}$, $x=e^t$이고

$x=1$일 때 $t=0$, $x=e$일 때 $t=1$이므로

$\displaystyle\int_1^e \dfrac{f(\ln x)}{x^2}dx=\int_0^1 \dfrac{f(t)}{e^t}dt=\int_0^1 e^{-t}f(t)dt$

$\qquad\qquad\qquad\quad =\displaystyle\int_0^1 2tg(t)dt=2$

$\therefore \displaystyle\int_0^1 xg(x)dx=1$

한편, 조건 (나)에서 $\displaystyle\int_x^{x+1} g(t)dt=\dfrac{3}{2}x^2$의 양변을 x에 대하여 미분하면

$g(x+1)-g(x)=3x$ ······ ㉠

$\displaystyle\int_{-2}^2 xg(x)dx=\int_{-2}^{-1} xg(x)dx+\int_{-1}^0 xg(x)dx+\int_0^1 xg(x)dx$

$\qquad\qquad\qquad\qquad\qquad\qquad +\displaystyle\int_1^2 xg(x)dx$

정수 n에 대하여

$\displaystyle\int_{n+1}^{n+2} xg(x)dx=\int_n^{n+1}(x+1)g(x+1)dx$

$\qquad\qquad\quad =\displaystyle\int_n^{n+1} xg(x+1)dx+\int_n^{n+1} g(x+1)dx$

$\qquad\qquad\quad =\displaystyle\int_n^{n+1} x\{g(x)+3x\}dx+\int_{n+1}^{n+2} g(x)dx \;(\because ㉠)$

$\qquad\qquad\quad =\displaystyle\int_n^{n+1} xg(x)dx+\int_n^{n+1} 3x^2 dx+\int_{n+1}^{n+2} g(x)dx$

$\qquad\qquad\quad =\displaystyle\int_n^{n+1} xg(x)dx+\Big[x^3\Big]_n^{n+1}+\dfrac{3}{2}(n+1)^2$

$\qquad\qquad\qquad\qquad\qquad\qquad\qquad (\because 조건 (나))$

$\qquad\qquad\quad =\displaystyle\int_n^{n+1} xg(x)dx+(n+1)^3-n^3+\dfrac{3}{2}(n+1)^2$

$\qquad\qquad\qquad\qquad\qquad\qquad\qquad\qquad ······ ㉡$

$n=0$을 ⓒ에 대입하면

$$\int_1^2 xg(x)dx = \int_0^1 xg(x)dx + 1 - 0 + \frac{3}{2} = 1 + \frac{5}{2} = \frac{7}{2}$$

$n=-1$을 ⓒ에 대입하면

$$\int_0^1 xg(x)dx = \int_{-1}^0 xg(x)dx + 0 + 1 + 0$$

$$1 = \int_{-1}^0 xg(x)dx + 1$$

$$\therefore \int_{-1}^0 xg(x)dx = 0$$

$n=-2$를 ⓒ에 대입하면

$$\int_{-1}^0 xg(x)dx = \int_{-2}^{-1} xg(x)dx - 1 + 8 + \frac{3}{2}$$

$$0 = \int_{-2}^{-1} xg(x)dx + \frac{17}{2}$$

$$\therefore \int_{-2}^{-1} xg(x)dx = -\frac{17}{2}$$

$$\therefore \int_{-2}^2 xg(x)dx = -\frac{17}{2} + 0 + 1 + \frac{7}{2} = -4$$ 　　　답 ④

다른 풀이 조건 ㈎에서 $x=\ln t$를 대입하면

$$f(\ln t) = 2tg(\ln t)\ln t$$

즉, $\dfrac{f(\ln t)}{t^2} = \dfrac{2g(\ln t)\ln t}{t}$이고

$$\int_1^e \frac{f(\ln x)}{x^2}dx = \int_1^e \frac{2g(\ln x)\ln x}{x}dx = 2$$이므로

$$\int_1^e \frac{g(\ln x)\ln x}{x}dx = 1$$

이때 $u=\ln x$로 놓으면 $\dfrac{du}{dx} = \dfrac{1}{x}$이고

$x=1$일 때 $u=0$, $x=e$일 때 $u=1$이므로

$$\int_1^e \frac{g(\ln x)\ln x}{x}dx = \int_0^1 ug(u)du = 1$$

$$\therefore \int_0^1 xg(x)dx = 1$$

8

전략 등차수열의 첫째항과 공차를 미지수로 놓고 직선의 방정식을 구하여 등차수열의 일반항을 찾는다.

수열 $\{a_n\}$이 등차수열이므로 첫째항을 a, 공차를 d라 하면

$$a_n = a + (n-1)d = dn + (a-d)$$

$y' = \dfrac{2x}{n}$이므로 점 P의 좌표를 $\left(x_n, \dfrac{x_n^2}{n}\right)$이라 하면 직선 l_n의 방정식은

$$y = \frac{2x_n}{n}(x - x_n) + \frac{x_n^2}{n}$$

이 직선의 x절편이 a_n이므로

$$\frac{2x_n}{n}(a_n - x_n) + \frac{x_n^2}{n} = 0$$

$$2(a_n - x_n) + x_n = 0$$

$$\therefore x_n = 2a_n$$

$$\therefore \text{P}\left(2a_n, \frac{4a_n^2}{n}\right)$$

이때

$$f(n) = \int_0^{2a_n} \frac{x^2}{n}dx - \frac{1}{2} \times a_n \times \frac{4a_n^2}{n}$$

$$= \left[\frac{x^3}{3n}\right]_0^{2a_n} - \frac{2a_n^3}{n}$$

$$= \frac{8a_n^3}{3n} - \frac{2a_n^3}{n} = \frac{2a_n^3}{3n}$$

이므로

$$f(1) = \frac{2}{3}a_1^3 = 18, \quad a_1^3 = 27$$

$$\therefore a_1 = 3 \quad \cdots\cdots ㉠$$

직선 l_n에 수직이고 점 $\text{P}\left(2a_n, \dfrac{4a_n^2}{n}\right)$을 지나는 직선의 방정식은

$$y = -\frac{n}{4a_n}(x - 2a_n) + \frac{4a_n^2}{n}$$

이 직선의 x절편이 $g(n)$이므로

$$\frac{n}{4a_n}\{g(n) - 2a_n\} = \frac{4a_n^2}{n}$$

$$\therefore g(n) = 2a_n + \frac{16a_n^3}{n^2}$$

$$= 2dn + 2(a-d) + \frac{16\{dn + (a-d)\}^3}{n^2}$$

$$\therefore \lim_{n \to \infty} \frac{g(n)}{2n} = \lim_{n \to \infty}\left[\frac{2dn + 2(a-d)}{2n} + \frac{16\{dn + (a-d)\}^3}{2n^3}\right]$$

$$= d + 8d^3 = 66$$

즉, $8d^3 + d - 66 = 0$이므로

$$(d-2)(8d^2 + 16d + 33) = 0$$

$$\therefore d = 2 \quad \cdots\cdots ㉡$$

㉠, ㉡에 의하여

$$a_n = 2n + 1$$

$$\therefore \sum_{n=1}^{10} a_n = \sum_{n=1}^{10}(2n+1) = 2 \times \frac{10 \times 11}{2} + 10 = 120$$ 　　　답 120

9

전략 k의 값이 0인 경우와 0이 아닌 경우로 나누어 접선의 기울기에 따른 실근의 개수를 구한다.

방정식 $2x + 3 - kx^2 e^{-x} = 0$에서

$k=0$일 때, $2x+3 = 0$이므로 실근의 개수는 1이다.

$$\therefore f(0) = 1$$

$k \neq 0$일 때, 방정식 $2x + 3 - kx^2 e^{-x} = 0$의 서로 다른 실근은 곡선 $y = x^2 e^{-x}$와 직선 $y = \dfrac{1}{k}(2x+3)$의 교점의 x좌표와 같다.

$g(x) = x^2 e^{-x}$으로 놓으면

$$g'(x) = 2xe^{-x} - x^2 e^{-x} = x(2-x)e^{-x}$$

$g'(x) = 0$에서 $x=0$ 또는 $x=2$

함수 $g(x)$의 증가와 감소를 표로 나타내면 다음과 같다.

x	$\cdots$	0	$\cdots$	2	$\cdots$
$g'(x)$	$-$	0	$+$	0	$-$
$g(x)$	$\searrow$	0	$\nearrow$	$\dfrac{4}{e^2}$	$\searrow$

이때 $\lim\limits_{x \to \infty} x^2 e^{-x}=0$이므로 함수 $y=g(x)$의 그래프의 개형은 다음 그림과 같다.

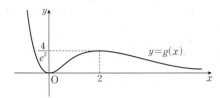

한편, 직선 $y=\dfrac{1}{k}(2x+3)$은 k의 값에 관계없이 점 $\left(-\dfrac{3}{2},\,0\right)$을 지나고 기울기가 $\dfrac{2}{k}$이다.

점 $\left(-\dfrac{3}{2},\,0\right)$에서 곡선 $y=g(x)$에 그은 접선의 접점의 좌표를 $(t,\,g(t))$라 하면 접선의 방정식은

$y=g'(t)(x-t)+g(t)$

이 직선이 점 $\left(-\dfrac{3}{2},\,0\right)$을 지나므로

$g'(t)\left(-\dfrac{3}{2}-t\right)+g(t)=0$

$(2t-t^2)e^{-t}\left(-\dfrac{3}{2}-t\right)+t^2 e^{-t}=0$

위의 식의 양변에 e^t을 곱하면

$t(t-2)\left(t+\dfrac{3}{2}\right)+t^2=0$

$t\left(t^2+\dfrac{1}{2}t-3\right)=0,\ t(2t^2+t-6)=0$

$t(t+2)(2t-3)=0$

$\therefore\ t=0$ 또는 $t=-2$ 또는 $t=\dfrac{3}{2}$

따라서 접선의 기울기는

$g'(0)=0$ 또는 $g'(-2)=-8e^2$ 또는 $g'\left(\dfrac{3}{2}\right)=\dfrac{3}{4}e^{-\frac{3}{2}}$

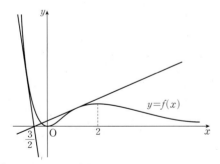

$\dfrac{2}{k}>\dfrac{3}{4}e^{-\frac{3}{2}}$, 즉 $0<k<\dfrac{8}{3}e^{\frac{3}{2}}$에서

$f(k)=1$

$\dfrac{2}{k}=\dfrac{3}{4}e^{-\frac{3}{2}}$, 즉 $k=\dfrac{8}{3}e^{\frac{3}{2}}$에서

$f(k)=2$

$0<\dfrac{2}{k}<\dfrac{3}{4}e^{-\frac{3}{2}}$, 즉 $k>\dfrac{8}{3}e^{\frac{3}{2}}$에서

$f(k)=3$

$-8e^2<\dfrac{2}{k}<0$, 즉 $k<-\dfrac{1}{4e^2}$에서

$f(k)=0$

$\dfrac{2}{k}=-8e^2$, 즉 $k=-\dfrac{1}{4e^2}$에서

$f(k)=1$

$\dfrac{2}{k}<-8e^2$, 즉 $-\dfrac{1}{4e^2}<k<0$에서

$f(k)=2$

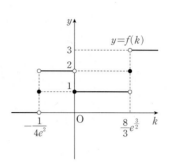

따라서 함수 $y=f(k)$의 그래프는 위의 그림과 같으므로

$\lim\limits_{k \to a+} f(k)>f(a)$를 만족시키는 실수 a의 값은

$-\dfrac{1}{4e^2},\ \dfrac{8}{3}e^{\frac{3}{2}}$

$\therefore\ m=-\dfrac{1}{4e^2}\times\dfrac{8}{3}e^{\frac{3}{2}}=-\dfrac{2}{3}e^{-\frac{1}{2}}$

이때 $e<3$이고 $e^2<9$이므로

$-\dfrac{1}{4e^2}>-1$ $\therefore\ f(-1)=0$

$e<3$이고 $\sqrt{e^3}<\sqrt{27}<6$이므로

$\dfrac{8}{3}e^{\frac{3}{2}}<16$ $\therefore\ f(16)=3$

$\therefore\ 4\ln\left|\dfrac{3}{2}m\right|+f(-1)+f(16)=4\times\left(-\dfrac{1}{2}\right)+0+3=1$ 　답 1

다른 풀이 방정식 $2x+3-kx^2 e^{-x}=0$에서 $x=0$을 대입하면 방정식이 성립하지 않으므로

$x\neq0$

$\therefore\ k=\dfrac{(2x+3)e^x}{x^2}$

따라서 $f(k)$는 곡선 $y=\dfrac{(2x+3)e^x}{x^2}$과 직선 $y=k$의 교점의 개수와 같다.

$h(x)=\dfrac{(2x+3)e^x}{x^2}$으로 놓으면

$h'(x)=\dfrac{(2x+5)e^x x^2-(2x+3)e^x\times 2x}{x^4}=\dfrac{(2x^2+x-6)e^x}{x^3}$

$h'(x)=0$에서

$2x^2+x-6=0$

$(x+2)(2x-3)=0$

$\therefore\ x=-2$ 또는 $x=\dfrac{3}{2}$

이때 $h''(x)=\dfrac{e^x}{x^4}(2x^3-x^2-8x+18)$에서 방정식

$2x^3-x^2-8x+18=0$의 실근의 개수는 1이고, 이 실근을 α라 하면

$-3<\alpha<-2$

또한, $\lim\limits_{x \to -\infty}h(x)=0,\ \lim\limits_{x \to 0}h(x)=\infty,\ \lim\limits_{x \to \infty}h(x)=\infty$이므로

$x\neq0$에서 함수 $h(x)$의 증가와 감소를 표로 나타내면 다음과 같다.

x	$\cdots$	a	$\cdots$	-2	$\cdots$	0	$\cdots$	$\dfrac{3}{2}$	$\cdots$
$h'(x)$	$-$	$-$	$-$	0	$+$		$-$	0	$+$
$h''(x)$		0	$+$	$+$	$+$		$+$	$+$	$+$
$h(x)$	$\searrow$		$\searrow$	$-\dfrac{1}{4e^2}$	$\nearrow$		$\searrow$	$\dfrac{8}{3}e^{\frac{3}{2}}$	$\nearrow$

따라서 함수 $y=h(x)$의 그래프의 개형은 다음 그림과 같다.

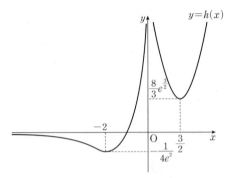

$$\therefore m=-\frac{1}{4e^2}\times\frac{8}{3}e^{\frac{3}{2}}=-\frac{2}{3}e^{-\frac{1}{2}}$$

10

[전략] 함수 $y=\sin^2 2\pi x$의 그래프가 직선 $x=\dfrac{1}{2}$에 대하여 대칭임을 이용하여 함수 $g(x)$가 주기함수임을 알고, 함수 $f(x)$의 극솟값이 0인 경우와 $f(0)=0$인 경우로 나누어 생각한다.

함수 $y=\sin^2 \pi x$의 주기가 $\dfrac{\pi}{\pi}=1$이므로 $y=\sin^2 \pi x$의 그래프는 직선 $x=\dfrac{1}{2}$에 대하여 대칭이다.

즉, 모든 실수 x에 대하여
$\sin^2 \pi x=\sin^2 \pi(1-x)$
$\therefore g(1-x)=f(\sin^2 \pi(1-x))=f(\sin^2 \pi x)=g(x)$

따라서 함수 $y=g(x)$의 그래프도 직선 $x=\dfrac{1}{2}$에 대하여 대칭이다.

또,
$g(x+1)=f(\sin^2 \pi(x+1))=f(\sin^2(\pi x+\pi))$
$\qquad\quad=f(\sin^2 \pi x)=g(x)$
이므로 함수 $g(x)$는 주기가 1인 주기함수이고, 모든 실수 x에 대하여
$0<\sin^2 \pi x\leq 1$

따라서 함수 $g(x)=f(\sin^2 \pi x)$의 함숫값의 범위는 구간 $(0, 1]$에서 함수 $f(x)$가 갖는 함숫값의 범위와 같다.

이때 조건 (나)에서 함수 $g(x)$의 최댓값이 $\dfrac{1}{2}$, 최솟값이 0이므로 구간 $(0, 1)$에서 함수 $f(x)$의 최댓값이 $\dfrac{1}{2}$, 최솟값이 0이다. $\qquad$……㉠

$g(x)=f(\sin^2 \pi x)$의 양변을 x에 대하여 미분하면
$g'(x)=2\pi\times\sin \pi x\times\cos \pi x\times f'(\sin^2 \pi x)$ $\quad$……㉡
$0<x<1$에서 $\sin \pi x\neq 0$이므로 $g'(x)=0$에서
$\cos \pi x=0$ $\qquad\therefore x=\dfrac{1}{2}$

이때 $0<p<\dfrac{1}{2}$인 실수 p에 대하여 함수 $g(x)$가 $x=p$에서 극대이면 그래프의 대칭성에 의하여 $x=1-p$에서도 극대이다.

따라서 함수 $g(x)$가 $x=\dfrac{1}{2}$에서 극댓값을 갖지 않으면 극대가 되는 x의 개수가 짝수이므로 조건 (가)를 만족시키지 않는다.

즉, 함수 $g(x)$는 $x=\dfrac{1}{2}$에서 극대이다.

또, 조건 (가), (나)에 의하여 함수 $g(x)$의 극댓값이 최댓값과 같으므로
$$g\left(\frac{1}{2}\right)=f(1)=\frac{1}{2} \qquad\text{……㉢}$$

한편, 조건 (가)에서 $0<x<1$일 때 함수 $g(x)$가 극대가 되는 x의 개수가 3이므로 ㉢에 의하여 함수 $f(x)$는 $0<x<1$일 때 극대가 되는 x의 개수가 2이어야 한다.

즉, $0<x<\dfrac{1}{2}$일 때 $0<\sin^2 \pi x<1$이므로 함수 $f(x)$는 $0<x<1$에서 극댓값과 극솟값을 가져야 한다.

이때 함수 $f(x)$의 최고차항의 계수가 1이고, ㉢에 의하여
$$f(x)-\frac{1}{2}=(x-k)^2(x-1) \ (0<k<1)$$
$$\therefore f'(x)=2(x-k)(x-1)+(x-k)^2$$
$$\qquad\quad=(x-k)(3x-2-k)$$
$f'(x)=0$에서
$$\underbrace{x=k \text{ 또는 } x=\frac{k+2}{3}}_{\text{극대}}$$

이때 $x=\dfrac{k+2}{3}$에서 극소이고, ㉠에서 함수 $f(x)$의 최솟값이 0이므로 경우를 나누어 조건을 만족시키는 함수 $f(x)$를 구해 보면 다음과 같다.

(i) $x\left(\dfrac{k+2}{3}\right)=0$인 경우
$$f\left(\frac{k+2}{3}\right)=\left(\frac{2k-2}{3}\right)^2\left(\frac{k-1}{3}\right)+\frac{1}{2}$$
$$=\frac{4}{27}(k-1)^3+\frac{1}{2}=0$$
$$(k-1)^3=-\frac{27}{8},\ k-1=-\frac{3}{2}$$
$$\therefore k=-\frac{1}{2}$$

이때 $0<k<1$을 만족시키지 않는다.

(ii) $f(0)=0$인 경우
$$f(0)=-k^2+\frac{1}{2}=0$$
$$k^2=\frac{1}{2} \qquad\therefore k=\frac{\sqrt{2}}{2}\ (\because k>0)$$

(i), (ii)에 의하여
$$f(x)=\left(x-\frac{\sqrt{2}}{2}\right)^2(x-1)+\frac{1}{2}$$
$$\therefore f(2)=\left(2-\frac{\sqrt{2}}{2}\right)^2+\frac{1}{2}=4-2\sqrt{2}+\frac{1}{2}+\frac{1}{2}=5-2\sqrt{2}$$

따라서 $a=5$, $b=-2$이므로
$a^2+b^2=5^2+(-2)^2=29$ $\qquad$**답** 29

| 1 ③ | 2 ④ | 3 ③ | 4 5 | 5 ⑤ |
| 6 ① | 7 ② | 8 15 | 9 26 | 10 35 |

1

전략 $n=1$인 경우와 $n \geq 1$인 경우로 나누어 a_n을 구한다.

$n=1$일 때,

$\sum_{k=1}^{n} \dfrac{a_k}{(k-1)!} = \dfrac{3}{(n+2)!}$의 양변에 $n=1$을 대입하면

$\dfrac{a_1}{0!} = \dfrac{3}{3!}$ $\therefore a_1 = \dfrac{1}{2}$

$n \geq 2$일 때,

$\dfrac{a_n}{(n-1)!} = \sum_{k=1}^{n} \dfrac{a_k}{(k-1)!} - \sum_{k=1}^{n-1} \dfrac{a_k}{(k-1)!} = \dfrac{3}{(n+2)!} - \dfrac{3}{(n+1)!}$

$\therefore a_n = \dfrac{3}{n(n+1)(n+2)} - \dfrac{3}{n(n+1)}$

$\quad = \dfrac{-3n-3}{n(n+1)(n+2)} = -\dfrac{3}{n(n+2)}$

이때 $\displaystyle\lim_{n\to\infty} n^2 a_n = -\lim_{n\to\infty} \dfrac{3n^2}{n(n+2)} = -\lim_{n\to\infty} \dfrac{3}{1+\dfrac{2}{n}} = -3$이므로

$\displaystyle\lim_{n\to\infty} (a_1 + n^2 a_n) = \dfrac{1}{2} - 3 = -\dfrac{5}{2}$ 답 ③

2

전략 주어진 극한을 정적분으로 변형한 후, 부분적분법을 이용한다.

$f(x) = \cos x$에 대하여

$x_k = \dfrac{k\pi}{n}$, $x_0 = 0$, $x_n = \pi$, $\Delta x = \dfrac{\pi}{n}$로 놓으면

$\displaystyle\lim_{n\to\infty} \sum_{k=1}^{n} \dfrac{k\pi}{n^2} f\left(\dfrac{\pi}{2} + \dfrac{k\pi}{n}\right) = \lim_{n\to\infty} \sum_{k=1}^{n} \dfrac{1}{\pi} x_k f\left(\dfrac{\pi}{2} + x_k\right) \Delta x$

$\quad = \dfrac{1}{\pi} \int_0^{\pi} x f\left(\dfrac{\pi}{2} + x\right) dx$

$\quad = \dfrac{1}{\pi} \int_0^{\pi} x \underbrace{\cos\left(\dfrac{\pi}{2} + x\right)}_{\cos(\frac{\pi}{2}+x) = -\sin x} dx$

$\quad = \dfrac{1}{\pi} \int_0^{\pi} x(-\sin x) dx$

$\quad = \dfrac{1}{\pi} \left(\Big[x\cos x \Big]_0^{\pi} - \int_0^{\pi} \cos x \, dx \right)$

$\quad = \dfrac{1}{\pi} \left(-\pi - \Big[\sin x \Big]_0^{\pi} \right)$

$\quad = \dfrac{1}{\pi} \times (-\pi)$

$\quad = -1$ 답 ④

3

전략 주어진 이차방정식의 판별식 D에 대하여 $D<0$임과 수열의 극한의 대소 관계를 이용한다.

x에 대한 이차방정식 $n^2 x^2 - 2a_n x + 2a_n - n^2 + 2n = 0$의 판별식을 D라 할 때, 방정식이 실근을 갖지 않아야 하므로

$\dfrac{D}{4} = (a_n)^2 - n^2(2a_n - n^2 + 2n) < 0$

$(a_n)^2 - 2n^2 a_n + n^4 - 2n^3 < 0$

$(a_n - n^2)^2 < 2n^3$

$\therefore n^2 - \sqrt{2n^3} < a_n < n^2 + \sqrt{2n^3}$

양변을 n^2으로 나누면

$1 - \sqrt{\dfrac{2}{n}} < \dfrac{a_n}{n^2} < 1 + \sqrt{\dfrac{2}{n}}$

$\displaystyle\lim_{n\to\infty} \sqrt{\dfrac{2}{n}} = 0$이므로 수열의 극한의 대소 관계에 의하여

$\displaystyle\lim_{n\to\infty} \dfrac{a_n}{n^2} = 1$

$\therefore \displaystyle\lim_{n\to\infty} (\sqrt{a_n + 4n} - \sqrt{a_n}) = \lim_{n\to\infty} \dfrac{4n}{\sqrt{a_n + 4n} + \sqrt{a_n}}$

$\quad = \lim_{n\to\infty} \dfrac{4}{\sqrt{\dfrac{a_n}{n^2} + \dfrac{4}{n}} + \sqrt{\dfrac{a_n}{n^2}}}$

$\quad = \dfrac{4}{1+1} = 2$ 답 ③

4

전략 등차중항, 등비중항을 이용하여 $\cos\alpha\cos\gamma$, $\sin\alpha\sin\gamma$의 값을 구한다.

α, β, γ가 삼각형 ABC의 세 내각의 크기이므로

$\alpha + \beta + \gamma = \pi$ ...... ㉠

α, β, γ가 이 순서대로 등차수열을 이루므로

$\alpha + \gamma = 2\beta$ ...... ㉡

㉠, ㉡에서

$3\beta = \pi$ $\therefore \beta = \dfrac{\pi}{3}$

㉡에 의하여 $\alpha + \gamma = \dfrac{2}{3}\pi$이므로

$\cos(\alpha + \gamma) = \cos\dfrac{2}{3}\pi = -\dfrac{1}{2}$ ...... ㉢

또, $\cos\alpha$, $2\cos\beta$, $8\cos\gamma$가 이 순서대로 등비수열을 이루므로

$(2\cos\beta)^2 = 8\cos\alpha\cos\gamma$

$1 = 8\cos\alpha\cos\gamma \left(\because \beta = \dfrac{\pi}{3}\right)$

$\therefore \cos\alpha\cos\gamma = \dfrac{1}{8}$

㉢에서 $\cos\alpha\cos\gamma - \sin\alpha\sin\gamma = -\dfrac{1}{2}$이므로

$\sin\alpha\sin\gamma = \dfrac{1}{8} + \dfrac{1}{2} = \dfrac{5}{8}$

$\therefore \tan\alpha\tan\gamma = \dfrac{\sin\alpha\sin\gamma}{\cos\alpha\cos\gamma}$

$\quad = \dfrac{5}{8} \times 8 = 5$ 답 5

5

전략 주어진 식에서 적분 구간이 상수인 두 정적분의 값을 미지수로 놓고 부분적분법을 이용한다.

$\int_0^1 e^t f'(t)dt=a$, $\int_0^1 e^t f(t)dt=b$로 놓자.

$f(x)=xe^{-x}+ax-b$이므로

$f'(x)=(1-x)e^{-x}+a$

$e^x f'(x)=1-x+ae^x$

$\int_0^1 e^t f'(t)dt=\int_0^1 (1-t+ae^t)dt$

$=\left[t-\dfrac{1}{2}t^2+ae^t\right]_0^1$

$=\dfrac{1}{2}+ae-a$

$\int_0^1 e^t f'(t)dt=a$이므로

$a=\dfrac{1}{2}+ae-a$ $\therefore a=\dfrac{1}{2(2-e)}$

이때

$\int_0^1 e^t f'(t)dt=\left[e^t f(t)\right]_0^1-\int_0^1 e^t f(t)dt$

$=ef(1)-f(0)-\int_0^1 e^t f(t)dt$

$=ef(1)+b-b \ (\because f(0)=-b)$

$=ef(1)$

이므로 $a=ef(1)$

$\therefore \dfrac{1}{f(1)}=\dfrac{e}{a}=2e(2-e)$ 답 ⑤

6

전략 점 O에서 선분 BP에 내린 수선의 발을 I라 할 때, $\angle POI=\theta$임을 이용한다.

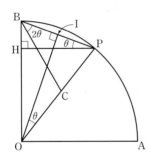

삼각형 PBH에서

$\angle HBP=\dfrac{\pi}{2}-\theta$이고 $\angle OBP=\angle OPB$이므로

$\angle POB=\pi-2\left(\dfrac{\pi}{2}-\theta\right)=2\theta$

$\angle PBC=2\theta$이므로

$\triangle PBC \infty \triangle POB$ (AA닮음)

$\therefore \overline{BP}=\overline{BC}$

점 O에서 선분 PB에 내린 수선의 발을 I라 하면

$\angle POI=\theta$이고 $\overline{PI}=\overline{OP}\times\sin\theta=\sin\theta$

$\overline{PB}=2\overline{PI}$이므로 $\overline{PB}=2\sin\theta$

삼각형 PBC와 삼각형 POB는 닮음이므로

$\overline{PC}:\overline{PB}=\overline{PB}:\overline{OP}$

$\overline{PC}=\dfrac{\overline{PB}^2}{\overline{OP}}=4\sin^2\theta$,

$\overline{PH}=\overline{PB}\times\cos\theta=2\sin\theta\cos\theta$

$f(\theta)$는 선분 PC의 길이와 선분 PH의 길이의 차이므로

$f(\theta)=|4\sin^2\theta-2\sin\theta\cos\theta|$

$=2\sin\theta\cos\theta|2\tan\theta-1| \left(\because 0<\theta<\dfrac{\pi}{6}\right)$

$0<\theta_0<\dfrac{\pi}{6}$인 θ_0에 대하여 $\tan\theta_0=\dfrac{1}{2}$이라 하자.

$0<\theta\leq\theta_0$인 θ에 대하여

$f(\theta)=2\sin\theta\cos\theta-4\sin^2\theta$

$f'(\theta)=-8\sin\theta\cos\theta+2\cos^2\theta-2\sin^2\theta$

$=-2\cos^2\theta(4\tan\theta-1+\tan^2\theta)$

$\theta_0<\theta<\dfrac{\pi}{6}$인 θ에 대하여

$f(\theta)=2\sin\theta\cos\theta(2\tan\theta-1)$

$f'(\theta)=8\sin\theta\cos\theta-2\cos^2\theta+2\sin^2\theta$

$=2\cos^2\theta(4\tan\theta-1+\tan^2\theta)$

$\tan\theta=x$라 할 때, 방정식 $x^2+4x-1=0$의 서로 다른 두 실근을 α, β라 하면

$\alpha=-2+\sqrt{5}$ 또는 $\beta=-2-\sqrt{5}$

$0<\theta<\dfrac{\pi}{6}$이고 $0<\tan\theta<\sqrt{3}$이므로 $\tan\theta_1=\alpha$인 θ_1에 대하여

$f'(\theta_1)=0$

이때 $\tan\alpha=\sqrt{5}-2$인 α에 대하여 $\sqrt{5}-2<\dfrac{1}{2}$이므로 $\alpha<\theta_0$

$\theta<\theta_1$인 θ에 대하여 $f'(\theta)>0$이고 $\theta_1<\theta<\theta_0$인 θ에 대하여

$f'(\theta)<0$

즉, 함수 $f(\theta)$는 $\theta=\theta_1$에서 극댓값을 가지므로

$\tan\alpha=\sqrt{5}-2$

$\therefore \tan2a=\dfrac{2(\sqrt{5}-2)}{1-(\sqrt{5}-2)^2}=\dfrac{2(\sqrt{5}-2)}{4(\sqrt{5}-2)}=\dfrac{1}{2}$ 답 ①

7

전략 접선의 방정식을 구하고 $g(x)$를 $f(x)$를 이용하여 나타낸 후, 주어진 정적분의 값을 이용한다.

주어진 입체도형의 부피가 6이므로

$\int_0^3\{f(x)\}^2 dx=6$

곡선 $y=f(x)$ 위의 점 $(t, f(t))$에서의 접선의 방정식은

$y=f'(t)(x-t)+f(t)$

이 직선의 y절편이 $g(t)$이므로

$g(t)=f(t)-tf'(t)$

$\therefore \int_0^3 f(x)g(x)dx=\int_0^3 f(x)\{f(x)-xf'(x)\}dx$

$=\int_0^3\{f(x)\}^2 dx-\int_0^3 \overbrace{xf(x)f'(x)}^{\left[\frac{1}{2}\{f(x)\}^2\right]'=f(x)f'(x)}dx$

$=6-\left[\dfrac{1}{2}x\{f(x)\}^2\right]_0^3+\dfrac{1}{2}\int_0^3\{f(x)\}^2 dx$

$$=6-\frac{3}{2}\{f(3)\}^2+3$$
$$=9-\frac{3}{2}\{f(3)\}^2$$
$$=4$$
$$\therefore \{f(3)\}^2=\frac{10}{3} \qquad\qquad\qquad \boxed{\text{답}}\ ②$$

8

$\boxed{\text{전략}}$ 함수 $h(x)$가 $x=0$, $x=1$에서 연속이고 미분가능함을 이용한다.

함수 $h(x)$가 실수 전체의 집합에서 미분가능하므로 연속함수이다.

함수 $h(x)$는 $x=0$에서 연속이므로
$$h(0)=\lim_{x\to 0-}h(x)=\lim_{x\to 0+}h(x)$$
이때 $h(0)=0$이므로
$$\lim_{x\to 0-}h(x)=\lim_{x\to 0-}f(g^{-1}(x))=f(g^{-1}(0))=0$$
$g^{-1}(0)=\alpha$로 놓으면
$$f(\alpha)=\alpha^3-\alpha=0$$
$$\alpha(\alpha+1)(\alpha-1)=0$$
$\therefore \alpha=0$ 또는 $\alpha=-1$ 또는 $\alpha=1$ $\qquad$ ……㉠

이때 $g^{-1}(0)=\alpha$이므로 $g(\alpha)=0$에서
$$\alpha\neq 0$$
또, 함수 $h(x)$는 $x=1$에서 연속이므로
$$h(1)=\lim_{x\to 1+}h(x)=\lim_{x\to 1-}h(x)$$
이때 $h(1)=0$이므로
$$\lim_{x\to 1+}h(x)=\lim_{x\to 1+}f(g^{-1}(x))=f(g^{-1}(1))=0$$
$g^{-1}(1)=\beta$로 놓으면
$$f(\beta)=0,\ g(\beta)=1$$
이때 $g(0)=1$이므로
$$\beta=0,\ f(0)=0$$

한편, $f'(x)=\begin{cases} f'(g^{-1}(x))(g^{-1})'(x) & (x<0 \text{ 또는 } x>1)\\ \cos\pi x & (0<x<1)\end{cases}$ 이고

함수 $h(x)$는 $x=0$에서 미분가능하므로
$$f'(g^{-1}(0))(g^{-1})'(0)=f'(\alpha)\times\frac{1}{g'(\alpha)}=1$$
$\therefore f'(\alpha)=g'(\alpha)$ $\qquad$ ……㉡

또, 함수 $h(x)$는 $x=1$에서 미분가능하므로
$$f'(g^{-1}(1))(g^{-1})'(1)=f'(0)\times\frac{1}{g'(0)}=-1$$
$f'(x)=3x^2-1$에서 $f'(0)=-1$, $g'(0)=b$이므로
$$b=1$$
$f'(\alpha)=3\alpha^2-1$이고 $\alpha\neq 0$이므로 ㉠에 의하여
$$f'(\alpha)=2$$
즉, ㉡에서
$$g'(\alpha)=3a\alpha^2+2\alpha+1=2 \qquad ……㉢$$
삼차함수 $g(x)$는 역함수 $g^{-1}(x)$를 갖고 $g'(0)=1>0$이므로 증가함수이다.

즉, $g(\alpha)=0$, $g(0)=1$이므로
$$\alpha=-1\ (\because ㉠)$$
즉, ㉢에서
$$3a-2+1=2 \qquad \therefore a=1$$
따라서 $g(x)=x^3+x^2+x+1$이므로
$$g(a+b)=g(2)=8+4+2+1=15 \qquad \boxed{\text{답}}\ 15$$

9

$\boxed{\text{전략}}$ 조건 ㈏의 식의 양변을 x에 대하여 미분하고, 적당히 이항하여 다시 적분한 다음 조건 ㈎를 이용한다.

조건 ㈏의 식에 $x=0$을 대입하면
$$g(1)=0$$
조건 ㈏에서
$$g(x+1)=\int_0^x \{f(t+1)e^t-f(t)e^t+g(t)\}\,dt$$
의 양변을 x에 대하여 미분하면
$$g'(x+1)=\{f(x+1)-f(x)\}e^x+g(x)$$
$$f(x+1)-f(x)=\{g'(x+1)-g(x)\}e^{-x} \qquad ……㉠$$
㉠의 우변을 적분하면
$$\int g'(x+1)e^{-x}\,dx-\int g(x)e^{-x}\,dx$$
$$=g(x+1)e^{-x}+\int g(x+1)e^{-x}\,dx-\int g(x)e^{-x}\,dx$$
$$=g(x+1)e^{-x}+\int \{g(x+1)-g(x)\}e^{-x}\,dx$$
$$=g(x+1)e^{-x}-\pi(e+1)\int \sin\pi x\,dx\ (\because \text{조건 ㈎}) \qquad ……㉡$$
조건 ㈎의 식에 $x=n$ (n은 정수)을 대입하면
$$g(n+1)-g(n)=0,\ 즉\ g(n+1)=g(n)$$
$g(1)=0$이므로 정수 n에 대하여
$$g(n)=0$$
㉠의 좌변에서
$$\int_n^{n+1}\{f(x+1)-f(x)\}\,dx=\int_{n+1}^{n+2}f(x)\,dx-\int_n^{n+1}f(x)\,dx$$
㉠의 우변에서
$$\left[g(x+1)e^{-x}\right]_n^{n+1}-\pi(e+1)\int_n^{n+1}\sin\pi x\,dx$$
$$=-\pi(e+1)\left[-\frac{1}{\pi}\cos\pi x\right]_n^{n+1}$$
$$=(-1)^{n+1}(2e+2)$$
$$\therefore \int_{n+1}^{n+2}f(x)\,dx=\int_n^{n+1}f(x)\,dx+(-1)^{n+1}(2e+2)$$
위의 식에 $n=0$을 대입하면
$$\int_1^2 f(x)\,dx=\int_0^1 f(x)\,dx-2e-2$$
$n=1$을 대입하면
$$\int_2^3 f(x)\,dx=\int_1^2 f(x)\,dx+2e+2$$
$$=\int_0^1 f(x)\,dx$$

같은 방법으로 하면

$$\int_n^{n+1} f(x)\,dx = \begin{cases} \displaystyle\int_0^1 f(x)\,dx & (n\text{이 짝수}) \\ \displaystyle\int_0^1 f(x)\,dx - 2e - 2 & (n\text{이 홀수}) \end{cases}$$

$$\therefore \int_1^{10} f(x)\,dx = \int_1^2 f(x)\,dx + \int_2^3 f(x)\,dx + \cdots + \int_9^{10} f(x)\,dx$$

$$= 5\left(\int_0^1 f(x)\,dx - 2e - 2\right) + 4\int_0^1 f(x)\,dx$$

$$= 9\int_0^1 f(x)\,dx + 5(-2e - 2)$$

$$= 9\left(\frac{10}{9}e + 4\right) - 10e - 10 = 26$$

답 26

10

전략 함수 $f(x) = x^2 + ax + b$로 놓고 주어진 조건 ㈎, ㈏를 만족시키는 a, b의 값을 구한다.

$f(x) = x^2 + ax + b$ (a, b는 상수)라 하자.

함수 $y = f(x)$의 그래프와 x축의 교점의 개수가 1 이하이면 $g(x) \geq 0$이므로

$g(x) = |g(x)|$

즉, $|g(x)| + g(1) = g(x) + g(1)$이므로

$n(A) + n(B) = 2 \times n(A) \neq 3$

따라서 조건 ㈎를 만족시키지 않으므로 함수 $y = f(x)$의 그래프와 x축의 교점의 개수는 2이다.

즉, 함수 $g(x)$의 그래프와 x축의 교점의 개수도 2이다.

$g(x) = (x^2 + ax + b)e^x$에서

$g'(x) = \{x^2 + (a+2)x + a + b\}e^x$이므로

$2a + b + 3 = 0$ ······ ㉠

한편, $g'(x) = 0$에서

$x^2 + (a+2)x + a + b = 0$

이 이차방정식의 두 실근을 α, β $(\alpha < \beta)$라 하고, 함수 $g(x)$의 증가와 감소를 표로 나타내면 다음과 같다.

x	$\cdots$	α	$\cdots$	β	$\cdots$
$g'(x)$	+	0	−	0	+
$g(x)$	↗	극대	↘	극소	↗

이때 $\displaystyle\lim_{x \to -\infty} g(x) = \lim_{x \to -\infty} f(x)e^x = 0$이고, 함수 $y = g(x)$의 그래프와 x축의 교점의 개수가 2이므로 함수 $y = g(x)$의 그래프의 개형은 다음 그림과 같다.

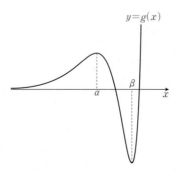

이때 $g(1) = 0$이면 $|g(x)| + g(1) = 0$의 서로 다른 실근의 개수는 2이므로

$n(A) + n(B) = 4$

따라서 조건 ㈎를 만족시키지 않는다.

또, $g(1) > 0$이면 $n(B) = 0$

방정식 $g(x) + g(1) = 0$에서 $g(x) = -g(1)$

$-g(1) < 0$이므로 위의 그림에서 함수 $g(x)$의 그래프 개형에 따라 방정식 $g(x) + g(1) = 0$의 실근의 개수는 최대 2이다.

따라서 조건 ㈎를 만족시키지 않는다.

$\therefore g(1) < 0$

방정식 $|g(x)| + g(1) = 0$에서

$g(x) = -g(1)$ 또는 $g(x) = g(1)$

방정식 $g(x) + g(1) = 0$은 적어도 하나의 실근을 가지므로 조건 ㈎를 만족시키기 위해서는 $n(A) = 1$, $n(B) = 2$이어야 한다.

즉, $g(x) = g(1)$의 실근의 개수는 1이므로

$g'(1) = 0$

조건 ㈏에서 방정식 $h(t) = 2$를 만족시키는 실수 t의 최솟값은 함수 $y = g(x)$의 그래프의 변곡점의 x좌표 중 작은 값이다.

$\therefore g''(-3) = 0$

$g''(x) = \{x^2 + (a+4)x + 2a + b + 2\}e^x$이므로 ㉠을 대입하면

$g''(x) = \{x^2 + (a+4)x - 1\}e^x$

$g''(-3) = 0$에서 이차방정식 $x^2 + (a+4)x - 1 = 0$의 한 실근이 $x = -3$이고 이차방정식의 근과 계수의 관계에 의하여 두 근의 곱이 -1이므로 다른 한 실근은 $\dfrac{1}{3}$이다.

$\therefore g''\left(\dfrac{1}{3}\right) = 0$

또, 이차방정식의 근과 계수의 관계에 의하여

$-3 + \dfrac{1}{3} = -a - 4 \qquad \therefore a = -\dfrac{4}{3}$

이때 $a = -\dfrac{4}{3}$를 ㉠에 대입하면

$b = -\dfrac{1}{3}$

$\therefore f(x) = x^2 - \dfrac{4}{3}x - \dfrac{1}{3}$

즉, 함수 $h(t)$가 불연속이 되는 x의 값은 함수 $g(x)$의 변곡점의 x좌표와 극값을 갖는 점의 x좌표이다.

$g'(x) = \left(x^2 + \dfrac{2}{3}x - \dfrac{5}{3}\right)e^x = (x-1)\left(x + \dfrac{5}{3}\right)e^x$에서

$g'(x) = 0$에서 $x = -\dfrac{5}{3}$ 또는 $x = 1$

$\therefore a_1 = -3,\ a_2 = -\dfrac{5}{3},\ a_3 = \dfrac{1}{3},\ a_4 = 1$

$f(a_1) = f(-3) = \dfrac{38}{3}$, $f(a_4) = f(1) = -\dfrac{2}{3}$이므로

$f(a_1) + a_2 + a_3 + f(a_4) = \dfrac{38}{3} + \left(-\dfrac{5}{3}\right) + \dfrac{1}{3} + \left(-\dfrac{2}{3}\right) = \dfrac{32}{3}$

따라서 $p = 3$, $q = 32$이므로

$p + q = 3 + 32 = 35$

답 35

참고 함수 $y=g(x)$의 그래프와 x축의 교점의 개수가 2이므로
$a^2-4b>0$
이때 $g'(x)=\{x^2+(a+2)x+a+b\}e^x$에서
$(a+2)^2-4(a+b)=a^2-4b+4>0$
이므로 방정식 $g'(x)=0$의 서로 다른 실근의 개수는 2이다.

10회 미니 모의고사

본문 126~128쪽

| 1 ④ | 2 ③ | 3 6 | 4 ⑤ | 5 ③ |
| 6 ⑤ | 7 ② | 8 ① | 9 11 | 10 ③ |

1

전략 구하는 넓이를 정적분으로 나타낸다.

닫힌구간 $\left[\dfrac{\pi}{2},\,\pi\right]$에서

$(\sin x)\ln x>\dfrac{\cos x}{x}$

따라서 구하는 넓이는

$\displaystyle\int_{\frac{\pi}{2}}^{\pi}\left\{(\sin x)\ln x-\dfrac{\cos x}{x}\right\}dx$

$=\left[-(\cos x)\ln x\right]_{\frac{\pi}{2}}^{\pi}+\displaystyle\int_{\frac{\pi}{2}}^{\pi}\dfrac{\cos x}{x}dx-\displaystyle\int_{\frac{\pi}{2}}^{\pi}\dfrac{\cos x}{x}dx$

$=\left[-(\cos x)\ln x\right]_{\frac{\pi}{2}}^{\pi}$

$=\ln \pi$

답 ④

2

전략 주어진 식의 양변을 x에 대하여 미분하고 함수의 그래프를 그려 생각한다.

함수 $f(x)=\displaystyle\int_{x}^{x+2}|2^t-5|\,dt$의 양변을 x에 대하여 미분하면

$f'(x)=|2^{x+2}-5|-|2^x-5|$

$g(x)=|2^x-5|$로 놓으면 함수 $y=g(x+2)$의 그래프와 함수 $y=g(x)$의 그래프의 교점의 x좌표는 다음 그림과 같이 $-2+\log_2 5$보다 크고 $\log_2 5$보다 작다.

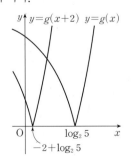

$f'(x)=g(x+2)-g(x)$이므로 $f'(x)=0$에서

$f'(x)=2^{x+2}-5-(-2^x+5)=0$

$5\times 2^x=10$

$\therefore x=1$

$x<1$에서 $f'(x)<0$이고, $x>1$에서 $f'(x)>0$이므로 함수 $y=f(x)$는 $x=1$에서 극소이면서 최소이다.

$\therefore m=f(1)$

$\quad=\displaystyle\int_1^3 |2^t-5|\,dt$

$\quad=\displaystyle\int_1^{\log_2 5}(5-2^t)\,dt+\displaystyle\int_{\log_2 5}^3(2^t-5)\,dt$

$\quad=\left[5t-\dfrac{2^t}{\ln 2}\right]_1^{\log_2 5}+\left[\dfrac{2^t}{\ln 2}-5t\right]_{\log_2 5}^3$

$\quad=\left(\log_2 5^5-\dfrac{3}{\ln 2}-5\right)+\left(\dfrac{3}{\ln 2}-15+\log_2 5^5\right)$

$\quad=\log_2 5^{10}-20=\log_2 \dfrac{5^{10}}{2^{20}}$

$\quad=\log_2\left(\dfrac{5}{4}\right)^{10}$

$\therefore 2^m=\left(\dfrac{5}{4}\right)^{10}$

답 ③

3

전략 조건 ㈎에서 $t=\dfrac{1}{x}$로 치환하여 함수 $f(x)$의 최고차항을 구한다.

조건 ㈎에서

$\displaystyle\lim_{x\to\infty}\dfrac{g(x)}{x}=\lim_{x\to\infty}\dfrac{f(x)\sin\dfrac{1}{x}}{x}$

$\qquad\qquad\quad=\displaystyle\lim_{x\to\infty}\left\{\dfrac{f(x)}{x^2}\times x\sin\dfrac{1}{x}\right\}$

이때 $t=\dfrac{1}{x}$로 놓으면 $x\to\infty$일 때 $t\to 0+$이므로

$\displaystyle\lim_{x\to\infty}x\sin\dfrac{1}{x}=\lim_{t\to 0+}\dfrac{\sin t}{t}=1$

$\therefore \displaystyle\lim_{x\to\infty}\dfrac{g(x)}{x}=\lim_{x\to\infty}\dfrac{f(x)}{x^2}=2$

즉, 다항함수 $f(x)$는 최고차항의 계수가 2인 이차함수이므로

$f(x)=2x^2+ax+b$ (a, b는 상수)

로 놓을 수 있다.

조건 ㈏의 $\displaystyle\lim_{x\to 0}\dfrac{f(x)}{x}=4$에서 $x\to 0$일 때 (분모) $\to 0$이고 극한값이 존재하므로 (분자) $\to 0$이어야 한다.

즉, $\displaystyle\lim_{x\to 0}f(x)=f(0)=0$이므로

$b=0$

$\therefore \displaystyle\lim_{x\to 0}\dfrac{f(x)}{x}=\lim_{x\to 0}\dfrac{f(x)-f(0)}{x-0}=f'(0)=4$

이때 $f'(x)=4x+a$이므로

$f'(0)=a=4$

따라서 $f(x)=2x^2+4x$이므로

$f(1)=2+4=6$

답 6

4

[전략] 두 곡선이 만나는 점의 개수는 방정식 $2(\ln x)^2 + 2\ln x = kx^2 + 1$의 실근의 개수와 같음을 이용한다.

두 곡선 $y = 2(\ln x)^2 + 2\ln x$, $y = kx^2 + 1$이 만나는 점의 개수가 2가 되려면 방정식 $2(\ln x)^2 + 2\ln x = kx^2 + 1$, 즉

$\dfrac{2(\ln x)^2 + 2\ln x - 1}{x^2} = k$의 서로 다른 실근의 개수가 2가 되어야 한다.

이때 $f(x) = \dfrac{2(\ln x)^2 + 2\ln x - 1}{x^2}$로 놓으면

$$f'(x) = \dfrac{\left(\dfrac{4\ln x}{x} + \dfrac{2}{x}\right)x^2 - \{2(\ln x)^2 + 2\ln x - 1\} \times 2x}{x^4}$$

$$= \dfrac{4 - 4(\ln x)^2}{x^3}$$

$f'(x) = 0$에서 $(\ln x)^2 = 1$

$\ln x = -1$ 또는 $\ln x = 1$ $\quad \therefore x = \dfrac{1}{e}$ 또는 $x = e$

$x > 0$에서 함수 $f(x)$의 증가와 감소를 표로 나타내면 다음과 같다.

x	(0)	$\cdots$	$\dfrac{1}{e}$	$\cdots$	e	$\cdots$
$f'(x)$		$-$	0	$+$	0	$-$
$f(x)$		$\searrow$	$-e^2$	$\nearrow$	$\dfrac{3}{e^2}$	$\searrow$

$\lim\limits_{x \to \infty} f(x) = 0$, $\lim\limits_{x \to 0+} f(x) = \infty$이므로 함수 $f(x)$의 그래프는 다음 그림과 같다.

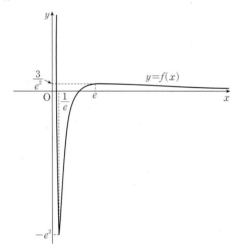

따라서 방정식 $f(x) = k$가 서로 다른 두 실근을 가지려면

$-e^2 < k \leq 0$ 또는 $k = \dfrac{3}{e^2}$ — 정수가 아니다.

즉, 정수 k의 값은 $-7, -6, -5, \cdots, -1, 0$의 8개이다. **답 ⑤**

5

[전략] S_1의 값을 직접 구하고 두 사각형 $AB_1C_1D_1$, $AB_2C_2D_2$의 닮음비를 이용하여 넓이의 비를 구한다.

직각삼각형 $C_1D_1E_1$에서 $\overline{D_1E_1} = 1$, $\overline{C_1D_1} = 2$이므로

$\overline{E_1C_1} = \sqrt{5}$

직각삼각형 $C_1E_1F_1$에서 $\overline{C_1F_1} = \overline{E_1F_1}$이므로

$\overline{C_1F_1}^2 + \overline{E_1F_1}^2 = 5$, $2\overline{C_1F_1}^2 = 5$

$\overline{C_1F_1} = \overline{E_1F_1} = \dfrac{\sqrt{5}}{\sqrt{2}} = \dfrac{\sqrt{10}}{2}$

$\therefore S_1 = \triangle C_1D_1E_1 + \triangle C_1E_1F_1$

$\quad = \dfrac{1}{2} \times \overline{C_1D_1} \times \overline{D_1E_1} + \dfrac{1}{2} \times \overline{F_1C_1} \times \overline{F_1E_1}$

$\quad = \dfrac{1}{2} \times 2 \times 1 + \dfrac{1}{2} \times \dfrac{\sqrt{10}}{2} \times \dfrac{\sqrt{10}}{2} = \dfrac{9}{4}$

$\angle C_1E_1F_1 = \alpha$, $\angle C_1E_1D_1 = \beta$로 놓으면

$\tan \alpha = \tan \dfrac{\pi}{4} = 1$, $\tan \beta = 2$

$\angle C_2E_1D_2 = \pi - (\alpha + \beta)$이므로

$\tan(\angle C_2E_1D_2) = -\tan(\alpha + \beta)$

$\quad\quad\quad = -\dfrac{\tan \alpha + \tan \beta}{1 - \tan \alpha \tan \beta} = 3$ $\quad \cdots\cdots$ ㉠

$\overline{C_2D_2} = a$로 놓으면 $\overline{AD_2} = 2a$이므로

$\overline{E_1D_2} = 3 - 2a$

이때 $\tan(\angle C_2E_1D_2) = \dfrac{\overline{C_2D_2}}{\overline{E_1D_2}} = \dfrac{a}{3 - 2a}$이므로

$\dfrac{a}{3 - 2a} = 3$ $(\because$ ㉠$)$

$a = 9 - 6a$ $\quad \therefore a = \dfrac{9}{7}$

따라서 직사각형 $AB_1C_1D_1$과 직사각형 $AB_2C_2D_2$의 닮음비가

$2 : \dfrac{9}{7} = 1 : \dfrac{9}{14}$이므로 넓이의 비는

$1 : \left(\dfrac{9}{14}\right)^2 = 1 : \dfrac{81}{196}$

$\therefore \lim\limits_{n \to \infty} S_n = \dfrac{\dfrac{9}{4}}{1 - \dfrac{81}{196}} = \dfrac{441}{115}$ **답 ③**

6

[전략] $x = -1$과 $x = 1$을 기준으로 범위를 나누어 함수 $g(x)$를 구하고, 함수 $f(x)g(x)$가 $x = 1$, $x = -1$에서 연속임을 이용한다.

$g(x) = \lim\limits_{n \to \infty} \dfrac{2x^{2n+1} + f(x)}{x^{2n} + 1}$에서

$x^2 < 1$일 때, $\lim\limits_{n \to \infty} x^{2n} = \lim\limits_{n \to \infty} x^{2n+1} = 0$이므로 $g(x) = f(x)$

$x^2 > 1$일 때, $\lim\limits_{n \to \infty} x^{2n} = \infty$이므로 $g(x) = 2x$

$x = 1$일 때, $g(1) = \dfrac{2 + f(1)}{2}$

$x = -1$일 때, $g(-1) = \dfrac{-2 + f(-1)}{2}$

$\therefore g(x) = \begin{cases} f(x) & (-1 < x < 1) \\[2mm] \dfrac{2 + f(1)}{2} & (x = 1) \\[2mm] \dfrac{-2 + f(-1)}{2} & (x = -1) \\[2mm] 2x & (x < -1 \text{ 또는 } x > 1) \end{cases}$

함수 $f(x)g(x)$가 실수 전체의 집합에서 연속이므로

함수 $f(x)g(x)$는 $x=1$에서 연속이다.

즉, $\displaystyle\lim_{x\to1-}f(x)g(x)=\lim_{x\to1+}f(x)g(x)=f(1)g(1)$이므로

$\displaystyle\lim_{x\to1-}f(x)g(x)=\lim_{x\to1-}\{f(x)\}^2=\{f(1)\}^2$,

$\displaystyle\lim_{x\to1+}f(x)g(x)=\lim_{x\to1+}\{f(x)\times2x\}=2f(1)$,

$f(1)g(1)=\dfrac{2f(1)+\{f(1)\}^2}{2}$에서

$\{f(1)\}^2=2f(1)=\dfrac{2f(1)+\{f(1)\}^2}{2}$

$\{f(1)\}^2-2f(1)=0$

$\therefore f(1)=0$ 또는 $f(1)=2$

또, 함수 $f(x)g(x)$는 $x=-1$에서 연속이므로

$\displaystyle\lim_{x\to-1-}f(x)g(x)=\lim_{x\to-1+}f(x)g(x)=f(-1)g(-1)$

$\displaystyle\lim_{x\to-1-}f(x)g(x)=\lim_{x\to-1-}\{f(x)\times2x\}=-2f(-1)$,

$\displaystyle\lim_{x\to-1+}f(x)g(x)=\lim_{x\to-1+}\{f(x)\}^2=\{f(-1)\}^2$,

$f(-1)g(-1)=\dfrac{-2f(-1)+\{f(-1)\}^2}{2}$에서

$-2f(-1)=\{f(-1)\}^2=\dfrac{-2f(-1)+\{f(-1)\}^2}{2}$

$\{f(-1)\}^2+2f(-1)=0$

$\therefore f(-1)=0$ 또는 $f(-1)=-2$

(i) $f(1)=f(-1)=0$인 경우

　$f(x)=(x-1)(x+1)$이므로

　$f(2)=3$

(ii) $f(1)=0$, $f(-1)=-2$인 경우

　$f(x)=(x-1)(x+2)$이므로

　$f(2)=4$

(iii) $f(1)=2$, $f(-1)=0$인 경우

　$f(x)=x(x+1)$이므로

　$f(2)=6$

(iv) $f(1)=2$, $f(-1)=-2$인 경우

　$f(x)=x^2+ax+b$로 놓으면

　$a+b=1$, $-a+b=-3$

　위의 두 식을 연립하여 풀면 $a=2$, $b=-1$

　즉, $f(x)=x^2+2x-1$이므로

　$f(2)=7$

(i)~(iv)에 의하여 $f(2)$의 최솟값은 3이고 최댓값은 7이므로 구하는
합은

$7+3=10$　　　　　　　　　　　　　　　　　　답 ⑤

7

[전략] 조건 ㈏에서 $t=f(x)$로 놓고 조건 ㈎, ㈐를 이용하여 정적분의 값을 구
한다.

조건 ㈎에서

$f^{-1}(x)=f(x)$

조건 ㈐에서

$f(2)=0$이고 $f(f(2))=f(0)=2$

조건 ㈏에서 $t=f(x)$로 놓으면

$f(t)=f(f(x))=x$

$\therefore \dfrac{dx}{dt}=f'(t)$

또, $x=0$일 때 $t=f(0)=0$, $x=2$일 때 $t=f(2)=2$이므로

$\displaystyle\int_0^2 xf(x)\,dx=\int_0^2 tf(t)f'(t)\,dt$

$\displaystyle\qquad=\left[\dfrac{1}{2}t\{f(t)\}^2\right]_0^2-\dfrac{1}{2}\int_0^2\{f(t)\}^2\,dt$

$\displaystyle\qquad=\{f(2)\}^2-\dfrac{1}{2}\int_0^2\{f(t)\}^2\,dt$

$\displaystyle\qquad=4-\dfrac{1}{2}\int_0^2\{f(t)\}^2\,dt=2$

$\displaystyle\therefore \int_0^2\{f(t)\}^2\,dt=4$　　　　　　　　　　　　답 ②

8

[전략] 삼각형의 넓이를 2가지 방법으로 구해 내접원의 반지름의 길이를 구한다.

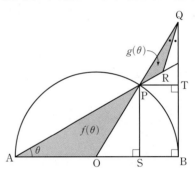

$\angle\mathrm{POS}=2\theta$이므로 $\angle\mathrm{AOP}=\pi-2\theta$

$\therefore f(\theta)=\dfrac{1}{2}\times1\times1\times\sin(\pi-2\theta)=\dfrac{\sin2\theta}{2}$

또, $\angle\mathrm{QPR}=\angle\mathrm{OPA}=\theta$이고, 위의 그림과 같이 점 P에서 두 선분
AB, BQ에 내린 수선의 발을 각각 S, T라 하면

$\angle\mathrm{RPT}=\angle\mathrm{OAP}=\theta$

$\therefore \angle\mathrm{QPT}=2\theta$

즉, 점 R은 삼각형 PTQ의 내심이다.

삼각형 POS에서

$\overline{\mathrm{OS}}=\cos2\theta$, $\overline{\mathrm{PS}}=\sin2\theta$이므로

$\overline{\mathrm{PT}}=1-\cos2\theta$

삼각형 QOB에서 $\overline{\mathrm{BQ}}=\tan2\theta$이므로

$\overline{\mathrm{QT}}=\tan2\theta-\sin2\theta=\tan2\theta(1-\cos2\theta)$

$\overline{\mathrm{PQ}}=\dfrac{1}{\cos2\theta}-1=\dfrac{1-\cos2\theta}{\cos2\theta}$

삼각형 PTQ의 내접원의 반지름의 길이를 r라 하면 삼각형 PTQ의
넓이에서

$\dfrac{1}{2}\times(1-\cos2\theta)\times\tan2\theta(1-\cos2\theta)$

$=\dfrac{1}{2}\times r\times\left\{\dfrac{1-\cos2\theta}{\cos2\theta}+1-\cos2\theta+\tan2\theta(1-\cos2\theta)\right\}$

$$\tan 2\theta(1-\cos 2\theta)=r\left(\frac{1}{\cos 2\theta}+1+\tan 2\theta\right)$$

$$(1-\cos 2\theta)\sin 2\theta=r(1+\cos 2\theta+\sin 2\theta)$$

$$\therefore r=\frac{(1-\cos 2\theta)\sin 2\theta}{1+\sin 2\theta+\cos 2\theta}$$

$$\therefore g(\theta)=\frac{1}{2}\times\overline{PQ}\times r$$

$$=\frac{1}{2}\times\frac{1-\cos 2\theta}{\cos 2\theta}\times\frac{(1-\cos 2\theta)\sin 2\theta}{1+\sin 2\theta+\cos 2\theta}$$

$$=\frac{(1-\cos 2\theta)^2(1+\cos 2\theta)^2\sin 2\theta}{2\cos 2\theta(1+\sin 2\theta+\cos 2\theta)(1+\cos 2\theta)^2}$$

$$=\frac{\sin^5 2\theta}{2\cos 2\theta(1+\sin 2\theta+\cos 2\theta)(1+\cos 2\theta)^2}$$

$$\therefore \lim_{\theta\to 0+}\frac{g(\theta)}{\theta^4\times f(\theta)}$$

$$=\lim_{\theta\to 0+}\frac{2\sin^5 2\theta}{\theta^4\times\sin 2\theta\times 2\cos 2\theta(1+\sin 2\theta+\cos 2\theta)(1+\cos 2\theta)^2}$$

$$=\lim_{\theta\to 0+}\left\{\frac{\sin^4 2\theta}{(2\theta)^4}\times\frac{16}{\cos 2\theta(1+\sin 2\theta+\cos 2\theta)(1+\cos 2\theta)^2}\right\}$$

$$=1^4\times\frac{16}{1\times(1+1)\times(1+1)^2}=2 \qquad \text{답 } ①$$

다른 풀이

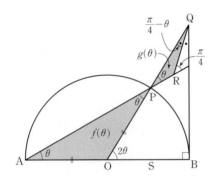

$\angle OQB=\frac{\pi}{2}-2\theta$이므로

$\angle PQR=\frac{1}{2}\times\angle OQB=\frac{\pi}{4}-\theta$

삼각형 QPR에서 사인법칙에 의하여

$$\frac{\overline{PR}}{\sin\left(\frac{\pi}{4}-\theta\right)}=\frac{\overline{PQ}}{\sin\frac{3}{4}\pi}$$

$$\therefore \overline{PR}=\overline{PQ}\times\frac{\sin\left(\frac{\pi}{4}-\theta\right)}{\sin\frac{3}{4}\pi}=\sqrt{2}\times\overline{PQ}\times\sin\left(\frac{\pi}{4}-\theta\right)$$

$$\therefore g(\theta)=\frac{1}{2}\times\overline{PQ}\times\overline{PR}\times\sin\theta=\frac{\sqrt{2}}{2}\times\overline{PQ}^2\times\sin\left(\frac{\pi}{4}-\theta\right)\times\sin\theta$$

이때 $\overline{PQ}=\frac{1-\cos 2\theta}{\cos 2\theta}$이므로

$$\lim_{\theta\to 0+}\frac{\overline{PQ}^2}{\theta^4}=\lim_{\theta\to 0+}\frac{\sin^4 2\theta}{\theta^4\cos^2 2\theta(1+\cos 2\theta)^2}$$

$$=\frac{16}{1\times 2^4}=4$$

$$\therefore \lim_{\theta\to 0+}\frac{g(\theta)}{\theta^5}=\lim_{\theta\to 0+}\left\{\frac{\sqrt{2}}{2}\times\frac{\overline{PQ}^2}{\theta^4}\times\sin\left(\frac{\pi}{4}-\theta\right)\times\frac{\sin\theta}{\theta}\right\}$$

$$=\frac{\sqrt{2}}{2}\times 4\times\frac{\sqrt{2}}{2}\times 1=2$$

9

전략 곡선과 직선이 만나는 두 점의 좌표를 미지수로 놓고 연립한 방정식에서 근의 공식을 이용한다.

곡선 $y=\ln(1+e^{2x}-e^{-2t})$과 직선 $y=x+t$가 만나는 두 점을

$P(\alpha, \alpha+t)$, $Q(\beta, \beta+t)$ $(\alpha<\beta)$

로 놓으면

$$f(t)=\sqrt{2(\beta-\alpha)^2}=\sqrt{2}(\beta-\alpha)$$

이때 실수 α, β는 x에 대한 방정식 $\ln(1+e^{2x}-e^{-2t})=x+t$의 서로 다른 두 실근이므로

$$1+e^{2x}-e^{-2t}=e^{x+t}$$

$$\therefore e^{2x}-e^t\times e^x+1-e^{-2t}=0$$

$e^x=X$ $(X>0)$라 하면

$$X^2-e^tX+1-e^{-2t}=0$$

이 방정식의 서로 다른 두 실근이 e^α, e^β $(e^\alpha<e^\beta)$이므로

$$e^\alpha=\frac{e^t-\sqrt{e^{2t}-4+4e^{-2t}}}{2}, \quad e^\beta=\frac{e^t+\sqrt{e^{2t}-4+4e^{-2t}}}{2}$$

즉, $e^{\beta-\alpha}=\dfrac{e^t+\sqrt{e^{2t}-4+4e^{-2t}}}{e^t-\sqrt{e^{2t}-4+4e^{-2t}}}$이므로

$$\beta-\alpha=\ln(e^t+\sqrt{e^{2t}-4+4e^{-2t}})-\ln(e^t-\sqrt{e^{2t}-4+4e^{-2t}})$$

이때 $\beta-\alpha=g(t)$로 놓으면 $f(t)=\sqrt{2}g(t)$이므로

$$f'(t)=\sqrt{2}g'(t)$$

$$\therefore f'(\ln 2)=\sqrt{2}g'(\ln 2)$$

$$g'(t)=\frac{e^t+\dfrac{2e^{2t}-8e^{-2t}}{2\sqrt{e^{2t}-4+4e^{-2t}}}}{e^t+\sqrt{e^{2t}-4+4e^{-2t}}}-\frac{e^t-\dfrac{2e^{2t}-8e^{-2t}}{2\sqrt{e^{2t}-4+4e^{-2t}}}}{e^t-\sqrt{e^{2t}-4+4e^{-2t}}}$$이므로

$$g'(\ln 2)=\frac{2+\dfrac{8-2}{2\sqrt{1}}}{2+\sqrt{1}}-\frac{2-\dfrac{8-2}{2\sqrt{1}}}{2-\sqrt{1}}=\frac{5}{3}+1=\frac{8}{3}$$

$$\therefore f'(\ln 2)=\frac{8}{3}\sqrt{2}$$

따라서 $p=3$, $q=8$이므로

$$p+q=3+8=11 \qquad \text{답 } 11$$

10

전략 방정식 $f(x)=0$이 서로 다른 두 실근을 가짐을 알고, 함수 $g(x)$의 증가와 감소를 이용하여 함수 $f(x)$를 구한다.

함수 $f'(x)$는 일차함수이므로 방정식 $f'(x)=0$은 해가 반드시 존재한다.

방정식 $f'(x)=0$을 만족시키는 x의 값을 α라 하면

$f'(\alpha)=0$이므로 $g(\alpha)=0$

이때 조건 ㈎에서 방정식 $g(x)=0$은 α가 아닌 다른 실근이 존재한다.

(i) 방정식 $f(x)=0$의 실근이 존재하지 않는 경우

　$f(x)>0$이므로 $f'(x)\neq 0$일 때 $g(x)\neq 0$이다.

　즉, 방정식 $g(x)=0$의 실근과 방정식 $f'(x)=0$의 실근이 같다.

　이때 방정식 $g(x)=0$의 실근은 α뿐이므로 조건 ㈎를 만족시키지 않는다.

(ii) 방정식 $f(x)=0$이 중근을 가지는 경우

　　$f(x) \geq 0$이고 방정식 $f(x)=0$의 실근은 α뿐이므로 $f'(x) \neq 0$일 때 $g(x) \neq 0$이다.

　　따라서 (i)과 마찬가지로 조건 ㈎를 만족시키지 않는다.

(i), (ii)에 의하여 방정식 $f(x)=0$은 서로 다른 두 실근을 갖는다.

$\qquad\qquad\qquad\qquad\qquad\qquad\qquad\qquad$ ······ ㉠

한편, 방정식 $g(x)=0$의 서로 다른 실근의 개수와 방정식

$\displaystyle\int_0^x f(t)\,dt=0$의 서로 다른 실근의 개수는 동일하다. ······ (*)

방정식 $f(x)=0$의 서로 다른 두 실근을 $t_1,\ t_2\ (0<t_1<t_2)$라 하면

$f(x)=a(x-t_1)(x-t_2)=a\{x^2-(t_1+t_2)x+t_1t_2\}\ (a>0)$

$\therefore \displaystyle\int_0^x f(t)\,dt=a\left(\dfrac{x^3}{3}-\dfrac{t_1+t_2}{2}x^2+t_1t_2 x\right)$

$\qquad\qquad\quad =\dfrac{ax}{3}\left\{x^2-\dfrac{3}{2}(t_1+t_2)x+3t_1t_2\right\}$

이때 $\displaystyle\int_0^x f(t)\,dt=0$의 서로 다른 실근의 개수가 2이므로

$\displaystyle\int_0^x f(t)\,dt=\dfrac{a}{3}x(x-k)^2$ 또는 $\displaystyle\int_0^x f(t)\,dt=\dfrac{a}{3}x^2(x-k)$ (단, $k>0$)

$\displaystyle\int_0^x f(t)\,dt=\dfrac{a}{3}x(x-k)^2$인 경우 $x^2-\dfrac{3}{2}(t_1+t_2)x+3t_1t_2=0$이 중근을 갖는다.

이차방정식 $x^2-\dfrac{3}{2}(t_1+t_2)x+3t_1t_2=0$의 판별식을 D라 하면

$D=\dfrac{9}{4}(t_1+t_2)^2-12t_1t_2=0$

$3t_1^2+6t_1t_2+3t_2^2-16t_1t_2=0,\ (3t_1-t_2)(t_1-3t_2)=0$

$\therefore t_2=3t_1\ (\because 0<t_1<t_2)$

$g'(x)=f(f'(x))f''(x)$이고 $f''(x)>0$이므로 방정식 $g'(x)=0$의 실근은 방정식 $f(f'(x))=0$의 실근과 같다.

방정식 $f(f'(x))=0$의 실근은 $f'(x)=t_1$ 또는 $f'(x)=t_2$의 실근과 같으므로

$f'(s_1)=t_1,\ f'(s_2)=t_2$라 하면

$s_1<s_2\ (\because f'(x)$는 증가함수)

함수 $g(x)$의 증가와 감소를 표로 나타내면 다음과 같다.

x	$\cdots$	s_1	$\cdots$	s_2	$\cdots$
$g'(x)$	$+$	0	$-$	0	$+$
$g(x)$	↗	0	↘	$-\dfrac{4}{3}$	↗

$g(s_1)=\displaystyle\int_0^{f'(s_1)} f(x)\,dx=a\displaystyle\int_0^{t_1}(x-t_1)(x-3t_1)\,dx$

$\qquad\quad =a\left[\dfrac{x^3}{3}-2t_1x^2+3t_1^2x\right]_0^{t_1}=\dfrac{4at_1^3}{3}=0$

$\qquad\qquad\qquad\qquad\qquad\qquad$ $(\because$ 조건 ㈏$)$

즉, $t_1=0$이고 $t_2=0$이므로 ㉠을 만족시키지 않는다.

따라서 $\displaystyle\int_0^x f(t)\,dt=\dfrac{a}{3}x^2(x-k)$이므로 양변을 x에 대하여 미분하면

$f(x)=\dfrac{2a}{3}x(x-k)+\dfrac{a}{3}x^2=\dfrac{a}{3}x(3x-2k)$

$f(x)=0$에서 $x=0$ 또는 $x=\dfrac{2}{3}k$

이때 $f'(\alpha)=0$이므로 $f'(x)=\dfrac{2k}{3}$의 실근을 β라 하고, 함수 $g(x)$의 증가와 감소를 표로 나타내면 다음과 같다.

x	$\cdots$	α	$\cdots$	β	$\cdots$
$g'(x)$	$+$	0	$-$	0	$+$
$g(x)$	↗	0	↘	$-\dfrac{4}{3}$	↗

$g(\beta)=\displaystyle\int_0^{f'(\beta)} f(x)\,dx=\displaystyle\int_0^{\frac{2}{3}k} f(x)\,dx$

$\qquad =\dfrac{a}{3}\left[x^3-kx^2\right]_0^{\frac{2}{3}k}$

$\qquad =\dfrac{a}{3}\times\dfrac{4k^2}{9}\times\left(-\dfrac{k}{3}\right)$

$\qquad =-\dfrac{4}{81}ak^3=-\dfrac{4}{3}$

$\therefore ak^3=27$ $\qquad\qquad\qquad\qquad$ ······ ㉡

또, $f(3)=3$이므로

$a(9-2k)=3$ $\qquad\qquad\qquad\qquad$ ······ ㉢

㉡, ㉢을 연립하면

$k^3=9(9-2k),\ k^3+18k-81=0$

$(k-3)(k^2+3k+27)=0$

$\therefore k=3,\ a=1$

따라서 $f(x)=x(x-2)$이므로

$\displaystyle\int_3^{12}\dfrac{1}{f(x)}dx=\displaystyle\int_3^{12}\dfrac{1}{x(x-2)}dx$

$\qquad =\displaystyle\int_3^{12}\dfrac{1}{2}\left(\dfrac{1}{x-2}-\dfrac{1}{x}\right)dx$

$\qquad =\dfrac{1}{2}\left[\ln\left|\dfrac{x-2}{x}\right|\right]_3^{12}$

$\qquad =\dfrac{1}{2}\left(\ln\dfrac{10}{12}-\ln\dfrac{1}{3}\right)$

$\qquad =\dfrac{1}{2}\ln\dfrac{5}{2}$ $\qquad\qquad\qquad\qquad\qquad$ 답 ③

참고 (*)에서 $h(x)=\displaystyle\int_0^x f(t)\,dt$라 놓으면

$g(x)=h(f'(x))$

$h(x)=0$의 실근을 m이라 할 때, $f'(x)$는 일차함수이므로 방정식 $f'(x)=m$을 만족시키는 x의 값이 반드시 1개 존재한다.

이때 이 값을 n이라 하면

$h(f'(n))=h(m)=0$

일차함수는 일대일대응이므로 방정식 $h(x)=0$의 실근의 개수와 방정식 $g(x)=h(f'(x))=0$의 실근의 개수가 동일하다.

다른 풀이 함수 $g(x)$는 최고차항의 계수가 양수인 삼차함수이고 조건 ㈎에서 방정식 $g(x)=0$의 서로 다른 실근의 개수가 2이므로 함수 $g(x)$는 극댓값과 극솟값을 가지고 방정식 $g'(x)=0$은 서로 다른 두 실근을 가져야 한다.

$(\because$ 방정식 $g'(x)=0$이 중근 또는 서로 다른 두 허근을 가지면 방정식 $g(x)=0$의 실근의 개수는 1이다.)

$g'(x)=f(f'(x))f''(x)$이고 $f''(x)>0$이므로 방정식 $f(x)=0$은 서로 다른 두 실근을 갖는다.

방정식 $g'(x)=0$의 서로 다른 두 실근을 α, β $(\alpha<\beta)$라 하고

$f'(\alpha)=a$, $f'(\beta)=b$라 하면

$f(x)=p(x-a)(x-b)$ (단, $p>0$)

조건 (가), (나)에서 방정식 $g(x)=0$의 서로 다른 실근의 개수가 2이므

로 함수 $g(x)$는 극댓값이 0이고 극솟값이 $-\dfrac{4}{3}$이다.

$\therefore g(x)=q(x-\alpha)^2(x-\beta)$ $(q>0)$,

$\quad g(\alpha)=0$, $g(\beta)=-\dfrac{4}{3}$ $(\because \alpha<\beta)$

$g(\alpha)=\displaystyle\int_0^{f'(\alpha)} f(x)dx=\int_0^a p\{x^2-(a+b)x+ab\}dx=0$

$\displaystyle\int_0^a \{x^2-(a+b)x+ab\}dx=\dfrac{a^3}{3}-\dfrac{a^2(a+b)}{2}+a^2b=0$

$a^2(-a+3b)=0$

$\therefore a=0$ 또는 $a=3b$

(i) $a=0$인 경우

$\quad g(\beta)=\displaystyle\int_0^b p\{x^2-(a+b)x+ab\}dx=-\dfrac{4}{3}$에서

$\quad -\dfrac{4}{3}=\displaystyle\int_0^b p(x^2-bx)dx=\dfrac{pb^3}{3}-\dfrac{pb^3}{2}=-\dfrac{pb^3}{6}$이므로

$\quad pb^3=8$

$f(x)=px(x-b)$에서 $f(3)=3$이므로

$\quad p(3-b)=1$

두 식 $p(3-b)=1$, $pb^3=8$을 연립하면

$\quad b^3=24-8b$

$\quad b^3+8b-24=0$, $(b-2)(b^2+2b+12)=0$

$\quad \therefore b=2$, $p=1$

$\quad f'(x)=2x-2$이고 $f'(\alpha)=0$, $f'(\beta)=2$에서

$\quad \alpha=1$, $\beta=2$

따라서 조건 (가)를 만족시킨다.

(ii) $a=3b$인 경우

$\quad f(x)=p(x-3b)(x-b)$에서

$\quad f'(x)=2p(x-2b)$

$\quad f'(\alpha)=a$, $f'(\beta)=b$이므로

$\quad \alpha=2b+\dfrac{3b}{2p}$, $\beta=2b+\dfrac{b}{2p}$이고 조건 (가)에 의하여

$\quad \alpha+\beta=4b+\dfrac{2b}{p}=2b\left(2+\dfrac{1}{p}\right)>0$

이때 $p>0$이므로 $b>0$

$\beta<\alpha$이므로 $g(\alpha)=0$을 만족시키지 않는다.

Memo

Memo

Memo

3/4점 기출 집중 공략엔

수능엔유형

Let's grow togethe

NE능률이
미래를
창조합니다.

건강한 배움의 고객가치를 제공하겠다는 꿈을 실현하기 위해
42년 동안 열심히 달려왔습니다.

앞으로도 끊임없는 연구와 노력을 통해
당연한 것을 멈추지 않고

고객, 기업, 직원 모두가 함께 성장하는 NE능률이 되겠습니다.